敬請

田資政弘茂兄

斧正

弟 [illegible]

2019.12.

相遇在
最好的年代

100大・酒莊巡禮・世紀年份・中華美食

The Best 100 Wineries, Great Vintages & Matching Chinese Foods
The Suggestion of a Chevalier de Champagne

Preface

徜徉在美酒世界的快意人生

陳新民

司法院大法官

《稀世珍釀－世界百大葡萄酒》作者

香檳騎士黃煇宏兄，在眾人的企頸盼望下，大作《相遇在最好的年代—100大酒莊巡禮、世紀年份、中華美食》終於問世。這是一本由一位喜愛美酒的權威人士，帶領大家暢遊世界一百座偉大的酒莊、親身體驗歷代莊主所灌注終身的熱情與無窮血汗所獲致的成果。並且娓娓道來每款佳釀的美味，以及迎來的哪些偉大的年份。

能將世界飲酒文化中最菁華的片段，濃縮在四百頁流暢的文筆與精美的圖片之中者，絕對需要對美酒抱有持續的熱忱、勤而不倦的蒐集資料，以及不惜重金的蒐尋名酒，而將品嚐後的經驗與感觸，鉅細靡遺的記述下來的勤奮功夫。本書的作者黃煇宏正是撰寫此類經典之作的絕佳人選！在投入名酒進口行業二十餘年的漫長歲月中，他目睹了台灣由菸酒公賣時代的「葡萄酒荒漠」，邁過了開放酒禁後，各國葡萄酒蜂擁登台，進口商與酒商相互廝殺的「酒市戰國時代」。而到如今，葡萄酒熱潮已過，「嚐鮮族」已紛紛退場，回歸各自鍾愛的烈酒或啤酒領域。仍然固守在葡萄酒品飲陣線的酒友們，幾乎都是基於「認知型」的愛好者。易言之，台灣葡萄酒文化已經相當程度的「根深化」，世界各種與各地的美酒，都可以因其特色，在寶島獲得一批忠心的支持者。煇宏兄全程體驗這種過程的演變，在進口葡萄酒、推廣與教學這漫長的歲月中，他累積了無數的酒學素養，也收藏了無窮的味蕾回憶。這一本著作也可以稱為是他全部葡萄酒生涯最完美、最豐富的回憶之作！

除了推薦世界一百座目前最炙手可熱的酒莊，本書還將其近年來表現最優的年份，以及台北能購得的市價，都很貼心的介紹出來。可以讓讀者在欽羨該款佳釀之餘，也可以掂掂荷包，看看有無下手的可能，而不至於「望書興嘆」。對讀者而言，本書也起了「消費指南」的最佳功能。

本書還有另一個值得大書特書的特點，便是替每款佳釀找尋一個搭檔的中華名菜。雖云：「頂級美酒當以單飲為宜」。這是擔心其纖細如絲的酒體、芳醇的香氣，不致為食物的氣味所侵擾。然而，品賞美酒之時，泰半為友朋歡聚之時，何可無食無酒？美酒搭美食，也變成品賞美酒文化中的一個最重要之「次文化」。由這個美酒「佐搭」(marry)美食，能夠晉升到「文化」的層次，也就說明了這又是一個「味蕾功夫」，必須是美酒專家，再加上「嚐遍百味」的美食專家，兩相結合，方足以承擔此一挑選的重責大任。精通美酒一門已難矣，如要再加上美食一關，能下筆者更寥寥無幾矣！

在葡萄酒文化已經落地生根超過五百年的歐美社會，評述美酒搭美食的著作，已經汗牛充棟。但這些佐搭的美食幾乎全部是歐美食單，中華美饌幾無立足之地！理由非常簡單：這些歐美的美食美酒家，無緣品試大江南北之中國菜也。無怪乎，當我國讀者讀到歐洲公認美食美酒的搭配名單，多半有「鴨子聽雷」之憾，便是這種酒食搭配的「水土不服」的現象。

我隨便舉一個例子：提到法國隆河普羅旺斯的教皇新堡，其陳年老酒的魅力，實在不亞於波爾多與勃根地者。然而其粗獷的酒體，經常具有強烈的皮革、獸體散發的騷臊味，美食搭配常建議以炙或燉野兔肉，烤鹿排，以壓蓋其味。試問，在大中華及亞洲地區，哪裡找得到野兔或野鹿？

作為一個美食家，煇宏兄本身也精於廚藝。數年前，恰逢春節假期，他為了證明他也能「耍兩手」，居然在半天內獨自一人辦出一桌傳統台灣的大菜酒席，菜單上自然包括著名的酒家菜「螺肉蒜」、「紅燒全蹄」、「翅頭白菜滷」、「紅燒牛尾湯」……，果然「一炒驚人」！本書每款頂級美酒，煇宏兄都會建議搭配的中菜菜色，而且也會特別建議其中一款代表作，附上精美的圖片與資訊，光是尋找此「百大佐食」就耗費了他許多的功夫。無怪乎，三、四年前開始，每次我們聚餐時，發現有一道不錯的美食，他都會要求大家暫時停箸，讓他拍照，原來便是為了撰寫本書而預備資料也。

的確，在葡萄酒文化已經相當普及的台灣美酒品賞界中，世界上許多頂級、能夠跨入各個評酒家心目中「百大」或「五十大」門檻的好酒，都已經登堂入室，成為各個評酒會品談的重點。但酒市如同人世，老去新來，美酒世界彷彿宇宙星雲，隨時有新星的迸發，給星空帶來一片耀光。成功的酒莊，也是一樣。不管它是「老幹新枝」——原本已經有名的老酒莊，經過新一代莊主的奮發圖強，而重登酒市高峰；或僅是「酒園新秀」，蒙上主或酒神看中莊主的才華、努力與機運，讓這個新酒莊，釀出令人驚艷的美酒，成為「酒市寵兒」，都是值得每個美酒愛好者應當注意之、親近之與品賞之！

在國內與葡萄酒文化普及化的同步，書市裡也出版了不少介紹世界美酒與傑出酒莊的精采著作。葡萄酒書的品質與數量，逐年的提升，豐富了台灣飲酒文化的內涵，擴大了飲酒客的國際視野，其功德大焉！正如同夏天五彩繽紛的花園，萬紫千紅，美不勝收。如今香檳騎士又栽下一株盛開的玫瑰。我彷佛在書中，嗅聞到玫瑰花中的綿綿不斷的香檳氣息與醉人的酒香。

本書能讓人馳念於巡禮五大洲的偉大酒莊，又可使人倘佯在這種美酒世界，這種人生是何其的快意與美好！

陳新民，寫於二〇一五年四月。

Preface

讓葡萄酒新手一窺殿堂奧妙的終南捷徑

——張治（T大）
葡萄酒網路達人

認識黃煇宏先生已經多年了，最早是在報章雜誌中看到黃兄的電影評論，而他也的確是當年極知名的資深影評家，之後轉換跑道至葡萄酒界，我也因而有幸與其結識。黃煇宏兄年長我一歲，是台灣第一屆的香檳騎士，我私下都稱他黃老大，經常在他主辦的餐酒會中以酒會友，我也因此拓展了許多見識與經驗；黃老大笑口常開，從頭到腳都散發出台灣孩子的質樸與誠懇，雖然遍嚐美酒卻藹藹含光、不擅誇耀，他從事酒商生意多年，財富未必有所斬獲，但因葡萄酒結交的朋友學生卻是桃李滿天下，人前大家都稱他黃老師，只有我始終改不了口，還是叫他黃老大。

1991年11月17日晚間，美國CBS電視台的一個知性節目〈60分鐘〉，播出一集名為「法國矛盾」的專題報導，內容提到法國美食享譽全球，但法式料理中常見的鵝肝、血腸卻是極不健康的食材，但據統計，法國人罹患心血管疾病的機率卻明顯低於不吃內臟的美國人，形成了所謂的「法國矛盾」；因此節目中一位受訪的醫師推測，可能與法國人每餐都喝葡萄酒有關，因為葡萄酒中的白藜蘆醇能降低50%罹患冠狀動脈疾病的機率。

〈60分鐘〉的高收視率讓此話題引起不少討論，因此法國政府便順勢摘錄了部分節目內容，並刊登全版報紙廣告，宣稱「飲用法國葡萄酒似乎可以抵銷掉法式飲食中的油脂攝取量」；而此舉也收到成效，在〈60分鐘〉播出一個月之後，美國超市賣場的葡萄酒業績大幅成長44%，而〈60分鐘〉對葡萄酒市場的影響也從美國蔓延至臺灣；1992年開始，臺灣進口的葡萄酒品項與數量逐年增加，1997年到達巔峰，之後迭有起伏，但現在臺灣的葡萄酒飲用風氣已然成形。

不過，對一般台灣人而言，要挑選一支適合自己需求的外國葡萄酒不是一件簡單的事，而黃老大這本《相遇在最好的年代—100大酒莊巡禮、世紀年份、中華美食》，正堪稱是進入葡萄酒世界的導航明燈；黃老大除了自己從事葡萄酒販售，也在社區大學教授葡萄酒課程，近年來更是親自組團，年年造訪各大葡萄酒產區，這本鉅著，融合了黃老大讀萬卷書、行萬里路、嚐萬瓶酒、試萬道菜的智慧與經驗，絕對是一條讓葡萄酒新手一窺殿堂奧妙的終南捷徑。我覺得書中最值得一提的，就是外國葡萄美酒與中華在地美食的搭配，讀完這本書，你就會了解酒上有酒、人上有人，放眼台灣葡萄酒界，在T大之上還有一位酒海高手——黃老大。

Author

享受美酒美食的人生要趁早

國民黨大老、書法家兼美食家的于右任曾說過：「人生就像飲食，每得一樣美食，便覺得生命更圓滿一分。享受五味甘美，如同享受色彩美人一樣。多一樣收藏，生命便豐足滋潤一分。」吃吃喝喝絕不是生活中的一件小事，而是對於人生的一種品味。

春秋以來孔夫子就已經主張「食不厭精，膾不厭細」，這是中國人在飲食上追求的一種態度。唐朝李白醉酒後能斗詩三百首，宋朝蘇軾在通宵酣暢之餘能舞劍吟出流傳千古的「水調歌頭」，清代文人袁枚在遍嚐名菜之後能寫出「隨園食單」，余光中在「尋李白」的新詩中寫說：「酒放豪腸，七分釀成了月光，餘下的三分嘯成劍氣，口一吐就半個盛唐。」從古到今，帝王百姓，文人騷客都為飲食留下了許多美麗的詩句與不同的註解。

中國美食，博大精深，浩瀚無窮，上至山珍海味，下至地方小吃，各地的風俗和地理條件不同，所以各具風味。中國菜系主要分為八大菜系；魯、川、蘇、粵、閩、浙、徽、湘。再加上客家菜和道地台菜，就成了十大菜系。想要品出各流派菜系真正的味道，必須要去當地，只有沉浸在當地的人文山水之中，才能夠品出一道菜的真味。就如蘇東坡被貶於黃州時，貧困之餘複製了「東坡肉」這道名菜，張大千到了敦煌莫高窟發明了「苜蓿炒雞片」這道菜流傳於世。我雖不如東坡居士與張大師的聰黠睿智，但這二十年來，進出中國不下200次，東奔西跑，南北闖蕩，遍尋美食，甚至深入新疆、蒙古、寧夏大西北實地採訪，嚐過的地方佳肴雖達百道以上，但仍不能窺其一二，只是野人獻曝，僅供參考而已。

本人自1992年開始進入葡萄酒進口公司服務，歷經公賣局時期的公賣利益繳稅、90年代的葡萄酒進口過剩，導致崩盤、重新洗牌，到近年的WTO酒精稅，網路上的百家爭鳴，目前為止幾乎每一役都參與過。筆者也從一個門外漢，苦讀自修，學習請益，嚐遍世界不同美酒，拜訪歐美各大酒莊，經過這一番洗練之後，在葡萄酒的領域上頗有心得。2007年受聘為臺北社區大學、文化大學葡萄酒講師，自2007年起每一年帶團到世界各地參觀酒莊，從不間斷，今年已經是第九屆了。2009年受邀為上海第五屆葡萄酒博覽會的評審，2010年再度受邀為上海世博展館舉辦的葡萄酒博覽會評審，2012年在香港獲頒法國香檳騎士榮譽勳章，2013年再度遊歷採訪歐美、澳洲和中國各知名酒莊，到2015年為止總共拜訪收集的酒莊超過200家以上，以後就成為這本百大新書的素材。

作者簡介

黃煇宏 Jacky Huang

2012 授勳法國香檳騎士

經歷

上海第五屆葡萄酒博覽會專任評審委員、英國《Decanter》葡萄酒雜誌中文版專業講師、臺北市士林社區大學葡萄酒講師、文化大學推廣部葡萄酒講師、臺灣彰化二林農會紫晶杯葡萄酒評審委員、百大葡萄酒講師。

世界上的酒莊和葡萄酒超過百萬家之多，本書難免有遺珠之憾。如勃根地的寇許·杜里（Coche Dury）、康特·喬治（Comte Georges de Vogue），波爾多的花堡（Chateau Lafleur）、帕維（Chateau Pavie），隆河的夏芙（Jean-Louis Chave），西班牙的平古斯（Pingus），美國的辛寬隆（Sine Qua Non）、達拉·維爾（Dalla Valle），澳洲的漢謝克（Henschke）還有羅亞爾河和南非酒。由於手邊資料和照片收集不足，而且顧慮到本書是以涵蓋世界各個新舊產區，且能見度較高，可以普羅大眾，希望讀者都能買到的酒為主，故而無法一一列入百大之中。

這本書能夠出版，要感謝我的老大哥《稀世珍釀》作者陳新民教授，這十多年來對我耳提面命和鞭策勉勵，讓我在葡萄酒世界裡如沐春風，最後並且給予本書命名與寫推薦序，亦師亦兄，永誌難忘！還有催生此書的尖端出版執行長鎮隆兄，沒有他的厚愛與簽約，這本書至今也不可能問世。還有好友葡萄酒網路達人張治（T大）百忙之中特別撰寫推薦序美言，不勝感激。在美國加州的政道和莉婷夫婦的帶領才能順利採訪納帕15個酒莊。攝影師程建翰先生的協助拍照，書中照片才能栩栩動人。感謝香港酒經雜誌作家吳昊小姐、好友蘇義吉兄夫婦、法國朋友Dominique先生、好友劉永智兄和華曜兄的照片提供，尖端出版主編于殷小姐日夜辛苦編輯，此書才能迅速出版。最後還要感謝我的公司同仁幫忙校稿和家人的體諒與長期支持，由其是大兒子禹翰花了大量時間找資料、照片，最後到校稿，勞苦功高，在此向你們說聲：「辛苦了！」

《相遇在最好的年代》這本書花了長達十年時間酒莊採訪，五年的資料收集，兩年來一個字一個字地敲打撰寫，可說是集畢生精力嘔心瀝血之作，如今能付梓成冊，輕鬆之餘，更多了一份自在。此刻心情可用李白詩句來形容：「長風萬里送秋雁，對此可以酣高樓。」

黃煇宏 序於2015年春

本書參考書目與資料

上海名菜味蕾飄香、世界最珍貴的 100 種絕世美酒、百大葡萄酒網站
法國葡萄酒評論雜誌、美食與美酒雜誌、美國葡萄酒觀察家雜誌（Wine Spectator）
酒緣彙述、稀世珍釀、頂級酒莊傳奇、羅伯帕克之世界頂級葡萄酒及酒莊全書、羅伯帕克葡萄酒倡導家雜誌（Wine Advocate）、橄欖美酒評論椎誌
（依筆畫順序排列）

Contents

世界10大酒評家和兩個酒評雜誌的評分制度

★Michael Broadbent 評分體系：5星制
英國Decanter資深主編，《The Great Vintage Wine Book》作者

★Robert Parker評分體系：100分制
由聞名世界的酒評家Robert Parker（帕克）所創，簡稱RP

★Jancis Robinson評分體系：20分制
由《世界葡萄酒地圖》作者Jancis Robinson所創

★Bettane & Desseauve評分體系：20分制+BD
時使用5個BD劃分酒莊，「BD」數量越高代表酒莊質量越高
Bettane & Desseauve為《法國葡萄酒指南》作者

★Allen Meadows評分體系：100分制
創立Bourghound網站，專攻勃根地酒，簡稱BH

★Antonio Galloni評分體系：100分制
創立Vinous網站，義大利酒專家，簡稱AG

★James Halliday評分體系：100分制+5星制
同時使用5顆星制劃分酒莊，星數越高酒莊質量越高
由澳洲酒專家James Halliday所創，簡稱JH

★James Suckling評分體系：100分制
Wine Spectator資深酒評家，簡稱JS

★Stephen Tanzer評分體系：100分制
創立《International Wine Cellar》雜誌，簡稱IWC

★Bob Campbell評分體系：100分制+5星制獎項
Bob Campbell為紐西蘭最知名的酒評家

★Wine Advocate 評分體系：100分制
酒評家Robert Parker所創立的網站，簡稱WA

★Wine Spectator評分體系：100分制
美國最著名的葡萄酒網站，簡稱WS

WS 12支世紀之酒

《Wine Spectator》在1999 January 31的封面故事中，眾家編輯們選出了1900～1999這一百年來，大家心目中的12瓶二十世紀夢幻之酒，結果如下:

Chateau Margaux 1900
Inglenook Napa Valley 1941
Chateau Mouton-Rothschild 1945
Heitz Napa Valley Martha's Vineyard 1974
Chateau Petrus 1961
Chateau Cheval-Blanc 1947
Domaine de la Romanée-Conti Romanee-Conti 1937
Biondi-Santi Brunello di Montalcino Riserva 1955
Penfolds Grange Hermitage 1955
Paul Jaboulet Aine Hermitage La Chapelle 1961
Quinta do Noval Nacional 1931
Chateau d'Yquem 1921

世界拍賣市場上最貴的10大葡萄酒

1. Screaming Eagle Cabernet 1992
   500,000美元（6L）
2. Champagne Piper-Heidsieck Shipwrecked 1907
   275,000美元（750ml）
3. Chateau Margaux 1787
   225,000美元（750ml）
4. Chateau Lafite 1787
   156,450美元（750ml）
5. Chateau d'Yquem 1787
   100,000美元（750ml）
6. Massandra Sherry 1775
   43,500美元（750ml）
7. Penfolds Grange Hermitage 1951
   38,420美元（750ml）
8. Cheval Blanc 1947
   33,781美元（750ml）
9. Romanee-Conti DRC 1990
   28,113美元（750ml）
10. Chateau Mouton Rothschild 1945
   23,000美元（750ml）

羅伯・帕克（Robert Parker）
選出心目中最好的12支葡萄酒

1. 1975 La Mission-Haut-Brion
2. 1976 Penfolds Grange
3. 1982 Château Pichon-Longueville Comtesse de Lalande
4. 1986 Château Mouton Rothschild
5. 1990 Paul Jaboulet Aîné Hermitage La Chapelle
6. 1991 Marcell Chapoutier Côté-Rôtie La Mordorée
7. 1992 Dalla Valle Vineyards Maya Cabernet Sauvignon
8. 1996 Château Lafite-Rothschild
9. 1997 Screaming Eagle, Napa Valley Cabernet Sauvignon（美國）
10. 2000 Château Margaux
11. 2000 Château Pavie St.-Émillion
12. 2001 Harlan Estate

英國《品醇客Decanter》一生必喝的100支葡萄酒

前10名的酒款

1945 Château Mouton-Rothschild
1961 Château Latour
1978 La Tâche-Domaine de la Romanée-Conti
1921 Château d'Yquem
1959 Richebourg-Domaine de la Romanée-Conti
1962 Penfolds Bin 60A
1978 Montrachet-Domaine de la Romanée-Conti
1947 Château Cheval-Blanc
1982 Pichon Longueville Comtesse de Lalande
1947 Le Haut Lieu Moelleux, Vouvray, Huet SA

波爾多區

Château Ausone 1952
Château Climens 1949
Château Haut-Brion 1959
Château Haut-Brion Blanc 1996
Château Lafite 1959
Château Latour 1949, 1959, 1990
Château Leoville-Barton 1986
Château Lynch-Bages 1961
Château La Mission Haut-Brion 1982
Château Margaux 1990, 1985
Château Pétrus 1998
Clos l'Eglise, Pomerol 1998

勃根地區

Comte Georges de Vogue, Musigny Vieilles Vignes 1993
Comte Lafon, les Genevrieres, Meursault 1981
Dennis Bachelet, Charmes-Chambertin 1988
Domaine de la Romanee-Conti, La Tache 1990, 1966, 1972
Domaine de la Romanee-Conti, Romanee-Conti 1966, 1921, 1945, 1978, 1985
Domaine Joseph Drouhin, Musigny 1978
Domaine Leflaive, Le Montrachet Grand Cru 1996
Domaine Ramonet, Montrachet 1993
G. Roumier, Bonnes Mares 1996
La Moutonne, Chablis Grand Cru 1990
Comte Lafon, Le Montrachet 1966
Rene & Vincent Dauvissat, Les Clos, Chablis Grand Cru 1990
Robert Arnoux, Clos de Vougeot 1929

阿爾薩斯區

Jos Meyer, Hengst, Riesling, Vendange Tardive 1995
Trimbach, Clos Ste-Hune, Riesling 1975
Zind-Humbrecht, Clos Jebsal, Tokay Pinot Gris 1997

香檳區

Billecart-Salmon, Cuvee Nicolas-Francois 1959
Bollinger, Vieilles Vignes Francaises 1996
Charles Heidsieck, Mis en Cave 1997
Dom Perignon 1988
Dom Perignon 1990
Krug 1990
Louis Roederer, Cristal 1979
Philipponnat, Clos des Goisses 1982
Pol Roger 1995

羅瓦爾河區

Domaine des Baumard, Clos du Papillon, Savennieres 1996
Moulin Touchais, Anjou 1959

隆河區

Andre Perret, Coteau de Chery, Condrieu 2001
Chapoutier, La Sizeranne 1989
Chateau La Nerthe, Cuvee des Cadettes 1998
Chateau Rayas 1989
Domaine Jean-Louis Chave, Hermitage Blanc 1978
Guigal, La Landonne 1983
Guigal, La Mouline, Cote-Rotie 1999
Jaboulet, La Chapelle, Hermitage 1983

法國其他地區

Chateau Montus, Prestige, Madiran 1985
Domaine Bunan, Moulin des Costes, Charriage, Bandol 1998

義大利

Ca'dl Bosco, Cuvee Annamaria Clementi, Franciacorta 1990
Cantina Terlano, Terlano Classico, Alto Adige 1979
Ciacci Piccolomini, Riserva, Brunello di Montalcino 1990
Dal Forno Romano, Amarone della Valpolicella 1997
Fattoria il Paradiso, Brunello di Montalcino 1990
Gaja, Sori Tildin, Barbaresco 1982
Tenuta di Ornellaia 1995
Tenuta San Guido, Sassicaia 1985

德國

Donnhoff, Hermannshole, Riesling Spatlese, Niederhauser 2001
Egon Muller, Scharzhofberger TrockenBeerenAuslese 1976
Frita Haag, Juffer-Sonnenuhr Brauneberger, Riesling TBA 1976
J.J. Prum, Trockenbeerenauslese, Wehlener Sonnenuhr 1976
Maximin Grunhaus, Abtsberg Auslese, Ruwer 1983

葡萄酒必知知識

澳洲

Henschke, Hill of Grace 1998
Lindemans, Bin 1590, Hunter Valley 1959
Seppelts, Riesling, Eden Valley 1982

北美洲

Martha's Vineyard, Cabernet Sauvignon 1974
Monte Bello, Ridge 1991
Stag's Leap Wine Cellars, Cask 23, Cabernet Sauvignon 1985

西班牙

Vega Sicilia, Unico 1964
Dominio de Pingus, Pingus 2000

匈牙利

Crown Estates, Tokaji Aszu Essencia 1973
Royal Tokaji, Szt Tamas 6 Puttonyos 1993

奧地利

Emmerich Knoll, Gruner Veltliner, Smaragd, Wachau 1995

紐西蘭

Ata Rangi, Pinot Noir 1996

波特酒／加烈酒

Cossart Gordon, Bual 1914
Fonseca, Vintage Port 1927
Graham's 1945
henriques & henriques, Malmsey 1795
HM Borges, Terrantez, Madeira 1862
Quinta do Noval, Nacional 1931
Taylor's 1948, 1935, 1927

美國最好的20個酒莊

1. Screaming Eagle
2. Harlan Estate
3. Bryant Family
4. Araujo
5. Dalla Valle Vineyards, Maya
6. Diamond Creek Vineyards
7. Caymus Vineyards, Special selection
8. Stag's Leap Wine. Cellars, Cask 23
9. Shafer, Hillside Select
10. Grace Family Vineyards
11. Joseph Phelps Vineyards, Insignia
12. Opus One
13. Scarecrow
14. Ridge, Montebello Cabernet Sauvignon
15. Colgin Cellars (Tychson Hill)
16. Sine Qua Non (Syrah)
17. Kistler
18. Kongsgaard
19. Quilceda Creek
20. Marcassin

2012年世界最貴前50名酒單及價格

1. Henri-Jayer, Richebourg ($14,395)
2. Domine de Romanee Conti, Romanee Conti ($11,823)
3. Henri-Jayer, Cros Parantoux ($5,436)
4. Domaine Leflaive, Montrechet ($5,264)
5. Egon Muller-Scharzhof, Scharzhofber Riesling TBA ($5,247)
6. Domaine de Romanee Conti, Montrachet ($4,293)
7. Domaine George Roumier, Musigny ($3,848)
8. George et Henri Jayer, Echezeaux ($3,648)
9. Domaine Leroy, Musigny ($3,007)
10. Pétrus ($2,688)
11. Krug, Clos d'Ambonnay ($2,677)
12. Domaine de Romanee Conti, La Tache ($2,553)
13. Screaming Eagle, Cabernet Sauvignon ($2,412)
14. Le Pin ($2,292)
15. Domaine Leroy, Chambertin ($2,281)
16. Domaine Faiveley, Musigny ($2,212)
17. Domaine Leroy, Grand Echezeaux ($2,120)
18. J-F Coche-Dury, Corton-Charlemagne ($2,087)
19. Domaine Leroy, Richebourg ($1,876)
20. Domaine Jean-Louis Chave, Ermitage Cuvee Cathelin ($1,837)
21. Domaine du Comte Liger-Belair, La Romanee ($1,667)
22. Domaine Dugat-Py, Chambertin ($1,664)
23. Domaine de Romanee Conti, Richebourg ($1,643)
24. Domaine des Comtes Lafon, Montrachet ($1,498)
25. Domaine Leroy, Clos de la Roche ($1,449)

26. Domaine George Roumier, Les Amoureuses ($1,384)
27. Domaine Leroy, Echezeaux ($1,381)
28. Domaine Ramonet, Montrachet ($1,373)
29. Domaine Leroy, Romanee St. Vivant ($1,323)
30. Domaine Barons de Rothschild Chateau Lafite-Rothschild ($1,288)
31. J-F Coche-Dury, Meursault Les Perrieres ($1,274)
32. Seppeltsfield, Para Centenary 100 year old vintage Tawny ($1,257)
33. Domaine de Romanee Conti, Romanee St. Vivant ($1,152)
34. Domaine de Romanee Conti, Grand Echezeaux ($1,127)
35. Domaine Leroy, Latricieres-Chambertin ($1,124)
36. Krug, Clos du Mesnil ($1,096)
37. Emmanuel Rouget, Cros Parantoux ($1,079)
38. Domaine Meo-Camuzet, Cros Parantoux ($1,046)
39. Chateau Lafleur ($969)
40. Domaine Leroy, Clos Vougeot ($951)
41. Krug, Collection ($947)
42. Domaine Armand Rousseau Pere et Fils, Chambertin ($943)
43. Chateau Ausone ($938)
44. Domaine Meo-Camuzet, Richebourg ($932)
45. Schrader Cellar Old Sparky Backoffer To Kalon Vineyard, Cabernet Sauvignon ($930)
46. Domaine Leroy, Corton-Charlemagne ($911)
47. Quinta do Noval Nacional Vintage Port ($908)
48. Charles Noellat, Richebourg ($908)
49. Domaine de Romanee Conti, Echezeaux ($907)
50. Domaine Armand Rousseau Pere et Fils, Chambertin Clos de Beze ($894)

勃根地33個特級葡萄園

Chambertin
Chambertin-Close de Bèze
Charmes-Chambertin
Mazoyères-Chambertin
Mazis-Chambertin
Ruchottes-Chambertin
Latricières-Chambertin
Griotte-Chambertin
Chapelle-Chambertin
Clos de Tart
Clos des Lambrays
Clos de la Roche
Clos Saint-Denis
Bonnes Mares
Musigny
Clos de Vougeot
Grands Echézeaux
Echézeaux
Romanée-Conti
La Tâche
Richebourg
Romanée Saint-Vivant
La Romanée
La Grande Rue
Corton
Corton-Charlemagne
Charlemagne
Montrachet
Chevalier-Montrachet
Bâtard-Montrachet
Bienvenues-Bâtard-Montrachet
Criots-Bâtard-Montrachet
Chablis Grands Crus

法國50個最佳香檳品牌

1-Louis Roederer
2-Pol Roger
3-Bollinger
4-Gosset
5-Dom Pérignon
6-Jacquesson
7-Krug
8-Salon
9-Deutz
10-Billecart-Salmon
11-Charles Heidsieck
12-Perrier-Jouët
13-Philipponnat
14-A. R. Lenoble
15-Veuve Clicquot
16-Taittinger
17-Henri Giraud
18-Joseph Perrier
19-Laurent-Perrier
20-Ruinart
21-Mailly Grand Cru
22-Henriot
23-Bruno Paillard
24-Drappier
25-Alfred Gratien
26-Duval-Leroy
27-Palmer & Co
28-Delamotte
29-Lallier
30-Moët & Chandon
31-Ayala
32-Veuve A. Devaux
33-Cattier
34-Fleury
35-G. H. Mumm
36-Pannier
37-Besserat de Bellefon
38-Nicolas Feuillatte
39-De Venoge
40-Piper-Heidsieck
41-Pommery
42-Lanson
43-Tiénot
44-Henri-Abelé
45-Jacquart
46-Barons de Rothschild
47-Beaumont des Crayères
48-Mercier
49-Canard-Duchêne
50-Vranken

香檳區17個Grand Cru（特級園）

Ambonnay
Avize
Ay
Beaumont-sur-Vesle
Bouzy
Chouilly
Cramant
Louvois
Mailly
Champagne
Le Mesnil-sur-Oger
Oger
Oiry
Puisieulx
Sillery
Tours-sur-Marne
Verzenay
Verzy

Araujo Estate

阿羅侯酒莊

艾瑟爾園（Eisele）早在1880年即種植金芬黛（Zinfandel）和麗絲玲（Riesling），並一直被栽植著直到現在。第一株卡本內蘇維濃還是在1964年種下。米爾頓艾瑟爾（Milton Eisele）和芭芭拉（Barbara Eisele）在1969年購買了艾瑟爾這塊葡萄園，並把它命名成艾瑟爾園。於是他們提供加州著名酒莊「山脊酒莊Ridge Vineyards」的釀酒師保羅・德雷伯（Paul Draper）葡萄。1971年，德雷伯釀製了第一款艾瑟爾園的卡本內蘇維濃，也是加州第一款以葡萄園命名的卡本內酒款。這款酒在四十年後喝依舊迷人，當然也被認為是加州最珍貴的佳釀之一。1975年約瑟夫・費普斯Joseph Phelps（Insignia）酒莊加入艾瑟爾園的行列，此園名聲更為響亮，成為納帕的「特級園」。直至1991年，巴特・阿羅侯（Bart Araujo）夫婦取得此園，Joseph Phelps的Eisele園成為絕響（有行無

A
B | C | D | E
F

A．酒莊景色。B．葡萄園景色。C．葡萄藤。D．酒窖全景。E．酒窖裡放著老年份的Araujo，和現在的酒標不一樣。F．阿羅侯總裁Frederic Engerer。

市的酒），阿羅侯的艾瑟爾園（Eisele）卻成了第一個年份。自1975～1991年，費普斯這位納帕酒業大老，遵循傳統，持續釀造出傳奇性的艾瑟爾園的卡本內蘇維濃。1991年推出了兩款意義重大的艾瑟爾園卡本內蘇維濃，最後一個費普斯莊瓶的年份，也是阿羅侯酒莊第一款卡本內蘇維濃。

酒莊座落在納帕谷的東北邊Calistoga這個葡萄酒法定產區的東邊，主要的兩個地塊分別是38公頃的艾瑟爾園和結合酒窖的莊園。艾瑟爾園是納帕谷中最受矚目的卡本內蘇維濃葡萄園之一，等同於波爾多的一級園。白天日照充足、夜晚涼爽，並有著排水良好、富含鵝卵石的土壤來生產卓越酒款。北邊有Palisades山

脈保護，並有從西邊吹來的冷空氣降溫，每年的產量極低且果味集中。

在歷任釀酒師的努力下，阿羅侯一步一步建立了自己的品牌。像是法蘭西斯・佩瓊（Francoise Peschon）帶著法國五大酒莊歐布里昂（Ch. Haut Brion）與美國傳奇酒莊「鹿躍Stag's Leap Wine Cellars」的經驗，自1996年起就為阿羅侯掌舵至2010，配合著空中釀酒師米歇爾・侯蘭（Michel Rolland）的技巧，此酒莊的聲勢與價格如日中天，也是帕克「世界最偉大的156個酒莊」（The World's Greatest Wine Estates）之一，法國著名酒評家Bettane & Desseaure合著的《The World's Greatest Wines》也列入阿羅侯酒莊，美國《葡萄酒雜誌Fine》所選出一級超級膜拜酒（First Growth）之一。以帕克為主的葡萄酒倡導家（Wine Advocate）給了艾瑟爾園（Eisele）2001、2002、2003連續三年98～100的分數，展現出加州一級超級膜拜酒的實力。酒莊的旗艦款艾瑟爾園（Araujo Eisele Vineyard），量少價高，屬於收藏級的膜拜酒。但另一款二軍酒阿塔加西雅（Altagracia），則是玩家省錢的門路。此酒之命名係紀念莊主Bart Araujo的祖母Altagracia，同樣採波爾多調配，葡萄除了來自艾瑟爾園，另有部分取自長期契作葡萄農，也是釀的相當精采，每年分數都在九十分以上，2010超級好年份，分數直衝96高分，值得推薦。

當阿羅侯夫婦購買艾瑟爾園之時，即興奮地在這片莊園中發現超過400棵在19世紀、20世紀種植的老橄欖樹，這些樹被忽視了數十年之久。在1992年時，夫婦到義大利學習橄欖油的製作，學習如何種植、剪枝和粹取初榨橄欖油。因此阿羅侯酒莊的初榨橄欖油和酒款一樣充分展現酒莊特色。

去年消息指出，2013年8月20拉圖酒莊（Ch.Latour）莊主Francois Pinault收購了位於納帕河谷的阿羅侯莊園，而收購價格尚未公開，估計每英畝至少價值三十萬美元左右，這筆交易包括艾瑟爾（Eisele）葡萄園，占地三十八英畝的葡萄樹，酒莊以及現有的葡萄酒庫存（只算葡萄園就要花3.5億台幣！）。拉圖酒莊執行總裁Frederic Engerer表示：「阿羅侯一直以來致力釀造最好的納帕葡萄酒，專注細心、不斷追求卓越，我們對此表示無限敬意。」身為五大酒莊之一的拉圖，選擇了美國五大膜拜酒中的阿羅侯，可說是門當戶對的結合，我們祝福他再創高峰。

DaTa

地址｜Eisele Vineyard,2155 Pickett Road,Calistoga, CA 94515
電話｜707 942 6061
傳真｜707 942 6471
網站｜http://www.araujoestate.com
備註｜不對外開放，必須先預約

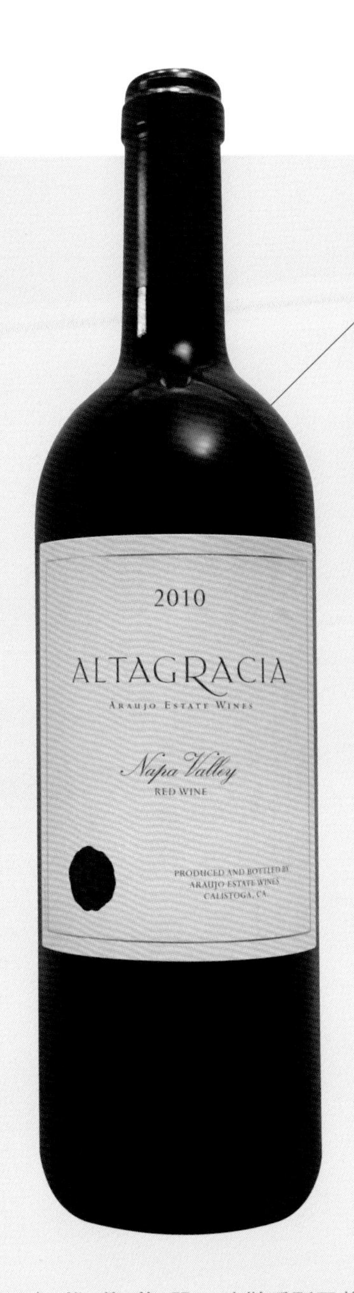

推薦酒款

Recommendation Wine

阿塔加西亞

Araujo Altagracia 2010

ABOUT

分數：WA 96
適飲期：2015～2025
台灣市場價：4,800 元（本書此處幣值皆為台幣）
品種：81% 卡本內蘇維濃（Cabernet Sauvignon）、9% 美洛（Merlot）、4% 小維多（Petit Verdot）、3% 卡本內弗朗（Cabernet Franc）、3% 馬爾貝克（Malbec）
橡木桶：100% 法國新橡木桶
桶陳：20 個月
瓶陳：12 個月
年產量：4,500～7,000 瓶

品 酒 筆 記

當我在2014年的大年初一與家人共同品嚐的時候，每個人都大感驚訝，同時品嚐的還有一款99分的澳洲酒，完全不是他的對手。香氣約2小時打開後，草本與花香並陳，薰衣草、紫羅蘭、白花相襯，有著白巧克力、黑咖啡豆、甜美的黑色水果互相爭寵，充滿西洋杉的芬多精，入口後的微辛香料帶來驚喜，口感上綿長的尾韻展現深度和廣度，這是一款架構完整，有著細緻具嚼勁的單寧，尤其來自水果深層的甜美和豐郁的口感，雖是二軍酒，但絕對媲美其他加州頂級酒莊，深得我心，值得收藏！

建 議 搭 配

烤羊排、牛排、炸豬排、炸雞、乳鴿和叉燒肉。

★ 推 薦 菜 單　金牌香酥五花肉排

這道菜是福州佳麗餐廳最適合配濃重酒體的佳肴，看起來非常簡單，做起來卻很費功夫。首先要選一塊上好的帶骨五花肉，肥瘦相間，切厚片一公分，寬約十公分，長六公分，再以胡椒粉、米酒、醬油、蜂蜜、冰糖醃製，放置約八小時，熱鍋高溫油炸之，溫度火侯須控制好，要能熟又不能過老。剛端上桌熱騰騰帶金黃色的肉排咬一口下去，口齒生香，油嫩酥爽，鹹甜合宜，肉汁也隨著咀嚼而發出滋滋的悅耳聲，不同於台灣的炸排骨裹以大量的粉，比較薄，面積較大，咬起來不具口感。阿羅侯這款阿塔加西亞的細緻單寧正好可以柔化肉排的油膩，讓肉汁更為鮮美，包裹香酥肉排的生菜新鮮清甜，搭配黑櫻桃和藍莓的果香，讓肉咬起來更為舒暢甜美。摩卡咖啡與白巧克力的濃香也豐富和延長了這塊精雕細琢的肉排更多的層次，餘味悠長且完美。

佳麗餐廳
地址｜ 福州市鼓樓區三坊七巷澳門路營房里 6 號

Colgin Cellars 柯金酒莊

柯金酒莊（Colgin Cellars）座落於加州聖海倫娜（Saint Helena）的普理查山頂（Pritchard Hill）地區，女莊主安・柯金（Ann Colgin）出身德州，從事藝術買賣，談吐之間頗有明星氣質，轉戰貴氣十足的拍賣會更是如魚得水。她與從事投資並收藏名酒的喬・文德（Joe Wender）成了夫妻後，1992年在加州納帕亨尼西湖（NAPA Lake Hennessey）附近買了些葡萄園搞酒莊，買下第一個葡萄園為賀布蘭園（Herb Lamb），同時間也釀出了第一款酒，產量只有五千瓶，帕克（Parker）就打了96高分。隔年，也就是1993年找來海倫・杜麗（Helen Turley）當釀酒師。這一切聽來簡單，但內行人一看就知大有來頭。亨尼西湖附近是有名的好地塊 捧著錢也不見得買的到，唯一能做的就是將山頭推平，而這正是Colgin的決定。至於海倫・杜麗是誰？她的戰績包括Pahlmeyer，Bryant Family

A . 酒莊全景。B . 清晨的葡萄園。C . 莊主Ann Colgin和夫婿Joe Wender。

Vineyard，也是Marcassin Vineyard／Turley Wine Cellars的主人。這些皆是量少質精的頂尖酒款，可見釀酒師的非凡功力。

柯金酒莊在90年代迅速竄紅起來，雖然海倫．杜麗在1999年離開酒莊，但是並沒有造成很大的影響，安妮很快又聘請了曾經在彼德麥克酒莊（Peter Michael）當過釀酒師的馬克．奧伯特（Mark Aubert）、大衛．阿布（David Abreu）、波爾多釀酒顧問阿蘭．雷納德（Alain Raynaud）共組成的釀酒團隊，在2000年以後所釀的酒更是精采，在幾個重要的葡萄園連獲帕克先生的100滿分，如泰奇森山園（2002 Colgin Cabernet Sauvignon Tychson Hill Vineyard）、卡萊德園（Colgin Cariad Proprietary Red Wine）2005、2007和2010，第九莊園卡本內（Colgin IX Proprietary Red Estate）2002、2006、2007、2010，第九莊園希哈（Colgin IX Syrah Estate）2010都得到100分，幾乎是每個莊園都能拿100分，試問世界上有幾家酒莊能這樣受到帕克先生的青睞和讚賞？唯有柯金酒莊是也。

柯金酒莊擁有四個重要的葡萄園：分別是第九號莊園（IX Estate）二十英畝、泰奇森山園（Tychson Hill Vineyard）二點五英畝，賀布蘭園（Herb Lamb）七點五英畝、還有卡萊德園（Cariad）。種植品種都以卡本內蘇維翁為主，部分種植美洛（Merlot）、卡本內弗朗（Cabernet Franc）、小維多（Petit Verdot）和希哈（Syrah），其中第九號莊園被帕克評價為「是我見過的最優質葡萄園之一」，無論是卡本內蘇維翁或希哈都是得到最高評價的葡萄園。

柯金酒莊座落在海拔950～1400米之間，可以俯瞰整個亨尼西湖（Lake Hennessey），風光明媚，氣候宜人，清新脫俗，來到納帕參觀酒莊的人，如果沒有專人帶路或指點，很難找到柯金酒莊，從二十九號公路攀爬而上，你不會看到酒莊的樣子，一直到半山腰才會見到一個毫不起眼的木門，從木門進去您可以看到一個世外桃源，那就是柯金酒莊，整個亨尼西湖和山坡的美景盡收眼底，真是美極了！

酒莊前一片美麗的原野。

DaTa

地址｜254, Saint Helena, CA 94574
電話｜707 963 0999
傳真｜707 963 0996
網站｜http://www.colgincellars.com
備註｜酒莊不對外開放，可以透過引薦預約

推薦酒款

Recommendation Wine

第九莊園卡本內

Colgin IX Proprietary Red Estate 2007

ABOUT

分數：RP 100、WS 97
適飲期：2009 ～ 2040
台灣市場價：15,000 元
品種：卡本內蘇維翁（Cabernet Sauvignon）、美洛（Merlot）、卡本內弗朗（Cabernet Franc）、小維多（Petit Verdot）
橡木桶：100% 法國新橡木桶
桶陳：20 個月
瓶陳：12 個月
年產量：16,800 瓶

品酒筆記

2007的柯金酒色呈紅墨色，有著迷人的花草香，雪松、礦物、茴香等香氣。大量而集中的果香在口中奔騰，黑莓、野莓、藍莓、覆盆子激烈的跳躍，和諧勻稱，豐富而複雜，濃郁醇厚有層次，堆疊起伏，此起彼落，有如昭君出塞彈奏一曲琵琶，充滿力量與變化，一次又一次的高昂熱情，暢飲到最後餘韻甜美，酸度平衡，難以言喻!不愧是百分名酒，應可陳年20年以上。

建議搭配

西式煎牛排、牛羊燒烤、野味燉煮、台式紅燒肉、有醬汁的熱炒。

★ 推薦菜單　秘製焗烤鮮牛肉

中式焗烤牛排的製作，通常以西式牛排的做法為主，選用的牛排必須是5A等級，肉質細嫩新鮮， 最關鍵的就是醬汁的材料，使用了中式的醬油為基礎再加上蠔油和獨門湯汁等。上桌後的牛排肉片必須趁熱食用，此時肉嫩鮮藏，雖有點牛腥氣，但香氣四溢，甘甜醇美，一塊接一塊，咬在口中，柔韌而有勁，可享食之樂趣。今日我們以加州最好的卡本內紅酒來搭這道中西合併的佳肴，讓這道牛肉有著西式菜肴的做法，中式美食的吃法，表現得更精采。紅酒中的煙燻烤肉味和香嫩微甜的牛肉互相交替，使得味道更為醇厚濃郁。紅酒所散發出的濃濃咖啡巧克力正好和特製的醬汁相互交融，令這款酒層次更加豐富飽滿，而牛肉也變得多汁味美，老饕們無不讚美有加，一杯再一杯痛快暢飲。

台北儷宴會館東光館
地址｜台北市林森北路 413 號

Continuum Estate
心傳酒莊

當2003年世界最大的葡萄酒生產商星座集團以13.6億美元全盤收購了羅伯特．蒙大維酒莊之後，蒙大維家族又於2005年建立了新品牌心傳酒莊（Continuum Estate）。這也是提姆．蒙大維（Tim Mondavi）2003年離開羅伯特．蒙大維酒莊後的第一項投資。提姆還準備在普理查山（Pritchard Hill）建立酒廠，已故加州葡萄酒教父羅伯特．蒙大維先生曾為心傳品牌合夥人，在2008年去世前與家人參觀過酒廠新址。羅伯和提姆又再一次打造新的品牌，他們曾共同創造出世界各地最耳熟能詳的品牌，父親羅伯親自指導，由兒子提姆擔任首席親釀的第一樂章（OPUS ONE）、義大利的露鵲（LUCE）、智利的神釀（SENA），最後兩人回到了此生最愛的納帕山谷，在納帕山谷（Napa Valley）一級黃金地理查山 （最昂貴的奧克維爾Oakville山丘上）最後一次父子攜手打造的加州超級膜拜酒心傳酒莊。

心傳酒莊是一個代表蒙大維（Mondavi）家族精神的酒莊，傾所有家族的力量一起投入，沒有回頭路，只許成功，不許失敗的一款酒。蒙大維家族四代，從種植葡萄到釀造出世界頂級的葡萄酒，這段路他們依然熟悉，經過世代相傳，羅伯蒙大維先生的兒子提姆和女兒瑪西亞帶領著他們的下一代，並以精緻、品質為目標，投入百分之百的心力，全心全意釀造出單支酒款——心傳，象徵著蒙大維家族精神的貫徹與傳承，如同當初打造的第一樂章那樣，正寫著加州葡萄酒另一段經典傳奇故事。

A
B | C | D

A. Pritchard Hill葡萄園。B. 當天酒莊招待作者的酒單與菜單，印有作者的名字與日期。C. 現任莊主Tim Mondavi 與作者兒子黃禹翰在台北合影。D. 作者與第三代莊主Carlo Mondavi在酒莊合影。

2005年蒙大維家族在美國加州納帕谷東面的普理查山購置了原屬（Cloud View）酒廠的85英畝葡萄園，該產區擁有三十多種各不相同的土壤類型。從排水性良好的礫石土壤到220公尺深的岩石、礦石，酒莊行銷經理歐文斯（Burke Owens）這些土壤和嘯鷹園（Screaming Eagle）完全相同，都具有不同的深度和結構。心傳品牌2005、2006年份葡萄酒皆採用租賃的加州橡樹村（Oakville）產地葡萄為原料。據歐文斯的介紹，從2007年以後心傳葡萄酒就移到普理查山裝瓶。目前酒莊占地大約是2000英畝，包含四間酒窖和一間用來接待賓客的豪華客廳，客廳上就掛著一張提姆的女兒卡瑞莎（Carissa）的畫，一株金黃色的葡萄樹，而這張畫就用來當成現在的酒標。葡萄園面積總共有350英畝，60英畝屬於心傳酒莊，其他的還沒劃分，用來種植55%卡本內蘇維翁、30%的卡本內弗朗，其餘種植美洛、馬爾貝克和小維多，完全是波爾多的品種。在酒窖外面我看到兩排非常漂亮的橄欖樹，旺斯告訴我這兩排樹已經是百年老樹了，本來提姆建立酒莊時想用來慶祝羅伯·蒙大維先生的百歲壽誕，但是來不及等到，又一段感人的孝順故事。

訪問酒莊時我曾提及流著相同血液的三款蒙大維的美國酒：蒙大維卡本內珍藏酒（Robert Mondavi Winery Cabernet Sauvignon Reserve）分數《RP》90+、第一樂章（Opus One）分數《RP》95和心傳酒莊（Continuum Estate）分數《RP》95三款的2005年生產的酒，我在2010年所喝的感受，三款酒當中我最喜歡的是Continuum 2005。釀酒師卡莉女士（Carrie Findleton）表示感激，她告訴我：「目前心傳的產量只有3,000箱，酒莊每年賣給會員300箱，其餘才配給世界各國的經銷商。」她同時也告訴我現在酒莊並沒有生產白酒的計畫，仍然全心全力的釀心傳這款酒。午餐時，提姆的兒子卡洛（Carlo Mondavi）突然的出現與我們共進午餐，他剛到義大利佛瑞斯可巴第（Frescobaldi）的老城堡尼波札諾（Nipozzano）舉行婚禮，我也說四月份剛去過那裏訪問，我們一起拍照時我又告訴他，我在美國納帕和你品酒拍照，而您的父親提姆先生卻在台灣台北和我兒子禹翰（Hans）一起吃飯合影，這真是不可思議的巧合。

席間我們一起品嚐了2006和2011的心傳，兩款酒的葡萄品種比例一樣，釀酒師也一樣，但我還是比較喜歡2006成熟的果醬味道，還有帶著納帕卡本內輕輕的杉木味、藍莓味和巧克力。從2005年的首釀開始到今年剛上市的2011年，我總共品嚐了三個年份的酒：分別是2005、2006和2011，我個人認為提姆所釀的心傳非常成功，因為有破釜沉舟的決心，造就這款空前絕後的佳釀，而且我敢大膽預言，心傳絕對會青出於藍勝於藍，將來的品質一定會超越蒙大維卡本內珍藏酒（Robert Mondavi Winery Cabernet Sauvignon Reserve）、第一樂章（OPUS ONE）、義大利的露鵲（LUCE）、智利的神釀（SENA）等世界佳釀，會成為美國第一級的名酒，如同哈蘭（Harlan）和柯金（Colgin）這樣的名莊，因為他是提姆先生用盡所有心力要流傳後世的一款稀世珍釀。由於提姆先生的決心與堅持，我決定接受他的邀請，成為他在台灣的品牌大使，並且繼續推廣這款酒給台灣的酒友們品鑑。

心傳酒莊歷年來RP和WS的分數：

2005 RP：95 WS：93	2006 RP：96 WS：95	2007 RP：98 WS：97
2008 RP：96 WS：96	2009 RP：94 WS：94	2010 RP：97 WS：93

DaTa

地址｜1677 Sage Canyon Road. St. Helena, CA 94574
電話｜707 944 8100
傳真｜707 963 8959
網站｜http://www.continuumestate.com
備註｜預約參觀

推薦酒款

Recommendation *Wine*

心傳酒莊

Continuum Estate 2005

ABOUT

分數：RP 95 WS 93
適飲期：2011～2041
台灣市場價：9,000 元
品種：65% Cabernet Sauvignon（卡本內蘇維翁）、其餘 Cabernet Franc（卡本內弗朗）和 Petit Verdot（小維多）
橡木桶：100% 全新法國橡木桶
桶陳：20 個月
瓶陳：9 個月
年產量：18,000 瓶

品酒筆記

這是一款提姆先生最喜歡的，有著卡本內弗朗比例非常高的酒，卡本內弗朗需要經過熟成的階段；要不然它會帶有點草藥、青梗味，而且也會比較粗糙。

剛開始我聞到了西洋杉、些許的薄荷和輕微的泥土，酒體非常豐厚飽滿，品嚐到的是黑莓、藍莓、櫻桃的果味，充滿活力而性感，有豐富的香料盒、巧克力、摩卡咖啡、香料味，單寧細緻如絲，整款酒均衡而諧調，尾韻帶著迷人的花香和果醬芳香，讓我想起了幾天前所喝的哈蘭園（Harlan Estate）2009，將來一定是一款偉大的酒。

建議搭配

最適合搭配燒烤野味、醬汁滷味、西式煎牛排以及燒鵝。

★ 推薦菜單　野生烏魚子拼燒鵝

燒鵝在香港特別有名，而在台灣最負盛名的莫過於台中的「阿秋大肥鵝」，燒鵝是阿秋大肥鵝的代表作，用台灣式獨特的祕方醃製烘烤，做工繁複，色澤赤紅肉香皮嫩，汁濃骨脆，不油不膩，美味可口，非常誘人。烏魚子是台灣過年飯桌上必有的主角，家家戶戶視為高貴的象徵，經過輕烤過的烏魚子金黃軟Q，微微黏牙，酥軟適中，略有咬勁，風味絕佳。來自Continuum 2005年的首釀，果香豐沛，有黑莓、櫻桃和黑醋栗的濃郁果香，其間或有微妙的丁香和白胡椒味道，入口絲滑，醇厚豐滿，結構強大，與嫩滑豐美的燒鵝搭配，有如天作之合。誘人的花香與薄荷恰逢烤得酥軟金黃烏魚子，不慍不火，既保持了食材的原味，又不會掩蓋烏魚子本身的香醇，相得益彰，堪稱人生最大樂事。

阿秋大肥鵝
地址｜台灣台中市西屯區朝富路 258 號

Domaine Serene
雄鷹酒莊

雄鷹酒莊（Domaine Serene）故事是由一個熱愛美酒的美國大藥商肯・伊文斯達（Ken Evenstad）開啟，1983年建立在座落於葉丘（Yamhill）有名的丹迪山（Dundee Hills）的土地，那裡也是奧勒岡州黑皮諾最重要的黃金地帶。1990年，酒莊釀製出了首款葡萄酒宜斯丹珍藏黑皮諾（Domaine Serene Pinot Noir Evenstad Reserve），第一個年份就被酒評家帕克評為90分，這是一個很大的鼓勵，讓肯產生極大的信心。1994年酒莊繼續擴大了葡萄園，總共在山頂買下了462英畝地來建新酒莊和種植葡萄，葡萄園種植面積達到180英畝，用來釀製最好的黑皮諾紅酒和夏多內白酒。

雄鷹酒莊一直認為奧勒岡州酒絕對可以生產和勃根第一樣出色的紅白酒，同樣的緯度、氣候、量少質精。莊主請來專業級的釀酒師托尼・雷德斯（Tony

A
B
C|D|E

A . 壯闊的葡萄園景色。B . 莊主夫婦與釀酒團隊。C . 酒莊全景。D . 夏多內白葡萄。E . 酒窖。

Rynders）來釀酒。托尼的作法是嬌貴的耕作方法，降低產量，大約是每英畝2噸的產量來提高葡萄酒的濃度。葡萄的挑選非常嚴格，對於不合格的葡萄刪除不用，每個葡萄園分別在不同的發酵桶發酵，然後再放入最好的法國新橡木桶陳年，黑皮諾要陳年14～18個月，夏多內則要陳年10～15個月，完全不進行過濾，裝瓶後的酒在上市之前要存放12個月以上，完全是勃根地的做法。

雄鷹酒莊在短短的二十年當中已成為美國最好的酒莊之一，各界佳評不斷，知名的葡萄酒作家安東尼（Anthony Dias Blue）給予了極高的評估，稱其為「奧勒岡州的拉菲」，1999年帕克在《帕克葡萄酒購買指南》一書中評為雄鷹酒莊是奧勒岡州出產黑皮諾葡萄酒最出色的酒莊，來自奧勒岡州的雄鷹酒莊，在1998、1999、2000連續3屆在全美侍酒師協會盲飲比賽中，擊敗了當今世界最貴最好的葡萄酒王「羅曼尼・康帝Domaine De La Romanee-Conti」旗下五款高級酒，三次當中囊括了兩次前三名，一次前兩名，這真的叫法國酒情何以堪？雖然酒界常常舉辦一些小型比賽耍耍噱頭，但是開玩笑也要選對象，何況這還是正式紀錄，此外，敢挑戰DRC的酒實在不太多, 而這支雄鷹價格僅是DRC的十分之一不到!葡萄酒觀察家（Wine Spectator）2013年度百大第三名也選了雄鷹酒莊的宜斯丹珍藏黑皮諾紅酒（Domaine Serene, Evenstad Reserve 2010），再再證明雄鷹酒莊的實力。

雄鷹酒莊不但紅酒做得好，白酒也有相當好的成績，被評為奧勒岡州最佳十款白酒之一，在產量上更是稀少，四個單一葡萄園加起來也不過是一萬瓶而已，台灣每年進口只有五箱（六十瓶），真可謂是一瓶難求。每每喝到這款夏多內白酒都會有種錯覺，以為是在喝勃根地的高登查理曼特級園（Corton Charlemagne）的白酒，酸度均衡，酒體豐郁，具奶油太妃糖，充滿柑橘、西洋梨與榛果香氣。筆者認為如果讓雄鷹酒莊的白酒和勃根地特級園白酒或DRC的蒙哈謝（Montrachet）白酒來對抗一次，可能會有出乎意料的結果。

DaTa

地址｜6555 N.E. Hilltop LaneDayton, OR 97114
電話｜503 864 4600
網站｜http://www.domaineserene.com
備註｜可預約參觀，請務必先預約

推薦酒款

Recommendation Wine

雄鷹宜斯丹珍藏夏多內白酒

Domaine Serene Chardonnay Evenstad Reserve 2011

ABOUT
分數：WA 90、WS 93
適飲期：2013～2020
台灣市場價：2,400 元
品種：夏多內（Chardonnay）
橡木桶：100% 法國新橡木桶
桶陳：15 個月
瓶陳：12 個月
年產量：7,200 瓶

品酒筆記

此酒白金明亮，圓潤、柔美纖細，酸度適中，具有奶油焦糖烘烤麵包，揉合花香與水果的滋味，礦石、蜜餞、青檸檬、洋梨、蘋果，結構非常完美，散發出淡淡的丁香花香，更令人著迷，結尾時帶出榛果仁和白蘆筍的韻味，使整支酒達到最完美的境界。

建議搭配

生魚片、日式烤魚、前菜沙拉、貝類燒烤。

★ 推薦菜單　奶油龍蝦燴麵

奶油龍蝦燴麵是到皇朝尊會必點的菜色之一，嚐過的人都大讚不已，這是一道可以讓人回憶的佳肴。這道菜融合了中式做法的巧思和西式的奶油焗法，食材用的是波士頓龍蝦焗奶油加上自製麵條，龍蝦肉結實彈牙，醬汁濃郁，麵條細緻。夏多內白酒熱帶水果味可以襯托出龍蝦肉質的Q嫩肌理，白酒的奶油榛果味和香濃的奶油蝦汁互相調和，非常的完美。最後白蘆筍味可以與蝦頭蝦膏汁互相交疊，使軟嫩的麵條吃起來有層層不同的變化，滋味美妙。雄鷹白酒活潑的酸度、高雅的香氣表現出眾，可以讓海鮮變的複雜又誘人。

皇朝尊會港式餐廳
地址｜上海市延安西路 1116 號
龍之夢麗晶酒店 3 樓

Dominus Estate
多明尼斯酒莊

多明尼斯酒莊（Dominus Estate）的座右銘是：「納帕土地，波爾多精神。」在美國要找到一支像波爾多的酒，首推是多明尼斯這款酒。説到這款酒就不得不提彼得綠酒莊（Petrus）的莊主克莉斯汀木艾（Christian Moueix），因為多明尼斯酒莊是他一手建立的。多明尼斯是一座具有歷史的葡萄園，就是眾人所稱的納帕努克（Napanook）。約翰丹尼爾（John Daniel）在1946年買下這個酒莊，1982年丹尼爾的兩個女兒瑪西史密斯（Marcie Smith）和羅賓萊爾（Robin Lail）與克莉斯汀木艾合作建立了多明尼斯酒莊，木艾先生又在1995年把她們的股份都買下，成為酒莊唯一的擁有者。二十世紀60年代後，當木艾先生還在美國加州大學戴維斯分校上學的時候就瘋狂地迷戀上了美國納帕谷（Napa Valley）以及這裡的葡萄酒。回到法國後，木艾對納帕谷的喜愛卻一直沒有淡忘。1981年，他很渴望有一座自己創立的酒莊，看中了揚維爾（Yountville）西邊面積約為124英畝的納帕努克葡萄園。揚維爾在二十世紀40-50年代已經是納帕谷地區主要的葡萄酒產區。木艾選擇了Dominus或Lord of the Estate來作為酒莊的名字，這兩個詞在拉丁語中的意思是「上帝」或「主的房產」，以此來強調他將會長期致力於管理和守護這塊土地，後來決定了用多明尼斯（Dominus），這就是酒莊名字的由來。

多明納斯酒莊是木艾（Moueix）家族在美國的第一個酒莊，對其重視程度可想而知，尤其前面又有一個木桐與蒙大維合作的「第一樂章Opus One」專美於前，

A . 酒莊葡萄園。B . 酒莊門口。C . 酒窖實景。D . 歷經三個不同時期的酒標。

他們當然想迎頭趕上。於是他們請來了克里斯菲利普斯（Chris Phelps）、大衛雷米（David Ramey）和丹尼爾巴洪（Daniel H.Baron）等一流釀酒師陣容來指導。後來改為原彼得綠酒莊（Chateau Petrus）的釀酒師珍克勞德貝魯特（Jean-Claude Berrouet）擔起重責，加上包理斯夏珮（Boris Champy）和珍瑪麗莫瑞茲（Jean-Marie Maureze）的幫助，在大師的指導之下，葡萄的生長得到細心的呵護，1983年迎來了第一批收成，並且一上市就獲得各界好評。

多明尼斯酒莊本身是由瑞士著名的建築師赫佐格和梅隆（Herzog & de Meuron）所設計的，其獨特的設計引來很多不同的評論，抽象與現代並存，這也是對建築很有興趣的木艾所要的風格，此建築物是由納帕的岩石所建、再用細鐵絲網將其圍住，從外看進去是整片葡萄園的寬闊視野，和周邊的風景可以結為一體。葡萄園面積為120英畝，園內土壤以礫石土壤和粘土為主，種植的品種為80%卡本內蘇維翁（Cabernet Sauvignon）、10%的卡本內弗朗（Cabernet Franc）、5%的美洛

（Merlot）和5%的小維多（Petit Verdot），完全以波爾多品種為主。

熱愛藝術、歌劇、建築、文學和賽馬的克莉斯汀木艾先生曾說過：「希望能花二十年的時間在納帕釀出頂級好酒。」事實上，經過十年後也就是1991年多明尼斯已經可以釀出世界級的好酒，這一年的分數帕克先生打出了98分高分。這個酒莊流著的是和柏圖斯（Petrus）同樣的血，也是木艾先生胼手胝足一步一腳印所創立的酒莊，無論在品質與聲譽上都不能有所差池，就如同首釀年份1983開始就將木艾先生的頭像放在酒標上一樣，是對這支酒的承諾，雖然其中更換了四次，但一直沿用到1992年才換成現在的酒標，而木艾的簽名還繼續留著，這也是木艾先生個人對多明尼斯的一種鍾愛和掛保證。當木艾先生2008年獲得品醇客（Decanter）年度貢獻獎時，個性低調的他，幾乎要成為第一位不願意受獎的得獎者，後來他知道自己是第一位波爾多右岸的得獎者，才願接受獎項和訪問，在他之前獲獎的有義大利安提諾里先生（Marchese Piero Antinori）、美國蒙大維先生（Robert Mondavi）、義大利哥雅先生（Angelo Gaja）、德國路森博士（Emst Loosen）、隆河積架先生（Marcel Guigal）、波爾多二級酒莊的巴頓先生（Anthony Barton）等不同國家的大師，這是一個在葡萄酒界最高的榮譽。

多明尼斯葡萄園這幾年有相當大的異動，原栽種方位為「東向西」，從2006年開始移植變更葡萄栽種方位為「南向北」，將一半的葡萄園銷毀重整土地，只留下最精華的葡萄園區，這是個非常艱辛又費時費力的大工程，葡萄收成量因移植及重新栽種，葡萄藤逐年遞減，年產量銳減只剩三分之一，從每年九千箱降至三千九百箱，2010僅剩三千箱，2010年的產量是自1984年以來產量最少的年份，量少質精，並獲得帕克先生評為第一個100滿分，喊出了「Bravo」的驚嘆！以台灣來說僅僅分配到三十箱的數量，真可謂是奇貨可居啊！這幾年來多明尼斯品質爐火純青，各種佳評不斷，除了2001～2010帕克連續十年都給予95分以上高分，更值得一提的是，1994年份的多明尼斯被評為「世紀典藏年份」，此酒也獲得帕克評為99高分肯定。如今，多明尼斯酒莊在美國市場的拍賣價屢創新高，已成為加州天王級酒莊，創辦人克莉斯汀木艾先生功不可沒，所謂「強將手下無弱兵」。

多明尼斯歷年RP分數：

2001：95	2002：96	2003：95	2004：94	2005：95+	2006：96
2007：98	2008：99	2009：97	2010：100		

DaTa

地址｜2576 Napanook Road Yountville ,CA 94599
電話｜707 944 8954
傳真｜707 944 0547
網站｜http://www.dominusestate.com
備註｜需要有人引薦才能參觀

推薦酒款

Recommendation Wine

多明尼斯

Dominus Estate 1996

ABOUT
分數：R P95、WS 91
適飲期：1998～2030
台灣市場價：12,000 元
品種：82% Cabernet Sauvignon(卡本內蘇維翁)、10% 卡本內弗朗（Cabernet Franc）、4% 美洛 (Merlot)、4% 小維多（Petit Verdot）
橡木桶：50% 全新法國橡木桶
桶陳：18 個月
瓶中陳年：12 個月
年產量：100,000 瓶

品酒筆記

1997的多明尼斯是個偉大的年份，充滿了不可能的驚奇，也是美國酒中的異數，幾乎每個酒莊的分數都很高。密不透光的黑紫色澤，提供了品嚐者想喝的慾望。濃郁而不肥膩，香氣集中，單寧如絲，結構完整，厚實的酒體中仍能感受到細緻的內涵，有波爾多松露氣息、雪松和明顯的加州李子，陸續報到的是一群黑色水果：黑醋栗果醬、黑櫻桃、藍莓和黑莓，中段有微微的紫羅蘭花香，東方香料，烘培咖啡豆和泥土芬芳，結束謝幕時的餘韻令人陶醉，停留在口中的果味花香久久不散，這款酒展現出優雅的韻味和豐富的複雜度，多層次的變化，已經達到完美臻善的成熟度，以這款酒的強度來說，應該還有二十年以上的潛力。

建議搭配

烤羊腿、上海紅燒肉、台式蔥爆牛肉、醬肉、乾煎牛排。

★ 推薦菜單　牛雜滷水拼

這是一道非常簡單又入味的平民下酒菜，在香港的大街小巷幾乎都看的到，潮式的做法和港式有點不同，我們這道是屬於港式的做法，一般會加在做好的米粉中，有些客人是單獨切盤配之。潮州菜用滷汁和各種香料燜製後，晾涼後切片食用。香港人則將所有牛雜在滷汁中滷煮，煮到熟透，客人點什麼就直接取出切片食用，熱騰騰的牛雜端上桌，味道比起冷的潮式做法來的可口多了。港式做法其滷味醇厚，香氣撲鼻，軟嫩可口。我們選擇了這款有波爾多濃郁氣息的酒款來搭配滷水牛雜可達到前所未有的效果。紅酒中的東方香料可以讓滷汁更加鮮美，豐富的黑色水果可以帶出牛筋的彈滑，紅酒中的單寧可柔化牛腩中的肉質，紫羅蘭花香讓牛肚達到鮮而不腥，口感活潑而不膩，酒與菜互相拉扯與平衡，使味蕾產生多層次的變化，妙不可言，欲罷不能！

潮興魚蛋粉
地址｜香港灣仔軒尼斯道 109 號

Harlan Estate
哈蘭酒莊

2014年的5月22日來到已經預約的美國第一級酒莊（First Growth）的哈蘭酒莊（Harlan Estate），這個酒莊是有名的難去參訪，在美國僅次於嘯鷹園（Screaming Eagle）難進去，沒有透過關係或特別的說明參訪目的，常常會吃閉門羹。而且酒莊沒有準確的地址，導航也找不到，一定要照著酒莊的說明才能找到。我們從加州的奧克維爾（Oakville）一路開車上來，沿路經過瑪莎葡萄園（Martha's Vineyard），再到瑪亞卡瑪斯（Mayacamas），最後到達一個最高的山脊上，這就是難得一窺的哈蘭酒莊（Harlan Estate）。

當天莊主和釀酒師到外地去辦事，因此由負責行銷的法蘭西斯（Francois Vignaud）接待與嚮導。他先帶領我們在酒莊的高台上看著整片葡萄園，他說：「莊主威廉哈蘭（H. William Harlan）1958～1960年來到納帕（Napa），1966

A. **哈蘭酒莊酒窖門口**。B. **遠眺葡萄園**。C. **作者與酒莊接待Francois Vignaud合影**。D. **酒莊招待室**。E. **酒窖**。

參觀了羅伯蒙大維酒莊（Robert Mondavi）的開幕，當時就下定決心要做一個傳世的酒莊給他的家族，而且一定要在山邊上（Hillside）」。在1984年成立了哈蘭酒莊，總面積超過240英畝，風光明媚，丘陵與河谷上橡樹錯落，大約有四十英畝的土地種植經典的葡萄，像是卡本內蘇維翁、美洛、卡本內弗朗、小維多。從無到有地細心耕耘，哈蘭先生在這裡為後代子孫打造了無與倫比的美麗家園，目前是由第二任莊主比爾哈蘭（Bill Harlan）接任。

佛蘭西斯接著帶我們到酒窖來參觀，他說：「哈蘭的酒在發酵和陳年時會放在三種不同地方的木桶中，發酵會維持兩三個月，五到六年會更換一次新的大橡木桶，陳年則完全使用新的小木桶，酒莊內的小木桶都是全新的法國橡木桶，並在桶內進行蘋果酸乳酸發酵。Harlan Estate Proprietary Red在桶中要陳釀二十五個月。未被選中的葡萄酒要在十個月後釀成二軍酒——荳蔻少女（The Maiden）。」哈蘭旗艦酒（Harlan Estate Proprietary Red）年產2,000箱，一向不易買到。產量少、配額更少，因為八成都是給酒莊會員與高級餐廳。不想排隊也可以，如果你可以用14萬美金，經人推薦，加入Napa名流組成的好酒俱樂部，那就省事多了。

哈蘭旗艦酒（Harlan Estate Proprietary Red）從1990年第一個年份開始到1996年才釋放到市場，如今，也將近20多個年份了，沒有人懷疑酒莊的企圖。帕克（R. Parker）說：「此酒莊不僅是加州，更是世界的一級酒莊」。珍西羅賓斯（J. Robinson）說：「為何其它酒不能像此酒一樣？」，更稱其為「20世紀十款最好的酒之一」。此酒之説服力，早已不分國界。當然，從售價上也可以反映（尤其是拍賣會）哈蘭酒莊的地位。無論名氣、價格、分數都可以和波爾多八大平起平坐，從1990～2011年這二十年當中總共獲得帕克五個100滿分，分別是1994、1997、2001、2002和2007，也是帕克《世界最偉大的156酒莊》（The World's Greatest Wine Estates）之一，《稀世珍釀》世界百大葡萄酒之一。美國葡萄酒雜誌（Fine）所選出一級超級膜拜酒（First Growth）之一。名單為：Harlan Estate、Screaming Eagle Cabernet Sauvignon、Colgin Cabernet Sauvignon Herb Lamb Vineyard、Bryant Family Cabernet Sauvignon、Araujo Cabernet Sauvignon Eisele Vineyard和Heitz Napa Valley Martha's Vineyard。這款帕克打九十八分的酒剛開始喝時有著：森林浴的芬多精、樹木、葉子, 青草和各種綠色植物，醒過一小時後（醒酒瓶），草本植物、雪松、薄荷、果醬、黑莓、草莓等多種紅黑色果實，和意想不到的變化，最後我聞到了玫瑰花瓣。

DaTa

地址｜P.O. Box 352 ,Oakville, CA 94562 USA
電話｜707 944 1441
傳真｜707 944 1444
網站｜http://www.harlanestate.com
備註｜酒莊不對外開放，可以透過引薦預約

推薦酒款

Recommendation Wine

哈蘭旗艦酒

Harlan Estate Proprietary Red 2002

ABOUT

分數：RP 100、WS 94
適飲期：2012～2035
台灣市場價：30,000元
品種：90%以上 Cabernet Sauvignon（卡本內蘇維翁）、Merlot（美洛）、Cabernet Franc（卡本內弗朗）、小維多（Petit Verdot）
橡木桶：100%法國新橡木桶
桶陳：25個月
瓶陳：12個月
年產量：24,000瓶

品酒筆記

2002年的哈蘭旗艦酒我總共品嚐了兩次，這款帕克先生打了三次都是100分的膜拜酒，相當引人好奇，但是產量少價位高，想一親芳澤的酒友是需要運氣和機緣。深紫色近黑的色澤，幾乎不透光，帶著煙燻燒烤、藍莓、黑莓、黑醋栗、甘草、微微的礦石和杉木味。紫羅蘭花香和玫瑰花瓣的芳香完全綻放開來。一款華麗出眾，質感優雅的葡萄酒，單寧滑順且細膩，酒體豐富飽滿變化多端，餘韻持續將近六十秒之久。做為當今美國最好最貴的酒之一，這款酒絕對是夠資格，帕克能打出這麼多次的滿分也是應該的，本人可以很負責說這個酒莊所生產的酒將是代表加州的典範。

建議搭配

東坡肉、揚州獅子頭、台式滷味、烤羊腿。

★ 推薦菜單　台式佛跳牆

佛跳牆原為福州音「福壽全」取如意吉祥之意，是一種福建「敬菜」，已有上百年歷史。在台灣是喜慶宴會、路邊辦桌的頭等料菜，春節過年家家戶戶必備的主菜。佛跳牆講究火侯真功夫，用料的品項與等級有很大的關係。訪問福州工商局時也在號稱國宴菜的聚春園嚐過這道當地名菜，吃起來柔潤芳香，濃郁豐富，葷素相調而不膩，百味雜陳，味中有味，真不愧是閩菜的榜首。此次在台北這家歷史悠久、堅持傳統的老店嚐到這道台式經典老菜，真讓人痛哭流涕，懷念不已。這款美國膜拜酒能夠抵擋這麼深厚濃重的大菜，同時扮演了美化融入的角色，非常不容易。紅酒味道層層幻變，每口喝下都是不一樣的香氣，和佛跳牆千變萬化的食材兩者各顯神通，我在酒酣耳紅之際說出：「此味只應天上有，不應下凡到人間。」難怪有詩云：「罈起濃香飄四座，佛聞棄禪跳牆來。」

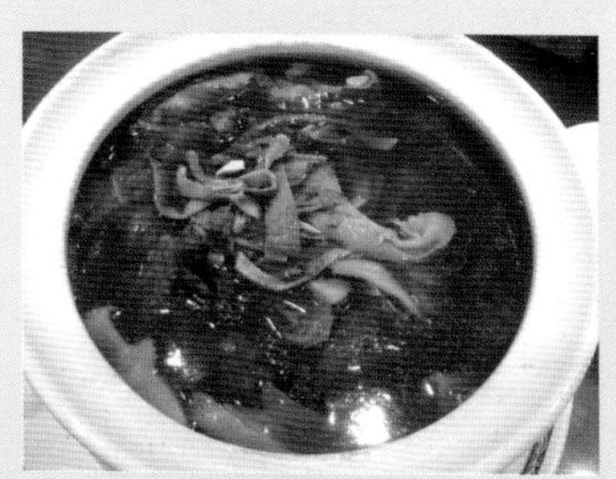

黑美人酒家
地址｜台北市延平北路一段51號3樓

Heitz Cellar
海氏酒窖

1961年海氏酒窖（Heitz Cellar）在聖海倫娜（St.Helena）買下第一個葡萄園，剛成立時整個納帕山谷（Napa Valley）只有幾家零星的酒廠。在創辦人Joe & Alice Heitz 夫妻及其家族經營下，堅持傳統釀造高品質葡萄酒的信念，每款酒都是細心呵護，有如母親對孩子的關懷。自1961年Joe & Alice Heitz 夫妻以8英畝大小葡萄園創建起，到目前為止已經擴充到一千英畝的葡萄園，第三代掌門人哈里森（Harrison Heitz）告訴我：其中四百英畝是混種的葡萄，六百英畝則是單一葡萄園，分別用來釀製「路邊園Trailside Vineyard」和「瑪莎園Martha's Vineyard」兩種酒，1964年並在聖海倫娜東方Taplin收購了160英畝的土地，作為新的酒廠腹地。而一開始的海氏酒窖土地產權是源自於1880年的Anton Rossi家族。其中有一個1898年用石頭所建的美麗酒窖，到現在仍繼續為Heitz Cellar海氏

	A	
B	C	D

A．瑪莎園Martha's Vineyard。B．酒莊門口掛有一幅酒標標誌。C．作者在酒莊門口與兩位莊主合影。D．作者頭上戴的帽子，是酒莊特別贈送的。

酒廠窖藏並陳年好酒。

海氏家族成員皆對葡萄酒有強烈的熱愛，尤其長子大衛（David Heitz），不但拿到州立大學葡萄酒學位，並於1974年獨自成功的釀出舉世聞名的瑪莎葡萄園（Martha's Vineyard），這也成為海氏酒窖的招牌酒。大衛是一個非常敦厚木訥的釀酒大師，不太喜歡說話，他的兒子哈里森（Harrison Heitz）說：「父親跟著祖父在酒莊內工作超過四十個年頭，從1970年開始學習釀酒，主要還是以傳統為主，他覺得對酒的認知要很足夠，對酒的堅持要很持續，完全以葡萄園來耕作，不迎合流行，不以分數為主，以傳統的釀酒方式來釀出最好的酒。」他又說：「他們和其他酒莊的不一樣，釀製波特酒的不一樣、種植的不一樣、沒有科技化。」

哈里森還告訴我兩個小故事：「因為祖母喜歡喝葡萄牙的波特酒（Port），所以父親特別從葡萄牙引進釀製波特酒的品種到美國來種植，並且買很多有關釀製波特酒的書，目前已經生產了很多年的海氏酒窖波特酒。」這真是一個令人感動的故事。另外一個是海氏酒窖酒標的故事，「當時，父親看到爺爺在酒窖中工作，就拿起畫筆來畫爺爺釀酒的身影，後來經過家族討論，就成為今天酒瓶上的酒標了。」又是一個美麗動人的故事。

海氏酒窖總共釀製十一款酒，其中最為人津津樂道莫過於瑪莎葡萄園（Martha's Vineyard），1974年開始放上自己的葡萄園，在年份較好的時候會用特別的酒標，如1985、1997和2007三個年份。瑪莎園必須在大的橡木桶陳年一年，小的橡木桶陳年兩年，瓶中再陳年十八個月，總共四年半的陳年才會問世，果然是一款不輕易出手的寶刀。

值得一提的是美國《酒觀察家》雜誌在1999年選出上個世紀最好的十二款夢幻酒，而海氏酒窖的瑪莎園（1974）就是其中一款。名單如下：Chateau Margaux 1900、Inglenook Napa Valley 1941、Chateau Mouton-Rothschild 1945、Chateau Petrus 1961、Chateau Cheval-Blanc 1947、Domaine de la Romanée-Conti Romanee-Conti 1937、Biondi-Santi Brunello di Montalcino Riserva 1955、Penfolds Grange Hermitage 1955、Paul Jaboulet Aine Hermitage La Chapelle 1961、Quinta do Noval Nacional 1931、Chateau d'Yquem 1921和Heitz Napa Valley Martha's Vineyard 1974。

英國最具權威的葡萄酒雜誌《品醇客》也選出此生必喝的100支酒，海氏酒窖的瑪莎園（1974）也入選為名單之中。海氏酒窖的瑪莎園同時也是美國葡萄酒雜誌（Fine）所選出六款一級超級膜拜酒（First Growth）之一，這六款為：哈蘭酒莊（Harlan Estate）、嘯鷹園（Screaming Eagle Cabernet Sauvignon）、柯金酒莊（Colgin Cabernet Sauvignon Herb Lamb Vineyard）、布萊恩酒莊（Bryant Family Cabernet Sauvignon）、阿羅侯（Araujo Cabernet Sauvignon Eisele Vineyard）和海氏酒窖（Heitz Napa Valley Martha's Vineyard）。世界上能同時獲得這三項殊榮的唯有海氏酒窖（Heitz Cellar）。

DaTa

地址｜500 Taplin Road St.Helena,CA94574
電話｜707 963 3542
傳真｜707 963 7454
網站｜http://www.heitzcellar.com
備註｜每天開放購買和試酒，11：00～16：30

推薦酒款

Recommendation Wine

海氏酒窖瑪莎園

Heitz Martha's Vineyard 2007

ABOUT

分數：WS 94
適飲期：2013～2028
台灣市場價：9,000 元
品種：100% 卡本內蘇維翁（Cabernet Sauvignon）
橡木桶：100% 全新法國橡木桶
桶陳：36 個月
瓶陳：18 個月
年產量：42,000 瓶

品酒筆記

醉人的深紫色當中散發著一股動人的黑色果香，紫羅蘭的芬芳伴隨著森林中的杉木香，飄散在空氣中，令人心曠神怡。入口後酒體豐厚，單寧細緻，平衡且飽滿，香草、藍莓、黑醋栗、黑櫻桃，水果蛋糕、雪松和微微的煙絲，結尾的摩卡咖啡與巧克力的混調更是絕妙，悠長的餘韻和複雜而多變的味道讓人午夜夢迴，有如一位風情萬種的封面女郎。

建議搭配

燒烤羊排、牛排、烤鴨、烤雞和燒鵝。

★ 推薦菜單　金牌燒鵝

香港鏞記的燒鵝可說是去香港旅遊必訪的一家餐廳，尤其是由創辦人甘穗煇一手燒製的金牌燒鵝，更是聞名中外，所有華僑思鄉解饞的代表，甘穗煇先生亦因此被稱譽為「燒鵝煇」。1942年就創立的鏞記燒鵝，能歷經七十幾年而不墜，靠的就是這道招牌菜，餐廳天天門庭若市都是為了金牌燒鵝慕名而來，如不提早訂位，往往都會鎩羽而歸。這道金牌燒鵝只要端上桌絕對是眾人的焦點，油油亮亮的黃金脆皮，汁多油滑的嫩肉，再淋上獨家祕製的醬汁，一看之下就食指大動。我們以海氏酒窖的瑪莎園頂級紅酒來配這道名菜，兩者東西方的撞擊立即擦出火花，紅酒中的松木香可以去除燒鵝的油膩，使肉質更為柔嫩，黑櫻桃和藍莓的果香可以與醬汁相輔相成，讓肉汁更為鮮美，咖啡與巧克力的焦香正好讓燒鵝的脆皮更具口感和香氣，名酒與名菜相得益彰，完美無缺。

香港鏞記酒家
地址｜ 香港中環威靈頓街32-40 號

Hyde de Villaine

HdV酒莊

來自世界酒王Romanee-Conti掌門人奧伯特（Aubert de Villaine）在加州所釀的四款稀世珍釀——Hyde de Villaine，簡稱HdV。

1978年，美國Robert Mondavi Winery酒莊的莊主羅伯．蒙大維（Robert Mondavi）以及法國波爾多五大酒莊之一木桐酒莊（Château Mouton Rothschild）的老莊主菲利普．羅柴爾德男爵（Baron Philippe de Rothschild）共同創立了第一樂章（Opus One），1982年丹尼爾的兩個女兒瑪西史密斯（Marcie Smith）和羅賓萊爾（Robin Lail）與柏翠酒莊（Petrus）的克莉斯汀木艾（Christian Moueix）合作建立了多明尼斯酒莊（Dominus Estate）。2000年，Romanee-Conti掌門人奧伯特（Aubert de Villaine）與Hyde家族的拉瑞（Larry Hyde）一起建立HdV酒莊。

A．葡萄園一景。B．酒窖裡的橡木桶。C．葡萄藤。D．HdV總監Larry（左）和DRC總監夫婦Pamela & Aubert de Villaine。

釀酒家族之間的聯姻，所在多有；但是美法之間的結合，卻不常發生。如果雙方都是極有名望的家族，聯姻雖是美事一樁，外界也總期許紅毯走完之後，雙方能不能在酒界迸出新的創意及火花，而HdV酒莊就是一個酒界期待的例子。因為世界酒王DRC掌舵者奧伯特娶了美國納帕Hyde家族的潘蜜拉（Pamela），這兩大家族就在2000年打造出了HdV酒莊，葡萄選自Napa涼爽的卡內羅斯（Carneros）產區Hyde Vineyard，由奧伯特本身擔任HdV酒莊總監：此人是世界目光焦點的DRC舵主之一，經驗與技術自是不在話下。

奧伯特曾擔任1976巴黎品評會的裁判，深知加州酒的潛力與實力，以他的名聲在加州打造酒莊，酒界可是以超高標準來看待。而HdV酒莊本身也很清楚這一點，它僅在自家的Hyde Vineyard用單一葡萄園的方式生產四款酒

（Chardonnay、Syrah、Merlot＆Cabernet Sauvignon、Pinot Noir），目的就是希望從種植到釀造，整個過程能夠完全掌握。將目光集中在奧伯特或許對HdV酒莊不盡公允，另一位靈魂人物拉瑞其實也是酒界名家，他曾任職於Ridge、Mondavi、Stag's Leap Wine Cellars等頂級酒莊，對納帕產區可說是瞭若指掌。值得一提的是，或許很多人會懷疑，單一葡萄園何以能生產如此多不同的酒款？幾年前白宮曾辦了一場特別的宴會，會中首次僅用單一葡萄園的各種酒款來搭配全部餐點，而得此殊榮的葡萄園就是出自拉瑞的Hyde Vineyard。來自此園的酒還有Arietta、Kistler、Kongsgaard、Paul Hobbs、Spottswoode，全是紅白酒的翹楚。

白酒方面以夏多內為代表，品質絕不亞於加州最好的三家夏多內（Kistler、Kongsgaard 和Marcassin），其中2008年羅伯帕克評為96分，2009評為95～97分，2012年更評到96～98高分。HdV夏多內白酒用100%的Chardonnay三十年老藤，此酒有著特殊的礦物風格，間雜著杏桃與帶核水果的香氣，口感多層次且富酸度。由於葡萄園氣候涼爽，生長季長、收成季節較晚，因此與加州溫暖氣候的夏多內有著明顯差別。果香節制，柑橘屬香氣之尾韻綿長。有如勃根地的蒙哈謝（Montrachet），但卻不到五分之一的價格，極具收藏和陳年價值。

HdV的標誌是歷史上著名的De la Guerra家族的家徽，Pamela de Villaine和Hyde家族都是這個古老家族的後代。De la Guerra家族是加州最早開始釀葡萄酒的家族之一，他們釀酒的歷史可以追朔到1876年，他們在當年費城的百年展中得到金牌。HdV酒莊可說是Romanee-Conti在加州的神來之筆啊！一支Romanee-Conti有多貴？NTD350,000元起跳，一支DRC Montrachet有多貴？最差的年份約台幣150,000元。個人誠意推薦，名家＋好年份，此酒增值空間極大，自喝絕對有賺，千萬不要等到像加州膜拜酒的價格再來收藏，那就有點晚了！

DaTa

地址｜588 TRANCAS STREET, NAPA, CA 94558
電話｜707- 251-9121
網站｜http://www.hdvwines.com
備註｜如有參觀需求，請至官方網站登記

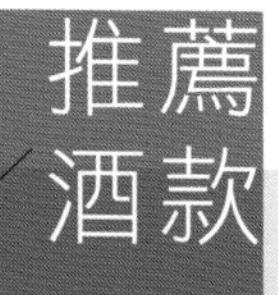

Hyde de Villaine

Chardonnay 2009

ABOUT

分數：RP 95～97　WS 90
適飲期：2014～2024
台灣市場價：3,300元
品種：100% Chardonnay
橡木桶：100% 全新法國橡木桶
桶陳：12 個月
瓶陳：2 個月
年產量：22,800 瓶

品酒筆記

這支酒一開始喝就讓你印象深刻，像極了勃根地的騎士蒙哈謝白酒（Chevalier Montrachet），聞起來有核果、柑橘及奶油、炒過的焦糖甚至高級的白蘆筍；喝起來更有鳳梨、芒果和葡萄柚等熱帶水果的清香，最後你會嘗到些許的香料和礦物。葡萄酒的餘韻在口中留存下深遠而美好的印象，最後表現出延綿不絕的蜂蜜，並與自然的酸度互相協調，這支酒非常的完美，出乎想像，現在喝正是時候，也可以在酒窖中存放十年以上。

建議搭配

生魚片、清蒸大閘蟹、鹽煎圓雪、清燙軟絲。

★ 推薦菜單　桂花萬里三點蟹

三點蟹學名紅星梭子蟹，蟹殼上有明顯的三點，集中在夏末秋初，九月底以後大出，一直到十二月。每年台灣大出的季節，有很多老饕全部出籠，就是為了一嚐這人間的美味。海世界以新鮮海鮮著稱，桂花三點蟹這道菜炒得美味鮮香，讓杭州來的領導和美食家讚不絕口。蛋先煎金黃再下洋蔥拌炒，再將事先炸過的三點蟹加以翻炒，最後加入大蔥和香菜，翻一翻馬上起鍋，熱騰騰的香氣一端上桌，立即吸引大眾的目光。這道菜和HdV的夏多內白酒相匹配真是天作之合，白酒的果香和纖細的蟹肉相結合，馬上迸出火花，白酒的蜜香和蟹肉的鮮甜，簡直無法形容，在場每位客人都已經說不出話了。白酒中的酸度正好能引導出鮮嫩的蛋味和洋蔥的脆甜，清爽而不油膩，這樣的演出只有兩個字形容：「完美」！

台北海世界海鮮餐廳
地址｜台北市農安街 122 號

Joseph phelps Vineyards
約瑟夫・費普斯酒莊

1973年約瑟夫・費普斯（Joseph phelps）先生以他的名字創立酒廠，並在聖海倫娜（Santa Helena）東方買了第一塊600英畝的葡萄園。用首批1974年收穫的那帕谷葡萄進行釀酒。酒莊建立之初，菲爾普斯先生延請有多年釀酒經驗的蘇格（Walter Schug）擔任酒莊的首任釀酒師。1974年酒莊便推出了該酒莊的招牌酒「徽章」（Insignia），和Robert Mondavi Reserve（蒙大維珍藏）並列為有史以來美國最傑出的酒，可謂一鳴驚人。1983年威廉斯（Graig Williams）先生接替蘇格先生擔任酒莊的釀酒師，成績也相當不錯。1997年首席釀酒師Damian Parker曾經表示；釀酒過程中最關鍵也具挑戰性的莫過於採收。時間點是最重要的一點，如太早採收，葡萄無法成熟，所釀成的葡萄酒就沒有複雜度，倘若太晚採收，又可能讓葡萄過於成熟，糖度太高，酒精味太濃，釀成的葡萄酒只剩果味

A | B / C

A. 酒莊提供戶外品酒場地並可以欣賞美麗的葡萄園。B. 入口特別標明酒莊的品酒與野餐時間。C. 作者與釀酒師Ashley Hepworth女士在葡萄園合影。

而沒有層次感。再次證明好的葡萄酒來自好的葡萄園，釀酒師在氣候與土壤之下只是一位化妝師而已。

2014年的五月份我來到位於聖海倫娜（Santa Helena）的約瑟夫．費普斯酒莊，酒莊的首席接待經理妮可小姐（Nicole Boutilier）邀請我們到品酒室品酒，酒莊特地準備了五款酒：夏多內白酒（Chardonnay, Pastorale Vineyard, Sonoma Coast 2011）、黑皮諾紅酒（Pinot Noir, Quarter Moon Vineyard, Sonoma Coast 2010）、卡本內紅酒（Cabernet Sauvignon, Napa Valley 2011）、徽章（Insignia 2005）和徽章（Insignia 2006）。我再次喝到了旗艦酒款「徽章」2005和2006，都是很好的年份，兩者之中我比較喜歡的還是2005這個年份，酒體飽滿、單寧細緻、帶有亞洲香料、黑莓、藍莓、小紅莓、清新的松木、巧克力等多層次的堆疊，絲絲入扣到心坎裡。妮可小姐還請來了酒莊的釀酒師阿胥麗（Ashley Hepworth）幫我們解說酒莊的特色有三點；第一、約瑟夫·費普斯酒莊很重視家庭的延續，Joe傳給他的兒子Bill。第二、好的葡萄園可以展現葡萄酒的特色，所以他們挑選更好的地塊。第三、釀酒團隊的培育與合作，這樣的默契更能釀出好的葡萄酒。她又說：「2008年開始科技電腦化、葡萄分級、節省人工、品質得到更好的控制。」最後他告訴我們「徽章」就如Opus One一樣，因為Cabernet Sauvignon比例夠多，所以可以掛上自己的名字Insignia。

現在費普斯每年出產的酒款包括Insignia、Backus葡萄園的Cabernet Sauvignon，與那帕谷的Cabernet Sauvignon、Syrah、Sauvignon Blanc、Viognier、Eisrebe。「徽章」是費普斯酒莊的代表酒款，使用的是波爾多式的混釀手法，由卡本內蘇維翁（Cabernet Sauvignon）、美洛（Merlot）、小維多（Petit Verdot）、馬貝克（Malbec）、卡本內弗朗（Cabernet Franc）5種葡萄品種釀成，每一年所用的葡萄比例都會有所不同。葡萄來自於酒莊六個表現最優秀的葡萄園，分別是聖海倫娜（St Helena）的Spring Valley Ranch、Rutherford Bench的Banca Dorada葡萄園、鹿躍區（Stags Leap District）的Las Rocas和Barboza葡萄園、橡樹區（Oak Knoll District）的Yountville葡萄園，以及那帕谷（Napa Valley）南端的Suscol葡萄園。該酒被認為是最像法國波爾多調性的美國酒，也是美國酒用卡本內混釀的酒款中最具魅力和複雜性的一款。在葡萄酒倡導家《WA》網站中從1991到2012連續22年，全部獲得世界上最具權威的評論家R.Parker評為90分以上，其中1991、1997、2002和2012都被評為100分，在整個美國很難出其右。美國《酒觀察家WS》在2005年的世界百大葡萄酒的評審中也給了「徽章Insignia 2002」第一名，能得此殊榮，實屬不易。

DaTa

地址｜ 200 Taplin Rd, St .Helena, CA 94574 USA
電話｜ 800-707-5789
網站｜ http://www.josephphelps.com
備註｜ 可預約參觀

推薦酒款

Recommendation Wine

徽章

Insignia 2007

ABOUT

分數：RP 99、WS 96
適飲期：2013～2038
台灣市場價：8,000 元
品種：88% Cabernet Sauvignon（卡本內蘇維翁）、
8% Merlot（美洛）、4% Petit Verdot（小維多）
橡木桶：100% 全新法國橡木桶
桶陳：24 個月
年產量：162,000 瓶

品酒筆記

這款經典的美國酒喝起來相當地年輕有活力，雖然剛開始聞到的是青澀的香草味，但是隨之撲鼻而來是春天盛開的白花，清新的薄荷香，森林中聳立的大杉木，讓人豁然開朗，神清氣爽。口感上則非常宏大，黑莓、櫻桃、黑李子等黑色水果風味滿溢，酒體相當集中，架構上，以細緻的果酸平衡黑色水果的濃稠。圓潤的單寧與藍莓和巧克力在悠長的尾韻中輕舞飛揚。預估未來的25年都是最佳品嚐時間。

建議搭配

燒烤牛排、羊排，濃厚醬汁中菜、紅燒肉類料理。

★ 推薦菜單　干菜千層肉塔

千層肉塔刀工精美，狀如埃及金字塔，肥瘦適中的紅燒肉搭配釀入的梅干菜，味道綿軟細膩，肥腴的肉汁與充沛的果味互相融合，毫無油膩之感，薄荷與杉木香柔化了瘦肉中的乾澀肉質，口齒留香，這款濃郁的酒完美搭配出這道油嫩透亮的菜系，更能顯出酒菜之中的甘美，鮮香誘人，意猶未盡。

遠東飯店上海醉月樓
地址｜ 台北市敦化南路二段201 號 39 樓

Kistler Vineyards 奇斯樂酒莊

1978年，奇斯樂酒莊（Kistler Vineyards）由史蒂夫．奇斯樂（Steve Kistler）和他的家人在瑪亞卡瑪斯山（Mayacamas Mountains）建立了酒莊，奇斯樂酒莊是位於在俄羅斯河谷（Russian River）的一家小而美、具有家族企業色彩的酒莊，專精於釀造具有勃根地特色的夏多內和黑皮諾。在1979年產出第一個年份的酒，年產量只有3,500箱。史蒂夫．奇斯樂畢業於史丹佛大學，就讀過加州戴維斯大學，並且在尚未建立奇斯樂酒莊之前，1976年曾在Ridge酒莊當過2年保羅．德雷柏（Paul Draper）的助手。另一位總管馬克．畢斯特（Mark Bixler）最主要為奇斯樂酒莊的經理人，負責酒莊的一切事務。在剛開始的十年，他們很幸運的從納帕和索諾馬地區的兩家頂級酒莊獲得夏多內的葡萄品種。陸續在1986年杜勒（Durell）葡萄園、1988年麥克雷（McCrea）葡萄園開始生產夏多內白酒。1993

A
B | C | D

A.酒莊房子。B.葡萄園。C.夏多內葡萄。D.Kistler行銷總監同時也是MW的Geoff Labizke先生。

年租到麥克雷葡萄園，並且開始經營。1994年在卡納羅斯（Carneros）著名的修森（Hudson）和希德（Hyde）葡萄園生產夏多內白酒。

奇斯樂酒莊的夏多內是由法國傳統手法釀造，搭配釀酒師的手藝，完全呈現在酒體上。奇斯樂酒莊的夏多內有一個明顯的特色，完全使用本身和人工養殖的酵母在桶內發酵，並放置於50%新的法國橡木桶與發酵的沉澱物接觸，經歷過第二次發酵，不要過濾，並放置橡木桶11～18個月。它的夏多內以勃根地為師，整串壓榨，使用本身和人工養殖的酵母在桶內發酵，過程中酒液保持與發酵沉澱物接觸，乳酸發酵時間長而緩慢，再利用法國小橡木桶陳化，新桶比約為一半，不過濾也不澄清，陳年實力極佳。早期奇斯樂的口感濃郁集中，成熟豐富的果香，讓它成為加州夏多內白酒代言人，近年它的身形略為細瘦，但又有幾分纖細優雅，性感迷人。

奇斯樂的葡萄部分自有，部分收購，產量一直在擴充，但品質卻持續提升。即使它的夏多內酒至少有10個園，奇斯樂園（Chardonnay Kistler Vineyard）年產量900～2,700箱、麥克雷園（McCrea） 年產量1,800～3,600箱、葡萄山園（Vine Hill） 年產量1,800～2,700箱、杜勒園（Durell） 年產量900～1,800箱、以史蒂夫女兒命名的凱薩琳園（Cathleen）沒有年年生產，年產量不超過500箱，算是酒莊最招牌的一款酒，從1992～2012二十個年份帕克的分數都在94分以上到100分，其中2003打了98～100，2005打96～100，而且帕克自己說：常常把奇斯樂夏多內當成勃根地的騎士蒙哈謝或高登查理曼白酒，可見奇斯樂白酒有多難捉摸而迷人！

奇斯樂的豐功偉績，從Neil Beckett的《1001款死前必喝的酒》，美國《酒觀察家WS》，到《紐約時報》的酒評專欄都有記述。它既是帕克欽點的「世界最偉大酒莊」之一，陳新民教授《酒緣彙述》第45篇〈美國白酒的沉默大師〉內容，也是被公認「價格最適當的膜拜酒」，美國人認為是最好的美國三大白酒之一。奇斯樂是一間少數兼有膜拜酒水準與「適當產量」的頂級限量酒莊，到現在仍然是很難買到，它以前的售價就不便宜，但遠比膜拜酒客氣的多。任何場合，如果缺少一款白酒，當你拿出來與酒友分享，不但是面子十足也增添了酒桌上的風采。

DaTa

地址｜4707 Vine Hill Road, Sebastopol,CA 95472
電話｜707 823 5603
傳真｜707 823 6709
網站｜http://www.kistlervineyards.com
備註｜酒莊不對外開放

推薦酒款

Recommendation Wine

奇斯樂葡萄山園夏多內白酒

Kistler Vine Hill Vineyard 2008

ABOUT

分數：WA 95、WS 93
適飲期：2011～2026
台灣市場價：4,200元
品種：夏多內（Chardonnay）
橡木桶：50%法國新橡木桶
桶陳：18個月
瓶陳：6個月
年產量： 25,500瓶

品酒筆記

成立於1991年的Vine Hill Vineyard屬於Sonoma Coast，本區是Sonama最涼爽的一個次產區，得海風之助，氣候涼爽而酒質細緻，荒瘠的砂地讓其酸度自然、明亮，整款酒在固有的桃李香氣外，另有核果類的層次與榛果暨奶油香。2008年份的Vine Hill Chardonnay有著近年來最令人滿意的表現；金黃色帶翠綠的酒液，香氣複雜，礦物質綿綿柔細，交織著柑橘、鳳梨、芒果的纏繞，釋放出核果類的芳香。過程中可感受葡萄乾、水蜜桃的甜酸度，結尾的煙燻焦糖味久久不散，餘韻悠長持續不斷，細緻優雅，真的會讓人誤認為勃根地騎士蒙哈謝（Chevalier Montrachet）夏多內，也是一款不可多得的白酒。

建議搭配

清蒸石斑、水煮蝦、生魚片、握壽司、生蠔。

★ 推薦菜單　清蒸大閘蟹

大閘蟹產於江蘇陽澄湖、太湖、上海崇明島，以陽澄湖最為知名。在中國，蟹做為食物已經有4000多年歷史了。中國人善於吃蟹煮蟹，通常以清蒸為主，佐以醋汁去腥，這是吃蟹不失原味的最佳方法，中國人認為蟹是全天下最美味的食物。中國一年所產的大閘蟹估計有五十億隻，這個龐大的數字包含中港台三地吃下肚的數量，由此可見每年的中秋時節中國人最大的活動就是啖蟹。食用大閘蟹的最好時期在每年10～11月，九月母，十月公。說的是農曆九月吃母蟹的蛋黃膏，十月吃公蟹肥美飽滿的肉。優質的大閘蟹紫背、白肚、金毛，蟹足豐厚飽滿，絨毛堅挺，眼睛閃爍靈活。美國的夏多內白酒一向以飽滿豐腴著稱，這款奇斯樂酒莊的酒也不例外，酒中的核果芳香與蟹黃膏恰逢敵手，難分難解，互相襯托，酒與膏愈盡香醇。白酒的焦糖奶油香搭配鮮甜的蟹肉，讓整個蟹肉嚐起來結實有彈性又不腥羶，肉質的肥美與甜嫩更不在話下。整隻蟹讓這款白酒侍候得服服貼貼，讓酒喝得有感覺，蟹吃得有味道，原來除了中國黃酒以外，美國白酒也是大閘蟹的絕配。

南伶酒家
地址｜上海市岳陽路168號

Kongsgaard
康仕嘉酒莊

約翰·康仕嘉（John Kongsgaard）高中畢業時，也和一般年輕人一樣，懷著一個美國夢來到美國的納帕谷（Napa Valley）。發現納帕有可能成為下一個國際知名的葡萄酒產地後，他清楚的知道文學學位並不會幫助他在釀酒上有多大的幫助，便申請加州大學戴維斯分校學習釀酒，後來他又在聖海倫娜（St. Helena）的著名酒莊紐頓酒莊（Newton Vineyard）擔任首席釀酒師，這對於他日後釀製全美最好的康仕嘉大法官夏多內白酒（Kongsgaard Judge Chardonnay）起了很大的啟蒙。

位在加州納帕的康仕嘉酒莊，家族在當地已有五代之久。早在1970年代，約翰及妻子瑪姬（Maggy）就開始打理名下的大法官園（Judge），為未來的精美品質鋪路，直至1996年，早已聲名遠播的康仕嘉先生四處尋覓，希望選擇一

A
B | C | D

A.酒莊。B.葡萄園。C.酒窖。D.有趣的酒標。

塊心儀的土地來建立自己的酒莊。在他的多方奔走之下終於買下阿特拉斯峰頂（Atlas Peak）的五英畝葡萄園，才正式以康仕嘉（Kongsgaard）為名對外裝瓶出售。當然，旗艦品項大法官園（Judge）的實力非凡，無論品質、分數或是價格，都獲得市場一致肯定，自然是愛酒行家收集的對象。基本款的康仕嘉夏多內白酒（Kongsgaard Chardonnay）也釀的相當出色，從1996開始到2012為止，派克的分數都在90分以上到98分之間，美國酒觀察家《WS》也都在91分到97分之間，兩份酒評看法頗為一致，基本款就能得到這麼高的分數，可見康仕嘉絕非浪得虛名。酒標上的酒標也頗有些來歷，取材於挪威Hallingdal 一座教堂上的壁畫，畫著兩個人抬著很大串的葡萄，如果是旗艦酒大法官系列，就在酒標上多了藍色字的"THE JUDGE"，繪畫的年代距今已近800年；而這座教堂所在地，就是康仕嘉家族的祖先代代耕作的土壤。康仕嘉夏多內白酒（Kongsgaard Chardonnay）雖說它是「基本級」酒款，但美國出廠價就高達100美元以上，二手市場更是一飛沖天。

康仕嘉除了自己天王級的大法官園，在Napa其它地方也有長期合作契農，生產如希哈與卡本內等紅酒品項，不過夏多內仍是酒莊招牌所在。它一向控制葡萄園產量以確保品質，採用自然、幾乎不干預的傳統方式釀酒，不使用人工酵母，不澄清、不過濾，整款酒濃郁但仍不失優雅。

四十年後，康仕嘉終於實現了他的夢想，各地佳評如潮，美國《酒觀察家Wine Spectator》多次以他為封面人物，尊稱他為「在納帕卡本內中的夏多內大師NAPA'S JOHN KONGSGAARD A CHARDONNAY MASTER IN CABERNET COUNTRY」，並且稱讚這兩支夏多內白酒是結合了納帕酒莊的文化遺產、歷史悠久的勃根地技術而釀製的頂級佳釀。另外，康仕嘉夏多內白酒Kongsgaard Chardonnay 2003也是美國酒觀察家2006年度百大第八名，康仕嘉夏多內白酒Kongsgaard Chardonnay 2010更成為美國酒觀察家2013年度百大第五名。康仕嘉大法官園Kongsgaard Judge自2002～2012年，除2006年之外，連續10年都獲得派克評為95～100的絕頂高分。紅酒拿100分容易，白酒拿滿分卻很難，喝高級白酒的酒友們都懂這個道理。帕克先生曾形容，「康仕嘉追求如聖杯般的葡萄酒（眾人皆想，但無人能及），他的酒富含意趣、渾然天成。」大法官園被列入全美售價最高的夏多內白酒之一，同時也是美國最好的三大白酒之一，與奇斯樂（Kistler）、瑪卡辛（Marcassin）齊名。康仕嘉已是加州膜拜級的白酒象徵！如此白酒除了酒迷競相收藏外，也是拍賣會中珍品。大法官園（Judge）一年產量約為2000瓶，這就是標準的車庫酒，如同膜拜酒（Cult Wine）Screaming Eagle等級的白酒地位。量少質精，找不到，就算有錢也不一定買的到，看到一瓶收一瓶，紅酒好找，白酒難得！

DaTa

地址｜4375 Atlas Peak Road，Napa，CA 94558，USA
電話｜707 226 2190
傳真｜707 2262936
網站｜www.kongsgaardwine.com
備註｜不接受參觀

推薦酒款

Recommendation Wine

康仕嘉大法官園

Kongsgaard Judge 2008

ABOUT

分數：WA：97 WS：92
適飲期：2010～2030
台灣市場價：8,000 元
品種： 夏多內（Chardonnay）
橡木桶：100% 法國新橡木桶
桶陳：22 個月
瓶陳：12 個月
年產量： 3,500～4,500 瓶

品酒筆記

這款大法官夏多內白酒帕克打了很高的分數，必須有一段時間來醒酒，比基本款的酒來得豐腴，顏色是秋收的稻草金黃色，剛開瓶後聞到的是奶油焦糖香，經過三十分鐘以後，花香慢慢的綻開、爽脆的礦石味混合著熱帶水果：木瓜、香瓜、鳳梨及芒果等香氣一一呈現，杏仁、核果，最後是蜂蜜的香甜，難以忘懷的尾韻，驚人的複雜度和層次感應該可以在陳年十五年以上。

建議搭配

生蠔、鹽烤處女蟳、海膽、清蒸魚。

★ 推薦菜單　智利活鮑魚

海世界的海鮮就是以生猛活跳聞名，今日這隻活鮑魚來自智利的太平洋，新鮮甜美。這麼新鮮的海鮮已經不需要太多繁複的燒製，直接以清蒸的方式再淋上醬汁，一口咬下去，又嫩又Q，鮮甜肥美，愛不釋口，有海洋的鹹味道，但絕不腥羶。今日我們用比較好的美國夏多內白酒來搭擋，實在是恰到好處，這支老年份的康仕嘉大法官系列不愧式招牌酒，強而有力，果味豐富，酸度平衡，層次分明，鳳梨和香瓜的果香中和了海洋的鹹甜，交融得五體投地。奶油焦糖杏仁更將活鮑魚的肉質提升到更高深的境界，讓吃到這道菜的朋友由衷的讚不絕口，好酒配好菜，相得益彰，真是快活！

台北海世界海鮮餐廳
地址｜台北市農安街 122 號

Opus One Winery
第一樂章

1970年，分別是來自美國Robert Mondavi Winery酒莊的莊主羅伯・蒙大維（Robert Mondavi）以及法國波爾多五大酒莊之一Château Mouton Rothschild的老莊主菲利普・羅柴爾德男爵（Baron Philippe de Rothschild），他們在夏威夷第一次見面，蒙大維首先提出合作的計畫，並沒有受到菲利普男爵的正面回應。1978年，菲利普男爵邀請蒙大維來波爾多共商大計，討論如何釀出美國最好的第一支酒，於是第一樂章（Opus One）誕生了，從此他們改變了整個美國葡萄酒的世界。

1982年，菲利普男爵選用在音樂上表示作曲家第一首傑作的「Opus」做為酒莊名，兩天後他又增加了一個詞，將其改為現今酒莊名「Opus One第一樂章」，代表著美法合作首釀的問世，酒標則以兩個側面的頭像交融的剪影為主，彷彿象

相遇在最好的年代

100元面額折價券

注意事項

1.每瓶酒限用一張，除部分酒款以外；僅限於百大葡萄酒來店消費時使用。
2.請於結帳時出示本券。本券限用一次，結帳後由百大葡萄酒回收作廢。
3.有效日期自民國104年5月1號至民國105年4月30號，逾期作廢。

百大葡萄酒　台北市文山區木新路三段125號1樓／電話：（02）2936-1600

相遇在最好的年代

100元面額折價券

注意事項

1.每瓶酒限用一張，除部分酒款以外；僅限於百大葡萄酒來店消費時使用。
2.請於結帳時出示本券。本券限用一次，結帳後由百大葡萄酒回收作廢。
3.有效日期自民國104年5月1號至民國105年4月30號，逾期作廢。

百大葡萄酒　台北市文山區木新路三段125號1樓／電話：（02）2936-1600

相遇在最好的年代

100元面額折價券

意事項

每瓶酒限用一張，除部分酒款以外；僅限於百大葡萄酒來店消費時使用。
請於結帳時出示本券。本券限用一次，結帳後由百大葡萄酒回收作廢。
有效日期自民國104年5月1號至民國105年4月30號，逾期作廢。

大葡萄酒　台北市文山區木新路三段125號1樓／電話：（02）2936-1600

相遇在最好的年代

100元面額折價券

注意事項

1.每瓶酒限用一張，除部分酒款以外；僅限於百大葡萄酒來店消費時使用。
2.請於結帳時出示本券。本券限用一次，結帳後由百大葡萄酒回收作廢。
3.有效日期自民國104年5月1號至民國105年4月30號，逾期作廢。

百大葡萄酒　台北市文山區木新路三段125號1樓／電話：（02）2936-1600

遇在最好的年代

100元面額折價券

項

酒限用一張，除部分酒款以外；僅限於百大葡萄酒來店消費時使用。
結帳時出示本券。本券限用一次，結帳後由百大葡萄酒回收作廢。
日期自民國104年5月1號至民國105年4月30號，逾期作廢。

萄酒　台北市文山區木新路三段125號1樓／電話：（02）2936-1600

相遇在最好的年代

100元面額折價券

注意事項

1.每瓶酒限用一張，除部分酒款以外；僅限於百大葡萄酒來店消費時使用。
2.請於結帳時出示本券。本券限用一次，結帳後由百大葡萄酒回收作廢。
3.有效日期自民國104年5月1號至民國105年4月30號，逾期作廢。

百大葡萄酒　台北市文山區木新路三段125號1樓／電話：（02）2936-1600

A . 在Oakville的葡萄園。B . 作者與釀酒師一起在酒莊品嚐的Opus One 2005&2010。C . 作者與釀酒師麥克在酒窖合影。D . 麥克邀請我們在酒莊客廳敘述酒莊歷史。

徵著兩人堅定不移的友誼。1984年，第一樂章酒莊發行了首釀酒——1979和1980年兩個年份，第一樂章從此作為美國第一個高級葡萄酒，改變了美國人在葡萄酒飲用上的習慣，建立了售價五十美元以上的葡萄酒模式，可說是美國膜拜酒的先驅。1984年，菲利普男爵及其女兒菲麗嬪．羅柴爾德女爵（Baroness Philippine de Rothschild）與羅伯．蒙大維選擇了史考特．強生（Scott Johnson）做為酒莊的建築設計師。1989年7月，新酒莊破土動工；1991年，酒莊建成，新建築融合了歐洲的典雅和加州的現代元素，算是新法式建築，展現了美法的自由精神，就如同他們的酒一樣，融合了新舊世界。

1985年，首任釀酒師盧西恩．西努退休後，羅伯．蒙大維的兒子提摩．蒙大維成為酒莊的第二任釀酒師。2001年又任命麥克．席拉奇（Michael Silacci）為總釀酒師，麥克·席拉奇也成為第一位全權負責酒莊葡萄培植和釀酒的人。這位曾經在鹿躍酒窖（Stap's Leap Wine Cellars）當過釀酒師的謙謙君子，才華橫溢，氣度非凡。他告訴我：2001年以前的釀酒風格比較傳統，以後就比較現代。他覺得要釀好一支葡萄酒80%來自好的葡萄園，無論是風土、時間（收成）、天氣、土壤都是最關鍵的因素，20%才是釀酒師的專業，而他的釀酒哲學是讓每個人都參與，訓練釀酒團隊所有人以直覺來做決定，其要素有三：第一、過去的經驗決定未來怎麼做，第二、從頭教起，要有熱情要動腦，第三、活在當下，全心關注葡萄樹。

在他的領導下第一樂章的品質和價格蒸蒸日上，早已成為世界上老饕餐桌上最有名氣的一款酒了。麥克繼續帶領我參觀整個地下酒窖，這是我參觀過最漂亮的酒窖之一，酒窖內放著一萬個「第一樂章」專用的法國全新橡木桶，一個橡木桶可以裝三百瓶750ml的酒，每個新橡木桶的價值約在兩千五百美金，成本之高令人咋舌！到了品酒室，麥克早就準備好2005&2010兩款美好的「第一樂章」讓我品嚐，他說：「第一樂章」在2001年他來之前總共分為三個時期；1979～1984稱為草創時期，1985～1990年為第二時期（由木桐和提姆主導），1999～2000年為第三時期，酒都在第一樂章酒莊內釀的。2005最能代表這三個時期，為何能代表這三個時期？他們三個時期各有Opus One的架構存在，也有他的內在結構如：巧克力、藍莓、黑莓和草本植物，這也是他要給我試2005的原因（分數《RP》95分分）。但是，我個人更喜歡的是2010年的現代感，完全擺脫法式波爾多的拘泥，展現出美國Napa的大格局風土，在這一點我覺得麥克已經成功了。

2005年，星座集團（Constellation Brands, Inc.）收購了羅伯·蒙大維公司，並佔有「第一樂章」酒莊50%的股份，該酒莊由羅柴爾德男爵集團和星座集團聯合控股，此後酒價節節高攀，平民老百姓無法一親芳澤，收藏家前仆後繼的買進，目前已成為全世界最受歡迎的膜拜酒。根據倫敦葡萄酒指數（Liv-ex）6月份的資料，Opus One 2005年份酒的市場價為18.4%的漲幅，2007年份酒的價格也上漲了9.7%。即便是漲幅最低的2009年份酒，其市場價也較之前上漲了1%，2010年份酒出廠價更高達三百美元起跳，這樣的優秀表現也讓「第一樂章」成為Liv-ex平臺上5大交易明星之一，眾人關注的焦點，亞洲市場上的新寵兒。

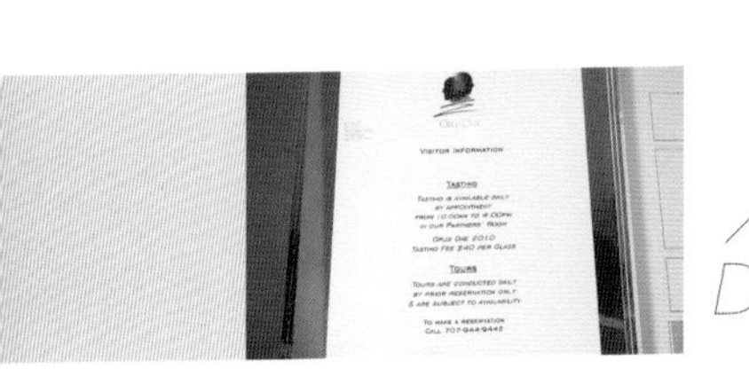

DaTa

地址｜7900 St. Helena Highway Oakville, CA 94562 USA
電話｜707-944-9442
網站｜http://en.opusonewinery.com
備註｜參觀前請先預約
每天參觀時間 Am 10：00～Pm 4：00

推薦酒款

Recommendation Wine

第一樂章

Opus One 2005

ABOUT
分數：RP 95+、WS 90
適飲期：2008～2033
台灣市場價：9,900 元
品種：卡本內蘇維翁(Cabernet Sauvignon)88%、美洛(Merlot) 5%、小維多(Petit Verdot)3%、卡本內弗朗(Cabernet Franc)3% 及馬貝克(Malbec)1%
橡木桶：100% 全新法國橡木桶
桶陳：18 個月
瓶陳：16 個月
年產量：300,000 瓶

品酒筆記

一款華麗又充滿活力的酒，豐郁而又有深度。深紫紅寶石的亮麗色彩，香氣中有紫羅蘭花香、西洋杉、藍莓、巧克力、胡椒味，仍保留著「第一樂章」特有的風格。舌尖上天鵝絲絨般的單寧，黑醋栗、黑莓、洋李、肉桂、摩卡咖啡，以及漫漫延長的一縷煙絲和香草味，餘韻細膩而悠長，令人非常嚮往。

建議搭配

燻烤牛羊排、台式滷肉、廣式臘味、紅燒牛腩牛肉也是不錯的選擇。

★ 推薦菜單　上海紅燒子排

這道菜是以上海式的方法烹調，帶點微甜的醬汁與細嫩的子排相結合，入口綿軟，不肥不柴，濃稠而不油膩，這款紅酒的單寧可以柔化子排肉的厚重口感，紅酒中的藍莓巧克力剛好和醬汁融合為一體，更增添了這道菜的新鮮度與平衡感，令人回味無窮！

頤東海港名廚
地址｜ 上海市淮海中路 381 號中環廣場 4 樓

Peter Michael Winery
彼得麥可爵士酒莊

彼得麥可爵士酒莊位於加州索羅馬（Sonoma），是由來自英國的貴族企業家彼得麥可（Peter Michael）爵士1982創建。酒莊在膜拜酒天后海倫杜麗（Helen Turley）指導下，初試啼聲就技驚四座。海倫杜麗曾指導過菲瑪雅（Pahlmeyer）、布萊恩（Bryant Family）以及柯金（Colgin）等加州膜拜酒莊，酒評高分與隨之而來的成功，不令人意外。但彼得麥可爵士酒莊後來的風格開始轉變，在釀酒師尼可拉斯莫雷（Nicolas Morlet）手中，酒風走向了優雅與細緻。許多精巧的細節展現在酒的中段，果香含蓄，礦物感也多了幾分，對於追求多層次的消費者，將是美好的經驗。

在所有加州膜拜酒中，彼得麥可爵士酒莊算是相當標榜葡萄園差別的酒莊！酒莊的葡萄園順著山谷深處的坡頂向下展開，坡度在40度左右，種植的葡萄品種有：夏多內（Chardonnay）、白蘇維翁（Sauvignon Blanc）、黑皮諾（Pinot

A
B | C | D | E

A. 酒莊有一片湖水，Peter Michael家族每年夏天都會來度假游泳。B. 拉卡瑞葡萄園。C. 作者與酒莊行銷總監Peter Kay合影。D. 種植葡萄的火山灰土壤。E. 在酒莊試的五款酒，以及印有日期名字的品酒筆記。

Noir）、卡本內蘇維翁（Cabernet Sauvignon）、美洛（Merlot）、卡本內弗朗（Cabernet Franc）和小維多（Petit Verdot）等。酒莊15個品項中，除了2款精選混調的夏多內，全都標榜著來自哪些葡萄園。而不是在一個通名下，混合著來自多處不同葡萄園的「最後成果」。換句話說，酒莊的釀酒哲學是希望盡力展現屬於特定葡萄園的風土條件，至於釀酒師如何展現勾兑的才華，反而不是優先考慮。

彼得麥可爵士酒莊葡萄園位於高海拔平均1000～2000英呎的山坡，土壤大都為火山灰土壤，所以可以釀製出非凡的卡本內蘇維翁，具有波爾多風格的複雜優質紅酒，如酒莊中最高級的酒款「罌粟園Les Pavots Proprietary Red 2001」被美國葡萄酒觀察家《WS》評為接近滿分的99高分，酒評家帕克先生（Robert Parker）評為97分，與舊世界法國義大利的頂級酒比起來可說是不遑多讓，新酒上市價格約為一百八十美金一瓶。白酒是以多層次、豐富優雅且多果香的夏多內白酒為主，每次在品嚐完酒莊的幾款白酒之後，總是會誤認為勃根地的高登查理曼特級園白酒（Corton Charlemagen），帶著豐厚的礦物、芬芳的花香、香醇的果味，悠揚持久。酒莊中的「貝拉蔻Belle Cote Chardonnay 2012」被帕克先生評為98～100近滿分的讚譽，「瑪貝妃Ma Belle-Fille Chardonnay 2008」還曾獲得葡萄酒觀察家《WS》2010百大第三名，分數為97高分，「拉卡瑞La Carriere Chardonnay 2012」也獲得了帕克先生評為96～98高分，這三款白酒都可以和勃根地的特級園白酒一較高下，新酒上市價格約為一百二十美金一瓶。在葡萄酒的舞台上能夠左右逢源魚與熊掌兼得，這對於世界任何一個酒莊來說都是非常羨慕且少見的。難怪世界最知名的酒評家帕克先生說：「如果他自己是法國波爾多或勃根地的釀酒師，面對彼得麥可爵士酒莊等加州強敵，恐怕要開始煩惱自身的競爭力了。」

當我來到酒莊時受到國際行銷總監彼得凱（Peter Kay）的親自招待，他帶著我參觀佔地120英畝的葡萄園，我們驅車前往最高的山谷，往下看每個單一葡萄園所釀的酒都不一樣，有的是南北縱向，可以聚集水氣，有的則是東西橫向，不疏葉行光合作用時不會曬傷葡萄，可以留住糖分。繞整個山區需要兩個小時以上，沿路可欣賞到花鹿、野兔、鳥禽和大樹林立的森林，到了最高處時可以俯瞰舊金山灣，還有彼得麥可爵士家人每年來度假的露天游泳池，彷彿置身於美麗的天堂。回到酒莊品酒室後彼得凱早已安排五款最新的酒讓我品嚐，分別是：

拉卡瑞夏多內白酒（2012 La Carrière Estate Chardonnay）

卡普瑞斯黑皮諾紅酒（2012 Le Caprice Estate Pinot Noir）

午後白蘇維翁白酒（2012 L'Après-Midi Estate Sauvignon Blanc）

罌粟園紅酒（2011 Les Pavots Estate Cabernet Blend）

普拉迪斯卡本內紅酒（2011"Au Paradis"Estate Cabernet Sauvignon）

其中四款我都曾經在台灣品嚐過，但黑皮諾紅酒還是第一次品嚐到，個人最喜歡的是第一款的拉卡瑞白酒（La Carrière Estate Chardonnay），優雅纖瘦的酒體，綿密不絕的香氣，讓人想多嚐一口。

DaTa

地址｜12400 IDA CLAYTON RD.CALISTOGA,
電話｜707 942-4459
傳真｜707 942-8314
網站｜http://www.petermichaelwinery.com
備註｜酒莊不對外開放，參觀前必須預約

推薦酒款

Recommendation Wine

拉卡瑞夏多內白酒

La Carrière Estate Chardonnay 2012

ABOUT
分數：RP 98
適飲期：2013～2023
台灣市場價：36,00 元
品種：100%Chardonnay
橡木桶：100% 法國橡木桶
桶陳：12 個月
無澄清、無過濾
年產量：30,000 瓶

品酒筆記

香氣集中且多層次，新鮮的礦物和微微的酸度，一切都非常的平衡協調，酒體飽滿豐腴，有著萊姆、百合花、蜂蜜、榛果、柑橘皮、葡萄柚、油桃、杏桃等清晰誘人的口感，成為酒莊最具代表的夏多內風格，尾韻殘留奶油焦糖的餘味，令人難以忘懷！是一款可以再窖藏20年以上的白酒。

建議搭配

高湯烹調的殼類海鮮，奶油醬汁或清蒸魚排，鴨肝或鵝肝，生魚片或日式料理也適合。

★ 推薦菜單　剁椒蒸日本圓鱈

看似簡單的蒸魚，其實是一道火侯與醬汁的賽跑，過重則魚肉乾柴無味，太輕則醬汁無法入味，這道菜功力的展現是，富有彈性的口感中有股自然的油甜香氣慢慢擴散開來，魚肉緊緻，湯汁四溢，蔥絲飄香，還能保持圓鱈的原味；椒細如泥與魚露鮮味的效果相當搭調。這款精采的夏多內白酒帶有奶油榛果和蜂蜜橘皮，可以使醇香醬汁及魚肉油脂，蔥椒嗆味得到平衡，讓三者交融一起而不互相搶味。第一層吃魚的原味、第二層加上醬汁、第三層夾入蔥椒，從最開始帶有緊Q的鮮甜、加入醬汁甘鹹滋味，最後轉換到蔥椒嗆辛，層層堆砌，如此變化多端的層次感，令人目不暇給，十分精采。

雙囍中餐廳（維多麗亞酒店）
地址｜台北市中山區敬業四路168 號 2F

Quilceda Creek
奎西達酒莊

奎西達酒莊（Quilceda Creek Vintners）由亞力山卓．哥利金（Alexander Golitzin）於1978年在美國創立。早在1946年哥利金家族就已經來到了加州的納帕，而他的叔叔安德烈．切里斯夫（Andre Tchelistcheff）就曾經擔任加州著名的酒莊（BV）的釀酒師，哥利金受到叔叔的影響，開始投入釀酒事業，在接近西雅圖的思娜侯蜜旭（Snohomish）釀出了第一款的奎西達酒莊（Quilceda Creek）紅葡萄酒，由於這個地方靠近太平洋，有著海風的吹拂，白天日照充足，造成日夜溫差大，土壤非常貧瘠，很適合栽種葡萄，釀出來的葡萄酒擁有豐富性和複雜度。1979年，該酒莊便釀製了第一款奎西達酒莊紅葡萄酒。4年後，這款葡萄酒在西雅圖的葡萄酒釀製學會節（Enological Society Festival）上獲得了金牌和特等獎，它也是那天唯一獲得此殊榮的紅葡萄酒。

A
B | C

A.葡萄園全景。B.莊主兼釀酒師Paul Golitzin。C.兩代莊主與團隊，左二是Alexander Golitzin、左三是Paul Golitzin。

全世界有哪一間酒莊，自2002年至今，在《WA》的分數中，最低是98分？答案不是波爾多，也不是勃根地；既非納帕，也非隆河，當然也不是皮蒙，而是來自你可能從沒想過的美國華盛頓州。原本就有著不錯的成績，釀酒師保羅．哥利金（Paul Golitzin）在1988年追隨父親腳步釀酒後，在2003年份將酒款中的香瀑葡萄園（Champoux）的比例提高，讓酒質在氣勢與架構之外，更有了如絲的單寧貫穿。結果原本已有《WA》98～99的優異表現，更上一層樓，一舉拿下100分佳績！2006年度的百大第二名即是奎西達酒莊卡本內蘇維翁紅酒（Quilceda Creek Cabernet Sauvignon 2003）。自此，一直到2010年份，Quilceda Creek總共有5個年份是100分，其餘年份是98～100分！

奎西達酒莊（Quilceda Creek）的卡本內，不算太有名，因為很多人根本連酒瓶都沒見過，酒友平常或許會收到DRC促銷單，看過五大老年份，但是奎西達酒莊的單子卻少之又少，原因即在它連續多年的高分，讓此酒身價極高，奇貨可居。 奎西達酒莊內最物超所值的奎西達哥倫比亞精釀紅酒（Quilceda Creek Columbia Valley Red Wine），葡萄品種為81%CabernetSauvignon，15%Merlot，2%Cabernet Franc，1%Petit Verdot，1%Malbec，這一款酒專為不能喝到頂級酒款的酒友們所釀製的佳釀，每年產量不到一萬瓶，波爾多風格，媲美二級酒莊，酒質佳，分數高又不傷荷包，值得推薦給酒友們。

由Robert Parker所創的葡萄酒倡導家《WA》自1978創刊以來，僅曾評予五款酒，連續年份100分的激賞肯定，而奎西達酒莊2002與2003年份的卡本內蘇維翁（Cabernet Sauvignon）連續兩個年份獲得《WA》100，2006年葡萄酒倡導家寫著，「奎西達酒莊此兩個年份獨一無二的稀世珍釀，打破了之前卡本內酒款，從未贏得前後生產年份100分的評比紀錄。」這是華盛頓酒首度贏得滿分100分的無上榮耀，全世界僅有少數酒莊可達如此輝煌成就。在《美國酒觀察家》雜誌也是百大前十名的常客；2006年度的百大第二名即是奎西達酒莊（Quilceda Creek CS 2003），分數是95分，2013年度的百大第二名即是奎西達酒莊（Quilceda Creek CS 2010），分數也是95分，都有相當不錯的成績。

歷年來WA的分數：

2002年 WA：100	2003年 WA：100	2004年 WA：99
2005年 WA：100	2006年 WA：99	2007年 WA：100
2008年 WA：99	2009年 WA：99～100	2010年 WA：98～100
2011年 WA：96	2012年 WA：98～100	

DaTa

地址｜11306 52nd Street SE,Snohomish,WA 98290
電話｜360 568 2389
傳真｜360 568 1609
網站｜http://www.quilcedacreek.com
備註｜酒莊不對外開放，參觀前必須先預約

推薦
酒款

Recommendation
Wine

奎西達卡本內蘇維翁紅酒

Quilceda Creek Cabernet Sauvignon 2007

ABOUT
分數：WA 100、WS 94
適飲期：1998 ～ 2020
台灣市場價：9,000 元
品種：100% Cabernet Sauvignon（卡本內蘇維翁）
橡木桶：90% 全新法國橡木桶
桶陳：21 個月
瓶陳：12 個月
年產量：37,200 瓶

品酒筆記

這款酒本人已經品嚐過三次了，雖然很年輕，每次都要經過醒酒二到三小時，但是醒過酒的Quilceda Creek Cabernet Sauvignon 2007 酒體飽滿，果味豐富，色澤是鮮艷的黑紫色，花香、咖啡、可可，黑莓、黑櫻桃、黑醋栗等香氣。口感有黑色水果、礦石、摩卡咖啡、巧克力和木頭口味。複雜且多層次的變化， 餘韻綿綿，可達三十秒以上。這款酒目前尚屬年輕，但已經能散發出大酒的魅力，前途無限，預估可以陳年二十年以上之久。

建議搭配

蠔油牛肉、牛腩煲、脆皮雞、炸排骨。

★ 推薦菜單　廣式臘味

廣東臘味種類非常豐富，在港台兩地的大街小巷都可以見的到，廣東有句俗語：「秋風起，食臘味」。廣東人喜嚐臘味人人皆知。秋冬交替之時，廣東人都會用鹽和香料將肉醃製後，放在陽台上或屋外風乾食用。新華港式菜館這家道地的港式家常菜是由老闆新哥親自掌勺，多年來吸引很多的饕客慕名而來，無論是生猛海鮮或是廣式小炒，樣樣精通。除了幾道知名大菜外，就屬XO醬百花油條和這道廣式臘味最得我心。廣式臘味做法簡單，蒸熟後取出切片，鋪放在盤上，再以大蒜點綴其中。甜嫩柔潤的臘腸和臘肉與這款豐厚有力的美酒相結合，簡直是琴瑟和鳴，水乳交融。紅酒中的單寧立刻融化了臘味中的油膩，玫瑰花的香氣讓臘味的煙燻味更加平衡，黑色水果搭配鹹甜和軟硬兼併的肉質，使得這道菜嚐起來更為高雅細緻，可謂是唇齒留香，滋味無窮。

新華港式菜館
地址｜ 台北市南京東路三段 335 巷 19 號

Ridge Vineyards 山脊酒莊

2014年5月25日受邀來到海拔750公尺的聖十字山(Santa Cruz),山勢十分陡峭,我們沿著山坡一路開上來,彎彎曲曲的山路要開二十分鐘才能到達山頂,「山脊」的意思。這天正逢一年一度山脊酒莊(Ridge)VIP的新酒試酒,有高達五百多位的會員上山來試酒,順便也參觀賞舊金山灣的整個風景。這天酒莊準備了烤肉、三明治給大家配酒,酒款有:山脊夏多內白酒(Estate Chardonnay 2012)、山脊卡本內紅酒(Estate Cabernet Sauvignog 2011)、托雷小維多紅酒(Torre Petit Verdot 2011)、蒙特貝羅紅酒(Monte Bello 2013)、蒙特貝羅紅酒(Monte Bello 2010)等五款酒,除了最後一款以外,其餘都是剛釋出來的新酒,尤其托雷小維多紅酒是第一次釀出來的酒,這款酒令我感到驚奇與驚嘆,雖然是用強悍不馴的小維多(Petit Verdot)來釀製,但絲毫不會感到有扎舌的不快或單寧太重的壓力,反而讓人喝出平衡細膩的藍莓、黑莓、櫻桃和香料的愉悅,這款酒將來絕對是酒莊中的奇葩,售價僅55美元(約台幣1,650元)。

山脊酒莊創建者是原本在史丹福大學從事機械研究的班寧恩(Dave Bennion)。1959年,班寧恩先生買下了一座建於1880年的荒廢葡萄園,自行釀酒,首批用於銷售的葡萄酒生產於1962年。到了1968年,在智利與義大利釀酒的釀酒師保

A . Ridge酒莊可以俯瞰舊金山市區。B . 作者與釀酒師保羅．德雷柏在酒莊合影。C . Monte Bello是Ridge的招牌酒。D . Ridge 四十五度斜坡葡萄園。

羅．德雷柏（Paul Draper）加入釀酒團隊，於是山脊酒莊開始走向四十五年的顛峰之路。雖然，1986年山脊酒莊易主給日本大眾製藥有限公司（Otsuka Pharmaceutical Co., Ltd.），但德雷柏先生仍管理釀酒事務，其葡萄酒品質仍保持原有水準。目前，山脊酒莊共計擁有12塊大小不盡相同的葡萄園，面積約20公頃，年產各式葡萄酒十七種酒產量六十萬瓶。酒莊最出色的葡萄園為蒙特貝羅，這個葡萄園在法文中意為「美麗的山丘」。它屬於聖十字山（Santa Cruz Mountains AVA），是加州種植卡本內（Cabernet Sauvignon）最冷的地區。園內土壤為排水性甚佳的石灰岩，主要種植卡本內（Cabernet Sauvignon）和夏多內（Chardonnay）。

當大家都試酒試的差不多時，趁著空檔，我們趕快和釀酒師保羅．德雷柏這位曾在英國葡萄酒雜誌《品醇客Decanter》獲得年度風雲人物的大師一起合照，順便請教幾個問題，我想問的是2000年以後的蒙特貝羅為什麼越來越好？有什麼重要的改變嗎？另外，為什麼1995和1996的聖十字山白酒（Santa Cruz Mountains Chardonnay）可以釀得這麼迷人？他只是淡淡一笑回答第一個問題：「蒙特貝羅從以前到現在都沒有改變，我們釀酒的方式就是一步一步的從頭做起，實實在在的種葡萄，照著傳統的釀酒方法，就是這樣。」一個在酒莊做過四十年的釀酒大師崇尚的仍是自然風土，令人肅然起敬。第二個答案是聖十字山白酒的葡萄園屬於涼爽的氣候和碎石灰岩土壤，造成葡萄比較晚熟，果味比較集中，釀出來的白酒具有複雜度和濃郁感。

這裡必須一提的是有名的「巴黎品酒會」經過三十年後，2006年的5月重新較量，1971年的蒙特貝羅打敗群雄，勇奪冠軍，手下敗將包括知名的五大酒莊，證明了蒙特貝羅這款酒寶刀未老。英國《品醇客》葡萄酒雜誌也選出1991的蒙特貝羅為此生必嚐的100支酒之一，真可說是實至名歸。

山脊蒙特貝羅

Ridge Monte Bello 1991

ABOUT

分數：WA 96、WS 93

這支酒是酒莊特別紀念加州卡本內回顧展酒標，與酒莊其他的Monte Bello不一樣，具有特殊意義。這款酒我已收藏了將近二十個年頭，覺得應該是開啟的時候了。當我帶到上海與酒友分享（同時還有一支Monte Bello 1998），喝下第一口時，心中充滿激動，多麼美麗動人的一款酒啊！今天能喝到這款酒真是謝天謝地，而且保存的這麼完美。豐富有層次，優雅柔軟，濃郁飽滿，平衡有節制，不虛華不艷抹，鏗鏘有力。有薄荷、黑醋栗、礦物、香料、香草、森林芬多精、新鮮皮革、黑櫻桃和松露，餘韻帶有甜美的巧克力和波特蜜餞。這樣偉大的蒙特貝羅在最好的年份誕生，而我又有幸與友人分享，在人生喝酒的樂趣上又添加一筆，無怪乎《品醇客雜誌》選為此生必喝的100支酒。

DaTa

地址｜17100 Monte Bello Road Cupertino, CA 95014
電話｜408 868 1320
傳真｜408 868 1350
網站｜http://www.ridgewine.com
備註｜預約參觀

推薦酒款

Recommendation Wine

山脊聖十字山夏多內白酒

Ridge Santa Cruz Mountains Chardonnay 1995

ABOUT

分數：WS 93
適飲期：現在～2018
台灣市場價：2,400 元
品種：100% Chardonnay（夏多內）
橡木桶：75% 美國橡木桶，25% 法國橡木桶
桶陳：9 個月
瓶陳：15 個月
年產量：21,600 瓶

品酒筆記

這款山脊酒莊聖十字山夏多內白酒當我在2006年喝到時非常的驚訝！經過了十一年竟然有如此美妙的香氣與動人的口感，我很難以置信，這樣平價的一款酒裡面究竟藏著什麼樣的秘密。因為土壤為當地特殊綠色石塊混合黏土，而下層是石灰岩。1962就有的山坡葡萄園，產量很低，葡萄白天得到充份的日照，太平洋的海風霧氣降低夜晚的溫度，日夜溫差大，葡萄可以緩慢的成熟，有濃郁的複雜度，還有平衡的酸度。獨特的礦物質中夾有白蘆筍、海苔、白脫糖、奶油椰子、榛果、水蜜桃、椴花、抹茶味、菊花，一波未平一波又起，層層交疊，有如錢塘江觀潮的驚嘆，到了後段又展現出焦糖、柑橘、鳳梨回甘的甜美，真是令人拍案叫絕。在2013年時我又再度喝到，仍然風韻猶存，不減當年，多麼奇妙的一款白酒啊！

建議搭配

日式料理、生魚片、各式蒸魚、前菜沙拉、焗烤海鮮。

★ 推薦菜單　海膽焗大蝦

聰明的台灣人將日本的海膽加上美乃滋與台灣的大蝦焗烤，造就了這道中日混血人見人愛的特殊鐵板菜系，大蝦的肉質結實彈牙，新鮮脆嫩，海膽的外酥內嫩，鹹中帶甜，層次多變，搭配這款以奶油椰子為主體的白酒，更顯得海膽圓潤飽滿，活潑的果酸也大大提昇了蝦子的自然鮮甜，酒與菜的結合可稱是門當戶對，將人間美味發揮得淋漓盡致。

饗宴鐵板燒
地址｜ 宜蘭縣羅東鎮河濱路326號

Robert Mondavi Winery
羅伯·蒙大維酒莊

1936年來自義大利的Mondavi家族原本在納帕谷買下了Charles Krug Winery, 於1965年史丹佛大學畢業的Robert對於經營酒莊的方向與弟弟理念不合, 兩兄弟大打一架之後, Robert被逐出家門。1966年Robert在橡木村（Oakville）買下了第一個葡萄園，建立了自己的酒莊, 就以自己的名字命名： Robert Mondavi Winery（羅伯·蒙大維酒莊）。並且陸陸續續買下許多葡萄園，Robert的目標是要讓自己的酒莊生產能與歐洲最好的葡萄酒匹敵的高品質葡萄酒，Robert在釀酒技術、企業經營和行銷手法上發揮自己的天份與創意。

Robert Mondavi Winery位於美國加州的納帕谷產區的公路上，該酒莊的主人Mondavi可謂是美國家喻戶曉葡萄酒釀酒教父，在羅伯·蒙大維酒莊出現之前，多數人認為美國出產的葡萄酒不過是糖分高，果香濃，但是酒體輕盈，喝起來就

A
B | C | D

A.酒莊VIP餐廳看出去的美麗葡萄園。B.Robert Mondavi 門口有一座拱橋，成為酒莊最明顯的建築。C.酒莊接待大廳掛著創辦人Robert Mondavi的照片。D.作者與酒莊主廚合影。

像是加酒精的葡萄汁。但Mondavi堅信加州納帕谷（Napa Valley）得天獨厚的氣候與土壤，必定可以釀造出影響全世界的葡萄酒，1966年建立蒙大維莊園不久後便一直引進世界各種先進釀酒技術及理念。

Robert Mondavi Winery這幾年在葡萄園與釀酒設備上更投入了大筆資金和心力，接待我的是酒莊裡的教育專家印格女士（Inger），他非常專業仔細的介紹每個不同的葡萄園，細說著酒莊中最好的葡萄園To Kalon，這塊葡萄園一直是用來做最高等級珍藏級Cabernet Sauvignon Reserve的主要葡萄，這款酒也是酒莊的招牌酒，在1979年出廠後，價錢就已經是三十美元，與Joseph Phelps Insignia（徽章）同獲「美國加州有史以來最佳紅酒」的殊榮。To Kalon葡萄園排水性極佳，從1860到現在To Kalon葡萄園無論是新的舊的葡萄樹，只要覺得不好就重新栽種，成本相當高。酒窖中放了56個可以儲存五千加侖葡萄酒的橡木桶，分別在這裡發酵10天，停留30天，只用來做發酵。聽到印格女士這樣說，我覺得非常不可思議，這麼大的一間酒窖和木桶只用來發酵，世界上真是看不到了，由此我們可以得知酒莊的雄心壯志。

蒙大維酒莊也是美國葡萄酒旅遊業最先倡導者，羅伯．蒙大維認為葡萄酒也是藝術、文化、歷史、生活的一部分，在飲食和藝術文化中最能被有效的闡述出來，他們也一直持續努力的做著。蒙大維酒莊部不是美國最先對參觀者開放的酒莊之一，同時也是最先提供旅遊服務和提供品酒的酒莊之一。他們也設立了自己的餐廳，聘請主廚為酒莊的酒來配上最好的菜，還有音樂會的舉行，每年夏天，蒙大維酒莊都會贊助一次音樂節，來為納帕谷的交響樂籌集資金。由於羅伯．蒙大維夫婦都非常的熱愛藝術品，所以就酒莊內也會不定期的舉行藝術與畫作的展覽。今日中午和Inger女士到酒莊的VIP餐廳用餐，配上珍藏級Cabernet Sauvignon Reserve的紅酒，欣賞餐廳牆上掛的色彩強烈的畫作，還有窗外加州陽光下的葡萄園，這個下午實在是非常的愜意。

當天酒莊招待的酒單與菜單。

DaTa

地址｜7801 St. Helena Highway Oakville, CA 94562
電話｜707 968 2356
網站｜http://www.robertmondaviwinery.com
備註｜除復活節、感恩節、聖誕節和元旦放假外，其餘每天 AM 9：00～PM 5：00 開放參觀

推薦酒款

Recommendation Wine

羅伯蒙大維卡本內蘇維翁珍藏級紅酒

Robert Mondavi Winery Cabernet Sauvignon Reserve 2001（珍藏級）

ABOUT
分數：RP 94、WS 95
適飲期：2014～2040
台灣市場價：6,900 元
品種：88% Cabernet Sauvignon（卡本內蘇維翁）、10% Cabernet Franc(卡本內弗朗)、1% Petit Verdot(小維多)、1%Malbec（馬貝克）
橡木桶：100% 全新法國橡木桶
桶陳：24 個月
年產量：年產量：96,000 瓶

品酒筆記

2001年的蒙大維珍藏級紅酒是這幾年我喝到最好的幾個年份之一，活潑年輕而有活力。酒色是深紅寶石色，接近於紅褐色。豐富的鮮花、白色巧克力、檜木和雪茄盒漸漸浮出，黑漿果充滿其中。厚實有力的濃縮純度，層層多變的複雜度，都足以證明這款酒的偉大。優雅的摩卡咖啡，口感有純咖啡豆、干果，黑醋栗和黑櫻桃和紅李等黑色水果濃縮味道，細膩如絲的單寧，壯闊奔放的酒體，有如一幅巨大強烈的油畫，張力與穿透力凡人無法擋，接近完美。

建議搭配

最適合搭配燒烤的肉類、千層麵、中式快炒熱菜以及燉牛肉。

★ 推薦菜單　脆皮叉燒

鏞記的叉燒，都是用肥瘦相間的豬頸肉片，最上面有紅透亮麗的油脂，內層是甜脆爽Q的瘦肉，豐潤而有光澤，看起來是婀娜多姿。蒙大維的珍藏酒酒色呈深寶石紅色，具有成熟黑色李子、黑醋栗獨特香氣，花香與果香水乳交融，濃郁芬芳，優雅細膩，溫柔婉約，絲絨般柔軟的單寧與口感結實的叉燒肉質互相吸引，而香醇的摩卡與巧克力還能帶出這道粵菜的多層變化、酒中的煙燻木味甚至能解油膩和達到開胃的效果，是非常完美的組合。

香港鏞記酒家
地址｜ 香港中環威靈頓街32-40 號鏞記大廈

美國酒莊之旅

Screaming Eagle
嘯鷹酒莊

嘯鷹酒莊是納帕谷最小的酒莊之一，也是加州膜拜酒第一天王，更是世界上最貴最難買到的酒。嘯鷹酒莊今日會成為膜拜酒之王原因有三：第一是本身酒質就好，而且每年都很穩定。第二是分數高，羅伯帕克（R.Parker）每年的評分都很高，大部分都在97分以上，1992～2012這二十年當中總共獲得了四個100分。第三是產量少，每年只生產1,500～3,000瓶，你永遠買不到第一手價格，因為來自全世界的會員已經排到十年以後了。嘯鷹酒莊同時也創下世界上最貴的酒，一瓶六公升的1992年，在2000年時拍出50萬美元。嘯鷹酒莊還有一項驚人紀錄。在2001年的納帕酒款拍賣會上，一名收藏家出65萬美元（台幣兩千一百多萬）標下1992-1999年份共8瓶3公升裝卡本內，讓嘯鷹酒莊也創下全世界最貴的酒的紀錄。他也被美國葡萄酒雜誌《Fine》選為第一級膜拜酒莊之首（First Growth），這一級的酒莊在全美國只有六家。

2009年在美國收藏家夏斯貝雷先生（Chase Bailey）的慶生品酒會上，嘯鷹在15支1997年加州名酒中脫穎而出排行第一。羅伯．帕克（R．Parker）亦對1997年的嘯鷹做出下列品飲感想：「1997年是一支非常完美的酒，再無人能出其右與之較量」。在紐約著名的丹尼爾餐廳（Restauant Daniel）你也可以點上一杯嘯

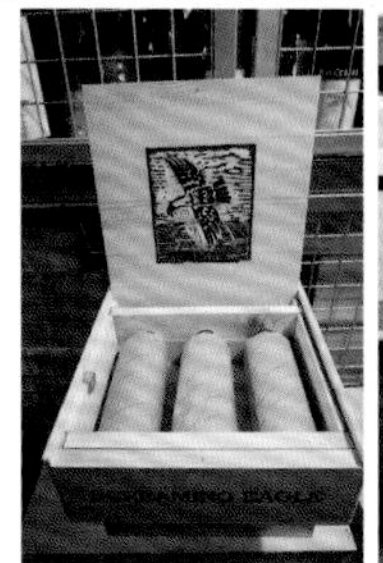

A
B | C | D | E

A．葡萄園全景。B．三瓶原裝箱的Screaming Eagle。C．酒莊總經理阿曼．瑪格麗特Armand de Maigret。D．作者與酒莊總經理Armand de Maigret在台北合影。E．最貴的二軍酒Second Flight，一瓶要價兩萬台幣以上。

鷹酒，年份最差的一杯就要300美元，如果你是億萬富翁當然可以來一瓶最貴的年份，開價是七千美元起跳，而剛上市的2011公開市場價格為2,000美元，你還得有管道才買得到，酒莊不接受客戶直接訂貨，只能通過網路預訂，預訂之後往往還要排隊等候數年才能買到。在短短十幾年的時間，嘯鷹酒莊就躋身為投資級別的世界頂級酒的行列，在美國十大最具價值葡萄酒品牌排行榜中位居第一，這不得不說是一個奇蹟！

嘯鷹酒莊位於加州納帕谷的橡樹村（Oakville），由珍．菲利普斯女士（Jean Phillips）創立。她原本是一名房地產經紀人，1986年她購買了納帕河谷南端的一塊葡萄園，1989酒莊成立，並與納帕天后釀酒師海蒂．彼得生．巴瑞（Heidi Peterson Barrett）一同創造出這款稀有的膜拜酒，1992年首釀年份問世。通常酒莊以85%到88%的卡本內蘇維翁，10%到12%的美洛以及1%到2%的卡本內佛朗混釀而成。酒莊所處的地理位置頗為優越，產區擁有30多種各不相同的土壤類型，從排水性良好的礫石土壤到高度保溫的粉質黏土，這些土壤都具有不同深度和力度。土壤有著極佳的排水性能，白天天氣炎熱使得卡本內蘇維翁完美成熟，下午北面的聖巴勃羅灣（San Pablo Bay）涼爽的微風吹拂著葡萄。這間酒莊的石砌小屋座落於橡樹村（Oakville）產區的多岩山丘旁俯視著整片卡本內蘇維翁、美洛、卡本內弗朗葡萄園。釀造過程65%全新法國橡木桶完成，且置於一間小酒窖陳釀約2年，每年產量僅僅500箱。

從1992年首次推出嘯鷹葡萄酒開始，菲利普斯堅守「更少就是更多」的釀酒理念，且只在收成相當好的年份才生產，不好的年份寧可顆粒無收。我們可以觀察到從1992～2011這二十年當中獨缺2000年，嘯鷹為何沒有釀製2000年份的葡萄酒？這是由於2000年的葡萄未達到釀造標準，所以就不生產了。這種做法被認為是極致奢侈且浪費，但最後得到的結果是提升嘯鷹酒莊的聲譽和身價。2006年，簡．菲利普斯在《葡萄酒觀察家Wine Spectator》的一封親筆信中透露自己已經出售了嘯鷹酒莊。她在信中這樣寫道，「我賣掉了美麗的農場和我珍貴的小酒莊。有人向我提議收購，我覺得是時候停下腳步了，我考慮了許久，這着實是個艱難的抉擇」。在2006年3月，鷹嘯酒莊由NBA球員經紀人Charles Banks，與丹佛金塊隊科羅拉多雪崩隊的老闆史丹利克倫克（Stanley Kroenke）共同買下。這對新莊主聘請了天王藤園管理師大衛阿布（David Abreu）整理果園，且邀請新的釀酒師安迪艾瑞克森（Andy Erickson）加入陣容。安迪曾在鹿躍酒莊（Stag's Leap Wine Cellars）與Staglin Family釀酒，目前則幫Hartwell及Arietta釀製酒款。而今酒莊的釀酒師是尼克．吉斯拉森（Nick Gislason），著名的飛行釀酒師米歇爾．侯蘭（Michel Rolland）是酒莊的釀酒顧問。

「Screaming Eagle」是美國陸軍第101空中突擊師的別號。二戰期間，101師曾在諾曼第登陸中扮演了重要角色，菲利普斯取名嘯鷹酒莊（Screaming Eagle）或許想像這隻雄鷹有一天能號昭天下，成為納帕河谷酒莊之首，現在它已是美國膜拜酒之王。這酒或許是一隻雄鷹，或者什麼也不是。有一位評論家在喝到嘯鷹酒莊（Screaming Eagle）新酒時這般說過。這隻老鷹確實是「不鳴則已，一鳴驚人」！

歷年來的價格（美元）

1992年：6,000～21,800	1995年：2,700～5,000	1996年：2,800～7,250
1997年：4,200～5,300	1999年：2,000～4,150	2001年：2,200～3,000
2002年：2,200～4,700	2005年：2,000～4,750	2007年：2,400～7,700
2008年：3,000～6,150	2009年：2,200～4,000	2010年：2,500～4,300

DaTa

地址｜134,Oakville,CA 94562
電話｜707 944 0749
傳真｜707 944 9271
網站｜www.screamingeagle.com
備註｜酒莊不對外開放

推薦酒款

Recommendation Wine

嘯鷹酒莊

Screaming Eagle 1999

ABOUT

分數：WA 97
適飲期：2009～2039
台灣市場價：78,000元
品種：88% 卡本內蘇維翁（Cabernet Sauvignon）、
10% 美洛（Merlot）、2% 卡本內弗朗（Cabernet Franc）
橡木桶：65% 法國新橡木桶
桶陳：24個月
年產量：6,000～10,200瓶

品酒筆記

1999年份獲得了羅伯帕克的97高分，該酒呈深黑棗紅色，幾乎是不透光，散發著強勁的果香和應有的爆發力，豐富的漿果、咖啡、皮革、松露及花香氣息，伴著黑莓、礦物、甘草和吐司的味道，雪松、煙燻肉味和泥土的滋味結合絲絨般的單寧，層次高潮起伏，變化多端，酒體圓潤飽滿，回味可長達60秒以上，可以陳年30年或更久的大酒。絕對稱得上美國第一膜拜酒，而且是一款如巨人般的偉大酒款，值得細細品味與收藏。

建議搭配

燒烤牛排、滷牛肉、烤羊腿、燒鵝。

★ 推薦菜單　花生滷豬腳

花生滷豬腳是台灣一道很平民的家常菜，在很多家庭的餐桌上都會見到。這道菜重點是吃豬腳的軟嫩和皮的膠質，還有花生的酥鬆。我們今日在上海點水樓能嚐到來自台灣家鄉的口味，特別的驚喜與感動。而且我們今天要喝的酒號稱是美國最貴的一款膜拜酒，老鷹Screaming Eagle 1999是大家非常期待的一支夢幻之酒。這麼濃厚的一款酒實在不好配餐，最好是單飲或配較簡單的菜，才不至影響這樣貴重的酒。這隻老鷹酒有著奔放豪邁的漿果和皮革味可以減低豬腳的油膩感，並且讓膠質的口感更加鮮美，而紅酒中的細膩單寧和香料氣息正好與醬汁的陳皮、八角互相交融，香氣四溢，濃郁可口。和豬腳一起燉煮的雲林花生燉得極為綿糯，這時候再喝上一口芳齡已15的老鷹酒，頓時覺得全身舒暢，筋骨活絡，千杯不醉，無奈老鷹酒甚貴，每人只有一杯，真是酒到喝時方恨少啊！

上海點水樓
地址｜上海市宜山路889號齊來科技服務園區第6棟1～3層

Shafer Vineyards 謝佛酒莊

老謝佛約翰先生（John Shafer）本來在芝加哥從事出版業，1972年來到美國的納帕山谷（Napa Valley）就已注定了這下半輩子要與葡萄酒為伍了。1973年約翰．謝佛（John Shafer）開始買下了鹿躍產區（Staps Leap）山腳下的葡萄園開始種葡萄。1978年用鹿躍產區山坡邊的葡萄釀了第一個年份的鹿躍山區精選酒（Shafer, Hillside Select Cabernet）並且創立了謝佛酒莊 （Shafer Vineyards）。1978年份只生產一千箱。經過多年不斷地擴大規模，葡萄園面積已超過80公頃.，如今，謝佛酒莊生產兩種卡本內紅酒、一種美洛紅酒、一種混釀的山吉維斯紅酒、兩種夏多內白酒和一款向釀酒師Elias Fernandez 致敬的希哈紅酒，總年產量約三十六萬瓶。

1983年謝佛約翰的兒子道格（Doug）從戴維斯釀酒學校畢業便成為酒莊的

A．酒莊主建築。B．鹿躍葡萄園。C．葡萄園。D．作者和莊主Doug在鹿躍葡萄園合影。E．準備出口的Hillside Select 2010。

助理釀酒師，加入釀酒的行列。1984釀酒師費南德茲（Elias Fernandez）也進入釀酒核心，和道格一起打造全新的鹿躍山區精選酒（Shafer, Hillside Select Cabernet），並且推出Shafer酒廠向釀酒師Elias Fernandez致敬的一款酒Shafer Relentless（瑞蘭德斯），由隆河Cote Rotie葡萄酒啟發孕育而生的加州希哈紅酒，表彰他追求完美永無止境的努力而推出的特別作品，從1999年開始到2012年每一年都獲得帕克九十分以上的評價，2008年份更榮登2012年Wine Spectator年度百大葡萄酒第一名，實至名歸。而鹿躍山區精選酒Shafer, Hillside Select Cabernet也在兩人努力合作之下獲得了最高的成就，成為加州最有名氣的膜拜酒之一，年產量不到三萬瓶。帕克曾說：「Shafer Hillside Select是全世界最偉大的卡本內紅酒之一。」屢次評為九十九分和一百分的滿分，如2001、2002、2003和

2010的一百分和最新年份2012的九十八到一百分，1994、1995和1997的九十九分，這種成績在美國也算是少見的。

在我拜訪謝佛酒莊時，行銷總監威森先生（Andrew Wesson）告訴我現任莊主道格（Doug）剛好外出，等一下會在品酒室和我聊聊他們的酒，讓我心裡也比較踏實，遠來一趟，如果沒有遇到莊主，實在太可惜了。威森總監一路上引領我參觀葡萄園和酒窖，我甚至看到了2010的鹿躍山區精選酒（Shafer, Hillside Select Cabernet）正在裝箱，一層一層的封裝，再堆疊到站板上，非常的費工費時，這可是一百分的酒啊！一瓶上市價格要三百五十美金起價。他並且告訴我這三個工人都已經在酒莊工作二十年了。甚至在葡萄園工作的農夫，每株葡萄完全手工照料，葡萄就像是嬰兒，從剪枝、疏葉、採收，到最後總共要摸15次以上，8個員工都非常有經驗，每天重覆的做，這就是專業。鹿躍山區精選酒是靠近鹿躍山區斜坡的葡萄園，每株葡萄選2串最好的，其他不要，橡木桶只用一次，第二次就賣掉，釀酒師要每一個聞聞看是不是他要的，如果不對就不採用。

最後，我們來到VIP的品酒室，莊主道格已經準備好了五款不同的酒等待我來品嚐看看，酒單是：Red Shoulder Ranch Chardonnay 2012、Merlot Napa 2011、One Point Five Cabernet Sauvignon 2011、Relentless 2010、Hillside Select 2009等五款不同型態的酒。我邊喝邊和道格莊主聊天，他說從1994開始就把全部的釀酒工作給Elias Fernandez主導，他則專心管理酒莊的一切事務，酒莊現在也透過經銷商全力在發展大陸的業務，因為大陸市場以後會有很大的空間。他也很樂觀地說：「做酒的人就是讓喝酒的人開心，是傳達生活方式的一種。」聽起來很有哲學。

DaTa

地址｜6154 Silverado Trail Napa, CA 94558 USA
電話｜707 944 2877
傳真｜707 944 9454
網站｜http://www.shafervineyards.com
備註｜參觀前務必先預約

推薦
酒款

Recommendation
Wine

鹿躍山區精選

Hillside Select Cabernet 2009

ABOUT
分數：RP 98、WS 96
適飲期：2019～2039
台灣市場價：10,500 元
品種：100% Cabernet Sauvignon（卡本內蘇維翁）
橡木桶：100% 全新法國橡木桶
桶陳：36 個月
瓶陳：12 個月
年產量：28,800 瓶

品酒筆記

酒體飽滿而平衡，華麗而不矯情，深紫紅的色澤非常亮麗，帶有鮮花、香料味、藍莓、木料、莓果、巧克力、印度香料、加州李，黑加崙等豐厚的濃郁果實，餘韻停留三十秒以上，在口中的水果味充滿肉感，有如美國女星瑪麗蓮夢露的純真性感，令人陶醉。複雜而多層次的變化再再證明這款葡萄酒的偉大，深入人心，登峰造極。

建議搭配

濃厚醬汁中菜、紅燒肉類料理、燉牛腩、廣東燒臘。

★ 推薦菜單　東坡肉

號稱杭州第一名菜的東坡肉，幾乎在每個菜館都能吃的到，雖然每家餐廳都有獨門配方，但是基本上的功夫卻是不變，只是同中求異罷了。做法大概都是取一大塊五花方肉，冰糖、醬油、酒（台灣使用米酒，上海使用黃酒）微火滷煮，至湯汁收乾為止，此時火侯與時間控制非常重要。東坡肉能夠流傳千古，成為男女老少都喜愛的家常菜，其魅力不外乎是能與米飯搭配的天衣無縫，也是下酒菜的不二選擇。古人以白干佐之，如今我們已不復見，今日我們和美國最好的卡本內紅酒相配，香草雪松融合了軟嫩酥爛的肉質，印度香料可以使醬汁提昇至極鮮美味，藍莓加州李和紅潤彈Q的脂皮互相邂逅，交織成一篇美麗的樂章，堪稱人間美味。

香港綠楊邨酒家
地址｜ 香港銅鑼灣告士打道 280 號世貿中心 11 樓

Silverado Vineyards 銀鎮酒莊

華德．迪士尼（Walt Disney）世界上最大的動畫王國，帶著一份對葡萄酒的熱情和夢想，從洛杉磯來到了美國最重要的產區～納帕（Napa Valley）。銀鎮酒莊由華德．迪士尼（Walt Disney）總裁的獨生女戴安（Diane Disney Miller）與其夫婿羅恩（Ron）成立於1981年，並擁有地中海風格的石造酒莊，位於鹿躍產區（Stag's Leap）心臟地帶的一個小丘之上。酒莊名字銀鎮（Silverado）地源於納帕（Napa Valley）山頂上一個早期被中止採銀礦的小鎮。剛開始他們只出售葡萄給納帕谷最頂級的酒商，這些頂級酒商年復一年採用這些葡萄釀造出不少優質的葡萄酒，受此影響，黛安和羅恩也開始釀造自己的葡萄酒。

在一個夏天的黃昏我們來到了銀鎮酒莊，這是一個非常溫馨的酒莊，接待室還兼賣酒莊的酒和周邊產品，我們等了幾分鐘，釀酒師喬納翰（Jonathan

A｜B｜C｜D

A. 最好的鹿躍產區葡萄園。B. 酒莊接待大廳。C. 作者與釀酒師Jonathan Emmerich在酒窖桶邊試酒。D. 往餐廳的迴廊掛著迪士尼的動畫海報。

Emmerich）立刻出現，眼前的這位先生看起來比較像藝術家，尤其他說話的風格，感覺有點瘋癲。他一路帶我們參觀開放式的廚房，並且告訴我們今天有一個大型餐會，然後我們經過一個掛滿迪士尼電影海報的長廊，來到了銀鎮酒莊的餐廳，這個地方確實大到可以開一個舞會了。喬納翰帶我們轉進地下酒窖，這酒窖非常乾淨明亮，他從幾個木桶中取出酒來讓我們試，並說不同品種的酒放在同樣的木桶中會有不一樣的變化，同樣的品種放在不同的木桶中也會有不同的結果，他給我們試了四款不同的樣品酒，非常的瘋狂，這是我第一次同時間可以桶邊試酒試這麼多款，以為他不是瘋了就是醉了。

他又說，他們有90%是法國橡木桶，8%是美國桶，2%是匈牙利桶，也一直在做實驗用大小桶來釀酒。再喝了一堆樣品酒後，開始有點進入狀況了，喬納翰請我們到品酒室試酒，我們在裡面又試了五款酒莊最經典的酒款：

白蘇維翁白酒（Silverado Vineyards Sauvignon Blanc Miller Ranch2012）
卡本內紅酒（Silverado Vineyards Cabernet Sauvignon 2012）
銀鎮獨奏卡本內紅酒（Silverado Vineyards Cabernet Sauvignon Solo）
銀鎮限量珍藏紅酒（ Silverado Vineyards Cabernet Sauvignon Limited Reserve 2009）
加碼的蘇打溪金芬黛紅酒（Silverado Vineyards Zinfandel Soda Creek Ranch 2011）

喬納翰説，旗艦款銀鎮限量珍藏卡本內（Silverado Vineyards Cabernet Sauvignon Limited Reserve）沒有每一年釀製，每年只生產200箱，從1986開始到現在只出了13個年份，曾得過1992年的酒觀察家年度百大第三名，銀鎮獨奏卡本內（Silverado Vineyards Cabernet Sauvignon Solo）從2003～2010帕克的評分都在93分以上，在珍西．羅賓遜（Jancis Robinson）的《世界葡萄酒地圖》一書中更是強力推薦，在2012年，美國將銀鎮酒廠列入奢華葡萄酒名單的前20名，並且是美國市場上成長最快的品牌之第五名。這一切都證明了戴安女士三十年來的努力與堅持獲得很大的回報，雖然她已在2013年11月駕鶴歸去，但是喝酒的人們會懷念她。

喬納翰告訴我説：「銀鎮獨奏卡本內（Silverado Vineyards Cabernet Sauvignon Solo）代表加州酒明顯的可以做出自己的風格，無論是土壤、氣候、人，也就是風土。」我請教他：「這幾年當中哪個年份最好？哪一個年份遇到最大的困難？」他笑著説：「最好的是1999、2001、2002和2005，最困難的是1998和2011。」我接著説：「有沒有想要傳達給讀者的訊息？」他著哀傷的語氣説：「他在銀鎮當了18年的釀酒師，這個酒莊對他來説是有感情的，戴安女士去年（2013年）剛過逝，他想要傳達的釀酒理念就是：堅持自己的葡萄園和自己裝瓶，是一個家族企業的承諾，也是人性化的一款美酒。」我們相信她們做到了。

DaTa

地址｜6121 Silverado Trail Napa CA 94558，USA
電話｜707 257 1770
傳真｜707 257 1538
網站｜http://www.silveradovineyards.com
備註｜可以預約參觀，有私人廚房，接受舉辦大型宴會

推薦酒款

Recommendation Wine

銀鎮獨奏卡本內

Silverado Vineyards Cabernet Sauvignon Solo 2009

ABOUT

分數：WE 95
適飲期：2013～2033
台灣市場價：4,800元
品種：100% Cabernet Sauvignon（卡本內蘇維翁）
橡木桶：90%～100%全新法國橡木桶
桶陳：18個月
瓶中陳年：10個月
年產量：16,800瓶

品酒筆記

當這款酒緩緩倒入酒杯中時，我就覺得這會是一支非常典型的卡本內，撲鼻而來的是迷人的紫羅蘭花香滲透著黑色水果香，深不透光的紅寶石色澤，最先開啟的是西洋杉木香，緊接而來的是黑櫻桃、黑莓、黑醋栗和藍莓等混合的果醬味，接著草本植物和白胡椒的芳香也披掛上陣，微甜的巧克力、香草香和摩卡調和成一杯濃濃的咖啡香，最後的煙燻橡木、煙絲和果醬完美融合在一起，有如一張畢卡索的抽象畫，讓人有無限寬廣的幻想，餘韻縈繞，回味無窮。雖然獨奏，但知音者卻不少！

建議搭配

醬汁羊排、台式滷豬腳、紅酒燉小牛肉、沙朗牛排，港式臘味

★ 推薦菜單　富貴冰燒三層肉

冰燒三層肉是香港最具代表性的燒臘之一，肉質彈牙、香脆多汁、肥而不膩，層次感豐富，為港式燒臘店必點名菜。一塊肉可以嘗到三種口感，先是感到表皮的鬆脆，其次會感到肥肉的甜潤，最後會感到瘦肉的甘香。這道菜講究的是皮脆、肉嫩、肥瘦均勻、夠咬勁。獨奏曲紅酒具有迷人的花香和黑色醋栗櫻桃果醬，可以除去肥膩感，使得肉質更為香醇。煙燻橡木香與東方香料互相交融，濃情蜜意，葡萄酒的木香和香料味可提昇外皮的酥脆滋味。另外濃郁的巧克力、香草咖啡，圓潤飽滿的酒質，也使得瘦肉更為軟嫩多汁，美味雋永，真是完美組合，"萬歲"。

大榮華圍村菜
地址｜香港九龍灣宏開道8號
其士商業中心2樓

Stag's Leap Wine Cellars 鹿躍酒窖

2014年春天剛過，我來到創立於1970年的鹿躍酒窖（Stag's Leap Wine Cellars），加州的午後陽光特別辛辣，常常令人睜不開眼睛。我們走到專門放酒莊歷任釀酒師手印的一面牆，非常的特別，每一任的釀酒師都在酒莊留下了手印，從1973年第一任的Bob Sesslons到2013年的現任釀酒師馬庫斯先生（Marcus Notaro），這面牆敘述著鹿躍酒窖的釀酒風格和發展史。經過了這面牆，我們來到鹿躍區（Stag's Leap District）山腳下的葡萄園，這也是鹿躍酒窖最重要的產區，酒莊經理安娜告訴我們說：「因為山的地形和石頭的形狀看起來像幾隻鹿在跳躍，所以就叫鹿躍，這是印地安人的傳說。」這塊產區土壤以沖積土的黏土和火山土的粗礫為主，百分之九十葡萄品種為卡本內（Cabernet Sauvignon）其餘是美洛（Merlot）。

A . **鹿躍葡萄園。**B . **這面牆留著所有釀酒師的手印。**C . **作者與釀酒師Marcus Notaro在酒窖門口合影。**D . **酒窖內部。**

有關鹿躍酒窖 （Stag's Leap Wine Cellars）是由希臘文化史教授維尼亞斯基先生（Warren Winiarski）於1972年創立。他曾經在蒙大維酒莊（Robert Mondavi）當過土壤分析師，對葡萄酒充滿著熱情，1972年在美國加州納帕谷東側山坡的央特維爾鎮（yountville）附近買了一塊18公頃的園地，就是印地人所說的「鹿躍Stag's Leap」，之後又陸續購買了費（Fay）葡萄園，成為鹿躍酒窖（Stag's Leap Wine Cellars）。Stag's Leap Wine Cellars於1972年開始種葡萄和釀酒，在第二年就釀出了1973年的S.L.V.，這款酒的問世也改變了美法葡萄酒的命運，從此開啟了鹿躍酒窖 （Stag's Leap Wine Cellars）的光明之路。

參觀完葡萄園和酒窖之後，安娜繼續帶我們來到接待處的品酒室試酒，此時，釀酒師馬庫斯先生（Marcus Notaro）也到了現場準備和我們一起品嚐。他問我們想要喝哪幾款酒？我選擇了酒莊裡最好的三款紅酒和一款白酒，分別是：2012 Karia Chardonnay、2006 Fay、2005 S.L.V.和2010 Cask 23。四款酒當中我個人最喜歡的是2005 S.L.V，已經非常的成熟平衡，沒有青澀的草本植物，其中的黑色果實有藍莓、黑櫻桃、果醬和一絲絲的煙燻木桶，些微的薄荷、甘草和黑咖啡巧克力，更重要的是細緻的單寧，喝起來很舒服。現任釀酒師馬庫斯先生告訴我們，他一直在釀造一款能代表鹿躍區的風土的風格，是美國的風格，而不是外界說的波爾多風格。2010 年的23號桶（Cask 23）就是這樣剛柔並濟、層次複雜、優雅細緻的一款酒。就如同創辦人維尼亞斯基先生說過的話：「他想要生產一種有充分力量的酒，結合了風格與優雅，但又不會太厚重。」

說到釀酒這回事，世界上沒有釀酒人會用古希臘黃金矩形的概念來描述釀酒這件事。對希臘人而言，美是來自與對立面力量動態的平衡。正方形四邊等長，因此是完美的，但卻缺乏動態的張力，所以沒什麼特別的趣味。希臘數學家畢師可拉（Pythagora）和歐幾里德都指出，黃金矩形在智性上更吸引人。黃金矩形短邊與長邊的比例，和長邊與長短邊加總的比例是相同的，雅典的帕得嫩神廟（Parthenon）便是黃金矩形在建築上的典型。古典學家也在音樂裡看到對立關係的黃金比例，甚至在向日葵和海螺等自然生物裡也可見。維尼亞斯基的製酒哲學，他的想法和其他納帕製酒人有很大的差異。他始終強調酒的和諧與平衡，對其他人釀造所謂的厚重酒感到反感，他覺得那酒的酒精太強、口味太重。他認為23號桶（Cask 23）古典、細緻；整體風格柔美卻不鬆軟，柔中帶剛的氣勢表現，誠如莊主所言：「戴著絲絨手套的鐵拳，唯有被他一擊後才知其威力！」

1976年鹿躍酒窖（Stag's Leap Wine Cellars）在有名的「巴黎盲瓶品酒會」美法對決中一戰成名，第一個年份在10支參賽的美法酒款中奪得第一，打敗波爾多等五大名莊，連1970年份的木桐都只能屈居第二名的位置，從此，鹿躍酒窖站上世界舞台，美國五大也開始與法國五大分庭抗禮; 2006年美法再度對決，仍然獲得第二名高名次的榮譽，再度證明了鹿躍酒窖的陳年實力跟潛力。另外，鹿躍酒窖23號桶（Cask 23）1985同時也被英國葡萄酒雜誌《品醇客Decanter》選為此生必喝的100支酒之一。維尼亞斯基先生是酒界傳奇人物，他在義大利拿坡里作研究時，開始相信自己應該是位釀酒師，美法葡萄酒對決的宿命，竟然是決定他的義大利遊學之旅。高齡八十二歲的他，由於後代無意經營酒莊生意，鹿躍酒窖在2007年已經轉售給UST Inc.與Marchese Piero Antinori。

DaTa

地址｜5766 Silverado Trail, Napa, CA 94558, USA
電話｜707 944 2020
傳真｜707 257 7501
網站｜http://www.cask23.com
備註｜週一到週日 AM10：00～PM5：00

推薦酒款

Recommendation Wine

鹿躍酒窖 23 號桶

Stag's Leap Wine Cellars Cask 23 1992

ABOUT

分數：WA 96、WS 92
適飲期：1998 ～2020
台灣市場價：9,000 元
品種：100% Cabernet Sauvignon（卡本內蘇維翁）
橡木桶：90% 全新法國橡木桶
桶陳：21 個月
瓶陳：12 個月
年產量：12,000 瓶

品酒筆記

這款酒實在是讚嘆再讚嘆！本人已經嚐過多少個年份的Cask 23，無論是80年代或90年代，甚至是本世紀初的酒，從沒有喝過如此令人拍案叫絕的酒，紅寶石色澤仍保持著乾淨，有著波爾多黑色水果、煙燻木桶、巧克力及甘草味。另一面則是勃根地的紅色果實和花香，微微的松露菌菇、大地中的泥土，酒體是豐厚的，口感卻是細緻的，單寧如絲絨般的柔滑，而尾韻的甜美悠長，讓人久久難忘，有如虞姬撫琴清唱，而後腰枝搖擺，翩翩起舞，莫怪西楚霸王誰能與共啊！這款酒絕對是當今世上難得珍釀，有機會一定得一嘗為快！

建議搭配

炸豬排、烤羊腿、煎牛排、紅燒肉。

★ 推薦菜單　五香肉捲

五香肉捲在台灣大小市場幾乎都有賣，但要找到正宗的閩式做法卻很難，大部分都是蝦捲、花枝捲和菜捲，偶爾在路邊攤賣米粉湯或鹹粥會見到，但也不是老師傅流傳下來的祕方。五香肉捲是閩南人逢年過節、婚宴喜慶必備的前菜，五香肉捲必須以五花肉、細洋蔥、豆腐衣等原料製成。皮香肉酥脆，口感嫩滑，現炸現吃，時間過長就不好吃了。作者一日來到廈門中山路一帶老市場，本欲尋訪沙茶魚丸麵，未料見路邊一婦人正在包五香肉捲，一看正是老祖宗古法，馬上叫盤來嚐，熱騰騰一上桌馬上香氣四溢，咔拉酥脆，腐皮五花肉與洋蔥在口中的美味無法形容，只有大快朵頤四字。鹿躍Cask 23名不虛傳，有著波爾多的濃郁香氣又兼具勃根地細緻的單寧，口感豐滿柔順，搭配正宗五香肉捲，解膩去油，又能綜合酥脆鬆軟的肉質，使之平衡可口，餘味持久。葡萄酒的煙燻香料和五香肉捲的焦香合而為一，琴瑟和鳴，餘音繚繞，綿延不絕。

廈門老街市場內五香肉捲攤

地址｜廈門市中山路老街市場

Spottswoode Estate
史柏茲伍德酒莊

提起史柏茲伍德（Spottswoode Estate）這個酒莊，很多台灣人可能聽都沒聽過，更不用說喝過它的酒了，但這家酒莊所釀的卡本內蘇維翁（Cabernet Sauvignon）絕對是出乎意料的經典，從他的酒中我們也能找到1970年代此地的葡萄酒熱潮，足以代表美國納帕（Napa）開天闢地的精神。

1972年，瑪麗．韋伯．諾瓦克（Mary Weber Novak）和他的丈夫傑克．諾瓦克醫生（Dr. Jack Novak）從從聖地牙哥到美國買下史柏茲伍德酒莊。瑪麗的女兒也就是現任莊主之一貝絲（Beth Novak Milliken）女士回憶說：「還記得我對史柏茲伍德的第一印象，當時我們家才剛從南加州開車長途跋涉到納帕谷。我們之前的家充滿墨西哥風格、史柏茲伍德的建築則是維多利亞風格；在它一旁的大樹和彎曲的花園小徑則更為這棟房子增添了一種神祕、陰森的氛圍。我覺得我

A．百年石質酒窖門口。B．在美國納帕第二家獲得有機認證的葡萄園。C．百年石質酒窖。D．酒莊對街的辦公室門口。

們都感受到老莊園神奇的魔力。直到今天我還能感受到那股力量，一種充滿冒險及潛力的特質。」她還告訴我們一個秘密，當年這裡的土地一英畝是四千美金，現在的行情是一英畝三十萬美金，這一翻就是七十五倍的身價啊！難怪大家都說納帕的土地是寸土寸金。目前酒莊葡萄園為四十五英畝，主要種植卡本內蘇維翁（Cabernet Sauvignon）、卡本內弗朗（Cabernet Franc）、小維多（Petit Verdot）、白蘇維翁（Sauvignon Blanc）。酒莊內還有兩座具有歷史意義的建築，一座是維多利亞年代的農莊，還有一座是建於1884年的石製酒窖，裝瓶後的卡本內蘇維翁就在這裡陳放。

史柏茲伍德酒莊座落在聖海倫娜（St. Helena）的西側，此地日照充足、無霧氣、土壤粘質壤土多岩石、排水性佳，造就出優雅細緻，溫柔婉約，複雜多變的卡本內蘇維翁，自1982生產第一款卡本內以來，佳評不斷，在整個加州可說是無人能出其右，更博得世界酒評家帕克先生稱讚：「史柏茲伍德酒莊是納帕的瑪歌酒莊。」另外，最厲害的是酒莊的旗艦酒史柏茲伍德卡本內紅酒（Spottswoode Cabernet Sauvignon）從2001～2010年連續十年都獲得帕克先生95分以上的分數，2010年更獲得100分的滿分成績，能獲得這樣的成績非常不容易，這證明了酒莊每年所釀的酒品質都非常的穩定，連美國幾支膜拜酒都無法做到這樣，只有三大超級膜拜酒：鷹嘯園（Screaming Eagle）、哈蘭酒莊（Harlan）和柯金酒莊的第九號園（Colgin IX Proprietary Red Estate）能有如此能耐，但是以價格來論史柏茲伍德那就更物超所值了。

當貝絲女士帶我們參觀酒莊一百年前的建築和葡萄園後，又帶我們到隔街的百年石頭酒窖，裡面放著160個法國新舊橡木桶，他並且告訴我們說從1985年開始，酒莊就用有機的方法來種植葡萄，她們是全加州第二家做有機酒的酒莊。接著我們來到品酒室，史柏茲伍德酒莊目前只釀三款酒，我們品嚐的是：

史柏茲伍德白蘇維翁白酒（Spottswoode Sauvignon Blanc 2012）

林登赫斯特本內紅酒（Lyndenhurst Cabernet Sauvignon 2011）

史柏茲伍德卡本內紅酒（Spottswoode Cabernet Sauvignon 2011）

我偷偷問她：「帕克稱這款酒是納帕的瑪歌酒，你有什麼感想？」她說：「當然很高興，能和幾百年歷史名園相提，是一種讚美。但是風土不一樣、氣候不一樣、釀酒師不一樣，所以酒展現出來的風格也會不一樣。」我喝到的結果是在某些方面確實有波爾多左岸的卡本內，杉木、鉛筆芯和黑色果實，但更多的是美國風格的濃郁果醬。

DaTa

地址｜1902 Madrona Avenue, St Helena, CA 94574, USA
電話｜707 963 0134
傳真｜707 963 2886
網站｜http://www.spottswoode.com
備註｜參觀前請先預約

Recommendation Wine

史柏茲伍德卡本內紅酒

Spottswoode Cabernet Sauvignon 2010

ABOUT

分數：RP 100、WS 93
適飲期：2013～2038
台灣市場價：9,000 元
品種：89% Cabernet Sauvignon（卡本內蘇維翁）、8% 卡本內弗朗（Cabernet Franc）、3% 小維多（Petit Verdot）
橡木桶：62% 全新法國橡木桶
桶陳：19 個月
瓶中陳年：6 個月
年產量： 31,032 瓶

品酒筆記

2010年的史柏茲伍德卡本內蘇維翁是一款美國納帕難得的作品；色澤如藍玫瑰般的艷麗，高貴出眾，很想捧在手裡又怕碎掉。剛倒入杯中的香氣有如玫瑰花香瀰漫在空中，久久不散。這種有如名牌香水般的香氣，絕對讓世界上所有的俊男美女為之傾倒。隨著而來的是大檜木頭的木香、甘草和剛泡好的Espresso咖啡，又有非常多的水果聚集而來；野生藍莓、黑莓、黑醋栗，黑櫻桃、樹莓、石榴等一一浮現，有如一杯綜合果汁。這款卡本內單寧細緻如絲，酒體豐厚中帶著柔順的汁液與和諧的酸度結合成一個完美無瑕的瓊漿玉液，這一定是納帕谷的一流佳釀，難怪帕克會說：這是一款納帕的「瑪歌酒莊」，能有這樣的讚美，在美國算是第一個酒莊吧？

建議搭配

有濃厚醬汁的海鮮或肉類、如蠔油牛肉、蔥靠黃魚，還有牛羊肉串燒烤。

★ 推薦菜單　蠔油燴遼參

帶有幾許特殊的蠔油香，微鹹但鮮美，Q彈軟嫩，咀嚼立化，舌底生津，美味可口，真可謂為尤物。這道菜不光滋味鮮美，且富含蛋白質和膠質，這款酒入口有細緻的單寧、豐富的果香、酒體濃郁，適合搭配濃重醬汁的滷菜。柔順的酒質與海參膠質合為一體，特有的果香也與海參的鮮美很諧調，突出了海參中蠔油的香，更妙的是，海參完全沒有腥味，反而是軟糯彈牙、口齒生香，餘味繚繞不已。

皇朝尊會
地址｜ 上海市延安西路 1116 號
龍之夢麗晶酒店 3 樓

CATENA ZAPATA 卡帝那・沙巴達酒莊

1898年,尼可拉斯・卡帝那(Nicolas Catena)的祖父尼可拉Nicola離開義大利前往阿根廷時年僅18歲,他決定在阿根廷最重要的葡萄酒產區門多薩(Mendoza)定居下來。這位在義大利葡萄酒農民出生的年輕人,在這個地方開始他的葡萄酒夢想,選擇種植馬爾貝克,當時人們認為這是最好的一種品種。

如今,阿根廷最好的酒莊當屬卡帝那・沙巴達酒莊(CATENA ZAPATA),酒莊造型如大蜘蛛般盤據在門多薩省(Mendoza)海拔1000公尺的高原上。80年代,尼可拉斯・卡帝那前往納帕谷拜訪了蒙大維酒莊(Robert Mondavi),受到加州卡本內(Cabernet Sauvignon)致力提升品質的影響,決定改變以量取勝的策略,改走品質至上。1997年加州知名的釀酒師保羅・霍布斯(Paul Hobbs)被卡帝那請來阿根廷指導,同時還請來世界知名的法國釀酒師賈克斯路登(Jacques Lurton)。這些有經驗的釀酒師和卡帝那持同樣的看法,阿根廷風土條件是釀出好酒的關鍵,想在阿根廷釀出頂級的好酒,就需要有涼爽的葡萄園。卡帝那經過多年辛苦摸索之後,決定以阿根廷特有的馬爾貝克為重心,經過漫長努力終於在2004年贏得全球酒展與酒評家的讚嘆,那一年的卡帝那阿根提諾馬爾貝克(Catena Zapata Malbec Catena Zapata Argentino Vineyard),獲得了帕克所創立的網站《葡萄酒倡導家

A . 莊主尼可拉斯．卡帝那，於安地斯山下的葡萄園。B . CATENA酒莊外觀。C . 馬爾貝克Malbec葡萄。D . 充滿設計感的酒窖。

WA》評為98+高分，這也是阿根廷在世界的葡萄酒評論中最高分數。從此卡帝那·沙巴達酒莊成為阿根廷酒王。

英國葡萄酒雜誌《品醇客Decanter》資深顧問史蒂芬史普瑞爾(Steven Spurrier)說:「卡帝那的葡萄酒從一開始就是阿根廷的品質指標，這是因為尼可拉斯·卡帝那的熱情、遠見和文化素養，時至今日依然如此。」美國葡萄酒觀察家雜誌《Wine Spectator》:「全阿根廷最好的酒，幾乎都出自於卡帝那·沙巴達酒莊。」葡萄酒教父帕克讚譽「卡帝那·沙巴達酒莊不斷突破自我，並將阿根廷葡萄酒推向新的境界。」以上都是對卡帝那個人的貢獻表示讚美與崇高的敬意。但是卡帝那本人仍然很謙虛:「雖然馬爾貝克在世界的的酒壇上占有一席之地，那它會展現拉菲酒莊(Lafite)的優雅嗎?我不認為有任何人能釀出像拉菲一樣的酒。那是葡萄酒神祕、偉大之處。我的目標是要在世界排名上盡量接近偉大的法國酒，但家父的評論我一直放在心底，我也覺得那幾乎辦不到。」

卡帝那·沙巴達酒莊最讓人津津樂道的是在2001年英國舉辦的第十屆葡萄酒比賽中奪魁。這場盲目試飲的酒款涵蓋法國五大酒莊頂級酒拉圖酒莊（Chateau Latour）、歐布里昂酒莊（Haut-Brion）、加州頂級酒與阿根廷卡帝那·沙巴達酒莊等，結果全體在場的專業人士評定卡帝那·沙巴達酒莊為第一名，奠定了卡帝那·沙巴達酒莊在世界舞臺的地位。世界最具權威葡萄酒專家帕克（Robert Parker）也在其出版的《全球最偉大的156個酒莊》書中將卡帝那·沙巴達酒莊列為唯一入選的阿根廷酒莊。2009年尼可拉斯·卡帝那先生獲得英國《品醇客Decanter》雜誌年度風雲人物，並在2012年榮獲美國酒觀察家雜誌（Wine Spectator）頒發的傑出貢獻獎，同時，他也是史上第一位阿根廷得主。如今，尼可拉斯·卡帝那先生已經將酒莊傳承給兒子阿內斯托（Ernesto）和女兒魯拉（Laura），他成為卡帝那·沙巴達酒莊精神領袖，讓阿根廷的馬爾貝克繼續在世界上發光發熱。

以下是卡帝那·沙巴達酒莊（CATENA ZAPATA）最重要的四款酒得分評價：

卡帝那阿根提諾馬爾貝克紅酒（Catena Zapata Argentino Malbec），這款酒是酒莊最高分的作品，《WA》從2004年份到2010年份分數都在94～98+之間，最高分是2004的98+高分，2005的97+高分，2007和2008的97高分。《WS》2004年份和2005年份同時獲得95分。台灣上市價約在台幣4,000元一瓶。

卡帝那安德瑞那馬爾貝克紅酒（Catena Zapata Adrianna Malbec），《WA》從2004年份到2010年份分數都在95分以上，最高分是2004、2005、2008和2009的97高分。《WS》2005年份獲得95分。台灣上市價約在台幣3,500元一瓶。

卡帝那尼凱西亞馬爾貝克紅酒（Catena Zapata Nicasia Malbec），《WA》從2004年份到2010年份分數都在93～96之間，最高分是2004和2005的96高分。2007年份獲得《WS》96分，2006年份獲95分。台灣上市價約在台幣3,500元一瓶。

尼古拉斯卡帝那沙巴達（Nicolas Catena Zapat）這是酒莊的旗艦酒，用馬爾貝克（Malbec）和卡本內（Cabernet Sauvignon）合釀。2006年份獲得《WA》97分，2009年份獲得95分。台灣上市價約在台幣4,500元一瓶。

DaTa

地址｜J. Cobos s/n, Agrelo, Luján de Cuyo, MENDOZA, ARGENTINA.
電話｜（54）（261）413 1100
網站｜http://www.catenawines.com
備註｜可預約參觀

推薦酒款

Recommendation Wine

尼古拉斯卡帝那沙巴達

Nicolas Catena Zapat 2006

ABOUT

分數：WA 97
適飲期：2011～2035
台灣市場價：4,500元
品種：70% 卡本內蘇維翁（Cabernet Sauvignon）、
30%馬爾貝克（Malbec）
橡木桶：法國新橡木桶
桶陳：26個月
瓶陳：12個月
年產量：21,600瓶

品酒筆記

尼古拉斯卡帝那沙巴達是卡帝那·沙巴達酒莊頂級酒中由70%的卡本內蘇維翁和30%馬爾貝克合釀的酒，可說是一款偉大長壽的酒。黑紫色的酒色中透露著香料盒、松露，紫羅蘭花香，入口後是藍莓、黑櫻桃和黑醋栗等黑色水果味道流連忘返，摩卡與巧克力的濃醇娓娓散開，層次變化複雜，香氣豐富且集中，優雅細膩，餘韻繚繞，是一款阿根廷最美麗的傳說。

建議搭配

廣式臘腸肝腸、金華火腿、滷牛腱、燒鵝。

★ 推薦菜單　風肉蒸腐皮

這道菜從何而來實在很難考究，有江浙菜的形體，但又似粵菜的味道，雖然以臘肉為主，但嚐起來並不覺得過鹹，因為有南瓜的甜味來均衡，又有軟嫩的腐皮其中， 更讓整道菜看起來美味可口，令人食指大動。阿根廷這支酒王充滿了香料與松露的特殊香氣，可以均衡肉質中的汁液，而黑色果實剛好可以和南瓜的甜美相得益彰，使風乾的臘肉不致過鹹，甜鹹適中，滿口芳香，腐皮的酥香更有畫龍點睛之妙。

杭州味莊餐廳
地址｜杭州市西湖區楊公堤10號

Glaetzer Wine
格萊佐酒莊

2014年的三月，我來到澳洲最好的產區巴羅沙谷地（Barossa Valley），這裡離阿德雷德市將近一小時車程，沿途都是50～80年的老藤居多，要進去酒莊的一條路是產業道路，沿途都是葡萄園。阿利安家族（Adlrian）1,880年這裡就開始種植葡萄，到現在已經五代了，看過去將近五百公尺的白房子是他門的家。奔富（Penfolds Grange）的葡萄一部分的由此而來，大部分的葡萄給格萊佐酒莊，土壤是紅黏土、沙丘，低限度的灌溉，幾乎是沒有灌溉，阿利安這樣告訴我們。有80%種植希哈（Shiraz），最邊線的話就屬這區，種植面積100英畝，樹藤是100年的老藤，一公畝才生產4,000～6,000公升，別人的產量可到7,000～10,000公升。

A. 葡萄園。B. 酒莊莊主兼釀酒師班．格萊佐。C. 阿利安特別摘下葡萄讓我們品嚐。D. 藝術家所畫的酒標。

班．格萊佐（Ben Glaetzer）是台灣相當熟悉的澳洲明星釀酒師，他的蒼穹之眼（Amon-Ra）不但在酒壇有一席之地，同時系列當中的平價品項，也都廣受好評，從帕克（Robert Parker）到詹姆士．哈勒代（James Halliday），都對他的酒有極高評酒。如果要提到巴羅沙產區（Barossa Valley）的希哈，班．格萊佐絕對是不可忽視的新生代。畢竟他不到三十歲的時候，就以2002年份的蒼穹之眼拿下了帕克100滿分！這也是澳洲酒拿下的第一個帕克滿分！班三十一歲時就被帕克欽點為年度風雲釀酒師。他二十四歲時，更獲得了「澳航年輕釀酒師」年度獎項。以下是世界上對班．格萊佐的評價：

「班．格萊佐……才華洋溢的傑出釀酒師」羅伯．帕克發表於《Wind Advocate》。

作者與葡萄園擁有者阿利安。

「感謝班·格萊佐，為世人創造了一系列驚世超凡之作！」傑·米勒發表於2007年10月《Wine Advocate》。

「格萊佐佳釀，前衛中的先鋒之作」澳洲評論家詹姆士·哈勒代發表於2006年3月《Decanter》。

這位出生於1977年的釀酒師，整個家族1888年就已在Barossa落腳，對於當地的風土可是5代相傳。他在90年代末期逐漸接掌家庭事業，同時也與別人合作打造許多共有品牌，但格萊佐酒莊始終是系列產品的旗艦，其中俗稱的眼睛酒（AMON-Ra）在市場已有固定愛好者。命名來自埃及神話中Amon-Ra代表眾神之王，而Amon-Ra神殿為供應神殿居民用酒，成為商業釀酒的發祥地，蒼穹之眼即象徵葡萄酒的起源。象徵符號源自古埃及的全能之眼，符號的六個部分，分別象徵觸、味、聽、視、嗅、知等六覺。格萊佐以滿足此六覺為目標，創造了蒼穹之眼。這款100% Shiraz，來自當地知名的次產區Ebenezer，有著50～130年的老藤加持，酒色濃密深邃，帶有煙燻、香草、胡椒、咖啡、藍莓、巧克力氣息。充份醒酒後，可以享受那源源不絕的黑色水果勁道與香氣。我們再來看看帕克給的分數：2002年：96～100分、2003年：96～100分、2005年：98分、2006年：97～100分、2007年：96～99分、2008年：92分、2009 年：96+分、2010年：97分、2011年：95+分、2012：97+分。除了2008年的92分以外，每一個年份都超過95分以上，2002、2003和2006都可能是100分。這樣的成績對於一個年輕的酒莊，在世界上是少見的。

第二階的安普瑞娜（Anaperenna）是班的最愛，75%希哈30～100年老藤，25%卡本內（C.S）30～120年老藤，16個月，100%新橡木桶，其中92% 法國桶、8%美國桶，命名的靈感來自羅馬「復甦女神安娜·普瑞娜Anna Parenna」，她的名稱意為”永續之年”，古羅馬人以新年慶典紀念這位女神，當晚所喝的每一杯酒，都象徵著女神將賜予的多一年壽命。帕克網站分數依序為：2004年：96～98分、 2005年：93分、2006年：94～97分、2007年：95分、2009年：94分、2010年：93+分、2012年：93分，分數表現非常亮麗。至於稍微平易近人的碧莎（Bishop），命名取自創始人柯林的妻子——茱蒂絲（Judith）的原姓氏，柯林用碧莎為酒款命名，以對同為釀酒師的妻子在酒莊的貢獻表示敬意。碧莎的代表圖騰，是「維納斯女神」的象徵符號，用以彰顯女性特有的愛及美與活力。混著是35～125年的希哈老藤，相對年輕的葡萄藤，造就了活潑鮮甜的果味。這款酒更可以看出班．格萊佐的想法，他追求新鮮濃郁的果香，碧莎提供了消費者走進班．格萊佐的世界途徑。《WA》分數從2002～2012年大約都在90～94分之間，品質尚稱穩定。

除了上述兩款希哈，格萊佐也作了一款混了格納希（Grenache）的華萊士（Wallace），命名出自於威廉．華萊士（William Wallace）是蘇格蘭史上最偉大的英雄之一在電影〈英雄本色〉由梅爾吉勃遜飾演。此酒標象徵著傳統與創新的兼容並蓄。此圖騰集結了愛爾蘭象徵力量的「塞爾特十字勳章Celtic Cross」、愛爾蘭國花以及象徵愛爾蘭歷史沿革的代表圖騰。格納希用的也是老藤，但卻中和了希哈的雄渾力道。此酒在明亮的紫色中，表現出樹莓、紫羅蘭和研磨的胡椒香氣，口感強烈豐富，並有深紫色的花卉香氣。單寧柔順，尾韻有迷人的花香。分數都在88分到94分之間，台灣價格大約是台幣1,000元以內，算是一款非常親民的作品。

作者建議喝格萊佐酒莊的酒，尤其蒼穹之眼，一定需要極長時間的醒酒。直接開來喝，會覺得酒精味太嗆，果醬味和酒精味太刺鼻，野性十足，需要時間去馴服他，蒼穹之眼原廠建議的窖藏潛力是20年以上，連碧莎建議的窖藏潛力也有15年，如果5年以內就喝，當然是悶到不行，建議放個7～8年喝是享受他最好的時機，他的酒果香充沛而迷人，餘韻甚長，不要隨意當成即飲酒。

歐洲許多產區在2012年表現都差強人意，但2012在澳洲卻是精采的一年！沒有驟然升高的氣溫與酷熱，沒有大雨，葡萄成熟時，天候更是平順，低收成更造就了濃郁的口感。目前所有的資料都顯示2012是南澳好年份，包括班．格萊佐自己都如此認為，在2005和2006兩個年份過後，澳洲酒是有一段顛簸，但此時是出手好時機，好年份的好酒千萬不要辜負，尤其是已證明有窖藏實力的精采品項！

地址｜Gomersal Road（PO Box 824）
Tanunda,South Australia 5352
電話｜+61 8 8563 0947
傳真｜+61 8 8563 3781
網站｜http://www.glaetzer.com
備註｜可預約參觀

作者和酒莊國際行銷總經理Peter合照。

酒言酒語訪談錄

作者VS.酒莊國際行銷總經理彼得羅肯（Peter Lokan）

作者：請問台灣的銷量在世界排名如何？

彼得：格萊佐酒莊銷量台灣是亞洲第一，台灣是他們一個重要的市場，世界排名第四，僅次於美國、英國、加拿大等三個國家。

作者：據我們了解2011年沒有做其他三款酒，只做一款Amon-Ra，這樣其他的葡萄如何處理？

彼得：這是我們對葡萄農的承諾，我們將這些葡萄收購後再挑選出做Amon-Ra的葡萄，篩選過後的再賣出去給其它酒農，因為這是對葡萄農的 一種保障，這麼多年來都是這樣，為了維持好的品質我們必須這麼做。

作者：今天我們第一次嚐到2013年的四款酒，這是第一次在世界上發表嗎？你覺得如何？

彼得：2013年可能是澳洲50年來最好的年份，2013年是產量比較少的，但是品質非常好，分數有可能比2012年好，但願我們能拿到第三個100分。2001第一個年份得到100分，第二年2002：100分

作者：班．格萊佐當初2001年進來酒莊時，第一次釀Amon-Ra有什麼想法？

彼得：班去過很多國家，覺得巴羅沙產區（Barossa Valley）的希哈很有力道，也能陳年，但就是不夠優雅，所以他想釀出一款能陳年而且夠優雅的酒。世界評論家認為班是澳洲的先鋒，將巴羅沙希哈帶入一個新境界。

作者：從2001年到現在格萊佐酒莊（Glaetzer Wine）有沒有任何的改變？

彼得：2001到現在釀酒哲學都一致，16塊葡萄園雖然有點調整, 但是哪一塊比例都有一致性。比較有變化的是橡木桶的轉變，2001年到2009使用80%法國新桶，20%美國新桶，2010年以後使用95%法國新桶，5%美國新桶，因為法國新桶釀起來比較雅致。

作者：今天以Amon-Ra的品質和知名度來說已經可以成為澳洲的新膜拜酒，不論是和奔富格蘭傑（Penfolds Grange）、漢謝克恩寵山（Henschke ,Hill of Grace）、托貝克領主園（Torbreck The Laird ）、比起來毫不遜色，為何在價格上沒做出調整？

彼得：班．格萊佐認為巴羅沙的Ebenezer這塊葡萄園可以呈現澳洲最好的希哈，是最好的地塊和風土，維持Amon-Ra的風格比價格更重要，不論分數如何，這10年來還是一樣。

Glaetzer酒莊最新年份2013年四款酒。

推薦酒款

Recommendation Wine

格萊佐酒莊蒼穹之眼

Glaetzer Wine Amon-Ra 2009

ABOUT
分數：WA 96+
適飲期：2013～2030
台灣市場價：3,600元
品種：100%希哈（Shiraz）
橡木桶：法國新橡木桶、美國新橡木桶
桶陳：14個月
瓶陳：6個月
年產量：18,000瓶

品酒筆記

作者在酒莊一次品嚐四個年份的Amon-Ra。

2009年的蒼穹之眼在不同時間內喝過兩次，雖然未到達適飲階段，但是歷經五年的淬煉，已經不會那麼的濃烈刺鼻。在酒色濃密深邃的紫紅色中，香氣繽紛，空氣中瀰漫著一股紫羅蘭、新鮮果醬和亞洲香料粉。口感帶有香草、胡椒、椰奶香、濃縮咖啡、藍莓、巧克力迷人香氣。酒體渾厚濃郁、微微的酸度讓單寧更顯平衡，層次豐富且完整。結束時驚人的集中度與尾韻，令人記憶深刻。已有大將之風，陳年20年以上將可至頂峰的境界。

建議搭配

梅菜扣肉、無錫排骨、滷牛腱、三杯雞。

★ 推薦菜單　椒鹽香酥豬肘

這道椒鹽豬肘做法很像西式德國豬腳或中式江浙的水晶肴肉，先將水加花椒粒及鹽調勻，把豬前肘加入醃製48小時後取出，再放入沸水，取出放置蒸鍋內蒸1小時，在鍋裡加油炸至金黃色，去骨切塊即可。豬肘皮酥肉嫩，汁液香鹹，口感油而不膩，只要不怕膽固醇過高或肥胖的朋友都無法拒絕它的誘惑。澳洲這隻眼睛大酒使用百年以上老藤，果醬味強烈無比，帶著黑莓、藍莓、黑櫻桃、加州李等水果味，口中全是各種水果的甜度，用它來配這道菜一定很精采。香酥豬肘肉汁鹹香微辣，酒的澀度可以柔化肉質的鹹度，並且提升肉味的鮮香，而酒的香料味和肉汁的麻辣也能互相包容，使這道菜變得雍容華貴，更令人回味無窮！

上海點水樓餐廳
地址｜上海市徐匯區宜山路889號齊來科技服務園區第6棟1～3層

Leeuwin Estate Winery

陸文酒莊

澳洲葡萄酒蘭頓分級於2014年5月1日公布，陸文藝術系列夏多內白酒（Leeuwin Estate Art Series Chardonnay）與奔富格蘭杰希哈（Penfolds Grange Shiraz）、克萊雷登山星光園希哈（Clarendon Hlls Astralis Syrah）漢謝克園恩寵山希哈（Henschke Hill of Grace Vineyard Shiraz）、托布雷克小地塊希哈（Torbreck Run Rig Shiraz）等五個酒莊並列為（Exceptional）澳洲一級酒莊。陸文酒莊也是帕克（Parker）世界最偉大的156個酒莊中推薦為明日之星，當然是南半球最好的夏多內白酒。《品醇客Decanter》在國際盲飲中，將1980年份的藝術系列夏多內（Art Series Chardonnay）列為最高推薦，藝術（Art Series）系列的酒標皆採用澳洲當代知名藝術家作品，極富收藏價值，可說是酒標界的天王級名作。

A | B | C

A. 酒莊畫廊展示藝術系列作品。B. 酒莊每年所舉辦的演唱會。
C. Art Series Chardonnay三個不同年份酒標。

位在西澳瑪格麗特河的陸文酒莊（Leeuwin Estate），可以說是澳洲白酒的代表性酒莊！它最頂級的藝術夏多內（Art Series），老酒友聽到眼睛為一之亮，可以如數家珍，聊上半天。但新酒友多半只聽過其名，或是僅能看到空瓶，因為每天都有人在賣勃根地特級園，但藝術夏多內卻經常是上游藏家直接送入酒窖。畢竟陸文酒莊的藝術（Art Series）夏多內，外觀、內在、價格、分數，不僅是澳洲領頭羊，也在世界酒罈擁有一席之地。1972年，加州葡萄酒巨人羅伯蒙大維（Robert Mondavi）走訪世界，尋找具潛力的葡萄園產區。他看上西澳瑪格麗特河區域：因當地印度洋，洋流交會，海風朝內陸吹拂，屬於典型的地中海型氣候中，依海方式又似加州與波爾多。夏季雨量不多的情形下，極宜葡萄生長！蒙大維希望地主丹尼斯．侯根（Denis Horgan）出讓牧場改種葡萄，但是侯根只願合作，拒絕出售。最後，侯根在蒙大維指導下，於1974年改種葡萄，第一批葡萄酒在1979年開始生產。陸文酒莊成立30多年以來，它的酒可說是戰功彪炳！曾榮獲《International Wine & Spirits》評為年度最佳酒廠，許多酒款又多年獲酒觀察家雜誌《Wine Spectator》94分以上，澳洲酒專家詹姆士哈勒戴（James Halliday）也稱其為「連續15年來的頂級澳洲酒代表」。帕克（Robert Parker）也說陸文酒莊為「西澳令人印象最深刻的酒廠」。這間酒廠也在連年好表現之下，成為澳洲夏多內白酒的指標。

奏曲（Prelude），以及（Siblings）等藝術系列每年都委任著名的澳洲當代藝術家，針對每一酒款繪製酒標。嗜好收藏特殊酒標的朋友，收藏中絕對不能少了陸文酒莊的藝術系列（Art Series）。藝術系列總共做了五個品種；除了領軍的夏多內以外，還有麗絲玲（Riesling）、白蘇維翁（Sauvignon Blanc）、卡本內（Cabernet Sauvignon）和希哈（Shiraz）。夏多內的分數都在90以上，帕克網站《WA》1987年份獲得97高分，2005年份96分，2006、2007、2008和2010都是95分。2001年份被《WS》評為98高分，1987、1995和1997年都被評為97分，2002、2009、2011年都被評為96分。藝術系列夏多內白酒（Art Series Chardonnay 2011）並榮獲2014年《WS》年度百大的第五名。台灣市價為3,500元一瓶。

陸文酒莊是家族擁有並管理的精品酒莊，其盛名主要來自其獨特的經營理念，以及每年在澳大利亞舉辦的陸文酒莊音樂會. 每年2月份，陸文酒莊都會在戶外舉行盛大的音樂會，來自世界各地的優秀音樂家應邀來到酒莊，音樂加美酒的誘惑，酒莊的音樂會幾乎場場爆滿，最多的時候甚至能達5萬人，就是這樣的演奏，奏響了陸文酒莊直至今日的好聲譽。

DaTa

地址｜Stevens Rd, Margaret River, 6285 Western Australia
電話｜（61 8）9759 0000
傳真｜（61 8）9759 0001
網站｜www.leeuwinestate.com.au
備註｜必須預約參觀

推薦酒款

Recommendation Wine

藝術系列夏多內白酒

Art Series Chardonnay 2009

ABOUT
分數：WS 96、James Halliday 97
適飲期：2012～2025
台灣市場價：3,500元
品種： 100%夏多內（Chardonnay）
橡木桶：法國新橡木桶
桶陳：12個月
年產量： 6,000瓶

品酒筆記

鮮明和使人印象深刻的水梨、萊姆果醬、熟成的白色蜜桃和木梨的迷人香氣飄散，夾帶著細微的礦石味和肉桂味襯托著。豐富的層次變化，帶出茉莉花和白梨花的優雅花香，融合著烤芝麻和腰果的誘人香氣。一入喉，整體的細緻度展現十足的平衡性。純淨與透徹的果香，飄散出洋梨、葡萄柚和清新萊姆的芬芳。中段可感受到些微乳狀般的質地和豐醇的果香。整體寬廣的完美表現直達尾韻，纖細的輪廓與怡人的酸度，使得尾韻無限延伸，繚繞不絕。

建議搭配

生魚片、樹子蒸鱈魚、干煎白鯧、家常豆腐、炒海瓜子。

★ 推薦菜單　豆鼓青蚵

這道豆鼓青蚵是台灣很道地的家常菜，能在上海品嚐到真的很幸福。青蚵是台灣一種很重要的海鮮，盛產於嘉義布袋東石一帶，幾乎遍佈台灣的大小傳統市場，最常用來當台灣著名的小吃「蚵仔煎」和「蚵仔麵線」。今日台灣來到上海開分店的點水樓餐廳因為看重上海的廣大台商，所以也特別加了幾道台灣料理，豆鼓青蚵就為台灣人量身訂做的。這道菜不必多說，就是在嚐它的鮮嫩，還有豆鼓要入味，不管是一碗白飯或是一杯酒一定是絕配。我們用這款澳洲最好的夏多內白酒來與這道鮮美多汁的青蚵相配，真是妙趣橫生，香氣十足。來自廈門的鮮蚵不輸給台灣的肥美，軟嫩吹彈，鮮香清甜，和這款白酒的新鮮水果、萊姆、礦石融為一體，有如一首諧調的交響樂，美妙悠揚！

上海點水樓
地址｜上海市宜山路889號
齊來科技服務園區
第6棟1～3層

Mollydooker Winery
茉莉杜克酒莊

來自澳洲的膜拜酒——茉莉杜克酒莊（Mollydooker Winery），這個故事要從1987年當莎拉（Sarah）遇見了正在南澳學習釀酒師課程的史派基威爾斯特（Sparky Whilst）開始說起。兩個人很快地便發現他們有著共同的理念和價值觀，並在1991結為連理。1994年起，這兩個人一起從事釀酒工作，也是他們邁向成功之路的開始。莎拉和史派基結合了他們的長處和天份釀出一喝就會令人不自覺得發出「哇」的酒款。莎拉和史派基可以做很好的酒和最大膽的酒，從1994到2004他們經過兩次的失敗之後，尤其是一段和美國的合夥人官司。有了Sparky雙親的全力支持和幫忙，加上所有致力奉獻的釀酒團隊，2005年從頭再起，2年後就付清債務，2007買了自己的設備，建立自己的酒莊，命名茉莉杜克酒廠（Mollydooker Winery，澳州人對左撇子的稱謂，也是用來形容莎拉和史派基的

A . Sarah和Sparky。B . 酒莊與葡萄園全景。C . Sarah和Sparky在酒窖。D . 愛的嘉年華酒標。E . 魔術小徑酒標。

話）。這是一個相當成功的酒莊故事；手工製造酒，家庭時間，還有廣大的美國市場。他們早期也為雙掌（Two Hands）做了二款酒，有助於酒莊的發展。

2005年茉莉杜克酒莊愛的系列（Love Series）和絲絨手套（Velvet Glove Series）第一次亮相，90%以上都銷到美國，過去8年「愛的嘉年華Carnival of Love shiraz」七次入選《WS》年度100大，二次前10名，平均94分，而且2006年份、2007年份和2012年份都獲得了95分，2012年份並獲得了2014年的《WS》年度百大第二名。台灣售價都在台幣5,000元以上。入門款左撇子系列（Lefty）平均分數也有87～91分，台灣售價都在台幣1,500元以上。絲絨手套希哈（Velvet Glove Series）自從2006上市到2012年份，從未低於96分以下的評分，2012年份並獲得98高分。《WA》的分數是2006～2012年，除了2007年份外，其餘都是97

高分，每年產量僅僅300到900箱而已。酒莊將它裝在一個相當特別的酒瓶中，並用真正的絲絨標搭配銀鉑印刷，而且用一個精美的禮盒裝著。台灣售價都在台幣10,000元以上。

茉莉杜克酒莊的葡萄園座落於優美的（Seaview Ridge），此地的古老土壤及地中海氣候孕育出許多極具標誌性的澳洲葡萄酒。他們一共有三個葡萄園，分別是（Long Gully Road）、（Coppermine Road）和（Home Blocks），總共產出116英畝的希哈、卡本內和美洛。所有的葡萄都是採用不破壞生態平衡的方法栽種。酒莊的目標是在每個年份都產出900,000箱的葡萄酒。酒莊有足夠能力可以一次壓榨1500噸葡萄的容量，但他們一次只壓榨大概一千多噸，這樣才有足夠的時間好好伺候這些葡萄酒、也才能保持酒莊的整潔及寬敞。

茉莉杜克酒莊位於風景優美的麥考倫谷（McLaren Vale），距離阿德雷德（Adelaide）車程大概三十分鐘。這與阿德雷德山（Adelaide Hills）相鄰，離美麗的海灘也只有五分鐘距離的麥考倫谷是個值得拜訪的地方。這兒就如同一個大型的村莊，大家都互相認識，也非常歡迎訪客的到來。這裡的食物非常美味，新鮮又道地，酒莊也有一個十分繁榮的藝術社群。五彩繽紛的標籤、夫妻的故事、笨拙的女僕、小女孩的演奏、小丑的俏皮交織成一幅美麗的酒莊故事。值得一提的是莎拉和史派基參加「澳洲援助暨改變柬埔寨計劃」幫助貧民窟的小孩上學，學習英文，他們去柬埔寨參觀，每年捐贈美金20萬元，並支持美國田納西，幫助身心障礙的年輕女性進入大學，因為茉莉杜克酒莊的成功，他們也開始回饋社會，拋磚引玉，投入更多的公益活動。

Sarah和Sparky在酒莊葡萄園。

DaTa

地址｜PO Box 2086 McLaren Vale, SA 5171
電話｜1800 665 593
網站｜www.mollydookerwines.com.au
備註｜每天早上10：00～下午4：30
（耶誕節假期不開放）

推薦酒款

Recommendation Wine

絲絨手套

Velvet Glove Series 2011

ABOUT
分數：WS 96、WA 97
適飲期：2012～2034
台灣市場價：10,000元
品種： 100%希哈（Shiraz）
橡木桶：美國新橡木桶
桶陳：18個月
瓶陳：6個月
年產量：9,000～30,000瓶

品酒筆記

深暗紫紅色的色澤，濃郁的黑莓，巧克力薄荷，煙燻培根，和烤肉的香氣，伴隨著咖啡，烘培堅果，香草的芬芳。紫羅蘭的花香，綜合的香氣在幾分鐘後融合散發出來。豐富，清爽，濃郁且飽滿。酒體架構完整，細緻的單寧，清爽的酸度領導著我們進入深長和帶有層次的餘韻。

建議搭配

煎松板豬、烤小羊排、紅燒牛肉、滷豬腳

★ 推薦菜單　蘿蔔糕

蘿蔔糕（Turnip cake）是一種常見於粵式茶樓的點心。蘿蔔糕在台灣、新加坡及馬來西亞等國家，甚至東亞地區為普遍。當地華人以閩南、潮汕語稱之為菜頭粿，客家語稱之為蘿蔔粄或菜頭粄。製作蘿蔔糕的方法一般以白蘿蔔切絲，混入以在來米粉和粟米粉製成的粉漿，再加入已切碎的冬菇、蝦米、臘腸和臘肉後蒸煮而成。傳統粵式茶樓的蘿蔔糕一般分為蒸蘿蔔糕和煎蘿蔔糕兩種。蒸煮好的蘿蔔糕，加上醬油調味。煎蘿蔔糕則是將已蒸煮好的蘿蔔糕切成方塊，放在少量的油中煎至表面金黃色即成。這道簡單的點心來搭這支高貴典雅的澳洲酒，雖然看起來有些突兀，但是蘿蔔的濃濃的臘味香氣與紅酒的香料交織，反而更能突顯紅酒的渾厚與香醇，只要放手嘗試，就有無限可能。

兄弟飯店港式飲茶
地址｜台北市松山區南京東路三段255號

Penfolds 奔富酒莊

奔富酒莊（Penfolds）——澳洲葡萄酒王的經典代表。

如果要選出一款最具澳洲代表性的酒，那絕對非奔富酒莊（Penfolds）莫屬。對於世界上的收藏家而言，奔富酒莊已經不用再多做介紹了，而在這紀念酒莊建立170年的日子裡，我們可以回頭來檢視奔富酒莊還是不是澳洲第一酒莊。Penfolds（奔富）是澳洲最著名，也是最大的葡萄酒莊，它被人們看做是澳洲紅酒的象徵，被稱為澳洲葡萄酒業的貴族。在澳洲，這是一個無人不知，無人不曉的品牌。奔富酒莊的發展史充滿傳奇，有人說，它其實是歐洲殖民者在澳洲開拓，發展，澳洲演變史的一個縮影。

A
B | C | D

A. Penfolds酒莊外觀。B. 葡萄正在發酵。C. 酒窖內全新橡木桶。
D. 在酒莊品酒室所品嚐的六款酒。

創辦人克裡斯多夫奔富醫生（Dr.Christopher Penfold）於170多年前由英國來到萬里之外的澳洲，當初為了救人治病而種植葡萄釀酒；1844年，他從英國移民，來到澳洲這塊大陸。奔富醫生早年求學於倫敦著名的醫院，在當時的環境下，他跟其他的醫生一樣，有著一個堅定的信念：研究葡萄酒的藥用價值。因此，他特意將當時法國南部的部分葡萄樹藤帶到了南澳洲的阿德雷德（Adelaide）。1845年，他和他的妻子瑪麗（Mary）在阿德雷德的市郊瑪吉爾（Magill）種下了這些葡萄樹苗，為了延續法國南部的葡萄種植的傳統，他們也在葡萄樹的中心地帶建造了小石屋，他們夫婦把這小石屋稱為Grange，在英文中的意思為農莊，這也是日後奔富酒莊最富盛名的葡萄酒格蘭傑（Grange）系列的由來，這個系列的葡萄酒有澳洲酒王之稱，格蘭傑可比做奔富酒莊的柏圖斯

（Petrus），其中1955年份的格蘭傑（Grange）更是美國葡萄酒雜誌酒觀察家《WS》，選出來20世紀世界上最好的十二支頂級紅酒之一，1976年份的格蘭傑也被帕克（Parker）選為心目中最好的12 款酒之一，評為100分，2008年份的格蘭傑更獲得世界兩大酒評《WA》與《WS》100滿分的讚譽，在市場中成為眾多葡萄酒收藏家競相收購的一個寵兒。不只Grange是顆亮麗明星、1957稀有年份的St Henri 也在2009年時以25萬元台幣高價賣出，證實此系列任一酒款已擠身精品代表。奔富2004 Block 42年份酒是一款極珍貴稀少的酒款，僅在好年份才會釋出；其葡萄選自世界上最古老的卡本內蘇維翁葡萄藤，1950年首次上市。結合頂尖極致工藝、全程純手工打造全球限量12座安瓿、內蘊Block 42 的酒液，一體成型；當貴賓決定開啟時，奔富將會請資深釀酒師親臨現場，完成這獨特的開瓶儀式，售價約台幣五百萬元。

1880年，奔富醫生不幸去世，妻子瑪麗接管了酒莊。在瑪麗的細心經營下，奔富酒莊的規模越來越大，從酒園建立後的35年時間內，存儲了近107,000加侖折合500,000升的葡萄酒，這個數量是當時整個南澳洲葡萄酒存儲量的1／3。此後，在瑪麗去世之後，他們的子女繼續經營奔富酒莊，一直到第二次世界大戰。根據當時的統計，平均每2瓶被銷售的葡萄酒中，就有一瓶來自奔富酒莊。 在20年代，奔富酒莊正式用Penfolds做為商標。

一提到奔富酒莊，收藏家腦海中必定會馬上聯想到頂級酒款格蘭傑（Grange）；這款曾在拍賣會上創下150萬台幣的夢幻逸品，當初卻曾面臨被迫停產的危機。格蘭傑的釀酒師馬克斯．舒伯特（Max Schubert）先生在歐洲參訪酒莊歸國後，受了法國級數酒釀造的影響，瞭解到橡木桶的使用藝術及乾葡萄酒的香醇，於是在1952年格蘭傑正式上市、卻因風格迥異而被高層禁釀；幸好馬克斯．舒伯特先生深具遠見、堅持不懈，仍舊私底下釀製，因此出現了1957、1958及1959市面上看不到的一俗稱「消失的年份」。格蘭傑系列在1990年由於和法國法定產區AOC （Heritage）艾米達吉有同名之嫌，而產生訴訟上的困擾，因此將名稱後面的艾米達吉部分刪去。

卡林納葡萄園（Kalimna Vineyard）位於著名的巴羅沙山谷（Barossa Valley）之中，1888年時種下了第一株卡本內蘇維翁枝藤，平均年齡都超過50年，其中Block 42 區更擁有世界最悠久的百年老藤、最初時做為釀製Grange的來源之一。目前是Grange、Bin 7070、RWT、St Henri和Bin 28的果實來源。瑪吉爾（Magill Estate）是奔富酒莊的首創園，1951年時種下第一株希哈品種葡萄藤，於1844年時被奔富醫生買下，佔地僅5.34公頃，已經成為澳洲非常重要的文化遺產保護園區。目前僅供Magill Estate Shiraz及Grange的使用果實來源。

在奔富酒莊我們可以看到很多酒以Bin的數字來命名，Bin原義為「酒窖」，

奔富酒莊的系列酒款。

奔富酒莊依每款酒存放的酒窖號碼為命名，如酒莊旗艦款的Grange Hermitage Bin 95，1990年以後改為Grange，領頭羊的Bin707，還有出色的Bin 389與Bin 407，以及Bin 28及Bin128等酒莊代表性的酒款。酒窖系列為消費者提供了眾多選擇，展示Bin系列的混合能力和風格，這一系列的酒不會相似，這也是奔富酒莊的釀酒哲學。Grange是Bin系列的旗艦酒，分數也很高，例如2008年份得到《WS》和《WA》的雙100分，破歷史紀錄，而1971、1976、1986和1998年都曾被帕克評為99～100分。1986、1990、2004、2006和2010都被《WS》評為98高分。以希哈90%為主，加上少量的卡本內（Cabernet Sauvignon），年產量不到100,000瓶，目前上市價都在台幣20,000元以上。Bin707的分數也都不錯，2004和2010年都得到《WA》的95高分，2010年份獲得《WS》97高分。100%卡本內製成，年產量大約120,000瓶而已，台灣上市價8,000元。Bin 389也都在90分以上，這款酒是Bin系列在中國大陸最紅的一款酒，以希哈和卡本內各一半左右釀製而成，台灣上市價台幣2,300元。Bin 407算是小一號的Bin707，1990年為第一個年份，分數大都在90分之間， 100%卡本內製成，台灣上市價2,300元。

上20世紀90年代，最新推出的珍釀（RWT SHIRAZ）更被酒評家定位為自Grange以來的另一支超級佳釀。RWT是RED WINEMAKING TRIAL的簡稱，喻意「釀製紅酒的考驗」。它是奔富酒莊的一個新的風格，使用了法國橡木桶而放棄美國橡木桶，新舊桶比例各半，以希哈為主釀製，是一支酒體豐滿，強勁有力，濃郁醇厚的紅酒，以前酒莊的總釀酒師約翰杜威（John　Duval）評為一級佳釀，曾經當過諾貝爾頒獎典禮用酒。2006年份被帕克評為96高分，台灣上市價台幣4,000元。另一款高級酒款聖亨利（St Henri），是Grange釀造者舒伯格（Max Schubert）力挺之作，可說是Grange的孿生兄弟，100%希哈釀製，誕生於相同的釀造宗旨與實驗背景之下、並都是以同樣型態風味為主，在當時雙雙被公認為澳洲最具代表性的經典葡萄酒。初創於1950年代，使用大容量的舊橡木桶熟成、聖亨利延續著最原始的古典雅致的風格，以具窖藏實力的優勢和討喜迷人的滋味，在頂級酒拍賣會上贏得不輸Grange的超高人氣！2010年份獲《WA》97高分，《WS》95高分，台灣上市價台幣4,000元。

170年以來，奔富酒莊依然保留著其始終如一的優良品質和釀酒哲學，因此，直到今天，奔富酒莊仍舊是澳洲葡萄酒業的掌舵人之一，尤其Bin系列的酒，幾乎已經成為酒莊的代名詞，而Grange更是澳洲人引以為傲的一款酒，沒喝過奔富酒莊的Bin，不算真正喝過經典澳洲酒的滋味。另外，值得一提的是；奔富酒莊很在意品質的延續；特有的Cork Clinic換塞診所，定期為15年以上的老酒評估，必要時開瓶換新軟木塞。奔富的故事還沒有寫完，還有新的一頁，世世代代還會繼續下去。

作者在1844酒莊創立的酒窖。

DaTa

地址｜Penfolds Magill Estate Winery, 78
Penfold Road, Magill, SA, 5072, Australia
電話｜（61）412 208 634
傳真｜（61）8 882391182
網站｜www.penfolds.com
備註｜每天上午10：30到下午4：30對外開放
（除耶誕節、元旦和受難日當天外）

推薦酒款

Recommendation Wine

奔富格蘭傑

Penfolds Grange 1990

ABOUT

分數：WS 98、WA 95
適飲期：2012～2025卡本內
台灣市場價：21,000元
品種：95%希哈（Shiraz）和5%（Cabernet Sauvignon）
橡木桶：100%美國新橡木桶
桶陳：18個月
瓶陳：12個月
年產量：120,000瓶

品酒筆記

1990的（Grange）這款酒在陳年後由深紅色轉化為瓦片般的紅棕色。就像在嘴裡放了煙火，五彩繽紛，散發出咖啡、巧克力和桑椹果醬等香氣，黑加侖、櫻桃、山楂以及梅子的味道也滲透其中。煙燻和薄荷香味，伴隨著眾多香料混合的氣息。這款佳釀的口感具有複雜的變化度，滑潤豐富，非常濃稠且餘味在口中纏繞，久久不去。

建議搭配

烤羊排、燉牛肉、回鍋肉、北京烤鴨。

★ 推薦菜單　手抓羊肉

手抓羊肉是西北回族人民的地方風味名菜。各地的做法基本一樣：事先將羊肉切成長約3寸、寬5寸的條塊，加了一勺料酒的清水浸泡一個小時去除血水鍋中放水，將羊肉放入燒開煮幾分鐘。撈出用清水清洗乾淨。鍋內放水淹過羊肉。將花椒，桂皮，丁香，小茴香裝進調料盒內。將生薑片，調料盒，一片橙皮放入燒開後用小火壓半個小時肉爛脫骨即可。記住：吃之前一定不能忘了最能提味的花椒鹽，只要撒上一點點，羊肉的香味立馬呈現出來其味鮮嫩清香。這是牧民待客之上品，大陸各地普遍喜愛。熱情好客的牧人便到羊群裡挑選出膘肥肉嫩的大羯羊；這一盤羊肉，細細品味，油潤肉酥，質嫩滑軟，滋味不凡。我以澳洲酒王Grange來搭配，是因為這款酒在大陸非常的有名氣，甚至超越波爾多五大酒莊，這支酒的薄荷味高貴典雅，藍莓和櫻桃的甜美，與羊肉的丁香、花椒和芝蘭粉能夠互相提味，煙燻烤木桶和摩卡咖啡可以使鮮嫩的羊肉爽而不膩，肥而不膻，軟嫩多汁，鮮甜的滋味更讓人一口接口，欲罷不能!

六盤紅私房菜
地址｜寧夏市銀川市尹家渠北街15號

St Hallett Winery
聖海力特酒莊

1944年，聖海力特酒莊（St Hallett）是由林德（Linder）家族的巴布（Bob）和卡爾（Carl）於一個屠宰場建立自己的酒莊，如今已擁有七十年的歷史，如同大部分其他澳大利亞酒莊的歷程，他們原本只釀造一些較甜型的酒，雖產量不多。但除了巴羅沙（Barossa），聖海力特酒莊也在伊甸山谷（Eden Valley）種植葡萄，用於釀造白葡萄酒和少許的紅葡萄酒。因為伊甸山谷的氣候相對涼爽，可以彌補巴羅沙葡萄的酸度和原本的風味。

聖海力特酒莊與種植者的長期良好關係能追溯到100年以前，而這也讓他們對本土的氣候和葡萄的口感有更深厚的瞭解。多年來聖海力特酒莊一直與位於巴羅沙山谷與伊甸山谷產區最好的葡萄種植農保持良好的合作關係。一些葡萄採摘于長達100多年的葡萄樹藤，每一個年份都選用超過100個品種的希哈葡萄，每個希哈

A
B | C | D

A. **釀酒師手中的葡萄渣。** B. **酒莊中有趣的木雕。** C. **百年老樹藤。**
D. **作者在酒窖中。**

品種均展示了獨特且有趣的巴羅沙產區特質。他們熱衷於捕捉及保留巴羅沙每寸土地的精髓，使每個品酒者均能品味到巴羅沙厚重醇香且美味有趣的葡萄酒。基於多年來對巴羅沙山谷的深入探究與理解，和與產區內葡萄種植者建立的長期穩定合作關係，聖海力特酒莊有能力採購到覆蓋巴羅沙山谷產區所有的葡萄品種。

由於山谷的西部邊緣氣候比較溫暖，所以其區域的多汁葡萄用於釀製老園區（Old Block）神跡系列。而伊甸山谷氣候偏冷，其區域口感典雅可口的葡萄則用於信念區（Faith）系列的釀製。山谷北部邊緣處於紅石灰岩地帶且氣候溫和，其區域葡萄擁有強烈且濃郁的口感，使之用於釀製布萊克威爾（Blackwell）系列的主要葡萄種類。老樹藤零星分佈於山谷各區域。我們的老藤希哈葡萄的選用來自於遍佈山谷各區域的樹齡在60～100年以上的葡萄。

聖海力特酒莊的成功除了擁有七百多公頃的老藤葡萄以外，最重要的就是要歸功於兩位釀酒師，斯圖爾特．布萊克威爾（Stuart Blackwell）和托比．巴羅（Toby Barlow）。布萊克威爾1972年加入聖海力特，2003年獲選為為「巴羅沙年度釀酒師」。他長期對巴羅沙產區的專注贏得了產區內最為熱忱的葡萄種植者的心。這種長期穩定的合作關係使之葡萄種植者產出品質上乘的葡萄，正是這些高品質原料使之所釀造出的葡萄酒成為巴羅沙葡萄酒的標杆。布萊克威爾（Blackwell）中級酒款就是以它的名字命名，來表彰他對酒莊的貢獻。托比考慮周全及細膩的釀制手法與其對創新的熱忱造就了他標誌性的釀制風格。巴羅沙的老樹藤，聖海力特對釀製希哈和麗絲玲品種的專注，以及巴羅沙山谷與伊甸山谷兩產區的相互關聯，這些因素給托比不僅提供了豐富的機會而且也對他自身提出了挑戰。

聖海力特酒莊老園區（Old Block）這款酒在澳洲當地的葡萄酒與美食專業雜誌獲得高度的評價，例如在最有權威的澳洲《企鵝葡萄酒導覽》，2009年版給予4.5顆星的評價。蜚聲國際的《國際酒與烈酒》雜誌（International Wine & Spirit），也授予老園區（Old Block）2004年的「年度酒園」大獎。酒觀察家《WS》也有很高的分數，1996年份獲得94高分。2005年份澳洲最著名的酒評家詹姆士．哈勒戴（James Halliday）評為96高分。台灣售價台幣3,000元。

左圖：1992年的Old Block 6000ml。
右圖：作者與釀酒師Blackwell在百年老樹葡萄園合影。

DaTa

地址｜St Hallett Road Tanunda 5352 South Australia，Australia
電話｜Phone：+61 8 8563 7070
網站｜http://sthallett.com.au/age-verification
備註｜可預約參觀

推薦酒款

Recommendation Wine

聖海力特酒莊老園區

Old Block 2005

ABOUT
分數：JH 96
適飲期：2012～2034
台灣市場價：3000元
品種：100%六十年老藤希哈（Shiraz）
橡木桶：法國新橡木桶
桶陳：26個月
瓶陳：6個月
年產量：6,000瓶

品酒筆記

2005年份的聖海力特酒莊老園區（Old Block Shiraz）是聖海力特酒莊最引以為傲的酒款。超過60年歷史的葡萄老藤釀造而成，酒色呈暗深紅色及些許的紫羅蘭色。散發濃郁花香，融入薄荷及辣胡椒香味，強烈黑巧克力和咖啡香味交雜著柔順的甜牛奶巧克力香味。單寧高雅細緻，口感豐郁複雜，相當精彩的一款美酒，至少有30年的陳年潛力。

建議搭配

紅燒獅子頭、滷豬腳、三杯雞、烤牛排。

★ 推薦菜單　九號佛跳牆

佛跳牆原名「福壽全」，光緒二十五年（1899年），福州官錢局一官員宴請福建布政使周蓮，他為巴結周蓮，令內眷親自主廚，用紹興酒罈裝雞、鴨、羊肉、豬肚、鴿蛋及海產品等10多種原、輔料，煨制而成，取名福壽全。周蓮嚐後讚不絕口。問及菜名，該官員說該菜取「吉祥如意、福壽雙全」之意，名「福壽全」。後來，衙廚鄭春發學成烹製此菜方法後加以改進，口味勝於先者。到鄭春發開設「聚春園」菜館時，即以此菜轟動榕城。有一次，一批文人墨客來嘗此菜，當福壽全上席啟罈時，葷香四溢，其中一秀才心醉神迷，觸發詩興，當即漫聲吟道：「罈啟葷香飄四鄰，佛聞棄禪跳牆來。」同時，在福州話中，「福壽全」與「佛跳牆」發音亦雷同。從此，人們引用詩句意，普遍稱此菜為「佛跳牆」。這款六十年以上的老藤葡萄酒充滿著醬果、薄荷和胡椒，而這道佛跳牆又有濃重的豬鴨雞等湯汁，兩者相依相融，可以產生更豐富的口感，並且會有更多層次的香氣，複雜度一層又一層，高潮迭起、渾厚強勁、果味十足、變化無窮。

文儒九號閩菜餐廳
地址｜福州市鼓樓區通湖路文儒坊56號

Torbreck Vintners
托布雷克酒莊

托布雷克酒莊（Torbreck Vintners）莊主大衛包威爾（David Powell）出生在澳洲最好的葡萄酒產區巴羅沙（Barossa Valley）附近的阿德雷德，受到叔叔的影響開始對葡萄酒產生興趣。大學畢業之後，他開始踏上葡萄酒學習之路，到歐洲、澳洲和加州各個酒莊打工，學習更多的釀酒技術，做為將來釀酒的基礎。大衛在歐洲各酒莊打工並無薪水，為了到更多酒莊觀摩學習，必須存夠旅費，大衛就成了蘇格蘭森林中的伐木工。為了紀念伐木工人生涯，大衛將他工作過的蘇格蘭森林托布雷克（Torbreck）做為酒莊的名字，這就是酒莊命名的由來。

20世紀90年代，大衛開始接觸當地的土地所有者，瞭解大多已經死氣沉沉、雜草叢生、幾近凋零的幾塊老藤葡萄園無人照顧。隨著時間的推移，大衛使它們重新煥發，出現生機。葡萄園主為感謝大衛的自發努力，於是餽贈幾公頃的老藤葡

A. 葡萄園。B. 葡萄園。C. 資深釀酒師 Craig Isbel

萄收成，讓大衛有機會首次釀出屬於自己的想要的酒。從此之後，大衛開始以葡萄園契作方式，與擁有優秀地塊的園主簽約。這些園區擁有人，大都對葡萄酒不瞭解，而且也沒時間管理，委託大衛全權實際管理葡萄園，並在採收後，以當年葡萄市價的40%付予葡萄園主當作回饋，這種四六分的形式，有如新的另類承租方式，於是大衛在1994年建立了托布雷克酒莊（Torbreck Vintners）。現在的托布雷克酒莊已擁有約100公頃的葡萄園，但還仍繼續以高價收購面積約120公頃的老藤葡萄。葡萄樹的平均年齡為60年，種植密度為每公頃1,500株，產量每公頃僅2,300公升。

托布雷克酒款支支精采，除了好年份才生產的領主（The Laird）限量酒款外，領銜主演的超級卡斯就是小地塊（RunRig）紅酒，以及友人（Les Amis）、傳承

（Descendant）和元素（The Factor）。托布雷克在2005年首次推出全新旗鑑酒領主就獲得帕克100分評價。這款酒只有在好年份生產，年產量僅僅1000瓶以內。100%希哈品種，種植於1958年，葡萄園向南，以深色的黏土質為主，不經灌溉。陳年木桶使用法國Dominique Laurent製桶廠所製作的「魔術橡木桶」進行，桶板是一般桶的兩倍厚，且橡木板經過48～54個月的戶外風乾（一般橡木桶只需要18個月），並採慢速烘烤，以使桶味煙燻氣息不過重，36個月的桶中熟成。酒色深紅，以紫羅蘭、藍莓、杉木為主；單寧絲滑細膩，以黑醋栗果醬、香料、甘草、皮革、等複雜口感取勝。三個年份中2005年份和2008年份帕克網站《WA》的分數是100分，2006年份評99分。屬於天王級的酒款，價格不斐，台灣市價一瓶將近台幣30,000元。

一個剛好二十年的酒莊，每一款酒都能獲得如此高分，令人難以想像是如何辦到的?真有如帽子戲法般的精采、驚奇！

美國葡萄酒收藏家大衛．索柯林所著的《葡萄酒投資》一書裡，全澳洲的「投資級葡萄酒」IGW的38款紅酒裡頭，托布雷克酒莊（Torbreck Vintners）的酒就佔了四款：分別是小地塊（RunRig）紅酒，還有友人（Les Amis） 紅酒、傳承（Descendant）紅酒和元素（The Factor）紅酒。其中，小地塊已列世界名酒之林，也成為現代澳洲經典名釀的代表作。此外，日本漫畫《神之雫》也特別提及初階酒款伐木工希哈紅酒（Woodcutter's Shiraz），更讓托布雷克大名耳熟能詳於酒迷之間。這款酒以巴羅沙產區的多個葡萄園希哈老藤之手摘葡萄釀成，在法國舊大橡木桶裡熟成12個月，未經過濾或是濾清便裝瓶。此為酒莊中最佳優質入門款，酒評都在90分以上，台灣市價一瓶將近台幣1,200元，極為物超所值。

DaTa

地址｜Roennfeldt Road, Marananga, SA, 5356, Australia
電話｜（61）8 8562 4155
傳真｜（61）8 8562 4195
網站｜www.torbreck.com
備註｜上午10：00～下午6：00
（聖誕節和受難日除外）

推薦酒款

Recommendation Wine

托布雷克領主

The Laird 2008

ABOUT
分數：WA 100
適飲期：2013～2030
台灣市場價：30,000元
品種：100%希哈（Shiraz）
橡木桶：法國新橡木桶、美國新橡木桶
桶陳：法國（Dominique Laurent）新橡木桶36個月
瓶陳：6個月
年產量：1,200瓶

品酒筆記

這款稱為「領主」（The Laird）的旗鑑酒甫推出就獲得帕克滿分評價。當我在2014年的夏天喝到時，馬上被它誘人的紫羅蘭花香吸引，連奢華的異國香料也在眼前一一浮現。酒色是石榴深紫色，聞到乳酪、黑醋栗、黑李和黑巧克力，單寧極為絲滑，酸度均衡和諧，香氣集中，層次複雜。華麗的煙絲、果醬、黑色水果、丁香，醉人而煽情。濃濃紅茶香和淡淡的薄荷，具有挑逗性的肉香和成熟的紅醬果，讓人難以置信，應該可以窖藏30年以上。

建議搭配

紅燒肉、紅燒獅子頭、羊肉爐、乳鴿。

★ 推薦菜單　松露油佐牛仔肉

松露油佐牛仔肉這道菜靈感來自於紅燒牛腩，四川省傳統名菜，屬於川菜系。加入來自義大利知名松露產區阿爾巴（Alba）白松露油，是將上等白松露浸漬於頂級初搾橄欖油中，等到白松露氣息長時間完整萃取、融入橄欖油中後，再過濾出純淨的油品而成。松露有一種特殊的香氣，自古便有許多人為之著迷。松露油佐牛仔肉主要食材是牛腩、蒜、薑、八角、醬油、酒、胡蘿蔔、洋蔥和松露油。滷汁稠濃，肉質肥嫩，滋味鮮美。加入松露汁的牛腩肉，肉嫩鮮香，不油膩，又有洋蔥和胡蘿蔔的鮮甜，整道菜非常適合厚重的紅酒。澳洲這款滿分酒價格驚人，應該是要很專心的細細品嚐，使用非常原始的五十年以上老藤，果然非比尋常，帶著乳酸、藍莓、黑莓和白胡椒等複雜香氣，讓軟嫩的牛腩一時間變的可口香甜，酒中的木質單寧可以去除油膩的味道，進而豐富整道菜的風格，鹹甜合一，滋味曼妙。

遠企醉月樓
地址｜臺北市大安區敦化南路二段201號39樓

澳洲酒莊之旅

Two Hands
雙掌酒莊

澳洲最經典的希哈（Shiraz）～雙手酒莊（Two Hands）。

自2003年開始，雙掌酒莊（Two Hands）便沒有一年在Wine Spectator雜誌的年度百大酒莊中缺席，紀錄長達10年，這樣的紀錄也是全世界唯一一個。當然澳洲首席酒評James Halliday也是給予雙掌肯定與讚譽。帕克（Robert Parker）說：「雙掌酒莊（Two Hands）是南半球最好的酒莊。」許多人都聽過澳洲的雙手酒莊（Two Hands），這間酒莊有著數款百大年終排行榜上的名酒！但是Two Hands到底希望表達什麼？有些人強調那兩隻手的合作，的確，這酒莊相當年輕，1999才由麥可・特非翠（Michael Twelftree）與理查・明茲 （Richard Mintz）兩隻手成立，但是短短10多年，它們的旗艦酒到現在甚至還未進入適飲期，此酒莊卻已在世界酒罈上大出風頭。嚴格來說，雙手酒莊（Two Hands）沒有自己的葡萄園，但是透過挑選擇葡萄的方式，雙手酒莊致力企圖表達澳洲希哈（Shiraz）的風土特色，特別是不同產區之間的差異。所以雙手酒莊的酒，其實喝的是產區，並不是技法。

它的好東西不少，從便宜到昂貴的都有，像是旗艦款的「A系列」因三支酒出名，分別是戰神（Ares）、女神（Aphrodite）、君后（Aerope），三支都是A開頭，代表不同品種，三支都不便宜，分數也都很高。限量酒款我的手（Two Hands My Hands）

A.酒莊莊主兼釀酒師Michael Twelftree。B.俯瞰巴羅沙。C.原始老藤。D.結實纍纍的葡萄。

更在2005獲得《WA》100滿分，法國橡木桶熟成24個月，酒精度高達16%以上。這款酒是酒莊的隱藏版酒款，產量極為稀少，市面上也不見得可以取得，相當具有收藏價值，深紫黑色，香氣以黑醋栗、黑李蜜餞為主，中段呈現辛香個性，胡椒、燻肉、黑橄欖與紫羅蘭花香，慢慢地再呈現出土地的風味。口感濃郁、緊密，並帶有堅果香韻與些許的薄荷的清涼感，具有龐大的骨幹，令人印象深刻。年產量只有1,600瓶，並非每年都生產。台灣市價台幣16,000元。

旗艦各款中，以號稱戰神的Ares最受市場矚目，在《WS》和《WA》連續獲得98高分，因為它是經典的南澳希哈，來自巴羅沙谷和麥考倫（Barossa Valley / McLaren Vale），以單一品種的希哈葡萄，浸皮時間依生產區域分為7～21天，熟成時間長達23個月，最後12個月會使用全新法國橡木桶熟成。酒色湛藍，香氣以黑色漿果、巧克力、石墨、香料與烤肉香為主。口感相當複雜、且具有張力，細微的炭香，引發出更明顯的烤肉香味，單寧細緻綿長。戰神（Ares）在美國雜誌酒觀察家《WS》、酒倡導家《WA》、澳洲首席酒評家詹姆斯·哈勒戴（James Halliday）都有極高評價，可說是膜拜級酒款，此酒以前在台售價非常昂貴，萬元起跳，國際行情都在200美金以上，價格不斐。台灣市場價5,000台幣，比國際行情還低。

翻開雙掌酒莊的酒單是落落長，從白到紅，從低階到高階，從貧賤到富貴，從旗艦款到圖片系列，看了都會頭暈目眩，在此只有選出幾個系列中最具代表性的酒款讓讀者了解雙掌酒莊，他們的一舉一動都受到全球鑑賞家的注目，相信兩人秉持著對於「不妥協的品質」堅持，一定會再創造一個與眾不同的新境界。

花園系列屬於雙手酒莊高階酒核心，可說是澳洲希哈的展示櫥窗，整個系列包括了巴羅沙谷和麥考倫還有克雷爾谷、朗格虹溪。對於想瞭解南澳希哈的朋友，這可說是一套教科書，一次盡喝南澳希哈產區，也是品酒會的好標靶。這系列中，主要是由名酒貝拉花園Bella' s Garden Barossa Valley領軍，此酒戰功彪炳，獲酒觀察家雜誌(WS)年終十大多次。蒐集來自巴羅莎谷六個最佳產區的葡萄，貝拉花園是風格華麗、味道芳香與層次複雜的酒款。葡萄浸皮14天後，以重力法萃取果汁，24小時的發酵與攪桶，再進行乳酸發酵。40%法國新桶，熟成18個月。深紅寶石色，繽紛的水果、五香粉、胡椒，口感非常多汁，並帶有點細粒度的單寧，末端則出現巧克力的香氣，變化多端，需要時間醒酒，多次入榜決非浪得虛名。台灣市價約台幣2,200元。

另一支系列作品則是莉莉花園Lily's Garden McLaren Vale，恰好是巴羅沙谷的鄰居對照組，2003&2004兩年榮獲《WA》95高分的讚賞，蒐集來自麥卡倫谷精選的葡萄，浸皮12天後，以重力法萃取果汁，24小時的發酵與攪桶，再進行乳酸發酵。25%美國新桶，18個月木桶熟成。相對細緻，均衡而易入口，深紅色，李子、香草、牛奶巧克力與胡椒，口感飽滿，帶點辛香感，後韻以豐富的水果甜度均衡了口感結尾。這兩款酒可以說是Two Hands最希望表達的理念：澳洲希哈的差異，對南澳希哈情有獨鍾的酒友千萬不可錯過。台灣市場價2,000台幣。

DaTa

地址｜273 Neldner Road, Marananga Barossa Valley, South Australia 5355 PO Box 859, Nuriootpa, SA 5355
電話｜+61 8 8568 7909
傳真｜+61 8 8568 7999
網站｜www.twohandswines.com
備註｜可以預約參觀

推薦酒款

Recommendation Wine

戰神

Ares 2010

ABOUT
分數：WS 97、JH 96、WA 93
適飲期：2014～2030
台灣市場價：5,000元
品種： 100%希哈（Shiraz）
橡木桶：法國新橡木桶、美國新橡木桶
桶陳：23個月
瓶陳：6個月
年產量：12,000瓶

品酒筆記

這款戰神系列的酒我已經喝過多個年份，每次都充滿了驚奇與好奇，而2010的戰神剛上市，我是第一次喝到。酒色湛藍，香氣以黑色漿果、巧克力、石墨、香料與烤肉香為主。口感相當複雜、且具有張力，細微的炭香，引發出更明顯的烤肉香味，單寧細緻綿長。尤其很難得的花香與果香交錯，纖瘦而不肥，此酒不若澳洲華麗的濃妝豔抹，反而覺得有一份羞澀的細膩優雅，正如窈窕淑女偏偏起舞，娓娓道來，綿綿不絕。這也是近年來澳洲酒莊最想改變的一件事。

建議搭配

櫻花蝦米糕、海鮮燉飯、北京烤鴨、砂鍋醃篤鮮。

★ 推薦菜單　港式臘味飯

廣式臘味飯是一道色香味俱全的廣東料理，屬於粵菜系。把廣式香腸、肝腸、叉燒先泡入熱水約5分鐘，取出，洗淨，用牙籤在有肥肉處戳幾下。米洗淨，瀝乾水分，放進鍋裡，蓋上鍋蓋，小火續燜約15分鐘。打開鍋蓋，澆淋豬油、醬油各1茶匙、油1小匙，繼續燜10分鐘，熄火。取出各式臘味，切片，擺放在飯上即可。香腸、肝腸、叉燒的汁液滴進米粒當中，香鹹不膩，每一口飯不但美味而且下酒。剛好我們今天的酒會以戰神這款旗艦酒來搭配，這支酒喝來充滿黑色水果的典雅，百花盛開的芬芳，和濃重的廣式臘味交織在一起，不但不衝突，反而引起大家的好奇心，原來澳洲的膜拜酒可以和中國主食米飯合作無間，連酒莊的國際市場經理皮爾先生都不敢置信！

華國飯店帝國宴會廳
地址｜林森北路600號

Yarra Yering
亞拉耶林酒莊

「亞拉耶林酒莊（Yarra Yering）豈止是澳洲首屈一指，在全世界也是屈指可數的葡萄酒！」——亞樹直《神之雫》

關於澳洲亞拉耶林酒莊（Yarra Yering）這間酒莊，資深酒友絕對可以絮絮叨叨。它量少質精，產品另類且有極為獨特的個人風格。此酒身影經常出現在愛酒人的小聚會，耐久藏、風評佳。只要翻開一些耳熟能詳的參考資料，不論是詹姆士·哈勒戴（James Holliday）的澳洲酒指南（五顆紅星），或漫畫《神之雫》19集附錄第43回，對亞拉耶林酒莊都是充滿敬意。它那柔軟如絲的酒質與單寧，完全擊毀許多人對澳洲酒的刻板印象。酒莊位於維多利亞省的亞拉（Yarra）谷，這裡有著近海的涼爽氣候，也是澳洲最多元的葡萄產區。重視栽植與風土條件的生產者，在此絕對可以大顯身手。酒莊主人巴列醫生（Dr. Bailey Carrodus）原本從事植物研究，多年功力發揮於葡萄種植。自1973年起，以一號酒（No.1）、二號酒（No.2）等酒款享譽酒界。此人幾乎不曾在外界走動，有點像是神隱居士，十分低調。他整系列的紅酒，路數輕柔異類，口感氣味俱佳，均衡涼爽而自成一格。

一號酒（No.1）是波爾多調配，2004年份採用大約70%以上的卡本內蘇維翁（Cabernet Sauvignon）、20 %美洛（Merlot），還有少許的馬貝克（Malbec）和小

A

B | C | D

A．**酒莊外觀。**B．**葡萄園。**C．**葡萄園全景。**D．**難得一見1973老年份2號酒**

維多（Petit Verdot）、卡本內佛朗（Cabernet Franc）混釀。酒色深紅，聞起來有薰香、乾燥香料、紅色和黑色漿果、泥土和西洋杉的豐富香氣；口感上表現出很純淨的漿果香，中上強度的酒體，單寧相當成熟而紮實，整體來説相當豐富迷人，適飲期是現在到2026年之後。帕克網站《WA》分數1998～2011年都在90分以上，最高分數是2004年份的95+高分。台灣市價大約2,800元。

二號酒（No.2）是北隆河調配，自創廠以來就是酒莊的招牌產品，它是以希哈為主的法國隆河風格調配的紅酒。2006年份是一款相當芳香馥郁的希哈紅酒，使用了96%希哈（Shiraz），以及維歐尼耶（Viognier）和瑪珊納（Marsanne）各2%，讓它顯得更為鮮活、芳香、優雅。它的顏色是偏深的酒紅色澤；香氣非常豐富而優雅迷人，帶有燒烤、藍莓、黑莓、胡椒和紫羅蘭的氣味；口感是很醇美誘人的享樂主義風格，可以感受到甜美的櫻桃之類的果香和香料香味，有良好的複雜度和層次感，細緻高雅如女性化的酒質，餘味純淨悠長。適飲期是現在到2024年之後。帕克網站《WA》分數（1984～2011）大都在90分以上，最高分數是2003年份的96高分。台灣市價大約2,800元。

三號酒（NO.3）是葡萄牙品種調配，1996年份才開始釀製的三號酒是一款非常獨特的紅酒，是以葡萄牙經典的品種所混和釀製，主要是Touriga Nacional和Tinta Cao，以及其他Tinta Amarela0、Alvarelhao、Roriz、Sousao）等品種。這些品種種在本酒莊位置最南、最高的區塊，已營造出最接近原產地的環境。產量非常少，平均年產量僅1200瓶。它的顏色是很深的紫紅色澤，香氣非常豐富複雜，帶有玫瑰、熟櫻、覆盆子果、香料、巧克力和薄荷之類的氣味，口感濃郁，酒體飽滿，單寧結構相當紮實表現出複雜多層次的香味，以及很漂亮芳香的餘味，它至少有二十年以上的陳年潛力。《WA》最高分數是2008年份的94高分。台灣市價大約2,800元。

山下希哈（Underhill Shiraz）屬於100%希哈。要瞭解澳洲亞拉谷的希哈到底可以如何另類，這是最佳例子。帕克（Robert Parker）讚賞2004年份是這款酒最佳典範，也是亞拉谷地的希哈紅酒的卓越表現。帕克網站《WA》分數1998～2011大都在90分以上，最高分數是2004年份帕克親自打的96高分。台灣市價大約2,800元一瓶。另外，黑皮諾（Pinot Noir）年產僅300箱，買的到算是運氣。至於夏多內，聽說每年僅70箱，有行無市，酒莊本身也常沒有。這酒莊長年來都是老酒友心儀的對象，酒標有明顯的YY字樣，十分好認。許多名家都對它情有獨鍾，特別是巴列醫生在2008年過世，澳洲酒界還舉辦了一場紀念活動，因近代亞拉谷優質酒莊的開路先鋒，就是亞拉耶林酒莊！由於巴列醫生的過世酒莊賣給澳洲集團，一些老年份的酒才得以重見天日，不然以前都是私人企業自己進口來喝，很少在台灣銷售。

這次機會本地玩家，不但出手買，而且喜歡拿它來決鬥。它的一號酒常被拿來和波爾多級數酒相對抗，山下希哈拿來對抗南澳希哈，二號酒通常是對抗北隆河，近年來酒友們樂此不疲，因為許多人都為它獨特而奇異的風格，留下不滅的印象。它不是什麼澳洲知名大廠的高價酒，但出現的場合卻是跟它們平起平坐。

DaTa

地址｜Yarra Yering Vineyards. 4 Briarty Road Gruyere Victoria Australia 3770.
電話｜+ 61（3）5964 9267
傳真｜+ 61（3）5964 9239
網站｜www.yarrayering.com
備註｜可預約參觀

推薦酒款

Recommendation Wine

山下希哈

Underhill Shiraz 2004

ABOUT

分數：WA 96
適飲期：2008～2028
台灣市場價：3,000元
品種：100%希哈（Shiraz）
橡木桶：50%法國新橡木桶
桶陳：21個月
瓶陳：6個月
年產量：600瓶

品酒筆記

2004的這款酒的外觀是深邃得幾乎不透明的紫紅色，馥郁的香氣之中有黑醋栗香甜酒、花卉、香料，和它招牌的鐵質、礫石的泥土等氣味，顯得相當豐富迷人；在口中呈現出中上的酒體，香味豐富又濃郁，同時又帶有細緻優雅的單寧，餘韻長達六十秒以上，難得的一款新世界希哈酒款。

建議搭配

燒鴨、烤乳豬、梅干扣肉、滷水拼盤。

★ 推薦菜單　風箱大鍋飯

這是清朝江淮一帶老百姓家傳統做飯的方法，即用大鍋燒煮米飯，加以自家的鹹肉丁，再配以切碎的青菜。鍋巴微微的焦香夾雜這青菜的清香，再加上鹹肉的鮮味，待吃時，頓時會讓人滿嘴生津。這款澳洲最細緻優雅的希哈有著白花的香氣可以和鍋巴的焦相連成一線，充分融合與和諧凝結，香噴噴情意濃。這樣的一道主食令人印象深刻，米飯與臘肉丁鹹香可口，配上果香濃厚的希哈紅酒，不需太多的配料，也不需過多的粉飾，渾然天成，有如一幅偉大的山水畫作品，蘊含著無數的氣質與格局。

台北冶春揚州菜餐廳
地址｜台北市松山區八德路四段138號11樓

Kracher
克拉赫酒莊

將進酒　杯莫停
人生得意須盡歡　莫使金樽空對月
古來聖賢皆寂寞　惟有飲者留其名
——紀念奧地利一代釀酒宗師～ALOIS KRACHER（1959～2007）

一提起貴腐酒，每個酒友都會聯想到世界三大貴腐甜酒產品：匈牙利拓凱的艾森西亞（Tokaji Essencia）、德國的TBA（Trockenbeerenauslese）、法國索甸（Sauternus），從沒有人認真看待奧地利的貴腐酒。這裡就有一支奧地利葡萄酒的救世主，也是奧地利貴腐酒之王──克拉赫酒莊（Kracher）。

1985年的醜聞讓奧地利的葡萄酒從此一蹶不振。當時，阿羅斯．克拉赫（Alois Kracher）以極佳的釀酒技術和奮鬥不懈的精神，讓奧地利的葡萄酒從谷底翻身，重新走向世界。1985年，這個地區所出口的枯萄精選（TBA）竟然是當地產量的四倍。雖然每個人都知道出了問題，但並沒有人真正了解，實際上是有一些公司在葡萄酒中摻了乙二醇（glycol）。這是一種欺詐的行為，並且損害到一些有良知的奧地利酒商和酒農，葡萄酒業也因為當時人才外流而遭受到很大的損失。

A．酒窖一景。B．難得見到的1-10號套酒。C．酒莊外觀。D．酒莊外觀。
E．作者和莊主Gerhard Kracher在台北百大葡萄酒合影。

在1995年時，阿羅斯．克羅赫決定依果味濃郁度由低到高為酒編號，從1號到14號編制，除了2號是紅酒TBA外，其餘都是貴腐白酒，13和14號沒有每年出產。這個概念包含了萃取以及剩餘糖分兩部分。克拉赫酒莊的釀酒方式有兩種：一是傳統的德奧匈，榨完汁液後不刻意放進全新的橡木桶，故獲得了酸度高、糖味足及濃稠香氣皆飽滿的優點，此種類型的酒命名為「兩湖之間」（Zwichen den Seen）。二是採取了法國索甸貴腐酒的釀法，靠著移汁入新橡木桶使酒液萃取桶香、淡煙熏的炭焦及宛如太妃糖的結實感。這是目前國際酒市鍾情的口味，極討好市場，園主特別以法文「新潮」（Nouvelle Vogue）命名此系列。

自1995年起，最具有各個年份代表性格的葡萄酒會被標為「Grand Cuvée」，此系列為克拉赫酒莊的招牌酒款之一。克拉赫的才智與求知若渴的特質與眾不同。為了將奧地利的葡萄酒推上國際的領導地位，他結交了當時在狄康堡的釀酒師比爾馬斯里爾，從那裡他學到索甸甜酒的釀造方法。他也認識了德國薩爾附近的沙茲佛的伊貢慕勒，並學到如何釀造上好的麗絲玲TBA。而且還與加州膜拜酒辛寬隆酒廠的莊主Manfred Krankl一起合作，他們共同釀造出了「Mr. K」這款令人目眩神迷的貴腐酒。2008年的台灣春節剛過，我第一次來到酒莊，距離阿羅斯克拉赫過世才三個月。來迎接我們的是他的遺孀蜜雪拉克拉赫（Michaela Kracher）和新任莊主吉哈德克拉赫（Gerhard Kracher）。傍晚時，他們從酒窖拿出六款酒來招待我們，除了一瓶BA以外，其餘四瓶都是TBA，分別是4、7、11，還有一支沒年份，這對於我們的團員來說算是非常難得，能一次喝到這麼多的TBA，可說是一件幸福的事了。

克拉赫酒莊的TBA貴腐甜酒從1號到14號幾乎都獲得了《WA》網站90分以上，95以上的分數也多到難以一一介紹；2000年份的兩湖之間8號酒（#8 Welschriesling Z D S Trockenbeerenauslese）獲得98高分，1999年份的兩湖之間9號酒（#8 Welschriesling Z D S Trockenbeerenauslese）獲得98高分，2000年份的兩湖之間10號酒（#8 Welschriesling Z D S Trockenbeerenauslese）獲得99高分，2002年份和2004年份的兩湖之間10號酒（#10 Scheurebe Trockenbeerenauslese Zwischen） 共同獲得98高分，2002年份的兩湖之間11號酒（#11 Welschriesling Z D S Trockenbeerenauslese）獲得99高分，1995年份的兩湖之間11號酒（#11 Scheurebe Trockenbeerenauslese Zwischen） 獲得98高分，2002年份的12號酒（#12 Kracher Trockenbeerenauslese ） 獲得98高分，1995年份的新潮12號酒（#12 Trockenbeerenausleses #12, Grande Cuvee） 獲得98高分，1998年份的新潮夏多內13號酒（Trockenbeerenausleses #13, Chardonnay Nouvelle Vague） 獲得98高分。每款酒出廠價在台灣價格為3,000到5,000新台幣不等，最高的是12、13和14號酒，而且不一定能買到。

奧地利已成為世界四大貴腐酒產區之一，不但品質穩定，價格更是平民化。德國人是最會釀貴腐酒的民族，但可能有80%以上的德國人一輩子沒喝過德國的枯萄精選（TBA），原因是一瓶難求且價格昂貴。現在我們有更好的選擇 ，來自奧地利的國寶級克拉赫酒莊貴腐酒（TBA），絕對是物超所值，而且是帕克所欽點的世界156個最偉大的酒莊之一！

DaTa

地址｜Apetlonerstraße 37 A-7142 Illmitz
電話｜+43（0）2175 3377
傳真｜+43（0）2175 3377-4
網站｜http://www.kracher.com
備註｜可預約參觀

推薦酒款

Recommendation Wine

克拉赫12號酒

Alois Kracher#12 2002

ABOUT

分數：WA 98
適飲期：現在～2030
台灣市場價：4,500元
品種：斯考瑞伯（80% Scheurebe）、威爾士麗絲玲（20% Welscheriesling）
橡木桶：2年以上
年產量：120瓶

品酒筆記

這款2002年份克拉赫12號酒，不到5%的酒精度，而且也沒有貼上TBA的字眼，但是這已經達到TBA的標準，可是酒莊拒絕貼上。酒色已呈琥珀色，有紅李、花香，以及蘋果醬的氣息。酒體濃郁，香氣豐沛、結構完整、光滑細緻。另外也有橙皮、白色花朵，以及杏仁香氣。這是一款豐腴與清爽兼具的TBA，芒果、白葡萄乾、桃和杏的酸甜交雜，酒液黏稠，令人驚訝，一點都沒有老化的感覺，反而像一支銳利的劍，隨時等待對決，再陳年20年以上說不定會更好。

建議搭配

焦糖布丁、糖醋魚、香草奶油蛋糕、蘋果派。

★ 推薦菜單　潮州滷水鵝

潮州滷水聞名天下，是潮州菜中考驗大廚功力的功夫菜。「滷水」本身利用丁香、八角、桂皮、甘草等數十種藥材與香料，最重老滷汁，滷汁越滷越香。為了不讓食材在滷鍋中太久而致口感改變、原味流失，潮州滷水鵝要求滷製時間恰到好處：精選約四公斤的肥碩大鵝，完全浸入秘方滷汁中，邊滷還得邊定時翻動，才能快速均勻入味，待滷汁滲透至鵝肉後切成薄片，淋上一點滷汁即可享用，也因此潮州滷水鵝能呈現滷汁清香、鮮嫩多汁、夾起一片鵝肉入口，肉絲內蘊含的滷汁肉汁汩汩流出，二者相得益彰的完美口感，是深諳品味潮州料理的行家們必點的經典菜色。加上選取鮮嫩的鵝血和豆腐滷製，其鹹嫩香綿的口感，絕對是下酒的良伴。這款貴腐酒只有4%的酒精度，濃郁香甜，潮滷中的鵝肉軟嫩多汁，鹹香細膩，兩者一起結合，甜酸的滋味融入香鹹的汁液中，香味四溢，滿口芬芳，十分暢快。

華國飯店帝國宴會館
地址｜台北市林森北路600號

Almaviva 智利王酒莊

1979法國五大酒莊之一的木桐酒莊（Mouton Rothschild）莊主菲利普．羅柴爾德男爵（Baron Philippe de Rothschild）在美國創造了第一樂章（Opus One）旋風之後，食髓知味，便加緊腳步在南美洲開始布局。木桐酒莊在詳細考察了智利當地的情況後，發現孔雀酒莊（Concha y Toro）的葡萄園地理位置非常好，具有得天獨厚的自然條件，於是萌生合作的意向。本身具有非常豐富釀酒經驗的孔雀酒莊也感到很榮幸能得到這位葡萄酒大老的垂青，大家不謀而合，共同建立了南美洲第一支與歐洲合作的佳釀，1996年智利王（Almaviva）首釀終於誕生了。雙方採用了一個富有歐洲和美洲文化特點的圖案，象徵著法國的傳統釀酒技術加上智利原住民的宇宙觀所釀造出來的葡萄酒。

智利王酒莊位於梅依坡谷（Maipo Valley），智利王（Almaviva）的中文翻譯為

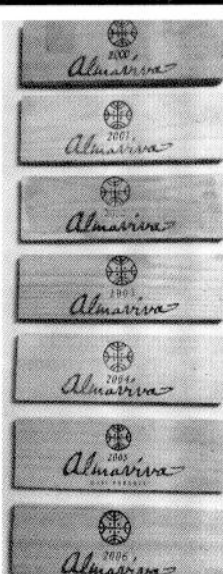

A
B | C | D

A．酒莊。B．酒窖。C．首釀年份Almaviva 1996 1.5公升。D．印有酒莊標誌從2000～2006原箱木板。

「膨脹的靈魂」。從字面來看，在西班牙文中（alma）是「靈魂、生命」的意思，那麼合起來翻譯成「膨脹的靈魂」並不難理解，所以在中國翻譯成「活靈魂」。然而在莫札特所做的三大歌曲中的（費加洛婚禮）也有一個靈魂人物叫做Almaviva公爵，可見雙方對歌劇藝術的愛好。智利王酒莊為什麼會取這個名字呢？據說，智利有著得天獨厚的氣候、水土，是釀造葡萄酒的天堂、樹齡有20年以上，同時也擁有獨特的礫石土壤，但釀出的酒卻無法擺脫廉價的標籤，孔雀酒莊決心打破這一怪論。他們清楚認識到智利葡萄酒的質量沒有問題，缺少的就是那畫龍點睛般的靈魂。於是，孔雀酒莊邀請了葡萄酒界獨一無二的「靈魂人物」羅斯柴爾德男爵（Baron Philippe de Rothschild）來智利一起共同釀造舉世聞名的好酒，雙方很快便達成一致，創建智利王酒莊。

智利王Almaviva的專屬葡萄產地從修枝至采摘的每個步驟，均有專人提供無微不至的照料。該產地更安裝了革命性的地下滴水灌溉系統，精確提供每株葡萄藤所需水分。酒莊共有60公頃的土地遍植葡萄，用作釀制的主要葡萄酒品种包括卡本內蘇維翁（Cabernet Sauvignon）、卡門內爾（Carménère）、卡本內弗朗（Cabernet Franc）、小維多（Petit Verdot）及美洛（Merlot）。

智利王誕生之後，掀起了購買的熱潮，葡萄酒觀察家雜誌（Wine Spectator）對2009年的智利王（Almaviva）也打出了96分的高分。（Almaviva）被稱為「智利酒王」，由波爾多經典的葡萄品種混釀而成，以卡本內蘇維翁（Cabernet Sauvignon）為主。可以說，智利王是歐美兩種文化巧妙的融合：智利提供土壤、氣候及葡萄園，而法國貢獻出釀酒技術和傳統，最終釀造出極致優雅和複雜的葡萄酒。智利王酒莊的酒標也很特別，酒標上的圓形圖案表示的是馬普徹人時代的地球和宇宙，這個標識出現在一種宗教典禮時所用的鼓上，表現了酒莊對智利歷史和文化的尊重。在這個很像西瓜棋的圓形圖案兩旁，寫著兩個莊主名字：菲利普·羅柴爾德男爵（Baron Philippe de Rothschild）和孔雀酒莊（Vina Concha y Toro）。

大概是從2007年底開始，酒界捲起了一股小小旋風，台灣幾家酒商都舉辦了智利王垂直品飲，加上漫畫主角「遠峰一青」又將首釀的1996智利王潑在「西園寺真紀」身上，潑一瓶少一瓶，本來就是智利四王之首的智利王，更成為酒友之間的話題。喜歡挑戰味蕾與挑戰分數的朋友，可以做個垂直品飲。帕克（Robert Parker）曾經說過：智利王（Almaviva）是智利一個偉大的酒莊，在世界上囊括了所有的大獎和百大首獎，包括英國《品醇客Decanter》雜誌，美國觀察家雜誌《Wine Spectator》以及《Enthusiast Wine》，還有帕克所創葡萄酒倡導家《Wine Advocate》等高分的肯定。2003年份的智利王（Almaviva）獲《WA》評為95高分，2005年份獲評為94高分。2009年份獲《WS》評為96高分，2005獲評為95高分。能獲得兩個最重要的評分媒體這樣高的評價，在新世界裡的智利實在很難！

由於這幾年的智利王酒莊開始走國際市場的營銷方式，挾著超高的知名度，價格屢創新高，從50美元一瓶推升至150美元一瓶的價格，雖然價格節節高升，但是消費者仍然捧場，每年150,000瓶的產量全數售罄，可見智利王的魅力，稱為智利王當之無愧！

DaTa

地址｜Viña Almaviva S.A. - Puente Alto, Chile
電話｜（56-2）270 4200
傳真｜（56-2）852 5405
網站｜www.almavivawinery.com
備註｜可以預約參觀

Recommendation Wine

智利王

Almaviva 2003

ABOUT

分數：WA 95、WS 94
適飲期：2007～2037
台灣市價：4,800元
品種：73%卡本內蘇維翁（Cabernet Sauvignon）、23%卡門內爾（Carmenere）、4%卡本內弗朗（Cabernet Franc）
橡木桶：100%法國新橡木桶
桶陳：18個月
瓶陳：6個月
年產量：150,000瓶

品酒筆記

酒色於中央呈現深石榴紅色，飽滿的黑漿梅子味，充滿著森林莓果、木莓、可可、野花等各種迷人香氣。酒體厚實飽滿，單寧滑細如絲。口感有蜜桃果子、杏仁果仁、藍莓、巧克力和橡木燻香等多重變化，整款酒喝起來比較像法國酒，比起其他年份來的優雅迷人，尾韻非常綿長。陳年窖藏5～10年會更佳。

建議搭配

日本和牛、日式炸豬排、蒜苗臘肉、沙茶牛肉。

★ 推薦菜單　稻草牛肋排

說到張飛，即讓人聯想到其草莽魯夫的形象，主廚特別設計此道「稻草牛肋排」做為他的代表菜。採用江浙菜的作法，嚴選長25公分的台塑單骨牛肋排，挑出油脂豐厚的第6到第8支牛肋骨，以稻草捆綁後一起長時間滷製，將稻草的特殊香味充分滷進牛肉中，入口肉嫩多汁，飄香四溢。搭配這款智利最奔放的智利王，充分表現出豪放的性格，香噴噴的牛肋排和濃郁的紅酒互相較勁，不需隱藏，完全渾然天成，有如張大千大師的一幅潑墨畫作品，展現出磅礡的氣勢與偉大格局。

古華花園飯店明皇樓中餐廳
地址｜ 台灣桃園縣中壢市民權路398號B館2樓

Casa Lapostolle 拉博絲特酒莊

拉博絲特酒莊（Casa Lapostolle）是智利的四大天王之一，干邑加苦橙所得出的柑曼怡酒（Grand marnier）是其擁有家族得意酒界之作。葡萄酒方面，拉博絲特酒莊（Casa Lapostolle）於1994年由來自法國的曼尼-拉博絲特（Marnier Lapostolle）家族和智利的拉巴特（Rabat）家族共同創建。現在，該酒莊由亞歷山大·曼尼-拉博絲特（Alexandra Marnier Lapostolle）和她的丈夫西里爾·德伯納（Cyril de Bournet）共同管理。拉博絲特酒莊屬於LVMH集團，以國際品牌的聲勢為智利酒在世界舞台攻城掠地！尤其在旗艦酒款部分，拉博絲特酒莊的戰績實在非常輝煌：2005年份的阿帕塔莊園旗艦酒（Clos Apalta）榮獲2008年美國葡萄酒觀察家雜誌（Wine Spectator）第一名，評分96高分。2001年份的阿帕塔莊園旗艦酒（Clos Apalta）榮獲2004年美國葡萄酒觀察家雜誌（Wine Spectator）第二名，評分95高分。2003年份的阿帕塔莊園旗艦酒（Clos Apalta）榮獲2000年《WS》第三名，評分94高分。此外，英國《品醇客》雜誌〈2012 Decanter Asia Wine Awards〉中，阿帕塔莊園旗艦酒（Clos Apalta 2009）獲「智利調和型紅酒地區首獎」。

拉博絲特酒莊的葡萄園位於阿帕塔（Apalta）。阿帕塔位於空查瓜山谷

A
B | C | D

A.酒莊。B.Alexandra Marnier Lapostolle與她先生Cyril de Bournet創立Casa Lapostolle酒莊。C.Charles-Henri de Bournet 酒莊總經理暨Grand Marnier家族第七代傳人。D.酒窖。

（Colchagua Valley），是一個呈馬蹄形的山谷，三面環山。空查瓜山腳下流淌的廷格里里卡河影響著葡萄的質量，調節葡萄園的溫度，避免極端的溫度變化，並確保葡萄有長期而緩慢的成熟期。在日出和日落時分，該地的山麓小丘阻擋了太陽光，避免葡萄暴露在強烈的陽光下。拉博絲特酒莊旗下的葡萄園分佈在不同的三個產區，其中位於空查瓜產區的阿帕塔葡萄園是他們最著名的葡萄園，以高密度種植50～80歲的老葡萄樹美洛（Merlot）、卡本內蘇維翁（Cabernet Sauvignon）和卡門內爾（Carmenere），並用以生產阿帕塔莊園旗艦酒（Clos Apalta）。同時酒莊還聘用了有「飛行釀酒師」之稱的米歇爾．侯蘭（Michel Rolland）擔任釀酒顧問，酒莊所釀的酒都有相當高的水準。阿帕塔莊園旗艦酒採用60年未嫁接葡萄老藤，100%全新法國橡木桶陳年20個月。完全未經除渣，全球限量5000打，台灣上市價一瓶約台幣4,000元。

拉博絲特酒莊所用的葡萄來自Colchagua Valley的阿帕塔葡萄園，這裡的卡門內爾（Carmenère）是許多智利名莊的最愛，因為許多酒評都認為此園是最能表現智利紅酒風土與魅力之所在。阿帕塔葡萄園鄰近聖塔克魯茲（Santa Cruz）城，恰巧與另一名莊蒙地斯（Montes）的旗艦葡萄園比鄰而居。過去阿帕塔莊園旗艦酒（Clos Apalta）選擇卡門內爾與美洛（Merlot）這兩個品種來架構阿帕塔莊園旗艦酒。如今卡門內爾（Carmenere）依舊，但78%卡門內爾（Carmenere），搭配的是 19% 卡本內蘇維翁（Cabernet Sauvignon）以及3%小維多（Petit Verdot），架構更為雄厚。

紅鷹紅酒（Canto de Apalta）是拉博絲特酒莊是酒莊新誕生的系列， canto 在西班牙文的意思是「song 歌頌」，在標籤上的飛鳥的優雅姿態靈感來自於繁衍於葡萄園內豐富的野鳥生態。紅鷹與阿帕塔莊園旗艦酒風格相似，葡萄以中部的瑞比谷（Rapel Valley）為主，調配比例約為45%卡門內爾（Carmenere）、25%美洛（ Merlot）、16%卡本內蘇維翁（Cabernet Sauvignon）、14% 希哈（Syrah）。手工採收，野生酵母，酒液呈現陽光充足的暗紅紫色，聞來有香料與成熟的紅、黑色果香氣，帶一點菸草與巧克力香，口感多汁而圓潤，質理細緻，宜搭各式肉類料理。此酒2010年是第1個年份，極具收藏價值，別忘了當年智利還有大地震，讓收成延誤了幾天，結果表現依然出色，獲《WS》90、《WE》91（編輯精選獎）！最重要的是，請問有多少機會可以收藏一款酒的第一個年份？而那些果實又是飽經地震……

亞歷山大女士（Alexandra Marnier Lapostolle）親自參與並監督酒廠的各項釀造程序，對品質的堅持與創新，毫不妥協的熱情，以最新現代技術，結合傳統技術的精華，採用法國傳統技藝與智利特優產區，孕育出世界一流的葡萄美酒。如今，拉博絲特酒莊已在世界的酒壇上站穩腳步，得到各界酒評家的讚美，成為智利酒的新標竿。

Lapostolle有機栽種葡萄園。

DaTa

地址｜Ruta I-50 Camino San Fernando a Pichilemu Km 36, Cunaquito, Santa Cruz, Chile

電話｜+56-72 2953 300

網站｜www.lapostolle.com

備註｜可以預約參觀

Recommendation Wine

阿帕塔莊園

Clos Apalta 2009

ABOUT

分數：WS 96、WA 91
適飲期：2013～2025
台灣市場價：4,500元
品種：78%卡門內爾（Carmenere）、19%卡本內蘇維翁（Cabernet Sauvignon）、3%小維多（Petit Verdot）
橡木桶：100%法國新橡木桶
桶陳：24個月
瓶陳：6個月
年產量： 76,330瓶

品酒筆記

記憶當中Clos Apalta的酒已經喝過很多的年份了，每一個年份釀製的都非常穩定，都能展現酒莊自己的個性。倒入酒杯中時深寶石紅帶著紫色，聞到的是成熟的紅色與黑色水果香氣，伴隨著淡淡的香草與深濃巧克力氣息，如此的迷人。入口後的果味非常圓潤，單寧如天鵝絨般的細緻優雅。紅色水果與亞洲香料、加上紫羅蘭、香草、摩卡和甜椒口味，強勁有力，豐富飽滿，結構均衡，餘韻悠長。這是一款傑出而且耐陳的美酒，窖藏10年以後將更完美。

建議搭配

煎烤牛排、烤雞、五香牛肉、德國烤豬肋排。

★ 推薦菜單　紅煨牛尾

紅煨牛尾的「煨」是經典的江浙菜系紅燒料理手法，主廚特選富含豐富膠質的帶皮牛尾和有「美人膠」之稱的珍貴裙邊，加入辣豆瓣醬、新鮮番茄醬、蒜頭、辣椒和獨門滷汁等一同紅燒，吸吮飽滿湯汁的牛尾和裙邊有著滑嫩彈牙的幸福口感和破表的營養指數，是一道相當費工的功夫菜。這道菜搭配智利美酒阿帕塔莊園，濃郁的黑色果香和迷人的香料味可以去掉牛尾的油膩感。細緻的單寧可以提升帶皮牛尾滑嫩的口感，並且充分表現出整道菜香濃美味，香噴噴的牛尾吃來別有一番好滋味！

古華花園飯店明皇樓中餐廳
地址｜ 台灣桃園縣中壢市民權路398號B館2樓

Seña
神釀酒莊

1985年美國葡萄酒教父羅伯·蒙大維第一次前往智利尋找釀酒之地時，認為智利是一個擁有無限釀製絕佳葡萄酒潛力的地方，因此在6年後與伊拉蘇酒莊（Vina Errazuriz）莊主愛杜多·查維克（Eduardo Chadwick）分享彼此對葡萄酒熱忱及釀酒哲學，最後決定合作，並於1995年創建了神釀酒莊（Seña）。Seña在西班牙文的意思就叫做「簽名」（signature），這個名稱代表了兩個家族共同的自我風格和製酒經驗，在酒標上，更可以看到兩個酒莊莊主的簽名。這是一個發自內心的重大決定。雙方憑藉直覺和靈感，攜手精心打造了一款世界級的智利葡萄酒，神釀酒莊是二人遠見卓識的結晶，堪稱優異品質和獨特性格的完美展現。

神釀酒莊地處智利阿空加瓜山谷（Aconcagua Valley）西側，距離太平洋41公里，氣候環境對於葡萄的栽種相當適合。在種種完美條件的搭配下，1995年開始生產的神釀葡萄酒一經推出就得到各界好評，並且連續多年得到帕克（Robert Parker）網站《WA》高分的評價。2004年羅伯·蒙大維決定賣掉股權，於是伊拉蘇酒莊買回了所有股權，從此以後神釀酒莊將是百分之百智利血統。莊主愛杜多·查維克也發誓將持續釀製頂級夢幻酒款。

神釀是一款道地的智利佳釀，以最好的卡本內蘇維翁、卡門內爾、美洛、卡本內弗

A
B | C | D

A.**酒莊夜景。**B.**酒莊。**C.**莊園。**D.**作者和莊主Eduardo Chadwick在香港酒展合影。**

朗和小維多混合製成。在1995-2002年之間使用了70%以上的卡本內蘇維翁，其餘為卡門內爾和美洛，卡門內爾增強了智利葡萄酒的顯明特性。在2003年以後加入少許的卡本內弗朗、小維多和馬貝克，完全是波爾多的混釀風格了。神釀酒莊為了最大限度提高品質，將精選的手摘葡萄裝在12公斤的箱子裡在早晨運達酒廠。葡萄在分類臺上經過精心篩選，所有雜物、葉子、根莖，確保在最終汁液的純正果味。葡萄大多在不銹鋼罐中發酵，溫度範圍從24°到30°C不等，以達到理想的提取程度。新酒隨後裝進100%品質最優的新法國橡木桶中陳年22個月。

神釀酒莊在2004年1月23日舉辦「柏林盲品會」。包括1976年巴黎盲品會主持人史蒂芬·史普瑞爾（Steven Spurrier）在內的三十六位歐洲最有名望的葡萄酒記者、作家和買家齊聚柏林，對16款葡萄酒進行盲品，包括6款智利葡萄酒，6款法國葡萄酒和 4款義大利葡萄酒， 均為2000和2001年份的葡萄酒。在這場歷史性的盲品中，品酒師評定來自伊拉蘇酒莊（Viña Errázuriz）的查維克旗艦酒（Viñedo Chadwick）2000年份酒高居榜首，神釀（Seña）2001年份酒位居第二，而拉菲酒莊（Chateau Lafite Rothschild）2000年份酒則位居第三，其後尚有瑪歌酒莊（Chateau Margaux）2001年份和2000年份，還有拉圖酒莊（Chateau Latour）2001年份和2000年份，第10名則是來自義大利的索拉亞（Solaia），這樣的結果讓柏林的葡萄酒專家滿地找眼鏡，不敢置信，有如1976年巴黎盲品會翻版。同年10月28日在香港進行的首次神釀垂直品鑒之旅的第一站，40位當地的專業品酒師十分驚訝地發現，不同年份的神釀葡萄酒囊括了前五名，排名第六的有拉菲酒莊（Chateau Lafite Rothschild）2000年份、第七是瑪歌酒莊（Chateau Margaux）2001年份、第八是木桐酒莊（Chateau Mouton Rothschild）1995年份、和拉圖酒莊（Chateau Latour） 2005年份。同樣的結果在11月1日的臺北品鑒會上再次出現，60多位最知名的葡萄酒專業人士和臺灣記者出席了此次品鑒。在10月31日的首爾品鑒會上，40位韓國葡萄酒專業人士和記者將三款Seña年份酒列入最喜愛的葡萄酒前五名，2008年份和2005年份的神釀分別獲得冠亞軍，第三名是拉菲酒莊（Chateau Lafite Rothschild）2007年份，第四名才是瑪歌酒莊（Chateau Margaux）2001年份。在這四場盲品會上，愛杜多·查維克表示，神釀及其他許多智利頂級葡萄酒展現的品質、血脈傳承和陳年能力，已經可與世界最佳葡萄酒相提並論。

神釀酒莊自1995年首釀年份上市以來，一直獲得各界很高的評價，Seña1996年份獲得葡萄酒觀察家《WS》92高分。2007年份獲羅伯·帕克葡萄酒倡導家《WA》96高分，評鑒為有史以來得分最高的智利葡萄酒。2006年份和2008年份一起獲得95高分，2012年份更獲得資深酒評家詹姆士·史塔克林（James Suckling）98高分。這位酒評家是這樣形容的：「像是在對我低吟呢喃般，口感綿長，相當迷人，歷年以來Seña之頂尖佳作。」神釀Seña無疑是智利酒中最好的一款酒。

莊主Eduardo Chadwick和Mondavi一起品嚐Seña。

DaTa

地址｜Av. Nueva Tajamar 481
電話｜（56-2）339-9100
傳真｜（56-2）203-6035
網站｜www.Seña.cl/en/wine.php
備註｜參觀前須先預約

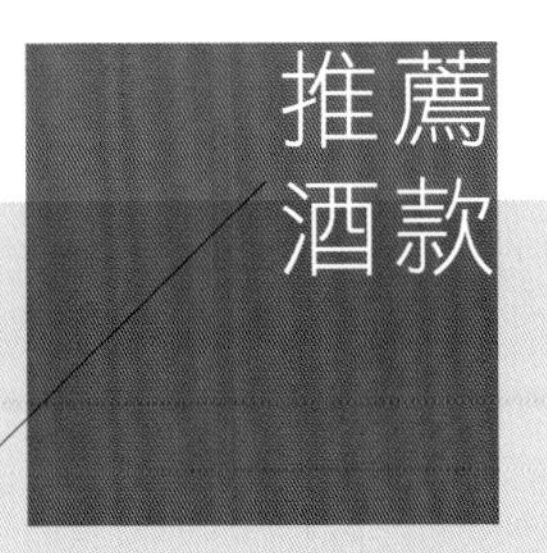

Recommendation
Wine

神釀酒莊

Seña 2010

ABOUT
分數：WA 94、JH 95
適飲期：2014～2022
台灣市場價：3,900元
品種：54%卡本內蘇維翁（Cabernet Sauvignon）、21%卡門內爾（Carmenere）、16%美洛（Merlot）6%小維多（Petit Verdot）、3%卡本內弗朗（Cabernet Franc）
橡木桶：100%法國新橡木桶
桶陳：22個月
瓶陳：6個月
年產量： 80,000瓶

品酒筆記

2010年的神釀是我喝過最好的一款智利酒之一。酒色是深紫羅蘭色澤，高貴深沉。開瓶後撲鼻而來的是黑胡椒與煙燻木頭氣息，隨著清楚而成熟的黑莓、樹莓和石墨，盤繞交纏而上，和諧地混合新鮮黑色與紅色水果味，轉換成橡樹、胡椒香料、百里香、和菸葉等草木香氣。入口後充滿豐富的成熟水果，如草莓、李子、黑醋栗、藍莓、黑莓與櫻桃，在口中不斷彈跳，隨之而來的黑巧克力、植物凝膠、黑胡椒與黑咖啡在口中散發，層次多變，酒體醇厚，是一款無可挑剔的佳釀。應可再陳年二十年以上。

建議搭配

煎羊排、台式滷肉、廣式燒臘、蒜炒牛肉。

★ 推薦菜單　筍絲焢肉

筍絲焢肉是台灣媽媽的拿手菜，以前只要過年，家裡就會滷一鍋來嚐嚐！尤其是老爺爺和奶奶最喜歡吃，入口即化，軟嫩Q彈，綿密細滑，香氣四溢。這時候一定要一碗白飯才能綜合一下味蕾，尤其肉汁澆在熱騰騰的白飯上，聞起來胃口大開。2010年的Seña喝起來有較濃的黑色水果和煙燻木頭及香料味，所以可以壓住筍絲的酸香氣息，並且果味可以和筍絲融合，滑細的單寧也能使焢肉吃起來不油膩，兩者非常和諧，香醇順口，餘韻綿長。

欣葉台菜
地址｜ 台北市大安區忠孝東路四段112號2樓

Maison Albert Bichot

亞柏畢修酒商

夏布利的羅曼尼康帝（Chablis的Romani-Conti）～ 龍德帕基酒莊慕東呢特級園（Domaine Long-Depaquit, Chablis Grand Cru "La Moutonne"）。「慕東呢」獨占葡萄園（MONOPOLE），有如紅酒中的羅曼尼康帝，僅此一家，別無分號！1990年的慕東呢園同時也是《品醇客》雜誌所列死前必喝的100支酒之一。亞柏畢修酒商是勃根地博恩（Beaune）地區少有的家族式葡萄酒公司。亞柏畢修酒商（Maison Albert Bichot）由柏納畢修（Mr. Bernard Bichot）在蒙蝶利（Monthélie）創立，隨後搬到了博恩地區。這家酒莊經過世代的傳承不斷發展和興盛。現在由亞伯力克·畢修（Albéric Bichot）管理。這個家族的歷史可以追溯到1214年十字軍東征時期。家族的徽章上畫著一隻母鹿，是一家歷史悠久的酒莊。

酒莊總部位於博恩城（Beaune），亞柏畢修酒商擁有100公頃的葡萄園，這在勃根地算是非常大的面積了，是一個巨大的酒商。酒莊建立初期，尤其是在根瘤蚜蟲災害之前，只擁有幾公頃座落在香波的葡萄園。一戰後，酒莊陸續購買葡萄園，到了二戰的時候又統統賣出了。從上世紀60年代起，酒莊開始重新建立葡萄園。那時各家酒莊根本沒有買地的想法，亞柏畢修酒商敏銳的洞察力使其擁有了現在的規模。該酒莊目前擁有四大酒莊： 芳藤酒莊、帕維儂酒莊、阿蝶利、龍德帕基酒莊，而在勃根地

A．酒莊。B．Albert Bichot家族Christophe Bichot先生。C．酒莊標誌。D．橡木桶。E．酒窖。F．葡萄園以人工耕地。

及勃根地南邊的隆格多克胡西雍地區（Languedoc-Roussillon），都有長期固定合作的優良果農。

芳藤酒莊位於夜聖喬治（Nuits-Saint-Georges）產區，佔地13公頃。在李奇堡、香貝丹、伏舊園、埃雪索和大埃雪索都有葡萄園。他在一級園沃恩-羅曼尼（Vosne-Romanée）擁有葡萄園馬康索，與拉塔希葡萄園相鄰。它還在夜丘的羅曼尼聖維望和夏姆香貝丹收購葡萄進行釀酒。帕維儂酒莊位於波瑪地區，它擁有17公頃的葡萄園，其中包括專屬的葡萄園。另外，在可登查理曼Corton-Charlemagne、Pommard Les Rugiens、Volnay Les Santenots和Meursault Les Charmes也有葡萄園。此外還有蒙哈榭、騎士蒙哈榭、巴塔蒙哈榭。龍德帕基酒莊獨占了聲名顯赫的慕東呢特級酒出產的園地，有人認為這塊園地是夏布利最好的風土。酒莊慢慢恢復了橡木桶陳釀，但他們沒有一點兒讓木香超過礦物質的意願。每個新的年份都是一次進步：酒的結構更加寬廣、豐富，香氣更加開放。

今天我們就要來介紹慕東呢園：

夏布利給人的印象，在美國可能是便宜的白酒，不過在台灣情況可能好一些。許多人都知道它可以配生蠔，仔細一點的朋友，還知道它只有7塊特級葡萄園，整個產區共分成4級。

其實，夏布利Chablis另有1塊葡萄園，名氣比那7塊特級葡萄園還要響亮，它就是今天的主角慕東呢園（La Moutonne）。這塊園有2.35公頃，大部分位於渥玳日爾園（Les Vaudesirs），一小部分在普爾日園（Les Preuses），以上兩者都是夏布利特級葡萄園，由此不難想像此園之實力。但根據「The Oxford Companion to Wine」，慕東呢園目前雖是以特級園的姿態行走，但還未獲國家原產地名稱管理局（INAO）正式承認。這段酒界逸事，漫畫《神之雫》自然沒有放過，第21集中還特別著墨！這家酒莊屬博恩的亞柏畢修酒商。酒莊的葡萄園擁有非常卓越的風土條件。其中有一片優質的葡萄園叫作慕東呢園（La Moutonne），為酒莊所獨有。夏布利有7塊特級園，面積廣達100公頃，可細分為七個地塊：Les Clos、Blanchots、Valmur、Vaudésir、Les Grenouiles、Les Preuses以及Bougros。此園被稱為「第8塊」，但從來沒有被正式確認。這片園地的朝向好，釀酒使用四分之一的大橡木桶，這樣產出的酒圓潤而慷慨。每年產量大約10,000瓶，在全世界最會評勃根地酒的亞倫米道（Allen Meadows）的夯堡（Burghound）網站也有不錯的成績，分數幾乎都在90分以上，2007、2008和2010三個年份都獲得了94高分，這在夏布利白酒中算是難能可貴了，新年份目前在台灣上市價約3,500元一瓶。

慕東呢園是面南坡地，因此有了得天獨厚的日照，漫畫裡說這塊園是夏布利的羅曼尼康帝，從此可看出對慕東呢園的讚許之意。此外，這個葡萄園的1990年份，是品醇客雜誌所列死前必喝的100支酒之一，葡萄酒大師羅斯瑪莉．喬治（Rosemary George）也對它讚許有嘉。慕東呢園是一座獨占葡萄園，它完全由勃根地老牌酒商亞柏畢修擁有的龍德帕基酒莊（Domaine Long-Depaquit）控制，所以你想喝的話，只有這一家。這支酒是屬於行家聊東話西的酒，有著豐富的歷史與其特殊性。酒款純淨、優雅和果味絕妙。在不銹鋼槽中發酵，不銹鋼槽和橡木桶中熟成12個月，色澤是帶綠光的淺金黃，呈現年輕新鮮的活力，以水果和礦物質為主，細緻複雜的香味，以豐厚肥美的酒體形成和諧的平衡感。漫畫裡的形容這支酒是「人魚公主褪下衣裳，回到大海鮮活的甦醒過來了！」

DaTa

地址｜6, Boulevard Jacques-Copeau, 21200 Beaune

電話｜+33 3 80 24 37 37

傳真｜+33 3 80 24 37 38

網站｜www.albert-bichot.com

備註｜必須預約參觀，09：00～12：30，13：30～18：30

推薦酒款

Recommendation Wine

龍德帕基酒莊慕東呢特級園

Domaine Long-Depaquit“La Moutonne”Grand Cru 2007

ABOUT

分數：BH 94高分、WA 91、WS 90
適飲期：2011～2024
台灣市場價：4,200元
品種：100%夏多內（Chardonnay）
橡木桶：25%橡木桶
不鏽鋼桶：75%
桶陳：9個月
瓶陳：6個月
年產量：10,000瓶

品酒筆記

慕東呢園是一支偉大的夏布利白酒，讓我們體驗到深海的氣味，從鹽水到牡蠣殼，從礦物到海菜。檸檬皮、柚皮、生薑、柑橘、水仙花香不斷的縈繞在眼前，最後以性感動人的蜂蜜作為結束。停留在口中的香氣持久悠長，甘美而細膩，令人印象深刻，流連忘返。現在已進入適飲期，在未來的10年中將是最佳賞味期。

建議搭配

生菜沙拉、魚類料理、奶油醬汁的家禽、新鮮的蘆筍及貝類。特別是夏布利的良伴——生蠔。

★ 推薦菜單　秘製手工打鯪魚餅

秋天是鯪魚最肥美的季節，它的肉質細嫩、味道鮮美，是廣東特有的一種淡水魚。鯪魚雖然入饌味極鮮，但刺細小且多，直接清蒸食用易被魚刺卡喉，廣東人喜歡用油煎成香口的鯪魚餅。這道香煎鯪魚餅算是文興酒家獨家的醃料秘制，吃來皮酥肉嫩，飽滿生香。這支號稱康帝的夏布利白酒，礦石味重，帶有深海的鹽水和生薑味，剛好可以柔化魚中的腥味，並且提升魚餅的口感，越咀越香，不會太淡也不致過鹹，穠纖合宜，這樣的道地海鮮美食就該配這款高級的白葡萄酒，今朝有酒今朝醉，明日有事明日煩！

文興酒家
地址｜ 上海市靜安區愚園路68號晶品六樓605

Domaine Jacques Prieur
雅克·皮耶酒莊

雅克·皮耶(Jacques Prieur)先生:「你永遠不能完全佔有一個酒窖。你只能是做為一個管理者或看守者將某些東西交予後人。」

雅克·皮耶酒莊(Domaine Jacques Prieur簡稱DJP)1805年時就已在沃內(Volnay)村釀酒,但建立起家族名聲的是雅克·皮耶(Jacques Prieur)先生。他在1930年代時鼓吹反抗當時勃根地酒商通過不實標示產地而獲利的行徑,因而遭到酒商的聯合抵制。因此,他的酒莊被迫開始自行裝瓶及銷售,在當時勃根地算是最早自行裝瓶的酒莊之一。

雅克·皮耶酒莊擁有當地令人羨慕的精華葡萄園,紅白皆有,橫跨伯恩丘與夜丘。老莊主尚——皮耶(Jean Prieur)一度走向量產,可惜了手上所擁有一堆的珍寶。直到1988年拉布瑞雅(Labruyère)家族入股酒莊,然後於2007年全面掌控,由尚·皮

A / B | C | D

A . 酒莊的珍珠Musigny特級園。B . 以馬來耕種葡萄園。C . 釀酒師Nadine Gublin。D . Edouard Labruyere莊主。

耶之子馬坦·皮耶（Martin Prieur）擔任酒莊總管，才華洋溢的女釀酒顧問娜汀·顧琳（Nadine Gublin）決定不惜代價，讓DJP重回明星莊園的行列！英國酒評家克利夫·柯特（Clive Coates）也稱本莊自2003年份起酒質愈加突飛猛進。本莊毫無疑問地已經晉升為勃根地最佳酒莊之一。

法國人所講究的"Terroir"風土條件，簡單來說，包括了天（氣候）、地（土壤）與人（釀酒師）。即使坐擁良好的葡萄園，還是需要一位優秀的釀酒師來襯托，方能相得益彰。DJP的首席釀酒師－娜汀·顧琳是位女釀酒師，更是首位榮獲法國葡萄酒雜誌（La Revue du Vin de France）評鑑為年度釀酒師的女性代表！在眾多釀酒師中，女性釀酒師要脫穎而出，得到此殊榮實屬不易。

DJP釀酒師娜汀·顧琳習於將採收時間盡量延遲，也即是當夏多內（Chardonnay）

葡萄轉成金黃色澤，黑皮諾（Pinot Noir）已經達到完全的酚成熟（Phenolic maturity）才進行採收。採收均以手工進行，於葡萄園中先篩選一次，進廠時再以葡萄篩選輸送帶嚴篩一次。本莊的最佳紅酒當然來自夜丘區的特級葡萄園，其中的香貝丹（Chambertin）特級葡萄園因存有許多較為年輕的樹株，所以部分的酒被降級為哲維瑞-香貝丹（Gevrey-Chambertin Premier Cru）等級出售，以保持香貝丹的優異酒質；至於最尊貴的紅酒則是木西尼（Musigny Grand Cru）。特級葡萄園白酒蒙哈榭（Montrachet）架構堅實並具有清冽優雅的礦物風味，乃本莊最極致的代表作。

這間獨立酒莊的無價珍寶到底是什麼？廣達22公頃的金丘（Côte d'Or）以及莫索（Meursault）等區的葡萄園，幾乎全部都是特級園與一級園。特級園中的明星；像是香貝丹（Chambertin）、貝日園（Clos de Bèze）、埃雪索（Echézeaux）、伏舊園（Clos de Vougeot）、木西尼（Musigny）、高登-查理曼（Corton-Charlemagne）、蒙哈榭（Montrachet）都赫然在列！可說是只差沃恩·羅曼尼（Vosne Romanee）村就集成了勃根地紅白大滿貫。

除此之外，DJP在它的大本營莫索也是坐擁名園，最精華的一級園Les Perrieres自然是囊中之物，細緻優雅的白蘭花香氣，讓它十分超值（超過一般莫索一級園的價值）。DJP最貴的紅白雙星是木西尼和蒙哈榭這兩款酒；木西尼紅酒的分數在《BH》網站上分數都不錯，從2005到2012分數都在92-96分之間，WS分數以1996年份的96為最高分，其次是2002和2008兩個年份的95分。台灣上市價大約17,000台幣一瓶。蒙哈榭白酒在《BH》的分數是；2007年份97高分，2008和2010兩個年份是96分。《WS》的評分更高，1995年份的99分接近滿分，1996年份的98高分。台灣上市價大約台幣15,000元一瓶。這間酒莊的介紹無需太多，畢竟它的酒在市場流通非常廣泛，能夠把它的酒款通通喝過一次算是相當不易了！

DaTa

地址｜6 Rue des Santenots 21190 Meursault
電話｜+ 33 3 80 21 23 85
傳真｜+ 33 3 80 21 29 19
網站｜www.prieur.com
備註｜必須預約參觀

推薦酒款

Recommendation Wine

雅克．皮耶木西尼

Musigny 2010

ABOUT
分數：BH 95
適飲期：2015～2040
台灣市場價：18,000元
品種：100%黑皮諾（Pinot Noir）
桶陳：12個月
年產量：約3,000瓶

品酒筆記

酒色是寶石紅色，玫瑰、牡丹、水仙、紫羅蘭、草莓和香料。和諧優雅，複雜清新。口感有濃厚的黑色水果，藍莓，櫻桃、黑莓、李子的香味。慢慢的有薄荷、煙燻和巧克力，充滿活力而迷人，結束前有柔滑的單寧，餘韻長達60秒之久。這款酒需要10年以上的陳年，才能再一次向世人證明它的偉大。

建議搭配

乳鴿、燒鵝、北京烤鴨、鹽水雞。

★ 推薦菜單　新派滷水拼盤

這盤新派滷水拼盤讓大家各取所需，鴨珍、豆腐、花生、鴨翅、大腸，每一款都是下酒菜。新式的做法不會太油太鹹，所以正好可以搭配這款美酒，不需太多的想法，因為對於一支高貴的酒來說，本身就足以展現魅力，美食佳肴只是一種襯托而已。

文興酒家（上海店）
地址｜上海市靜安區愚園路68號晶品六樓605

Domaine Armand Rousseau Pere et Fils

阿曼盧騷酒莊

阿曼盧騷酒莊（Armand Rousseau）被稱為「香貝丹之王」，身為哲維瑞．香貝丹（Gevrey Chambertin）村莊最具代表性酒廠之一，地位有如沃恩．羅曼尼（Vosne Romanee）村莊的Domaine de La Romanee Conti，其出名頂級酒 2005年份的香貝丹（Chambertin）特級園與2005年份的羅曼尼．康帝（Romanee-Conti）同樣榮獲勃根地最好的酒評家艾倫米道斯（Allen Meadows）99高分，自2000年以來勃根地葡萄酒只有六個葡萄園獲得《BH》99高分，這份殊榮得來不易。

酒莊創辦人阿曼在1909年結婚後，分得了葡萄園和房子。該房子在一座建於13世紀的教堂周圍，房產包括房屋、儲藏室和酒窖。剛剛開始釀酒時，阿曼都是將葡萄酒以散裝的方式批發給當地的經銷商。酒廠成立於二十世紀初，阿曼盧騷從一個小地農經營葡萄園，陸續購入了許多有名的葡萄莊園，如在1919年購買香姆．香貝丹

A．葡萄園。B．老莊主Charles Rousseau。C．酒莊家徽。D．香貝丹之王Chambertin。

（Charmes Chambertin），在1920年購入Clos de La Roche，1937年購入Mazy Chambertin，1940年購入Mazoyeres Chambertin。在《法國葡萄酒Revue des Vins de France》雜誌創辦人雷曼德（Raymond Baudoin）的建議下，阿曼決定自己裝瓶以自家名字銷售葡萄酒，特別是針對餐館和葡萄酒愛好者。

1959年，阿曼一日外出狩獵遭遇車禍不幸去世，查理．盧騷（Charles Rousseau）擔當重任，成為第二代莊主，延續酒莊的發展。查理．盧騷有著非常驚人的語言天賦，他可以用英語和德語非常流利地溝通，因此，他決定大力拓展葡萄酒出口業務，業務範圍從英國、德國、瑞士迅速擴張到整個歐洲，接著是美國、加拿大、澳大利亞、日本和台灣等國家。阿曼盧騷出口占80%，剩餘的20%才留在法國；而這20%當中的1/2，則由外國觀光客所購，因此只有10%的阿曼盧騷真正為法國人所享用，可見阿曼盧騷的葡萄酒在世界上有多受歡迎。

1982年，查理·盧騷的兒子艾瑞克加入酒莊的釀酒團隊，他在葡萄種植中引入了新技術，採取低產量管理系統，去除超產的葡萄來保證釀酒葡萄的品質，同時也非常尊重傳統的葡萄酒釀造技術，盡量減少對釀酒過程的任何干涉。絕不使用化學肥料，而是利用動物糞肥和腐殖土。種植精細，採收更是嚴謹，葡萄由人工嚴格篩選。

阿曼盧騷幾乎坐擁哲維瑞村內所有最知名的葡萄園。在其擁有的14公頃葡萄園中，特級葡萄園就佔了8.1公頃，反而是村莊級地塊佔地最小，僅2.2公頃，14公頃的土地，分散在11個園區，其中一個在荷西園，其他10個都在香貝丹區，這11個園裡有6個是特級園，不知羨煞多少人。其中最知名的當然是酒王香貝丹和酒后香貝丹·貝日園。香貝丹·貝日園被分為40塊園區，目前分別屬於包括Pierre Damoy、Leroy、Armand Rousseau、Faiveley、Louis Jadot、Joseph Drouhin等18個酒莊。阿曼盧騷貝日園座落於產區東坡，面向日出方向，主要田塊位於坡地斜面中部，土壤多石子、碎石，尤其富含石灰岩。在此兩名園之下則是品質媲美特級園的一級園聖傑克莊園酒款。此園如同香波一蜜思妮酒村的一級愛侶園同屬勃根地最精華的一級園代表，實有特級園的實力。目前只有五家擁有，除了阿曼盧騷外，其他四家分別為；Bruno Clair、Esmonin、Fourrier和Louis Jadot。阿曼盧騷並未釀造 Bourgogne，唯一的一款村莊等級的哲維瑞·香貝丹即是酒廠的入門酒款。

阿曼·盧騷父子酒莊所生產的葡萄酒幾個好年份是：1949、1959、1962、1971、1983年、1988年、1990年、1991年、1993年、1995年、1996年、1999年、2002年、2005年、2009年、2010年和2012年。最高分數當然是香貝丹（Chambertin 2005）獲得《BH》的99高分，1991、2009和2010三個年份的香貝丹園也一起獲得98高分。另外香貝丹·貝日園（Chambertin Clos de Beze 2005）也有98高分，1962、1969、2010和2012四個年份的香貝丹·貝日園也同樣獲得97高分。目前新年份台灣市價一瓶都要20,000元起跳，老年份則更貴，而且一直在上漲當中，建議酒友們看到一瓶收一瓶，因為數量實在是太少。連帕克都說：「我極度景仰查理·盧騷，並以收藏其酒為傲。」在勃根地，阿曼盧騷酒莊所釀造的葡萄酒已經廣為消費者接受和認可。

DaTa

地址｜1. rue de l'Aumônerie,21220 Gevrey Chambertin, France
電話｜+33（03）80 34 30 55
傳真｜+33（03）80 58 50 25
網站｜www.domaine-rousseau.com

推薦酒款

Recommendation Wine

香貝丹・貝日園

Chambertin Clos de Beze 2009

ABOUT

分數：BH 96、WA 92~94
適飲期：2015~2040
台灣市場價：50,000元
品種：100%黑皮諾（Pinot Noir）
桶陳：18個月
年產量：約900瓶

品酒筆記

非常孔武有力的一款酒，以一支勃根地酒來說，充滿旺盛的生命力。這是一支帶有濃郁厚重的紅色黑色果香的黑皮諾，經過兩小時的醒酒後，玫瑰花、丁香、紫羅蘭才開始奔放綻開，雖然還幼嫩的青草和新木桶香，閉花羞月，欲拒還迎。微微的香料辛辣，松露和燻烤香，雖不成熟但卻清新。單寧慢慢趨近圓潤柔順，如絲絨般的細緻誘人，香氣與口感都展現出王者之風。2009年必定是一個偉大而傳奇的年份，對阿曼盧騷的貝日園來說，未來的30年將成為一支美妙而動人的經典佳釀。

建議搭配

台灣滷味、生炒鵝肝鵝腸、鯊魚炒大蒜、白斬雞。

★ 推薦菜單　台灣鹽酥雞

台灣的大街小巷都是鹽酥雞，從南到北，從東到西。路邊攤、小吃店到餐廳都有這道菜。雖然有這麼多家在賣，但是做得好吃的卻沒幾家。鹽酥雞要做得好吃有三個要素：第一是醃料，這屬於獨家配方，不能太鹹或太甜，醃製時間不能太短或太長，必須要入味。第二是油炸粉，個人覺得應該用地瓜粉才會酥脆不會糊。第三是油炸的溫度與時間控制，要剛好熟又不會太老澀。這支陽剛味濃郁的勃根地來配這道台灣傳統小吃，真是神來一筆，不是一般人能想到，而且也出乎意料的驚艷。雞肉的酥脆柔嫩，貝日園紅酒的濃郁剛烈，有如虞姬與霸王那樣的投緣與絕配。

金葉台菜餐廳（美國洛杉磯店）
地址｜717 W Las Tunas Dr

Domaine Faiveley
飛復來酒莊

在介紹飛復來酒莊(Domaine Faiveley)之前，我們先來看看這段名人軼事。1994年，勃根地一代「酒爺」于貝特(Huibert de Montille)代表飛復來酒莊將帕克及其出版公司告上法庭，指責其1993年出版的第三版《帕克葡萄酒購買指南》(Parker's Wine Buyer's Guide)中對飛復來酒莊1990年份酒的不實評價造成了「誹謗」。帕克在書中品嚐了32款飛復來酒莊1990年份酒並打分數，最後的平均分為88.75分，算得上是帕克在勃根地酒評分中的高分。但是隨後帕克又補上一句：「從負面角度看，一直有報導稱飛復來酒莊的酒在法國以外品嚐時口感不及在酒莊地窖中醇厚，我本人也有同感，嘻嘻……」于貝特代表飛復來酒莊提出的控訴理由是：帕克的評論會導致消費者誤解飛復來酒莊將品質較差的酒出口到國外。這宗訴訟最終以庭外和解了結。1990年帕克曾在他的著作《勃根地》(Burgundy)中將飛復來酒莊評為五星級，並盛讚：「當今勃根地區品質可以超越飛復來酒莊之上的酒莊，只有羅曼尼·康帝(Domaine de La Romanée Conti)和樂花酒莊(Domaine Leroy)！」然而在1995年出版的第四版《帕克葡萄酒購買指南》中，飛復來酒莊馬上被降為三星級，令人玩味。據說飛復來酒莊當時的莊主弗朗索瓦(François Faiveley)在訴訟期間曾經表示：「我們只希望告訴人們：我們是誠實的。」

B
A C
D

A . 酒莊葡萄園。B . 難得的Faiveley Corton Charlemagne 2005白酒。
C . 酒莊莊主Erwan Faiveley。D . 作者在Clos de Vougeot紀念館前留影。

飛復來酒莊是台灣酒迷耳熟能詳的勃根地酒莊，在原版的《稀世珍釀》曾有特別介紹。陳新民教授在書中稱Faiveley為「飛復來園」。飛復來酒莊，可上溯自1825年。將近兩個世紀以來，延續七代，一直是由家族經營。前任管理者弗朗索瓦自1978年主事，近年來保留部分葡萄梗、採用發酵前的低溫浸皮，提高年輕時的果味。之後由伊旺（Erwan Faiveley）於2005年接手，此人年紀三十歲出頭，野心勃勃，一方面以科學方法研究種植與釀造，禮聘原布夏酒莊（Bouchard Pere & Fils）釀酒總管伯納·哈維特（Bernard Hervet ）加入，改變原來需要時間柔化的嚴肅印象，創造出不同以往的全新風格，年輕時展現出細膩誘人姿態，亦可陳年很久；另一方面讓飛復來在向來的「清澈、集中」外，以科學方法考慮種植與釀造，看看其中哪些事情可以不必做、或是不必管太多，因此得以減少人為干預，讓酒回到原來的土地。挾資金之力，飛復來積極收購勃根地各葡萄園，自夜丘與夏隆內丘進軍伯恩丘，品項分佈各次產區，但水準整齊且連年獲得高分。像是它極為搶手的木西尼（Musigny），年僅 130 瓶；獨佔葡萄園高登圍牆園（Corton Clos des Cortons ），也是奇貨可居。近年來，它的白酒也十分搶手，特別是高登-查理曼（Corton-Charlemagne）頻獲酒友好評。自2005年開始，飛復來的表現陸續獲得各大酒評家的高分評比肯定，2009年份的高登圍牆園（Corton Clos des Cortons ）更獲得史帝芬·坦澤（Stephen Tanzer） 96～99分，為所有2009年份勃根地紅酒最高分。飛復來酒莊現擁有十餘塊頂級葡萄園，包括木西尼、貝日園、伏舊園以及獨佔葡萄園高登圍牆園頂級酒，白酒則以高登-查理曼（Corton- Charlemagne）最為出名，與路易拉圖（Louis Latour）和 馬特瑞（Bonneau du Martray ）共同被評為勃根地最傑出的高登-查理曼白酒。

伏舊園（Clos de Vougeot）是個最小的村莊，但卻是最大的特級園，占地約50.6公頃，分屬80位不同的主人，雖為同一特級葡萄園，但因佔地面積大，所以各個酒莊產出的風格也大不相同，也是價格最親民的特級園。園區外圍由石牆所包圍，明顯早期為教會所擁有，原本是個捐贈予教會的林地，經由修士的努力才逐漸變成葡萄園。後來大革命後法國收回，並以國有土地的名義拍賣後經過幾次轉手，19世紀末開始分割，目前有80間酒莊共同擁有，至今約有900年的釀酒歷史。在特級園中，伏舊園的面積雖然算是龐然巨物，但飛復來只有1.3公頃，年產量大約5,000瓶，40年代的老藤之外，葡萄株主要是70年代中期栽種，現已是精華階段。飛復來的特級園與一級園均有使用新橡木桶，但是比例是隨年份而變。

飛復來酒莊的伏舊園一直以來都有相當穩定品質，是我個人認為在眾多伏舊園中可以和樂花酒莊較量的唯一酒莊。我們來看看世界上最會評勃根地酒的亞倫米道（Allen Meadows）的評分。從2003年到2013年為止總共有八個年份被評為92-95高分，這對勃根地酒來說是非常難能可貴的，更何況是常被誤認為廉價的伏舊園。另外，艾倫也在2014年的10月份對本莊的伏舊園1934年份（Clos de Vougeot 1934）打出了95高分，對一支已八十高齡的酒來說是何等的禮遇與尊重？由此可見，伏舊特級園的酒絕對可以耐藏，只要是遇到好年份、好酒莊，而又窖藏的好，百年以上不是不可能。喜愛伏舊園的朋友們，不妨多買幾支來珍藏。

DaTa

地址｜12 Boulevard Bretonnière 21200 BEAUNE
電話｜03.80.20.10.40
傳真｜03.80.25.04.90
網站｜www.domaine-faiveley.com
備註｜參觀前須先預約

推薦
酒款

Recommendation
Wine

飛復來酒莊伏舊園

Clos de Vougeot 2010

ABOUT
分數：BH 92~95
適飲期：2015~2050
台灣市場價：5,500元
品種： 100%黑皮諾（Pinot Noir）
桶陳：18個月
年產量：5,000瓶

品 酒 筆 記

年輕時有煙硝味一直是伏舊園的特色，嗅覺有點像年輕時的德國麗絲玲。綜合來說，酒質穩定，果香直接又有層次，草莓、櫻桃及些許辛香味，圓潤多汁，口感豐富集中，均衡間夾雜著紫羅蘭與松露香氣，餘韻悠長。2010年仍是不尋常的勃根地絕佳年份，優雅與精緻是最佳的形容詞，雖然目前有不錯的果味與香氣，但需要10年以上才能展現出全部潛力，所以需要耐心等待。

建 議 搭 配

宜蘭鴨賞、煙熏鵝肉、鹹水雞、烤乳鴿。

★ 推 薦 菜 單　麒麟乳豬片

這道麒麟乳豬片實在是太有創意太神奇了，總共有三層：第一層是烤乳豬香又脆，第二層是生菜，甜鮮脆，最下層是烤吐司片，香酥脆。必須像吃三明治一樣，整塊用手拿起一起咬下，才能吃出三層食材的美味，因為太好吃了，大家又加點了第二塊。配上這支年輕有活力，果味充沛，些許草木味，可以柔化乳豬的油味，並且讓整塊乳豬片更加有滋味，酒和菜都激化起來，讓在場的酒友們越吃越有味，越喝越想喝。

文興酒家（上海店）
地址｜上海市靜安區愚園路68號晶品六樓605

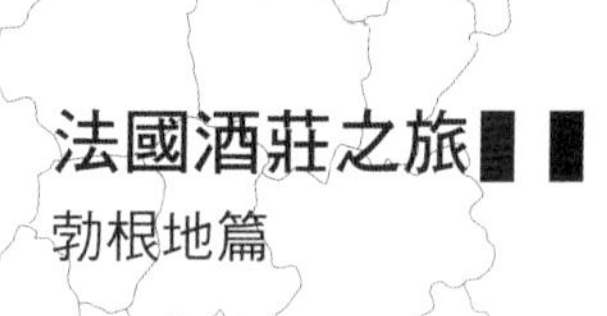

法國酒莊之旅
勃根地篇

Domain
Leflaive

樂飛酒莊

白酒之王～Domaine Leflaive（樂飛酒莊暱稱公雞）

無論價格或品質，勃根地的白酒可以說是世界之最！但在世界之最裡，誰又是王中王？目前蒙哈榭（Montrachet）價格已經超越DRC，在勃根地有「白酒第一名莊」之美譽的，就是Domaine Leflaive。

Domaine Leflaive（樂飛酒莊）是珍奇逸品，它很好認，兩隻黃色公雞中間夾了一個像是家徽的圖樣，所以酒友均稱它「公雞牌」。樂飛酒莊早在1717年成立，葡萄園多半位於勃根地最佳的白酒村莊普里尼蒙哈榭（Puligny-Montrachet），四個特級園都有作品，瓶瓶都是上萬元身價。尤其它的蒙哈榭一瓶難求，近年開出的行情都是六位數起跳，無論是在佳士得或台灣的羅芙奧落槌價都超過DRC的蒙哈榭，已經成為白酒的新天王，瓶瓶都落入收藏家酒窖。最近一次羅芙奧拍賣會上2007年份的樂飛蒙哈榭白酒拍出了台幣150,000元以上。

值得一提的是，此莊園雖然名氣非凡，但在女莊主安妮·克勞德·樂飛（Anne Claude Leflaive）手上，更是竭力自我挑戰。她領先業界改採自然動力法，讓整個樂飛在飽滿與堅實之外，還多了那難以忘懷的純淨與深邃，系列品項一向靈氣十足，不愧為世界標竿。不論帕克所著「世界最偉大的156個酒莊」，或是陳新民教授

A . Bâtard-Montrachet葡萄園。B . 酒窖。C . 莊主Anne Claude Leflaive。D . 成熟葡萄

所著《稀世珍釀》，任何一本討論頂級酒款的書，就必須有樂飛酒莊。葡萄酒大師（MW）克里夫·寇提斯（Clive Coates）說，「它是一支飲酒者需要屈膝並發自內心感謝的酒」。1996年份的樂飛蒙哈榭也被品醇客雜誌選為此生必喝的100支酒之一。1995年份的騎士蒙哈榭白酒更獲得了葡萄酒觀察家雜誌的100滿分。

畢竟是一等一的酒莊，大部分玩家只要喝過樂飛酒，就能輕易感覺它精采的實力，甚至終生難忘！無論是特級園巴塔蒙哈榭（Batard Montrachet）、迎賓巴塔蒙哈榭（Bienvenues Bâtard Montrachet）、騎士蒙哈榭（Chevalier Montrachet）到天王級蒙哈榭（Montrachet）款款精采，扣人心弦。尤其是2007年份的酒　，這是功力深厚的酒莊總管皮爾·墨瑞（Pierre Morey）自1989年起，在樂飛酒莊任事的最後一個年份，一瓶難求，玩家值得珍藏。

較為平價的品項，還有2004年添購的馬貢-維爾茲（Macon-Verze）。在勃根地酒價狂飆的今天，大概只能搖頭嘆息，如果還想喝到名家風範，這種馬貢內區的村莊級好酒千萬不要放過。若是處在兩者之間，口袋不上不下的酒友，樂飛酒莊也提供了莫索（Meursault）一級園，該園地處普里尼蒙哈榭與莫索之間，在樂飛幾塊一級園中，位置偏北，地勢略高，酒易偏酸而較有礦石味。不過在安妮的調教下，實力依然精采，價格相對來說卻是平易近人。比起赫赫有名的一級園少女園（Les Pucelles），價格可能只有一半。

1920年，約瑟夫·樂飛（Joseph Leflaive）建立起了這座珍貴而古老的勃根地酒莊。1953年，約瑟夫去世後，樂飛酒莊由他的第四個子女繼承。文森特·樂飛（Vincent Leflaive）是第一位繼任者，此後他一直執掌樂飛酒莊，直到1993年逝世；文森特的弟弟約瑟夫（Joseph）在哥哥執掌樂飛酒莊時，負責行政和經濟事務，以及釀酒工人的雇用。1990年文森特的女兒釀酒師安妮·克勞德·樂飛與約瑟夫的兒子奧利維爾（Olivier）共同執掌樂飛酒莊。而到了1994年，奧利維爾離開了酒莊，開始經營自己的葡萄酒買賣。目前，安妮·克勞德是酒莊的全權負責人。

從1990年開始，樂飛酒莊就開始嘗試進行有機種植與活機種植；到了1998年，整個酒莊完全採用活機種植，摒棄了殺蟲劑、化學肥料和除草劑，使用農犁和堆肥來改善土壤的透氣。發酵時只使用天然酵母，然後將初步壓榨的葡萄酒轉移到不銹鋼桶，最後放入更新比例為25%～33%的橡木桶中進行陳年，為期16到18個月。採收及裝瓶流程全部在酒莊內完成。樂飛酒莊目前的葡萄園面積為23公頃，全部種植夏多內品種。酒莊所有葡萄園中，特級葡萄園有4公頃；其中包括蒙哈榭0.08公頃、騎士蒙哈榭1.99公頃、巴塔蒙哈榭1.91公頃和迎賓巴塔蒙哈榭1.15公頃。 一級葡萄園有10公頃，村莊級葡萄園有4公頃，勃根地地區級有3公頃。

樂飛酒莊每年有70%會銷售到國外市場，只有30%的葡萄酒會在法國本地流通。所以連法國人想要享用一瓶樂飛的酒也不是那麼的容易。當這本書即將出版之前，從法國傳來不幸的消息，2015年4月5日安妮·克勞德（Anne-Claude Leflaive）已在她位於勃根地的家過世，享年59歲。以後安妮所釀的這款世界上最貴的白酒，只有上帝能喝到。對於這位被《品醇客Decanter》雜誌譽為——世界最好的釀酒師（Masters of Wine）的逝世，我們除了感到悲傷之外，還有致上最崇高的敬意。

DaTa

地址｜Place des Marronniers, BP2, 21190 Puligny-Montrachet, France
電話｜（33）03 80 21 30 13
傳真｜（33）03 80 21 39 57
網站｜www.leflaive.fr
備註｜參觀前必須預約，並且只對酒莊客戶開放

推薦酒款
Recommendation Wine

樂飛騎士蒙哈榭白酒

Domain Leflaive Chevalier Montrachet 2003

ABOUT
分數：BH 92
適飲期：2009～2025
台灣市場價：25,000元
品種：100%夏多內（Chardonnay）
桶陳：16～18個月
年產量：8,000瓶

品酒筆記

樂飛酒莊也一直致力於讓它們兼具花香迷人，質地柔滑，風味緊緻，陳年的優良特質，這款騎士蒙哈榭特級園確實如此。顏色是美麗動人的鵝黃色，有淡淡的草木香、礦物、蜂蜜、水蜜桃，青梨和青蘋果，異國香料和橘皮。有如一位情竇初開的少女，洋溢著青春氣息，毫不掩飾，大方迷人，心曠神怡。2003年毫無疑問是一個經典偉大的年份，只是需要時間來證明。雖然很多評酒家並不這樣認為，對於勃根地的酒來說。

建議搭配

生魚片、清蒸沙蝦、澎湖石蚵、清蒸大閘蟹。

★ 推薦菜單　古法肉絲富貴魚

這道遵循傳統古法精心調理，口感綿密、鮮味十足！利用肉絲炒韭菜黃鋪在清蒸好的富貴魚上，確實非常的精巧，嚐起來有多重複雜的口感，鮮嫩香甜。配上這一支世界上最好的白酒，這道菜更香脆爽口，清爽宜人。白酒中的礦物清涼，夏日水果在口中盪漾，鮮魚和肉絲的鮮嫩緊追在後，每喝一口都是幸福。

福容大飯店田園餐廳
地址｜臺北市建國南路一段266號

Silverado Vineyards
樂花酒莊

1868年，弗朗索瓦・樂花（François Leroy）在莫索（Meursault）產區一個名為奧賽・都雷斯（Auxey-Duresses）的小村子建立了樂花酒莊。自那時起，樂花酒莊就成為了傳統的家族企業。到19世紀末，弗朗索瓦的兒子約瑟夫・樂花（Joseph Leroy）和他的妻子一起聯手將他們自己小型的葡萄酒業務一步步擴大，一邊挑選出最上乘的葡萄酒，一邊選擇勃根地產區最好的土地，種植出最優質的葡萄。1919年，他們的兒子亨利・樂花（Henry Leroy）開始進入家族產業，他將自己的全部時間和精力都投入到樂花酒莊，使之成為國際上專家們口中的「勃根地之花」。

亨利只有2個女兒，而小女兒拉魯（Lalou Bize-Leroy）自幼就對父親的釀酒事業表現出濃厚的興趣。在1955年時，拉魯女士正式接管父親的事業。當時年僅

A. 樂花莊主拉魯女士。B. 酒窖。C. 酒莊。D. 橡木桶

23歲的她即以特立獨行、充滿野心且作風強悍的個性聞名於勃根第的酒商之間。1974年拉魯擔任康帝酒莊（Domaine de la Romanee-Conti）的經理人，拉魯堅持保有酒莊獨立的特色與積極開拓海外市場的策略，一直不能獲得其他股東的認同。雖然拉魯將康帝酒莊酒莊經營的有聲有色，但在理念不合的情況下，拉魯最後還是被迫離開酒莊。在向來以男人為中心的勃根地葡萄酒業裡，拉魯是個少數，過去她掌管的羅曼尼．康帝酒莊以及現在的樂花酒莊在勃根地都有著難以追求的崇高地位，酒價都是最高的。

失去了天下第一莊羅曼尼．康帝，拉魯僅存的資產是一塊23公頃包括一級與特級產地但已荒廢多年的的葡萄園。土地雖好，但代價可不小。為了能東山再起，拉魯咬緊牙關，依然秉持追求完美的精神陸續釀造出不少令人驚豔的佳釀，同時也積極的開拓海外市場，在由日本高島屋集團取得東亞地區的經銷權，成功的打進日本後，拉魯便開始擴展版圖，又陸續收購了幾個優質的葡萄莊園，甚至以絕地大反攻之姿重新買回羅曼尼．康帝酒莊的部分股權。拉魯．樂花也成為勃根地產區最傳奇的女性。

幾十年來，她一直都是勃根地最受爭議的頭號人物，即使今年她都已經70歲了，有關她的傳說還是爭論不休。拉魯除了完全拒絕使用化學合成的肥料與農藥，她還相信天體運行的力量會牽引葡萄的生長，依據魯道夫．斯坦納（Rudolf Steiner）的理論，加上她自己的認識和靈感，她想出千奇百怪的方法來「照料」葡萄園。例如把蓍草、春日菊、蕁麻、橡木皮、蒲公英、纈草、牛糞及矽石等物質放入動物的器官中發酵，然後再撒到葡萄園裡。自然動力種植法也許在旁人的眼裡顯得迷信，好笑甚至瘋狂，但確實能生產出品質相當好的葡萄酒來。

樂花酒莊除了在村莊級、一級園以外，在特級葡萄園區擁有9座葡萄園（面積接近17英畝），包括高登-查理曼（Corton-Charlemagne）、高登-赫納爾（Corton-Renardes）、李奇堡（Richebourg）、羅曼尼．聖-維望（Romanée St-Vivant）、伏舊園（Clos de Vougeot）、木西尼（Musigny）、荷西園（Clos de la Roche）、拉切西．香貝丹（Latricières Chambertin）和香貝丹（Chambertin）。這些葡萄用來釀製樂花紅頭。另外，也收購其他酒農生產的葡萄園釀製成樂花白頭出售。

樂花酒莊的葡萄酒價格相當昂貴，當然這與它卓越的品質是分不開的。目前村莊級或一級園價格都在五位數以上，如果是特級園都要一瓶台幣30,000元起跳，好一點的如李奇堡的價格也需要70,000～200,000元以上。膜拜級的木西尼園起價也都在是200,000元起跳到500,000元之間。樂花酒莊的酒價已經不是一般酒友能承受得起，節節高漲，在拍賣會上屢創佳績，做為普通老百姓的我們只能望酒興嘆了！樂花酒莊在勃根地的地位，除了羅曼尼．康帝酒莊，已經無人能及了。知名的釀酒學家雅克．普塞斯（Jacques Pusais）曾說過：「現在我們就站在樂花酒莊，這些酒是葡萄酒和有關葡萄酒語言的里程碑。」著名的作家尚．雷諾瓦（Jean Lenoir）將樂花酒莊的酒窖比做「國家圖書館，是偉大藝術作品的誕生地。」

DaTa

地址｜15 Rue de la Fontaine, 21700 Vosne-Romanée, France
電話｜（33）03 80 21 21 10
傳真｜（33）03 80 21 63 81
網站｜www.domaine-leroy.com
備註｜只接受私人預約參觀

推薦酒款

Recommendation Wine

樂花李奇堡

Richebourg 1999

ABOUT

分數：BH 94、WA 95
適飲期：2005～2030
台灣市場價：90,000元
品種： 100%黑皮諾（Pinot Noir）
桶陳：18個月
年產量：約 1,100～2,700瓶

品酒筆記

這款巨大的樂花李奇堡1999年份可說是我喝過最好喝的李奇堡之一，實力絕對可以和康帝酒莊的李奇堡相抗衡。當我在2009年的一個深秋喝到它時，內心無比的激動，天之美祿，受之有愧啊！除了感謝上海的友人外，還要謝天謝地。深紅寶石色的酒色，文靜醇厚。開瓶經過一小時的醒酒後，香氣緩緩的汩出，先是玫瑰、紫羅蘭、薰衣草，再來是黑櫻桃、黑醋栗、大紅李子和藍莓，眾多的水果，陸續的迎面而來。如天鵝絨般的單寧從口中滑下，薄荷、櫻桃、藍莓、香料、煙燻培根、雪茄盒、等等不同的味道輕敲在舌尖上的每個細胞，有如大珠小珠落玉盤，密集而流暢。能喝到這款偉大的酒，且讓我對拉魯女士大聲說出"萬歲"。

建議搭配

油雞、燒鵝、東山鴨頭、阿雪真甕雞。

★ 推薦菜單　白斬土雞

基隆港土雞是店中最招牌的菜色之一，如果沒有先預訂，常常會敗興而歸。土雞用的是烏來山上的放山雞，肉質鮮美肥甜，Q嫩有彈性，吃起來別有一番不同滋味。樂花李奇堡酒性醇厚飽滿，果香與花香並存，單寧細緻柔和，餘韻優揚順暢。這道土雞以原汁原味來呈現，不搶鋒頭，可以讓主角無拘無束，不疾不徐的發揮，這才不負如此高貴迷人的美酒。

基隆港海鮮餐廳
地址｜台北市文山區木新路三段112號

Maison Louis Jadot
路易·佳鐸酒商

路易·佳鐸酒商（Maison Louis Jadot）地處法國勃根地心臟地帶，是最能代表勃根地葡萄酒精神的著名酒莊之一。路易·佳鐸是勃根地超重量級酒商，從勃根地的門外漢到發燒友，幾乎都會遇到路易·佳鐸的酒。這代表的他們的品項既廣且深，無論什麼階段的消費者「經過」勃根地，就一定會遇上路易·佳鐸：從高登（Corton）的白酒到馬貢（Macon）的粉紅酒，甚至高貴的蒙哈榭特級園白酒（Montrachet）或木西尼特級園紅酒（Musigny），路易佳鐸呈現了勃根地極為罕見的質與量，也因此配享它超過150年的輝煌歷史。

路易·佳鐸酒商所希望表達的其實並不是華麗耀眼的貴族美酒，而是簡單純樸的勃根地。創立於1859年，酒莊始終堅持一個信念，便是保留勃根地獨特的風土特色，並產出最高品質的美酒，顯然的路易·佳鐸的努力如今在全球得到見

A.掛有「1859年就成立」的酒莊葡萄園。
B.莊主Pierre-Herny Gagey。C.葡萄園。
D.每年都熱賣的薄酒萊。

證。酒莊154公頃的葡萄園遍布整個勃根地產區，從金丘（Cote d'Or）到馬貢（Maconnais），並繼續延伸到薄酒萊（Beaujolais），其品牌薄酒萊新酒已成為最優質的象徵，備受各界肯定。路易．佳鐸優秀的酒質奠定了酒莊與侍酒師們、酒商、進口商、愛酒人士與餐廳締結了非常密切的關係，通路有如蜘蛛網般的細密，是一家威名遠播的跨國葡萄酒企業。而在酒評家皮爾．安東尼（Pierre Antoine Rovani's）的報告中，對勃根地的酒莊作評鑑後，路易．佳鐸出廠的酒均獲得極高的評價，在評比中甚至優於樂花酒莊（Domaine Leroy），僅以及少的差距次於羅曼尼．康帝（Domaine de La Romanée Conti），可見釀酒的水準與品質。

在路易．佳鐸琳瑯滿目的品項中，如果拜訪它的網站，你會發現入口畫面的象徵酒標，不是天價的蒙哈榭或木西尼，而是（Chevalier Montrachet, Grand Cru "Les Dornoiselles"），也就是《稀世珍釀》第89篇特別所提的「騎士・蒙哈榭－小姐園」！路易・佳鐸154公頃的葡萄園幾乎什麼品項都有，自然也有生產蒙哈榭。但掛上「小姐園」的酒款，才能真正喝路易・佳鐸的精髓。此園富含大量白堊土與石礫，易吸熱而排水佳，因故酒質集中而熟美，層次飽滿而多變，可謂白酒極品之一。「小姐園」在1845年就已由路易・尚・佳鐸（Louis Jean Baptiste Jadot）的祖父購入，後來流傳於外，路易・尚・佳鐸於1913年再將它買回，雖只有小小的0.5公頃（年產量僅3,600瓶），卻是路易・佳鐸的代表作。

自始至終，路易・佳鐸酒商抱著希望展現每一個產區的獨特風味，對酒莊來說，釀製葡萄酒並非是僅以特定的葡萄品種細心栽培而釀製出風味宜人的美酒，酒莊認為釀製的真諦是能夠把地方的風土條件詮釋在酒中，其重要性就好比品飲能夠分辨出葡萄品種一般。酒標描繪羅馬酒神巴克斯（Baccus）的頭像，象徵著酒莊對於旗下各酒款品質的堅持，不管是產區級或是特級園的佳釀，酒莊的品質是備受肯定的。

在此建議酒友勃根地白酒越來越少，2012年份不好，2013年份產量減少，2014年6月又下了冰雹，產量和品質可能也大受影響，連續三個年份都不好，價格勢必會越來越高，尤其是2010年和2011年這種好年份白酒收一瓶少一瓶。

DaTa

地址｜21 rue Eugene Spuller, B.p.117,21200 Beaune, France
電話｜（33）03 80 22 10 57
傳真｜（33）03 80 22 56 03
備註｜參觀前必須預約

路易佳鐸騎士·蒙哈榭－小姐園特級白酒

CHEVALIER MONTRACHET ,"Les Domoiselles"2011

ABOUT
分數：BH 95、WA 93、WS 95
適飲期：2015～2035
台灣市價：12,000元
品種：100%夏多內（Chardonnay）
桶陳：18個月
年產量：3,600瓶

品酒筆記

騎士·蒙哈榭－小姐園不愧是路易佳鐸代表作，這款白酒有如仙女下凡，一出場就吸引眾人的目光，典雅高貴，靈氣逼人。帶有白色水果的香氣伴隨著白色花朵與蜂蜜的清甜芬芳。是一款酒體強壯豐沛又精緻優雅的白酒，檸檬的清新氣息和杏仁及礦物的香味，一直綿延於悠長的尾韻中。雖然年輕，但在豐富的果香和花香當中，我們可以推測將來必是老饕們追逐的對象。

建議搭配

生魚片、奶油龍蝦、乾煎白鯧、焗烤生蠔。

★ 推薦菜單　明蝦球

這道明蝦球非常的有創意，用新鮮的小明蝦燙過再去殼，鋪在乾淨的木片上，然後再擠上自製的芥末美乃滋，點綴核仁，半顆草莓，很像西式作風，但用的卻是道道地地的台灣食材。蝦球的鮮甜，美乃滋的奶香，芥末的刺激，核仁的香脆，都和這款小姐園白酒的味道相似，這樣的結合有如天生一對，絕配！

江南匯
地址｜台北市大安區安和路一段145號

Domaine Ponsot
彭壽酒莊

對於勃根地迷來說，彭壽酒莊可說是練功必經之路。這間位在莫瑞-聖丹尼(Morey Saint Denis)的一線莊，自90年代後由第四代勞倫·彭壽(Laurent Ponsot)接手後，可說是大步向前。勞倫·彭壽從釀製到瓶塞使用，都有一套獨特的想法，既自然又科學。它的葡萄去梗破皮後，使用傳統的木製直式壓榨機榨汁，不用新桶，幾乎不加二氧化硫，以野生酵母發酵，相當接近自然酒派的作法。但他也擁抱科技，最近幾年更是用合成塞、測溫酒標、防偽汽泡標籤、層層控管酒出酒莊之後的品質。2002年新建的酒窖，更是讓此莊在設備上如虎添翼。

創立於1872年，彭壽酒莊優美的莊園位於勃根地莫瑞-聖丹尼酒村北面的平緩斜坡上。擁有包括荷西園，聖丹尼園、香貝丹園、小香貝丹園、吉瑞特、香貝丹、伏舊園、香姆·香貝丹園、高登園、高登——布瑞山德園、高登查理曼園、蒙哈榭(Montrachet)、香貝丹·貝日園等12個特級園，平均樹齡70年的老藤，不論在白酒或紅酒上都有傑出的作品。

出生於伯恩丘聖羅曼酒村(Saint Romain)的威廉·彭壽(William Ponsot)於1872年在莫瑞-聖丹尼建立本莊，並於同年就開始將部分酒釀裝瓶，不過當時只提供自用與供應給家族在北義皮蒙區(Piemonte)的彭壽兄弟連鎖餐廳(Ponsot

A
B | C | D | E

A．酒莊。B．莊主Laurent Ponsot。C．Ponsot家的12個特級園。D．難得一見整箱的Corton-Charlemagne 2011白酒。E．家徽。

Frères）使用。當時擁有的重要葡萄園為光亮山園與荷西園。威廉過世後，酒莊傳給曾任外交官的姪子希波列特（Hippolyte Ponsot）繼承，他又繼續擴充了特級園荷西園的土地。1934年彭壽酒莊已開始將自家生產的葡萄酒裝瓶並貼標上市，當時勃根地僅有十來家酒莊如此做法。1957年伊波利特正式退休，傳給希波列特之子尚·馬瑞（Jean-Marie Ponsot）。1990年勞倫（Laurent Ponsot）接任其父尚·馬瑞，正式接掌莊主職責至今。

這裡必須一提的是彭壽酒莊掌門人勞倫鍥而不捨的揭開假酒事件。我們知道老酒除了變現渠道的單一以外，高仿的陳年佳釀混跡在老酒拍賣市場的案例也攪亂投資者的信心。2008年大名鼎鼎的老酒收藏家魯迪（Rudy）仿造老年份假酒案的訴訟在2013年舉行，酒圈知名的Acker Merrall & Condit紅酒拍賣行在未充分追溯酒的來歷與真偽便將此批老酒推向了拍賣市場，像案件中出現的彭壽家族聖丹尼園1945、1949、1959、1962與1971五款酒是極為明顯的假酒，因為聖丹尼園是從1982年才出第一款酒。又如拍品中的彭壽酒莊的荷西園也同樣是不可能存在的，因為彭壽酒莊打1934年起才開始在自家裝瓶。其它的破綻還包括1962年份的荷西園以蠟封瓶：勞倫指出彭壽從不使用紅色蠟封。追查後，這些假酒的源頭住在洛杉磯的印尼籍年輕藏酒家魯迪（Rudy Kurniawan）。魯迪也隨後在2012年三月遭美國調查局逮捕，還在其住所搜查到製作假酒用的印章等器具。 原本這些漏洞很容易被業內人士發現，然而卻逃脫了有著200年歷史的專業紅酒拍賣行的法眼。

自此以後，為防範假酒，彭壽酒莊採取了一系列措施。另一方面，彭壽酒莊也研發或採用了數項技術以維護品質，例如其獨創的防偽「泡泡標」 標籤，自2009年10月起全面用於一級和特級園酒款。防偽標籤上有著經過亂數排列的透明泡泡標示，泡泡的排列每張都不相同，就像是每隻酒的「指紋」般無法複製。消費者上網站鍵入封條上的號碼後，便可比對泡泡標是否相同。另一項特別的發明是「測溫標籤」。倘若酒瓶內的溫度達到28° C以上時，標籤上的小圓圈將會變為灰色，且不會復原。這項世界性的專利，展現他對酒質的完美要求與執著。 2008年份酒款開始全面使用Guala複合式瓶塞。經過長期陳年，新酒塞不會發生像軟木塞那些香氣流失、腐壞或斷裂的問題，更加提升了陳年潛力。

彭壽酒莊的荷西園老藤（Clos de la Roche VV）或者聖丹尼園都是拍賣級逸品，蒙哈榭白酒更是神級酒款；一般酒迷口袋較淺的，至少也想弄支光亮山園白酒來嚐嚐。荷西園老藤分數一向很高，2005年份獲得艾倫米道（Allen Meadows）99高分，幾乎是完美的作品，和Romanée-Conti 2005、Armand Rousseau Chambertin並列勃根地最好的三傑。價格直奔台幣60,000元，真是不可同日而語。其他普通年份如2001、2004或2007等年份最便宜也要萬把元起跳。

本人曾於2014年歲末在台北與酒友大衛周一起和上海友人品嚐一支彭壽園的高登查理曼白酒（Corton-Charlemagne 2011），那種特殊的蘆筍、檸檬、橘皮和奶油核仁味道，含有微微的酸度，尾韻沁涼甘美，令人回味無窮，在場的朋友都是第一次喝到。

DaTa

地址｜DOMAINE PONSOT 21, rue de la Montagne 21220 Morey Saint Denis
電話｜00 33 3 80 34 32 46
傳真｜00 33 3 80 58 51 70
網站｜www.domaine-ponsot.com
備註｜不接受團體參觀，必須預約參觀

推薦酒款

Recommendation Wine

荷西園老藤

Clos de la Roche VV 2004

ABOUT
分數：BH 93～95
適飲期：2010～2030
台灣市場價：10,000元
品種：100%黑皮諾（Pinot Noir）
瓶陳：24個月
年產量：7,000瓶

品酒筆記

2004年雖然不是好年份，但是勞倫彭壽卻可以釀出精采的酒，這完全是功力的展現。酒色呈現出迷人的紅寶石色，紅色漿果、百合、麝香、水仙、玫瑰香氣不斷的湧出，彷彿可以聞到春天的滋味。口感帶有櫻桃、草莓、黑醋栗、黑莓，末端有些許香料和摩卡，一點點煙燻和乾木料味道。複雜樸實，潔淨平衡，單寧如絲，慢慢咀嚼後會有更深層的變化，紅黑色漿果在口腔內輕輕游移，每一次都能觸動心靈。

建議搭配

北京烤鴨、燒雞、白酌五花肉、燙軟絲。

★ 推薦菜單　文興燒鴨

文興燒鴨以皮脆肉嫩聞名，不論是在倫敦或是上海都是大排長龍，只為了嚐一盤油嫩光亮的燒鴨。這是一種港式的燒鴨，主要是鴨肥、皮脆、肉嫩、油亮。股東之一的曹董非常體貼地為我們在剛開幕的文興酒家訂了包廂，讓我們一飽口福。今天我們用勃根地最好的彭壽荷西園老藤來配這道港式名菜，既能讓酒達到最適當的味蕾平衡，互相烘托又不抵制，並令在場的饕家拍案叫絕。

文興酒家（上海店）
地址｜上海市靜安區愚園路68號晶品六樓605

法國酒莊之旅
勃根地篇

Domaine de La Romanée-Conti
羅曼尼．康帝酒莊

給億萬富翁喝的酒～

羅曼尼‧康帝酒莊（Domaine de La Romanée-Conti）其高昂的價格總是讓人咋舌，世界最具影響力的酒評人羅伯‧帕克（Robert Parker）說：「百萬富翁的酒，但卻是億萬富翁所飲之酒。」因為在最好的年份裡羅曼尼‧康帝的葡萄酒產量十分有限，百萬富翁還沒來得及出手，它就已經成為億萬富翁的「禁臠」了。不少亞洲買家而今熱衷於尋覓一瓶羅曼尼‧在有生之年一嚐其滋味，不少人更將收藏的羅曼尼‧康帝視為鎮宅之寶。

紅酒之王（Domaine de La Romanée-Conti），常被簡稱為DRC，是全世界最著名的酒莊，擁有兩個獨占園（Monopole）羅曼尼‧康帝園（La Romanée-Conti）和塔希園（La Tâche）這兩個特級葡萄園，另外還有李奇堡（Richebourg）、聖維望之羅曼尼（La Romanée St-Vivant）、大埃雪索（Grands Echézeaux）、埃雪索（Echézeaux）特級園紅酒和蒙哈榭特級園白酒（Le Montrochet），每支酒都是天王中的天王。

羅曼尼‧康帝位於勃根地的金丘（Côte d'Or），它的歷史可以追溯到12世紀，早在當時酒園就已經有了一定聲望。那時酒園屬於當地的一個名門望族，產出的葡萄酒如同性感尤物般魅惑眾生。你可能有所不知的是，如此極致的美酒佳釀最初竟源於西多會的教士們。對於葡萄酒他們有著極高的鑒賞能力和釀製水準，他們的虔誠近乎瘋狂，

A

B | C | D

A. 以馬來耕種葡萄園。B. 酒莊掌門人Aubert de Villaine。C. 作者在Romanee-Conti特級園留影。D. Romanee-Conti特級園十字標誌。

並不單單侷限於品味佳釀，而是關注酒款的氣候、土地等條件，甚至用舌頭來品嚐泥土，鑒別其中的成分是否適合種植葡萄。酒園與教會的淵源在1232年後又得以延續，擁有酒園的維吉（Vergy）家族隨後將酒園捐給了附近的教會，在漫長的四百年間它都是天主教的產業。

1631年，為籌巨額軍費給基督教人士所發動的十字軍東征巴勒斯坦的軍事行動，教會就將這塊葡萄園賣給克倫堡家族（Croonembourg）。直到那時酒園才正式被改名為羅曼尼（Romanée）。但之後的一場酒園主權的爭鬪，可謂顫動了整個歐洲宮廷，皇宮貴族們都摒息凝神地關注著這場內部爭鬪，羅曼尼究竟最後會花落誰家呢？當然兩位主角都大有來頭，且實力不相上下。這其中的男主角是皇親國戚，同屬波旁王朝支系，具親王與公爵頭銜的康帝公爵（Louis-François de Conti）。女主角則是法王路易十五的枕邊人，他的情婦龐巴杜夫人。康帝公爵熱衷於美食、美酒，對於文學也頗有鑒賞力。法王賞識其軍事才能和雄才遠略，康帝公爵在外交事務上也對法王獻計獻策，他和法王路易十五共享著不少政務機密。龐巴杜夫人對藝術有著極高的鑒賞力，伏爾泰稱讚龐巴杜夫人：「有一個縝密細膩的大腦和一顆充滿正義的心靈」。雖然法王不得不面臨左右為難的局面，但最終羅曼尼被康帝公爵以令人難以置信的高價，據傳為8,000金幣（Livres）收入囊中，使其成為當時最昂貴的酒莊，而自此之後酒莊也隨公爵的姓康帝，才成為了我們現在耳熟能詳的羅曼尼·康帝（Domaine de La Romanée-Conti），據悉康帝公爵在餐桌上只喝羅曼尼·康帝葡萄酒。

1789年，法國大革命到來，康帝家族被逐，酒莊及葡萄園被充公。 1794年後，康帝酒莊經多次轉手。1869年，酒莊由葡萄酒領域非常專業的雅克·瑪利·迪沃·布洛謝（Jacques Marie Duvault Blochet）以260,000法郎購入。康帝酒莊在迪沃家族不懈努力的經營管理下，最終真正達到了勃根地乃至世界最頂級酒莊的水準。1942年，亨利·樂花（Henri Leroy）從迪沃家族手中購得康帝酒莊的一半股權。至此，康帝酒莊一直為兩個家族共同擁有。

至今，康帝酒莊葡萄園在種植方面仍採用順應自然的種植方法，管理十分嚴格。葡萄的收穫量非常低，平均每公頃種植葡萄樹約10,000株，平均3株葡萄樹的葡萄才能釀出一瓶酒，年產量只有五大酒莊拉菲堡的1／50。在採收季節裡，禁止閒雜人等進園參觀。為期8～10天的採收中，會有一支90人組成的採摘隊伍，熟練的葡萄採收工小心翼翼地挑選出成熟的果實，在釀酒房經過了又一輪嚴格篩選後的葡萄才可以用於釀酒。釀酒的時候酒莊不用現在廣泛使用的恆溫不鏽鋼發酵桶，而是在開蓋的木桶中發酵。自1975年開始，酒莊就有這樣一條規定：每年酒莊使用的橡木桶都要更新，釀造所使用的木桶由風乾3年的新橡木製成。羅曼尼·康帝對於橡木的要求極其苛刻，還擁

左：Domaine de La Romanée-Conti特級園套酒，價值約台幣一百萬元。
右：Domaine de La Romanée-Conti1995渣釀白蘭地

左：酒窖。中：Romanée-Conti特級園。右：葡萄園。

有自己的製桶廠。酒莊的終極目標是追求土壤和果實間的平衡，達到一種和諧的共生關係。

1974年，歐伯特（Aubert de Villaine）和樂花家族的拉魯（Lalou Bize）女士開始共同管理酒莊。當時雙方的父母仍在背後出謀劃策，所以他真正執掌康帝酒莊大權是十年後的事情了。但之後拉魯的決策失敗，迫使其離開了羅曼尼·康帝管理者的角色。這對於Aubert de Villaine而言無疑是一個巨大挑戰，他說：「1991年當拉魯離開後，我有一種白手起家的感覺，但很快進入狀況，酒莊的發展也蒸蒸日上。」在釀造方法上他停止使用肥料和農藥，而是採用自然動力種植法（Biodynamism），利用天體運行的力量牽引葡萄的生長。

二次大戰也對酒園造成了巨大的影響，戰亂導致的人工短缺加上天公不作美，嚴重的霜凍使得羅曼尼·康帝回天乏術，1945年那一年酒園只產出了兩桶葡萄酒，僅有600瓶。1946年，酒莊又將羅曼尼·康帝園的老藤除去，從拉塔希園引進植株種植，因此在1946年到1951年期間，酒莊沒有出產一瓶葡萄酒。假如你在市場上發現了這期間幾個年份的葡萄酒款，那麼必定是假的。

英國品醇客雜誌（Decanter）曾經選出羅曼尼·康帝園（La Romanée-Conti）1921、 1945、1966、 1978、1985五個年份和塔希園（La Tâche） 1966、1972、1990三個年份為此生必飲的100支葡萄酒之一，一個酒莊能有八支酒入選，當今葡萄酒界只有羅曼尼·康帝一家。巴黎盲品會主持人史帝芬·史普瑞爾（Steven Spurrier）對1990的塔希園如此形容：「一直以來的摯愛，擁有深沉的色澤，飽滿的花的芬芳與天鵝絨般的口感，他是一件超越美術的藝術品，是勤於奉獻的人所帶來大自然之作 –最純淨地表達了它們土壤的各種可能性。」另外他對1966年的塔希園更為推崇：「1990的塔希園以後會變得更好，但自此還是很難打敗1966年的。」

對於這樣偉大的一家酒莊來說，世界上任何酒評家的評論和分數也許對他來說已經不重要了。也許這句話比較貼切，有人曾用富有詩意的語言來形容羅曼尼·康帝的香氣：「有即將凋謝的玫瑰花的香氣，令人流連忘返，也可以說是上帝遺留在人間的東西。」

Recommendation Wine

DRC蒙哈榭特級園白酒

Le Montrochet 1989

ABOUT
分數：WA 99、WS 98、BH 95
適飲期：現在～2030
台灣市場價：200,000元
品種：100%夏多內（Chardonnay）
桶陳：24個月
年產量：約3,000瓶

DRC羅曼尼康帝紅酒

La Romanée-Conti 2005

ABOUT
分數：WA 99～100、WS 98、BH 99+
適飲期：2020～2055
台灣市場價：600,000元
品種：100%黑皮諾（Pinot Noir）
桶陳：24個月
年產量：約5,000～9,000瓶

DaTa

地址｜1, rue Derriere-le-Four 21700 Vosne-Romanee
電話｜33 3 80 62 48 80
傳真｜33 3 80 61 05 72
網站｜www.romanee-conti.fr
備註｜不接受參觀

推薦酒款
Recommendation Wine

DRC塔希園

La Tâche 1989

ABOUT
分數：BH 94、WA 90、WS 94
適飲期：2012～2040
台灣市場價：100,000元
品種：100%黑皮諾（Pinot Noir）
桶陳：24個月
年產量：約20,400瓶

品酒筆記

2010年的12月，在一個頗為寒冷的晚上，好友大衛周喜獲這支美酒，特地邀請幾位酒友前來品鑒。這樣一支經過二十年洗鍊的DRC塔希園究竟會有什麼樣的表現？讓人非常期待。這支酒已經開瓶醒了將近五小時，是今晚最後品嚐的一款酒。1989年的塔希呈現出深紅寶石色，首先聞到的是煙燻，橡木為主的味道，花朵也慢慢綻放，接著而來的是成熟黑色水果、櫻桃和新鮮的紅醋栗，芳香複雜。入口後，精神一振，二十年來的等待是值得的，已經開始成熟，到了豐收的時刻。黑櫻桃、香料、櫻桃、草莓、甘草、薄荷和松露，層層疊疊，忽隱忽現，伴隨著天鵝絨般的細緻單寧。奇妙豐富，精采絕倫，深度、廣度、長度、美味樣樣高超，這是一支我嚐過最好的塔希園之一，有如一趟奇異之旅。

建議搭配

簡單的禽類料理。

★ 推薦菜單　白鯧米粉

基隆港海鮮的白鯧米粉是目前台灣最正宗的。用的是真材實料，該有的都有，用正白鯧魚經過油炸後再放進米粉湯鍋，湯內還有芋頭、蛋酥、香菇和魷魚，再灑上宜蘭蒜苗，香噴噴，熱騰騰。這道菜只是讓大家先吃飽，再來品嚐美酒。因為這支塔希園根本不需要任何菜來配，它本身就是一道最精采的菜，除了鮑參翅肚可以比它高貴，還有什麼美食能與他爭鋒。

基隆港海鮮餐廳
地址｜台北市文山區木新路三段112號

Château Angelus 金鐘酒莊

對於愛酒的朋友來說，酒瓶酒標都有著奇異的魔力。2006年上映的〈007首部曲：皇家夜總會Casino Royale〉中，007男主角Daniel Wroughton Craig和龐德女郎Eva Green在蒙地卡羅前往皇家賭場的列車上一起用餐，點的酒就是1982年份金鐘堡（Château Angelus 1982），當時金鐘酒標以特寫的方式出現在銀幕上。金鐘酒莊靠近著名的聖愛美濃鐘樓，位於聞名的斜坡（pied de cote）之上。該酒莊的名字源自於一小塊種有葡萄樹的土地，在那裏可以同時聽到三所當地教堂發出的金鐘聲——馬澤拉特小禮堂（the Chapel of Mazerat）、聖馬丁馬澤拉特教堂（the Church of St.-Martin of Mazerat）和聖愛美濃教堂（the Church of St.-Emilion）。金鐘酒莊即以沐浴在教堂祝福鐘聲下的葡萄精釀而成，這份浪漫使它成為求婚時常用的頂級酒。

A
B | C | D

A . **葡萄園全景。**B . **酒莊。**C . **發酵槽。**D . **作者與莊主Hubert de Bouard de Laforest在香港酒展合影。**

家族第三代于伯特引進了新的釀酒技術與設備，主要是土壤與葡萄藤的科學分析，還有微氧化與發酵前冷浸泡；當然溫控發酵與不鏽鋼發酵槽也不可少。這間酒莊引領了聖愛美濃區的釀酒技術革命，自1996年起酒質豐厚，風味奢華，充滿著成熟與濃郁的果香。有趣的是自2003 和2004年後，風格又有些許內斂，深度更較以往豐富。在1996年的列級酒莊評級中，金鐘酒莊也從特等酒莊（Grand Cru）升至一級特等酒莊B級（Premier Grand Cru B）成為聖愛美濃產區的明星酒莊當之無愧。帕克曾經說過，金鐘堡是聖愛美濃產區的最佳三或四款酒之一。

于伯特對中國市場很看好，他也是很早把目光轉向中國內地市場的法國酒莊，2004年金鐘堡在中國年銷售額僅有5箱，5年後的今天發展到幾乎和日本同等數量，他說，中國還有很大的發展潛力；這個亞洲營銷戰略，也給金鐘酒莊帶來更廣的市場和更多的價格空間。他很早就在台灣、中國與日本為金鐘打下基礎，如今開枝散葉，終於嚐到美麗的果實。

美國權威的酒評家沙克林（James Suckling）曾讚頌此酒莊的酒為聖愛美濃產區排名第一的葡萄酒。還有人評價說，該酒莊的酒具有挑戰波爾多九大莊的實力。我們再來看看帕克給的分數：90年代之前只有1989年份獲得較好的96分，以後有1990年份的98高分和1995年份的95分。2000年以後表現亮麗，有2000年份的97分，2003年份的99高分，2004年份的95分，2005年份的98高分，2006年份的95分，2009年份的99高分和2010年份的98高分，越來越精采，目前金鐘堡的價格也是隨著升級而成正比，價格都在台幣10,000元起跳，2009和2010兩個雙胞胎好年份價格大約在台幣12,000～13,000元之間。

作者曾在2012年的五月份香港酒展遇到金鐘莊主于伯特，同年9月金鐘就晉升為A級酒莊。他自己形容：「不僅是一位莊主，同時也是一位釀酒師。」言下之意，他比較喜歡的工作是釀酒，事實上，他也真的是如此，三十年前就是和父親在釀酒上有不同的爭論，才會接管今天的金鐘酒莊，酒莊能晉升為A級酒莊，于伯特先生實在功不可沒。

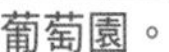
葡萄園。

在酒莊喝的三款酒。

DaTa

地址｜Château Angelus,33330 St.-Emilion,France
電話｜（33）05 57 24 71 39
傳真｜（33）05 57 24 68 56
網站｜www.Château-angelus.com
備註｜參觀前必須預約

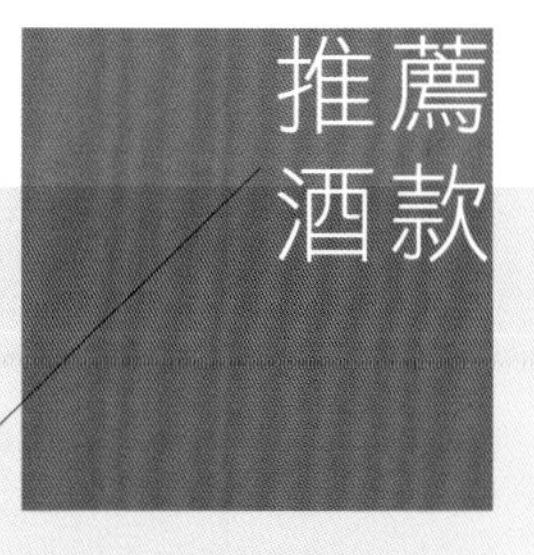

金鐘酒莊

Château Angelus 2004

ABOUT

分數：RP 95、WS 91
適飲期：2009～2022
台灣市場價：9,000元
品種： 62%美洛（Merlot）、38%卡本內弗朗（Cabernet Franc）
橡木桶：100%法國新橡木桶
桶陳：24個月
瓶陳：6個月
年產量：75,000瓶

品酒筆記

金鐘酒莊的酒標十分漂亮，底色為金黃色，中間有一個大鐘。angelus在法語中有「鐘聲」之意。在1990年之前，名字為L'Angelus；現任的莊主于伯特（Hubert de Bouard de Laforest）覺得在當今電腦時代，這個名字會使得酒莊在價目表中的排列靠後，因此決定將酒莊更名為Château Angelus，這樣對於酒莊的宣傳和推廣都很有助益。金鐘酒莊酒色呈現深紫紅色，濃郁純正，具有迷人的天鵝絨般單寧，平衡、美味而時尚。香味集中，圓潤華麗，倒入杯中醒過30分鐘後，隨即散發出鮮花香氣、交替出藍色和黑色水果味，並伴有黑莓、藍莓、香草和礦物氣味的活力，混合著深咖啡豆，甘草，煙燻木桶香，這絕對是金鐘酒莊一個傑出的年份。2004年的金鐘酒莊是該年份的最強的一個波爾多酒莊，將來可以和拉圖酒莊相抗衡的一款酒。

建議搭配

排骨酥、手抓羊肉、生牛肉、伊比利火腿。

★ 推薦菜單　麻油沙公麵線

這道菜是喆園最具特色的招牌菜，選用冷壓黑麻油烹調，吃完之後都不會覺得燥熱。再加上廚師加了一些蛤蠣入湯，更顯得湯頭的鮮美感。麵線非常有彈性，沙公蟹肉Q彈軟嫩，陣陣的麻油香撲鼻而來，令人無法拒絕。為了搭配這道台灣特有的麻油海鮮類麵線，本應該找一支白酒來搭配，但是又怕酒體不夠厚重，反而被麻油香給蓋過，特地挑選了這款右岸最渾厚濃郁的金鐘堡。這支酒含有大量的果香和橡木味的單寧，可以平衡濃稠的麻油香，細緻的沙公蟹肉和紅酒中的香料味如此的天造地設，這樣大膽的搭配竟有意想不到效果，實在是太美妙了！

喆園餐廳
地址｜台北市建國北路一段80號

Château Ausone
歐頌酒莊

歐頌酒莊在1954年的聖愛美濃（Saint-Emilion）產區分級時就已經被評為最高級的A等（Premiers Grands Crus Classes A）。以下再區分為最高等級B級（Premiers Grands Crus Classes B）、頂級（Grands Crus Classes）、優級（Grands Crus），最後是一般級的聖愛美濃（Saint-Emilion）。在2012年此區重新分級時，歐頌酒莊還是最高級的A等四個酒莊之一。或許不少人對這個位於波爾多右岸聖愛美濃產區的酒莊還有些陌生，但它其實與白馬堡齊名，位列波爾多九大名莊之一。在九大名莊中歐頌堡的產量是最小的，占地面積僅僅為7公頃，一軍酒的產量只有約20,000瓶，二軍酒更少到7,000瓶。在較好的年份裡它的價格甚至會超越波爾多左岸的五大酒莊。歐頌酒莊微小的產量使得它的葡萄酒幾乎沒有在市場流通，甚至比著名的波美侯產區的柏圖斯（Pétrus）酒莊葡萄酒更加罕

A | B | C | D

A．豐收的葡萄園裡正在進行葡萄採收。B．酒窖門口。C．酒莊葡萄園。D．石灰岩洞的酒窖。

見，不過價格的差異也很大。

歐頌堡被稱為「詩人之酒」，因為酒莊以詩人之名來命名，讓它多了一層神秘的色彩。傳說在羅馬時期，有一位著名的羅馬詩人奧索尼斯（Ausonius），他將葡萄酒融入其詩篇中。後來他受封於波爾多，開始將種植葡萄付諸實踐，他在波爾多聖愛美濃擁有100公頃的葡萄園。據稱歐頌堡現在的土地就是當時羅馬詩人的故居，傳說究竟是否屬實，恐怕我們也無從考證了。

8世紀初，歐頌酒莊為從事木桶生意的卡特納（Catenat）家族所有。19世紀前半葉，酒莊轉給了其親戚拉法格（Lafargue）家族，到1891年，酒莊又由前任莊主的親戚夏隆（Challon）家族繼承，之後作為嫁妝轉入杜寶．夏隆（Dubois-Challon）家族，成為杜寶．夏隆家族的產業。之後，杜寶．夏隆多了一位女婿

莊主Alain Vauthier。

維迪爾（Vauthier），酒莊由此為兩個家族所有，股權各占一半。一直到1974年，歐頌酒莊莊主杜寶．夏隆去世，酒莊股權分別由杜寶．夏隆夫人海雅（Helyett）及維迪爾兄妹各占50%。海雅接手酒莊後，開始著手全面整頓酒莊。1976年海雅夫人大膽聘用剛從釀酒學畢業，年僅20歲並無工作經驗的帕斯卡．德貝克（Pascal Decbeck）為酒莊的釀酒師。因此維迪爾兄妹與海雅夫人爭吵不休，雙方之間產生重大隔閡，甚至再也不相往來。年輕的釀酒師帕斯卡到任後不負夫人所托，勵精圖治，改革創新，終於保住了歐頌酒莊與白馬酒莊齊名聖愛美濃區第一的地位。幾年來，為爭取酒莊的經營權，兩家對簿公堂。直到1996年 1月，法院才確定經營權由維迪爾兄妹擁有。

輸了官司後，78歲的海雅不願與維迪爾兄妹共事，便放出讓售一半股份的風聲。1993年，買下拉圖酒莊的弗朗索瓦．皮納特（Francois Pinault）早對歐頌酒莊垂涎已久，立刻開出1,030萬美元高價購買海雅的股份，遠高於法院定價。同時，皮納特也以同樣的價錢要求維迪爾兄妹讓售酒莊的另一半股份。然而維迪爾兄妹始終捨不得離開酒莊，而且依法國法律，共有人可以在1個月內擁有承購共同股份的優先權。於是維迪爾兄妹四處借貸於1997年收購了海雅50%股份，成為目前歐頌酒莊的全權擁有人。兄長阿蘭．維迪爾（Alain Vauthier）親自負責所有日常管理及釀酒事務，並自1995年起聘請著名的釀酒大師侯蘭（M.Rolland）擔任顧問。

歐頌酒莊僅有7公頃葡萄園，種植葡萄的比例為50%美洛（Merlot）、50%卡本內弗朗（Cabernet Franc），葡萄樹齡超過50年。葡萄園坡度極陡，表層土壤的平均厚度僅30至40釐米，因此樹根可輕易穿過土壤，透穿至下層的石灰岩、礫層土與沖積沙中。這些滲透性和排水性都非常良好的石灰岩土壤能夠很好的強化葡萄藤，為葡萄帶入多種礦物質，這也是造就歐頌成為頂級酒的重要因素之一。

歐頌酒莊的設備堪稱袖珍，酒莊的初榨汁會在全新的橡木桶內陳釀16-20個月之久。之後，釀好的酒會被封存在歐頌酒莊的天然地窖裡繼續陳年，這一過程最多可達24個月。這些地窖就建在葡萄園下方的石灰岩裡，四季恒溫，這個陳年過程能讓酒的口感層次更加豐富，所以被公認為是最關鍵的釀酒步驟。

在20世紀50～70年代，歐頌酒莊一度表現平平，葡萄揀選隨便，陳釀用的橡木桶新桶的比例太低，使得所釀葡萄酒酒體薄弱，香味不足，盡失一級名莊風範。60至70年代，歐頌酒莊還不能和波爾多左岸五個一級酒莊還有同級的白馬酒莊相提並論，價格大致差了30%～50%。但到了80年代，兩者價格已經持平。90年代開始，歐頌酒莊的價格已經超過五大酒莊等，在九大莊中僅次於柏圖斯。但歐頌酒莊有個最大的問題，喝的人較少。我常常問我的收藏家朋友和還有一起喝酒的酒友，最近三年，你有沒有喝過歐頌？答案非常令人驚訝，他們喝過的數量及頻率遠遠小於九大酒莊的八個酒莊。這樣的結果和我想像的一樣，原因是它的產量太少，價格並不便宜，在九大酒莊中排名第二，僅次於柏圖斯。

英國《品醇客雜誌Decanter》曾提出過這樣一個有趣的問題：在你臨死之前，最想品嚐哪一款葡萄酒？最後評選出的100款佳釀，其中不乏大名鼎鼎的名莊酒，做為波爾多九大酒莊之一的歐頌酒莊自然也榜上有名，1952年的歐頌被稱為上世紀最完美的100之酒之一。著名酒評人羅伯．帕克稱歐頌堡葡萄酒適飲期可以達到50至100年，他曾這樣說道：「如果耐心不是你的美德，那麼買一瓶歐頌堡葡萄酒就沒有什麼意義了。」歐頌堡最大的特點就是耐藏，在時光的流逝中，它不但沒有年華老去，反而像獲得新生般展現出渾厚的酒體，帶著咖啡和橡木桶的香氣，酒體頗有層次感，散發著濃郁的花香、石頭、蔓越莓、黑莓、藍莓及其他一些複雜的香氣。

歐頌酒莊這幾年的分數，帕克分數最高是2003和2005兩個年份的100分。2000、2009和2010的98+高分，2001、2006和2008的98高分，2011的95+分，1999的95高分。可以看出來95分以上的年份都集中在1996年以後，也就是明星釀酒師侯蘭先生到酒莊當顧問以後所釀出的年分。葡萄酒觀察家雜誌最高分數是2005年份的100分。2000年份的97高分，2003和1995兩個年份的96分，1924、1998、2001和2004四個年份的95分。目前歐頌酒莊最新年份（2011）一瓶上市價大約是台幣28,000元起跳，分數較高的年份如2009和2010兩個年份大約一瓶52,000元。

釀酒師Pauline Vauthier。

作者與釀酒師Pauline Vauthier。

酒言酒語訪談錄

作者VS. 歐頌莊主女兒兼釀酒師寶琳（Pauline Vauthier）

作者：請教您對2012的分級制度有何看法？您曾經強烈提出質疑。

PAULINE：分級一團亂，10年一次，請比較好的律師就可以進去好的級數，很不屑。Ausone酒標上以後就不會有Premier Cru。就如同之前他所發表過的："I don't even use the "Premier Grand Cru Classé A" title on our marketing material anymore."我們將不會以『一級特級莊園A級』的排名作為行銷特色。

作者：有可能生產白酒嗎？

PAULINE：有什麼不可以？白馬也在2012年種了白葡萄，分級是波爾多AOC，不會是聖愛美濃的級數。

作者：一軍和二軍酒有何不同？

PAULINE：一、二軍最後會靠試酒來決定，Ausone二軍 CF比較重，樹齡比較年輕。

作者：和另一個以前同屬A級的白馬莊有何不一樣？

PAULINE：和白馬一樣品種比例，土壤不一樣，風格就不同。

作者：2005年到現在有何改變？

PAULINE：母親接手就革命性的改變，酒窖改變，桶子一直沒有大改變。

作者：2000年以後到現在，以RP的分數來說都很好，為何？

PAULINE：品種的改變，所以高分，葡萄園產量降低，有機種植。

作者：Ausone現在是聖愛美濃最好最貴的酒，將來有可能再增加產量？

PAULINE：產量少無法改變葡萄園的事實，畢竟只有小塊葡萄園。

DaTa

地址｜Château Ausone, 33330 St.-Emilion, France

電話｜（33）05 57 24 68 88

傳真｜（33）05 57 74 47 39

網站｜www. château-ausone.com

備註｜僅開放葡萄酒專業人士參觀

Recommendation Wine

歐頌酒莊

Château Ausone 2003

ABOUT

分數：RP 100、WS 96
適飲期：2014～2075
台灣市場價：58,000元
品種：50%美洛（Merlot）、50%卡本內弗朗（Cabernet Franc）
橡木桶：100%法國新橡木桶
桶陳：24個月
瓶陳：6個月
年產量： 20,000瓶

品酒筆記

2003年的歐頌帕克給了100滿分，我認為這並不是一個很合理的分數，但是這款酒可以說是我喝過最好的歐頌堡之一，令人印象深刻。酒色呈現非常濃的墨紫色，有紫羅蘭鮮花香、黑松露、黑鉛筆芯、黑莓、藍莓、黑李、草莓等豐富的水果，純淨迷人的香水味，香氣集中，如天鵝絨般滑細的單寧，如此的平衡而完美。再經過三、五年後絕對可以稱霸於全世界。

建議搭配

東坡肉、烤羊排、北京烤鴨、煙燻鵝肉。

★ 推薦菜單　海參燴鵝掌

海參又名海鼠，在地球上生存了幾億年了。自古便是一種珍貴的藥材，中國有關吃海參的紀錄應該是三國時代。中國人稱之為四大珍貴食材：「鮑、參、翅、肚」也。這種食材味道單吃無味，必須加以濃汁佐之，剛好與軟嫩的鵝掌一起勾芡，成為中國菜最美味的料理。這支聖愛美濃最好的酒，口感具有強烈的檜木香味道，果香味豐富，適合搭配濃稠醬汁的菜系，細緻的單寧與海參相吻合，葡萄酒中的花香也和鵝掌的膠質相當和諧。兩者互不干擾，又可以互相融入，好酒本就應該配好菜！

新醉紅樓
地址｜台北市天水路14號2樓

Château Cheval Blanc 白馬酒莊

白馬酒莊（Château Cheval Blanc）正好位於波美侯產區（Pomerol）和聖愛美濃（Saint-Emilion）葛拉芙產區（Graves）的交界處。波美侯區內兩個酒莊樂王吉酒莊（l'Evangile）和康賽揚酒莊（La Conseillante）與白馬酒莊之間只有一條小路隔開。長久以來，白馬酒莊一直有著雙重性格的葡萄酒，既像波美侯酒又像聖愛美濃酒。白馬酒莊從1954年開始在聖愛美濃分級中評為高級的A等（Premiers Grands Crus Classes A），和歐頌酒莊（Château Ausone）並列為本區最高等級。

18世紀時，白馬酒莊所處的大塊土地就已經建有葡萄園。1832年，菲麗特．卡萊-塔傑特伯爵夫人（Felicite de Carle-Trajet）將飛傑克酒莊的15公頃葡萄園賣給了葡萄園大地主杜卡斯（Ducasse）先生，這是白馬酒莊最初的組成部分。1837

A．難得一見不同容量的白馬堡。B．酒莊早期留下的圖騰。C．新的酒窖設備。D．白馬酒莊總經理Pierre Lurton。

年，杜卡斯先生又購得16公頃葡萄園。1852年，海麗特．杜卡斯小姐（Henriette Ducasse）與福卡．陸沙克（ Fourcaud Laussac）結為連理，其中5公頃的葡萄園作為嫁妝轉到了福卡（Fourcaud）家族，從此，白馬酒莊在福卡家族中世代相傳直至今天。1853年，酒莊正式命名為白馬酒莊，此時酒莊並不是很出名。在1862年倫敦葡萄酒大賽和1878巴黎葡萄酒大賽中，白馬酒莊獲得了金獎，酒莊隨之名聲大噪，現今酒標上左右兩個圓圖就是當年所獲的獎牌。福卡還對白馬酒莊進行了擴張，到1871年，酒莊面積已達41公頃，形成了今天的規模。1991年時，34歲的皮爾．路登（Pierre Lurton）成為白馬酒莊的總經理，這對於自1832年以來從未雇用外人管理莊園的白馬莊來說實屬罕見。此外，皮爾．路登也是波爾多歷史上第一位同時管理兩大頂級名莊——白馬酒莊和狄康酒莊（Château d' Yquem）的人。

白馬酒莊占地38公頃，其葡萄園的土壤比較多樣，有碎石、砂石和粘土，下層土為堅硬的沉積岩。主要品種為57%的卡本內弗朗（Cabernet Franc）、39%美洛（Merlot）、1%的馬爾貝克（Malbec）及3%的卡本內蘇維翁（Cabernet Sauvignon）。平均樹齡45年以上，種植密度為每公頃6,000株。白馬酒莊一軍酒每年約生產100,000瓶，100%全新橡木桶中陳釀18至24個月。副牌酒小白馬（Le Petit Cheval）每年約生產40,000瓶。1991年，路登加入了白馬酒莊，那年對他而言是個嚴峻的考驗，由於遭受霜凍，葡萄損失嚴重，因此，他們決定在1991年不出產一軍酒，僅僅出產了小白馬。

在《葡萄酒觀察家Wine Spectator》雜誌評選出的上個世紀12款最佳葡萄酒的榜單上包括了：1900年份瑪歌堡（Château Margaux）、1945年份木桐堡（Château Mouton Rothschild）、1961年份的柏圖斯（Pétrus）、1947年份的白馬堡等。英國《品醇客Decanter》雜誌也選出1947年份的白馬堡為此生必喝的100款酒之一。在巴黎佳士得拍賣會上，一箱12瓶裝的1947年Château Cheval Blanc以131,600歐元（5,264,000）的高價成交，相當於一瓶台幣439,000，這應該只有億萬富豪才能喝得起吧？帕克給白馬酒莊的分數也都不錯，1947和2010都給了100分，2000和2009兩個年份一起獲得99高分，1990的98高分。WS則對白馬1998、2009和2010給予了98高分的肯定，1948、1949和2005三個年份獲得了97高分。白馬新年份在台灣上市價大約是台幣20,000元一瓶，遇到特別好的年份如2009或2010，價格在台幣40,000元一瓶。

白馬酒莊在幾部電影也曾現身；2007年上映的迪士尼動畫片〈料理鼠王Ratatouille〉，那位刻薄的美食家安東伊戈（Anton Ego）在餐廳點菜時，要求提供一道新鮮又道地的菜，並讓領班推薦一款葡萄酒。老實的領班不知如何是好？安東伊戈便說：「好吧，既然你們一點兒創意都沒有，那就妥協一下，你們準備食物，我來提供創意，配上一瓶1947年的白馬堡剛剛好。」是什麼樣的創意料理需要配上一款要價一二十萬的酒？這未免也太豪邁了！2004年香港上映的喜劇片〈龍鳳鬥〉中有一段精采的對話，劉德華和鄭秀文到酒窖裡偷到了一瓶世紀佳釀，那就是1961年份的白馬堡。就連神偷也知道要偷最好的白馬酒，而且是最好的年份！

DaTa

地址｜Château Cheval Blanc, 33330 St.-Emilion, France
電話｜（33）05 57 55 55 55
傳真｜（33）05 57 55 55 50
網站｜www. Château-chevalblanc.com
備註｜參觀前必須預約

推薦酒款

Recommendation Wine

白馬酒莊

Château Cheval Blanc 2000

ABOUT
分數：RP 99、WS 93
適飲期：2010～2040
台灣市場價：NT$40,000
品種：53%美洛（Merlot）、47%卡本內弗朗（Cabernet Franc）
橡木桶：100%法國新橡木桶
桶陳：24個月
瓶陳：6個月
年產量：120,000瓶

品酒筆記

2000年的白馬酒色呈深紫色，紫羅蘭花香帶領著黑莓、藍莓、松露、甘草、薄荷、黑醋栗、櫻桃、特殊香料、新鮮皮革、摩卡咖啡和菸草等複雜多變的香氣。單寧細緻柔滑，醇厚甜美，華麗而濃郁，餘韻長達一分鐘以上。這支酒幾乎涵蓋所有好酒的特質，世界上的好酒都難與之抗衡，是我至今喝過最好的白馬堡，可能以後還會勝過於傳奇的1947年份白馬堡，難怪帕克打了三次的100分和一次的99分，令人難以想像的一款經典作品。

建議搭配

排骨酥、手抓羊肉、生牛肉、伊比利火腿。

★ 推薦菜單　江南過橋排骨

江南過橋排骨屬於經典川菜菜系，也是江南匯的招牌菜之一，用整塊豬肋排去滷製八個小時以上，讓整支肋排都入味，慢火再將排骨兩面炸至金黃後出鍋淋上爆香的醬料。好吃的過橋排骨其骨肉弧度一定能要放入一個雞蛋並且排骨不倒，過橋排骨只選用農家土豬的第五至第八節肋骨，只因這四段肋骨長度相近，肉質也最為肥厚細嫩，骨頭弧度也最適中。這支波爾多本世紀最好的酒之一，具有紅黑色漿果香，甜美多汁，適合搭配濃稠醬汁的排骨，兩者可以很快就擦出火花，完全水乳交融，美味到極致。其實這支美酒已經好到令人無法置信，能喝到也算是一種緣份與福氣，「借問酒家何處有？牧童遙指白馬堡。」

江南匯
地址｜臺北市安和路一段145號

Château Cos d'Estournel
高斯酒莊

波爾多有著許多大小酒莊，但是高斯酒莊（Château Cos d'Estournel）的建築，無疑最富東方色彩。放眼看去由三座類似佛教寶塔（pagoda）構成的地標，挺立在錯落的歐式古堡之間，尤其是酒莊Logo上的那隻象，讓人感覺彷彿來到印度某個神秘角落，忘了這是一間正典的波爾多超二級酒莊。高斯酒莊位於波爾多聖愛斯夫村（St. Estephe）的邊緣，酒莊最早由一名叫路易斯-加斯帕德．愛士圖奈（Louis-Gaspard d'Estournel）的葡萄酒愛好者建立於十九世紀初。愛士圖奈生於1762年，他非常仰慕拉菲古堡的成功，經過長時間的研究考察，他選購了拉菲古堡旁屬於聖愛斯夫村的一塊14公頃的園地開始建立酒莊。這塊葡萄園位於一個小石頭山坡上，「Cos」在法文裡有小石丘之意，因此他將Cos加在自己的姓氏d'Estournel之前，這就是今日酒莊名稱的由來。在十九世紀初期高斯酒莊的酒價高於其他波爾多名莊，而且曾出口到遙遠的印度。

高斯酒莊莊主愛士圖奈與當時的眾多梅多克酒莊莊主不同，他建造城堡只是為了釀酒。所以愛士圖奈先生又併購了旁邊的一些小酒莊和土地，將酒莊擴充到65公頃。同時他深信酒莊一定要有一座特別的城堡才能增加酒的魅力，更有利於產品的長期推廣。當時西方藝術界普遍崇拜東方藝術，愛士圖奈因與中東和亞洲有

A
B | C | D
E

A.酒莊門口三寶塔。B.不同容量的Cos d'Estournel。C.團員們在品酒室試酒。D.葡萄園。E.作者在台北和前總經理Jean-Guillaume Prats合影。

不少生意往來，對東方文化有深刻的了解和涉入，他以《一千零一夜》所構想的建築風格為方向，建造以中國古鐘樓、印度大象、蘇丹木雕門、鐘乳石筍及西方建築精華集結而成的城堡。如今，高斯酒莊已成為波爾多旅遊必遊景點之一。

高斯酒莊是聖愛斯夫村的酒王，是最接近一級名莊的超二級酒莊，在葡萄酒評論家帕克（Robert Parker）的評級中它已經是一級莊。目前酒莊生產三款酒；高斯酒莊正牌酒（Château Cos d'Estournel），二軍酒是高斯寶塔（Les Pagodes de Cos），來自相同葡萄園，有著同樣的血統，在波爾多屬於頂尖的二軍酒。

但一軍樹齡20～70歲，二軍則是約5～20歲。至於位在一軍葡萄園上方的馬布札堡（Ch. Marbuzet），表現不差，目前已領了自己的身分證，成為單獨品牌。此外， 古列酒莊（Goulée）則是集團在Haut Médoc的另一個產業，有著現代化的瓶身，《神之雫》漫畫曾經大篇幅的介紹過，主要為著是與新世界酒做出區隔。高斯酒莊從來不缺媒體話題，近年來，它克服大量湧出的地下水，採用重力引流設計的最新酒廠已經落成，2008是它試車第一個年份。 2005年才開始生產的高斯白酒Cos d'Estournel Blanc），無論品質或價位都是業界爭相討論的話題，才一上市就出現在拍賣市場。至於前一陣子幾乎已成定局的交易－也就是跨國買下1976巴黎盲品會的加州主角蒙特麗娜（Ch. Montelena），去年年底卻是宣佈告吹。

高斯酒莊的酒一向不便宜，它謹慎地觀察五大售價，然後出手確保它超二的地位，也因此高斯的價格和分數都一直很穩定，當然這一切還得有堅強的品質作為後盾，才能成為二級中的指標型酒莊。此酒莊榮登帕克（Parker）世界最偉大156間酒莊之一，2009年份預購價甚至超越二級酒莊領頭羊的拉卡斯酒莊（Léoville Las-Cases），獲得帕克100滿分。較高的分數還有2003年份的97高分，2005年份的98高分，2010年份的97+高分。葡萄酒觀察家《WS》的分數也都不錯，2005年份獲98高分，2003和2009年份一起獲得97高分，2000年份的96高份和2010年的95高分。目前以2009年份的酒為最高價格，台灣市場價大約為台幣13,000元一瓶，比較便宜的2004和2007年份也要台幣5,000元一瓶。

特別推薦

高斯白酒

Cos d'Estournel Blanc 2010

ABOUT
分數：RP 90、WS 90
適飲期：2013～2023
台灣市場價：3,600元
品種：70% 白蘇維翁（Sauvignon Blanc）、
30%謝米雍（ Semillon）
年產量： 7,000瓶

DaTa

地址｜33180 Saint-Estèphe
電話｜33（0）5 56 73 15 50
傳真｜33（0）5 56 59 72 59
網站｜www.estournel.com
備註｜私人參觀必須預約，週一至週五對外開放

Recommendation Wine

高斯酒莊

Château Cos d'Estournel 2005

ABOUT

分數：RP 98、WS 98
適飲期：2015～2040
台灣市場價：NT$10,500
品種：78%卡本內蘇維翁（Cabernet Sauvignon）、
19%美洛（Merlot）、3%卡本內弗朗（Cabernet Franc）
木桶：80%法國新橡木桶
桶陳：18月
瓶陳：6個月
年產量：200,000瓶

品酒筆記

高斯酒莊繼2003年之後另一個極好的經典之作。酒色呈墨黑紫色，甘草、亞洲香料、西洋杉木、奶酪、黑醋栗、黑莓和鮮花香氣。單寧細緻如錦衣絲綢，結構雄厚，味道集中而優雅，有豐富的層次感，餘味綿長！相信在未來的10～30年間絕對是它最精采的時刻，建議讀者一定要收藏，而且等到2018年以後再打開會更好。

建議搭配

湖南臘肉、台式香腸、煎牛排、台式焢肉。

★ 推薦菜單　劉備號令天下－玉璽腐乳封肉

劉備號令天下不可少的即是重要的國家玉璽了，主廚特別選擇江浙菜中的傳統名菜「腐乳封肉」，作為劉備的代表菜。將帶皮的五花肉切成如玉璽般的大塊形狀，以腐乳為調味先煮後蒸，口感軟爛鮮嫩，味道鹹鮮香甜，成品色澤紅亮，呈現南乳紅麴天然的鮮豔紅色。將近十年的高斯紅酒，呈現出強大的單寧，配起軟嫩多汁的南乳肉，有如霸王遇上虞姬般的火花四射，既剛強又輕柔，整道菜變得不油膩，反而甜美細緻又可口。紅酒中的黑果漿汁與腐乳汁液相輔相成，完美而豐富的果香與濃汁香，讓人胃口大開。

中壢古華花園飯店明皇樓
地址｜桃園縣中壢市民權路398號

Château Haut Brion
歐布里昂酒莊

五大酒莊內最深奧難懂大概就是歐布里昂酒莊（Château Haut Brion）！它的香氣十分複雜，年輕時極其淡雅，均衡中層層節制，委婉而內斂，有一絲松露與煙燻味，但微妙整合在咖啡色系的調味盤中，適合造詣極高的葡萄酒老饕。這款酒年長俱增，最近的好年份首推1989年份，這個年份也一直被稱為傳奇的年分，100分中的100分，無論是葡萄酒觀察家雜誌或是帕克創立的網站都是100分，葡萄酒教父 帕克（Robert Parker）曾說過：「在他離開人間之前，如果能讓他選一支酒來喝，那一定是『Haut-Brion 1989』莫屬。」歐布里昂酒莊歷史悠久——奠基於1550年，酒莊發表的年份紀錄可上達1798年；它未受根瘤蚜蟲病之害，完整的將葛拉芙（Graves）的土地與歷史，寫進造型奇特的酒瓶之中。它還有一款白酒，價昂量少，也是收藏者的最愛之一。

波爾多的五大酒莊，地位不可動搖。但是除了本尊之外，那些二軍，甚至白酒，到底哪一款才有「超過本尊」的行情？答案是歐布里昂酒莊的白酒（Haut Brion Blanc）！此酒差的年份都要台幣20,000元以上，好年份根本一瓶難求（年產量不到8000瓶），可說是波爾多最貴的不甜白酒。以2005年份來論，本堡紅酒在美國上市時市價為800美元（WS評為100分），而白酒的售價為820美元（WS

A｜B｜C｜D｜E

A. 酒莊。B. 酒窖。C. 師傅正在烘烤橡木桶。D. 作者與Haut Brion Blanc 1992。E. 有莊主簽名的3公升Haut Brion 1978。

也評為100分），目前市價高達台幣60,000元。但市價並不代表能買到，遇到一瓶歐布里昂白酒的機運，往往是其紅酒的百分之一不到。除了正牌的白酒外，歐布里昂堡也出了二軍的白酒，稱為「歐布里昂堡之耕植Les Plantiers du Haut-Brion」，2008年以後改為La Clarté Haut Brion Blanc，年產量僅5000瓶，價錢也經常徘徊於100美元間。甚至可說，除了勃根地之外，全法國的不甜白酒，絕少能有這種超級行情。它的塞米雍（Semillon）與白蘇維翁（Sauvignon Blanc）各半，葡萄園僅2.5公頃，頂著五大威名，葡萄園又在波爾多優質酒的發祥地佩薩克-雷奧良（PESSAC-LEOGNAN），當地紅白好酒齊名。不像波雅克或瑪歌村，幾乎沒有人討論它們的白酒。

歐布里昂酒莊是1855年波爾多分級時列級的61個酒莊中唯一不在梅多

克（Medoc）的列級酒莊。侯伯王酒莊位於波爾多左岸的佩薩克．雷奧良（Pessac-Leognan，1987年從格拉夫劃分出的獨立AOC），是格拉夫產區的一級酒莊，同時它也是唯一一個以紅、白葡萄酒雙棲波多爾頂級酒的酒莊，是波爾多酒業巨頭克蘭斯狄龍酒業（Domaine Clarence Dillon）集團旗下的酒莊之一。歐布里昂酒莊是波爾多五大酒莊中最小的，但卻是成名最早。早在14世紀時，歐布里昂酒莊就已是一個葡萄種植園，並在之後的經營中一直保持著不錯的發展。 1525年，利布爾納（Libourne）市長的女兒珍妮．德．貝龍（Jeanne de Bellon）嫁給波爾多市議會法庭書記強．德．彭塔克（Jean de Pontac），嫁妝就是佩薩克-雷奧良產區的一塊被稱為Huat-Brion的地。1533年，強．德．彭塔克買下了歐布里昂酒莊的豪宅，一個歷經四個家族經營、傳承數個世紀的頂級葡萄園由此應運而生。據說彭塔克先生也因為長年飲用酒莊的酒而延年益壽，活了101歲高壽。當獲得歐布里昂酒莊的一部分土地之後，他不斷擴大與完善其產業。1549年，他著手修建城堡，因他對產區的風土瞭如指掌，所以將城堡修建在沙丘腳下的沙礫區，而沙丘則專門用來種植葡萄。歷史學家保羅．蘆笛椰毫不猶豫地將這座城堡稱為「第一座當之無愧的酒堡」，因此可以認定歐布里昂酒莊的沙丘是1855年列級酒莊中有跡可循的最早產區，比現在的梅多克頂級酒莊要早一個世紀。而且，歐布里昂城堡可稱得上是波爾多莊園中最浪漫、優美和典雅的一座，所以酒標一直沿用此建築物作為商標圖案。

1958年，狄龍家族成立了侯伯王酒莊的控股公司克蘭斯狄龍公司（Domaine Clarence Dillon SA），之後不斷對酒莊進行投資，建現代化發酵窖，實行葡萄品系選擇，修建地下大型酒窖，重新裝修酒莊。經過兩代人的努力，歐布里昂轉變為傳統和現代結合完美的頂級酒莊。傳到第三代，克拉倫斯的孫女瓊安．狄龍（Joan Dillon）是家族中最用心經營酒莊的一位。從70年代她接手酒莊開始，歐布里昂酒莊才在經營中獲利，使狄龍家族得以逐步擴展家族的葡萄酒事業，陸續併購佩薩克的其它三個頂級酒莊。瓊安與第一任丈夫盧森堡王子結婚後育有一兒一女，目前由兒子羅伯王子（Prince Robert）接掌酒莊，羅伯王子一改酒莊低調的作風，2013年開始到世界各地推廣狄龍家族的酒，包括歐布里昂系列酒款。

作者和來台的莊主羅伯王子合影。

莊主來台酒會。

另值得一提的是，歐布里昂酒莊的釀酒家族德馬斯（Delmas）。喬治．德馬斯（George Delmas）從1921年就加入歐布里昂酒莊成為釀酒師。他的兒子尚-伯納德（Jean-Bernard）就出生於酒莊，之後繼承父業成為酒莊釀酒師。德馬斯家的第三代尚．菲利普（Jean-Philippe）目前也已成為酒莊管理隊伍的一員。一家三代將近100年來都為酒莊默默的付出，這也是在波爾多酒莊內最久的釀酒家族。德馬斯家族是波爾多公認的最頂尖釀酒師之一。他們在1961年第一個提出打破傳統，採用新科技設備釀酒，引進不銹鋼發酵桶等，創造了具有獨特口感的葡萄酒。在所有列級名莊均保留傳統釀造方法的當時，這一舉動是不可思議的，但現今這已是大部分頂級酒莊效仿他們的做法。酒莊也與橡木桶公司合作，在酒莊內製作橡木桶，以便做出更符合酒莊橡木桶的要求。歐布里昂酒莊目前擁有葡萄園共計65公頃，其中紅葡萄佔63公頃。園內表層土壤為砂礫石土，次層土壤為砂質粘土型土壤。種植的紅葡萄品種包括45.4%的卡本內蘇維翁（Cabernet Sauvignon），43.9%的美洛（Merlot），9.7%卡本內弗朗（Cabernet Franc），1%馬百克（Malbec），平均樹齡為35年，用來釀造酒莊紅葡萄酒，包括酒歐布里昂酒莊正牌酒132,000瓶和副牌酒克蘭斯歐布里昂副牌酒（Le Clarence de Haut-Brion）88,000瓶。另外不到3公頃的白葡萄品種為塞米雍（Semillon）與白蘇維翁（Sauvignon Blanc）個50%。生產正牌白酒7,800瓶，副牌酒5,000瓶。

作者致贈台灣高山茶給莊主。

世界上沒有一個酒莊可以像歐布里昂酒莊這樣，紅白酒都釀的非常精采，而且白酒的價格可以超過紅酒的價格。英國《品醇客Decanter》雜誌選出本堡1959的紅酒和1996的白酒為此生不能錯過的100款酒之二。在帕克的分數也都不錯，紅酒首推1989年份，被稱為100分中的100分，可以說是百分之王，帕克本人打了七次分數都是100分。這款酒是帕克最喜歡的酒。葡萄酒觀察家雜誌也同樣是100分。另外獲得帕克100分的有1945、1961、2009和2010等四個年份。2000千禧年份也獲得了99高分，還有1990和2005 兩個波爾多好年份都獲得了98高分。白酒部分1989年份仍然是100分，另外1998、2003、2007、2009、2012等幾個好年份都曾被打過100分，後來才重新評分到95～99分之間。在WS方面除了1989年份的100分，還有2005年份的紅白酒同樣獲得滿分。本世紀最好的兩個年份2009年份獲98分，2010年份獲99高分。1989年份的白酒也獲得了98高分。此外，歐布里昂1945年份也被收錄在世界最大的收藏家米歇爾．傑克．夏蘇耶（Michel-

Jack Chasseuil）所著的「世界最珍貴的100款絕世美酒」中，書中提到他是用2瓶1947年份的拉圖酒莊換來2瓶歐布里昂1945年份的紅酒，非常有意思！歐布里昂酒莊的紅酒是最被低估的五大，個人認為性價比最高。剛上市一瓶如果是普通年份大約台幣15,000元以內，好年份如2009和2010大約是台幣35,000元。1989最好的年份也才56,000元，真是最好的收藏。白酒基本上都要台幣30,000元一瓶，好的年份如2009和2010都要45,000元一瓶。

2012年歐布里昂酒莊莊主羅伯王子來台訪問，我親自帶了一瓶歐布里昂1992年份白酒赴約。老實說我也不知道這瓶酒經過20年的滄桑，到底能不能喝？我心中一直是個問號，尤其是1992年份在波爾多是非常艱辛的年份，幾乎所有的紅酒都撐不過了。羅伯王子聽到有人帶來92的白酒，立刻換好衣服下樓來品嚐，這款酒果然沒有讓大家失望，不只得到羅伯王子本人大為讚賞，他同時也很開心可以見證自己酒莊的白酒經過20年竟然能如此精采，當面感謝我並和我合照及簽名。在場的《稀世珍釀》作者陳新民教授和《葡萄酒全書》作者林裕森先生都嘖嘖稱奇！在我一生中總共嘗過五款歐布里昂白酒（1992、1994、1995、1996和2000），可說是支支精采絕倫，最令人驚訝的是它的續航力，通常在一個酒會當中可以從頭喝到結束，經歷4～5個鐘頭都還不墜，而且變化無窮，越喝越好，甚至比其他頂級紅酒還耐喝，這是最令我難忘的一款白酒。紅酒部分我也喝過20個年份以上，記憶最深刻的當屬1961、1975、1982、1986、1988、1989和1990這幾個年份共同的特點是黑色果香、松露、煙燻、黑巧克力、黑櫻桃、甘草、菸草和焦糖味。尤其是1989喝了兩次，真不愧為偉大之酒，光彩奪目，變化無窮，高潮迭起，歐布里昂紅酒中的經典之作，集所有好酒的優點於一身，無懈可擊。有機會您一定要收藏一瓶在您的酒窖中，因為它最少可以陪您再渡過未來的30年。如果您錢包不夠深，沒關係！可以買一瓶二軍白酒（Plantiers Haut Brion Blanc），在中國大陸被選為最配大閘蟹的白葡萄酒，2005年份一瓶只要台幣3,000元以內。

（左）Haut Brion Blanc 1996是英國《品醇客》雜誌選出來此生必喝的100支酒之一。台灣市場價格約36,000元。
（中）和莊主一起品嚐的Haut Brion Blanc 1992。
（右）2004白酒二軍，適合配大閘蟹。

DaTa

地址｜Château Haut Brion ,135,avenue Jean Jaures,33600 Pessac,France
電話｜00 33 5 56 00 29 30
傳真｜00 33 5 56 98 75 14
網站｜www.haut-brion.com
備註｜參觀前須預約，週一到週四上午8：30～11：30，下午2：00～4：30，週五上午8：30～11：30。

推薦酒款

Recommendation Wine

歐布里昂酒莊

Château Haut Brion 1989

ABOUT

分數：RP 100、WS 100
適飲期：2015～2050
台灣市場價：57,000元
品種：78%卡本內蘇維翁（Cabernet Sauvignon）、
　　　19%美洛（Merlot）、3%卡本內弗朗（Cabernet Franc）
木桶：100%法國新橡木桶
桶陳：24個月
瓶陳：6個月
年產量：144,000瓶

品酒筆記

1989年的歐布里昂是波爾多經典傑出之作，顏色是紫紅寶石色，雪茄、菸草、礦物、煙燻橡木、花香還有甜甜的香氣。入口時的黑色水果有如濃縮果汁般、烤堅果、奶油香草、胡椒、甘草叢口中彈跳出來，最後是濃濃的黑巧克力和焦糖摩卡咖啡。單寧有如一塊最高貴的絲絨般細滑，華麗典雅。層出不窮的香氣前推後擠，五彩繽紛，豐富而誘人。整體表現完美無瑕，無可挑剔，我必須承認這是一款世界上最偉大的酒，再喝10次以上都不會膩。尤其是餘韻可達90秒以上，如黃鶯出谷，繞樑三天而不絕。難怪是帕克最喜歡的一支酒！

建議搭配

廣東燒臘、滷牛腸、煎牛排、紅燒五花肉。

★ 推薦菜單　香煎小羊排

有些客人怕吃羊排，因為騷味，但是喆園的羊排，客人都非常喜歡。因為除了入味以外，他一點羊騷味都沒有！喆園選用紐西蘭穀飼的小羊，再加上廚師們特別的香料醃製。作者為了請上海回來的老饕朋友，特別點了這道香煎小羊排。熱騰騰的小羊排上桌後，在場的好友曹董說烤羊排他是專家，但是嚐了以後，他自嘆弗如！因為這道小羊排顏色鮮豔欲滴，咬起來軟嫩多汁，熟而不柴。將近25年的五大歐布里昂滿分酒，單寧細緻，甜美可口，充滿果香味，配起小羊排的彈嫩肉質，垂涎欲滴，香氣四溢，酒香與肉香的絕對平衡，一切都如此美好！什麼話都不必多說，只有「完美」兩個字！

喆園
地址｜台北市建國北路一段80號1樓

Château Lafite Rothschild

拉菲酒莊

在1985年倫敦佳士得拍賣會上，一瓶1787年的拉菲紅酒以10.5萬英鎊高價拍賣，創下並保持了迄今為止最昂貴葡萄酒的世界紀錄。這瓶酒是1787年的拉菲，瓶身刻有《獨立宣言》起草人、美國第三任總統托馬斯·傑斐遜的名字縮寫「Th. J」。在歷經漫長歲月洗禮後酒瓶裡還盛著滿滿的酒，酒瓶的造型也非常獨特。關於這瓶酒是如何被發現的傳言，更是增添了其傳奇色彩。據知情人透露的說法是，一群工人在裝修時，無意在一位65歲老人的住所磚牆後面發現了幾瓶湯馬斯·傑弗森（Thomas Jefferson）擔任駐法國公使期間遺忘在巴黎的葡萄酒。2010年10月蘇富比拍賣行在香港文華東方酒店舉辦的名酒拍賣會上，三瓶1869年份拉菲酒各以232,692美元的「天價」成交，極有可能是「史上最貴的葡萄酒」。而這瓶葡萄酒的預估價僅8,000美元。1869年份拉菲是根瘤芽病爆發前的稀有年份

A
B | C | D | E

A. 酒莊。B. 酒莊景色。C. 酒莊發酵室。D. 酒窖橡木桶。E. 酒莊還點著蠟燭。

酒，儲藏品質間接受到酒莊保證。在1717年的倫敦，一些拉菲酒曾作為一艘英籍海盜船的戰利品的一部分被進行高價拍賣。之後，由於路易十五國王對拉菲酒的無限讚賞而被當時的人們稱其為「國王用酒」。一瓶1878年份的拉菲酒在因儲存不當酒塞不慎落入酒液中以前，曾以16萬美元被高價拍賣，這個價格堪稱世界範圍內酒類拍賣場中的頂尖價格。如同這些世界記錄一樣，自16世紀開始，拉菲古堡就不斷書寫著關於葡萄酒行業的神話。

拉菲酒莊（Château Lafite Rothschild）位於法國波爾多上梅多克（Haut-Medoc ）波雅克（Pauillac）葡萄酒產區，是法國波爾多五大名莊之一。在1855年時，拉菲酒被列在一級酒莊名單的首位，排在拉圖酒莊、瑪歌酒莊和歐布里昂酒莊之前。在將近一個世紀的時間裡，1868年份的拉菲曾是當時售價最高的預購

左：拉菲特製的白蘭地渣釀。中：Lafite 1961是很難得一見的年份，這瓶是作者在拍賣會上拍回來的。右：小拉菲Carruades de Lafite 2010。

酒。如今，拉菲酒莊的酒由於中國大陸的追捧，仍然是五大中價錢最高的酒。

拉菲這個名字源自於加斯科尼（Gascony）語「la hite」，意思是「小丘」。拉菲第一次被提及的時間可以追溯到13世紀，但是這家莊園直到17世紀才開始做為一個釀酒莊園贏得聲譽。17世紀70年代和80年代初期時，拉菲葡萄園的種植應該歸功於雅克・西谷（Jacques de Ségur），西谷當時在酒界叱吒風雲，他同時擁有頂級的歷史名莊拉圖酒莊（Château Latour）和卡龍西谷酒莊（Château Calon-Segur）。

尼古拉斯・亞歷山大・西谷侯爵（Marquis Nicolas Alexandre de Ségur）提高了釀酒技術，而且最重要的是，他提高了葡萄酒在國外市場和凡爾賽王宮的聲望。在一位富有才幹的大使，即馬瑞奇爾・黎塞留（the Maréchal de Richelieu）的支持下，他成為知名的葡萄酒王子（The Wine Prince），而拉菲酒莊的葡萄酒則成為了「國王之酒The King's Wine」。西谷伯爵（Marguis de Ségur）由於債台高築，所以被迫於1784年賣掉了拉菲酒莊。尼可拉斯・皮爾・皮查德（Nicolas Pierre de Pichard）是波爾多議會的首任主席，也是伯爵的親戚，買下了該酒莊。1868年，詹姆士・羅柴爾德爵士（Baron James Rothschild）在公開拍賣會上以天價440萬法郎中標購得拉菲酒莊。自此，該家族一直所有並經營著拉菲酒莊至今，且一直維持著拉菲酒莊卓越的品質和世界頂級葡萄酒聲譽。

詹姆士爵士去世後，拉菲酒莊由其三個兒子阿爾方索（Alphonse）、古斯塔夫（Gustave）與艾德蒙（Edmond）共同繼承，當時酒莊面積為74公頃。1868年之後的10年期間，好酒屢出：1869、1870、1874、1875，皆為世紀佳作。1940年6月，法國淪陷，梅多克地區被德軍佔領，羅柴爾德家族的酒莊被扣押，成為公眾財產。1942年，酒莊城堡徵用為農業學校，藏酒全部被掠奪。1945年底，羅柴爾德家族家終於重新成為拉菲酒莊的主人，愛里．羅柴爾德男爵（Baron Elie de Rothschild）、蓋伊（Guy）、阿蘭（Alain）、與艾德蒙（Edmond）男爵成為拉菲酒莊新一代主人，由愛里男爵挑起復興酒莊的重任。1945、1947、1949、1959和1961年份的酒是這段復興時期的佳作。歷經波爾多危機過後，1974年，拉菲古堡由埃裡男爵的侄子埃力克．羅斯柴爾德（Eric de Rothschild）男爵主掌。為追求卓越品質，埃力克男爵積極推動酒莊技術力量的建設：葡萄園中的重新栽種與整建工作配以科學的施肥方案；選取合宜的添加物對酒進行處理；酒窖中安裝起不銹鋼發酵槽作為對橡木發酵桶的補充；建立起一個新的環形的儲放陳年酒的酒庫。新酒庫由加泰羅尼亞建築師理卡多．波菲（Ricardo Bofill）主持設計建造，是革命性的創新之作，有極高的審美價值，可存放2,200個大橡木桶。另外，男爵還通過購買法國其它地區酒莊以及國外葡萄園成功地擴大了拉菲古堡的發展空間。在此期間，1982、1986、1988、1989、1990、1995和1996年皆是特佳年份，價格更是創下新紀錄。

拉菲古堡位於波爾多梅多克產區，氣候土壤條件得天獨厚。現今酒莊178公頃的土地中，葡萄園占100公頃，在列級酒莊中是最大的。葡萄園內主要種植70%卡本內蘇維翁（Cabernet Sauvignon）、25%的美洛（Merlot）,3%的卡本內弗朗（Cabernet Franc）以及2%的小維多（Petite Verdot），平均樹齡為35年。拉菲酒莊，每2至3棵葡萄樹才能產一瓶葡萄酒，拉菲酒莊正牌酒（Château Lafite Rothschild）年產量18,000～25,000箱，副牌小拉菲紅酒（Carruades de Lafite）年產量20,000～25,000箱。今天的拉菲酒莊將傳統工藝與現代技術結合，所有的酒必須在橡木桶中發酵18到25天，所用酒桶全部來自葡萄園自己的造桶廠。之後進入酒窖陳年，需時18～24個月。

拉菲在中港台有多紅？這裡有幾則故事提供給大家參考。有一位中國全國政協委員在全國政協會議上去討論發言指出：1982年拉菲價格68,000人民幣（2011年時），拉菲酒莊的莊主是又喜又憂，喜的是中國人太認這個牌子了，憂的是這個酒莊肯定得砸在中國人的手裡。10年產量趕不上中國一年的銷量，所以百分之八九十都是假的。在2000年港片〈江湖告急〉中，出現了82年拉菲！黑幫老大踩著趴在地上的小弟腦袋教訓道：「大口連，1997年6月26日，在『福臨門』你借了我30萬，你有沒有還過我一分錢？你竟敢用這種語氣跟我講話？那天晚上你點了兩只極品鮑，開了一瓶1982年的拉菲，買單連小費總共12,500元（港幣）。」由此得知當時拉菲1982的行情。在2006年黑幫片〈放逐〉中，吉祥叔將黑幫老大「蛋捲強」請到一家餐廳，等待上菜時，吉祥叔想先開一瓶粉紅酒，「蛋捲強」立即說：「我漱口都用拉菲——82年的！」可見拉菲在香港的名氣之大。在2011

年劉德華主演的喜劇片〈單身男女〉中，男主角古天樂開著一輛白色瑪莎拉蒂，帶著女主角高圓圓來到餐廳，非常灑脫地說：「來一瓶82年的拉菲，要兩份套餐——9個菜的那種。」82年拉菲還是談情說愛炫富的最佳利器。前面幾段故事只是指出拉菲酒莊在中港台華人心目中的地位，已經不是其他酒莊可以取代。

為何拉菲酒莊會成為五大之首呢？我們再來看看葡萄酒教父帕克打的分數；帕克總共評了三個100分：1986、1996和2003。超級年份2009年份給了99+，成為準100分候選者。世紀年份的1953和1959一起獲得99分。評為98分的有1998、2008和2010三個年份，2000年千禧年份則是98+。被帕克打過兩次100分的世紀之酒1982則降為97+高分。葡萄酒觀察家的分數又是如何？獲得100分的只有2000年份。1959、2005和2009則獲得98高分。2010好年份只獲得97高分。英國《品醇客Decanter》雜誌也將1959的拉菲酒選為此生必喝的100支酒款之一。拉菲酒1959年份也被收錄在世界最大的收藏家米歇爾．傑克．夏蘇耶（Michel-Jack Chasseuil）所著的「世界最珍貴的100款絕世美酒」中。拉菲的價格究竟有多高呢？舉個例來說；2007年份的拉菲在2011年的高峰價格為12,000～14,000人民幣（相當於台幣60,000～70,000元）一瓶，小拉菲價格為4,000～5,000人民幣一瓶。而目前這兩款的市價大約為台幣35,000元和10,000元，幾乎打回原形，回到正常的市場機制。以2013年份的預購酒為例，拉菲的正牌酒不超過10,000台幣，小拉菲也只是2,000台幣。雖然不是很好的年份，但是這種價格是繼2008年金融危機以來最便宜的年份，個人認為是開始出手的好時機。

成也蕭何，敗也蕭何！拉菲酒莊在中國大陸紅極一時，歷史新高時價格在其他四大酒莊的兩倍，就連小拉菲也比這四款酒還貴。2008～2011年可說是拉菲在大陸最瘋狂的時代，作者親自恭逢這樣的盛況，只能以「失控」兩個字來形容。這是拉菲百年難得的好時機，但也是最壞的時機。價格不斷的高漲，拉菲酒莊當然歡迎，可是假酒也不斷的湧出，差點飄洋過海到歐美，還好酒莊及時出手證實了產量，抑制價酒的數量，拉菲的酒價終於回歸自然。2014年的價格已回穩，恢復到正常售價，這是消費者之福啊！

DaTa

地址｜Château Lafite Rothschild, 33250 Pauillac, France
電話｜（33）05 56 73 18 18
傳真｜（33）05 56 59 26 83
網站｜www.lafite.com
備註｜參觀前必須預約，只限週一至週五對外開放

推薦酒款

Recommendation Wine

拉菲酒莊

Château Lafite Rothschild 1998

ABOUT

分數：WA 98、WS 95
適飲期：2007～2035
台灣市場價：45,000元
品種：81%卡本內蘇維翁（Cabernet Sauvignon）、19%的美洛（Merlot）
橡木桶：100%法國新橡木桶
桶陳：18～24月
瓶陳：6個月
年產量：240,000瓶

品酒筆記

這個年份在波爾多並非完美的年份，1998年的拉菲只用了卡本內蘇維翁和美洛兩種葡萄釀製。這款酒我已經喝過兩次了，比起1995和1996更為早熟。2013年我喝到時顏色是深紫色而不透光，有夏天的夜色般湛藍。倒入杯中馬上散發紫羅蘭、鉛筆芯、煙燻肉味、礦物、黑醋栗和些許薄荷。酒一入口優雅而細緻，令人印象深刻。在口中每個角落分佈的是;黑莓，烤橡木、黑醋栗，甘草，雪茄盒、煙燻、新鮮皮革，和各式香料，層出不窮的香味一直擴散在整個口腔中，香氣可達60秒以上。拉菲果然是五大之首，1998的拉菲絕對可以和波爾多之王柏圖斯（Pétrus）一較高下，算是這個年份最好的兩款波爾多酒。雖然年輕，但是仍能喝出其驚人的實力，相信在未來的30年當中，必定是它的高峰期。

建議搭配

生牛肉、烤羊排、香酥肥鴨、紅燒獅子頭。

★ 推薦菜單　綜合滷味

翠滿園的滷味號稱台灣最貴的滷味，動輒一盤要價台幣1,000元起跳，雖然如此昂貴，老饕級的食客仍是趨之若鶩，因為它是最好的下酒菜。作者個人認為紅酒搭配中國菜必須要有創意，這點我的好友香港酒經雜誌發行人劉致新先生也頗為認同。所以今日我們就以這道台灣人最常吃的也是最道地的滷味來搭配五大之首拉菲酒。翠滿園的滷味有牛肚、大腸、豬舌、豬肝和豬耳朵，一定使用台灣生產的牛肉與豬肉，每天滷多少量就賣多少，從不隔夜。拉菲酒的獨特果味和香料，滷味的鮮甜回甘，不論是滷牛肚或大腸都能立即轉為人間美味，口感生香，垂涎三尺。細緻高貴的單寧，更能柔化其它滷味的油質，這樣的搭檔，有如天外飛來一筆，創意俱佳，勇氣十足，皇帝傾聽老百姓對話，法國頂級酒款遇到台灣平民小吃，在葡萄酒的搭配上又添一筆佳績！

翠滿園餐廳
地址｜台北市延吉街272號

Château Latour
拉圖酒莊

無論什麼時候，一瓶五大放在桌上總是光芒四射；無論什麼時候，一瓶Château Latour總是讓其他酒款黯然失色……。

拉圖酒莊（Château Latour）可以說是梅多克紅酒的極致，它雄壯威武，單寧厚重強健，儘管多次易主，風格卻是永不妥協。在專業釀酒團隊與新式釀酒設備共同譜成的協奏曲中，它每一個年份只有「好」跟「很好」的差別。至於市場價格，拉圖酒莊更早已執世界酒罈牛耳，鮮有任何以卡本內－蘇維翁為基礎的紅酒能與之平起平坐。這是一座所有葡萄酒愛好者都尊重的酒莊。雖然它身後是一段英法爭霸的酒壇發展史， 不過經手之人都退居二線，讓專業完全領導。2008年，曾傳出法國葡萄酒業鉅子馬格海茲（Bernard Magrez ）以及知名演員大鼻子情聖

A B C D E

A . **堡壘與葡萄園。** B . **葡萄園茎藤。** C . **拉圖圍牆。** D . **酒窖每個橡木桶都有酒莊標誌。** E . **1988拉圖酒木箱上的標誌。**

Depardieu ）與超氣質美女Carole Bouquet（作品：美的過火）希望買下這一座歷史名園。但目前為止，拉圖酒莊還是在百貨業鉅子弗朗索瓦．皮納特（Francois Pinault ）手上（其集團擁有春天百貨、法雅客、Gucci等品牌）。最值得一提的是，拉圖酒莊無與倫比的酒質，在台灣想喝到也不是太難，只可惜要等到拉圖酒莊進入適飲期，卻是不太容易！各位如果現在買一支2010年份拉圖酒莊，建議的開瓶時間居然是遙遠的2028年！喝拉圖酒莊只有一個秘訣：「等」。

當人們提到拉圖酒莊（Château Latour）這個名字時，就會立即想到堅固的防禦塔。傳說中的「Saint-Maubert」塔大約建於14世紀後半期。1378年，Château Latour 「en Saint-Maubert」名字載入了史冊之後酒莊改名 「Château La Tour」然後又改 「Château Latour」。那時正處於英法百年戰爭中期，英國人

馬匹耕作葡萄園。

奪去了Saint-Maubert塔控制權。Château Latour從此由英國人統治，直至1453年7月17日卡斯蒂隆戰役（the Battle of Castillon）後才回歸到法國人的懷抱。Saint-Maubert塔的歷史已經成了一個謎，因 它已不復存在且無跡可尋。現存的塔與原來的舊塔是沒有任何關係的，這個塔事實上是一間石砌的鴿子房，大約建於1620～1630年之間。

位於法國波爾多梅多克（Medoc）地區的拉圖酒莊是一個早在14世紀的文獻中就已被提到的古老莊園。美國前總統湯馬斯．傑弗森（Thomas Jefferson）將拉圖酒莊與瑪歌酒莊、歐布里昂酒莊、拉菲酒莊並列為波爾多最好的四個酒莊。在1855年也被評為法國第一級名莊之一。英國著名的品酒家休強生曾形容拉菲堡與拉圖堡的差別：「若說拉菲堡是男高音，那拉圖堡便是男低音；若拉菲堡是一首抒情詩，拉圖堡則為一篇史詩；若拉菲堡是一首婉約的迴旋舞，那拉圖堡必是人聲鼎沸的遊行。拉圖堡就猶如低沉雄厚的男低音，醇厚而不刺激，優美而富於內涵，是月光穿過層層夜幕灑落一片銀色……」

早在14世紀的文獻中，拉圖酒莊就曾經被提及過，只是當時的它還不是一個酒莊，到了16世紀，它才被開墾成為葡萄園。在1670年，它被法國路易十四的私人秘書戴．夏凡尼（de Chavannes）買下。 1677年，由於婚姻關係，酒莊成為德．克洛澤爾（de Clausel）家族的產業。到了1695年，德．克洛澤爾家族的女兒瑪麗特．禮斯（Marie-Therese）嫁給了塞古爾家族（Segur）的亞歷山大侯爵（Alexandre de Segur），從此，拉圖酒莊便在已擁有拉菲酒莊（Château Lafite Rathschild）、木桐酒莊（Château Mouton）、卡龍西谷酒莊（Château Calon-Segur）等幾所著名酒莊的塞古爾家族手中被掌管了將近300年。 1755年，有「葡萄酒王子」稱號的亞歷山大侯爵的兒子尼古拉去世，拉圖酒莊的命運也就此被徹底改變。由於繼承關係，拉圖酒莊轉為侯爵兒子的三個妻妹所有。

1963年，當時掌握拉圖酒莊的三大家族中的博蒙（Beaumont）和科迪弗隆（Cortivron），將酒莊79%的股份賣給了英國的波森與哈維（Pearson and Harveys of Bristol）兩個集團，而原因只是不願將紅利分給68位股東。當這個消息傳出時，法國舉國震驚，不少法國人視其與賣國行為無異。但值得慶幸的是，英國人掌握拉圖股權的時候，對於酒莊事務並沒有太多的干預，完全委派給當時著名的釀酒師尚-保羅．加德爾（Jean-Paul Gardere）負責。加德爾先生也沒有讓法國人失望，對酒莊進行了大刀闊斧的改革。由於英國股東對酒莊資金大量的注入，讓拉圖酒莊在的品質越做越好，重回昔日風采，再一次攀上顛峰。

拉圖酒莊葡萄園佔地面積66公頃，75%卡本內蘇維翁（Cabernet Sauvignon）、20%美洛（Merlot）、4%卡本內弗朗（Cabernet Franc）和1%小維多（Petit Verdot）。樹齡50年做正牌酒（Chatour Latour），年產量180,000瓶。樹齡35年做副牌酒小拉圖（Les Forts de Latour），年產量150,000瓶。樹齡10年做三軍酒波亞克（Pauillac），年產量40,000瓶。拉圖酒莊的釀酒工序有嚴格的要求，葡萄經過去梗破碎之後，才在控溫不銹鋼發酵桶裡進行酒精發酵，這裡不得不提尚-保羅．加德爾（Jean-Paul Gardere）先生。加德爾先生在任期間對酒莊進行了多項改革，其中一項就是率先在梅多克頂級酒莊中採用控溫不銹鋼發酵罐代替老的木桶發酵槽。拉圖正牌酒在12月份的時候會被注入全新的橡木桶裡進行最短18個月的桶陳。第二年的冬天還將進行澄清，裝瓶前還要進行倒桶、混合，調酒師還要進行一系列嚴格的品嚐，確保每桶酒的質量，然後才能確定裝瓶的日期。從採摘到到達消費者手中，大概需要30個月的時間，當然，拉圖酒莊是不會讓翹首以盼的人們失望的，它總是能夠以其高品質征服世界。拉圖酒的特點是，澎湃有力，雄偉深厚，單寧豐富，耐久藏，很少有葡萄酒能與之匹敵，曾被英國著名評酒家克里夫・克提斯（Clive Coates）稱為「酒中之皇」。拉圖酒莊的正牌酒一貫酒體強勁，厚實，並有豐滿的黑莓香味和細膩的黑櫻桃等香味，有如老牌硬漢演員克林伊斯威特（Clint Eastwood）般剛強厚實的酒。拉圖的出品不僅正牌酒品質出眾，就連副牌小拉圖也十分優異，品質足以和四級莊的酒抗衡，好年份甚至可以與二級莊的酒媲美。

2012年4月12日，拉圖酒莊的總經理弗萊德里克．安吉瑞爾（Frederic Engerer）在致酒商的一封信中，代表莊主弗朗索瓦．皮納特發出了一份聲明，大致內容如下：2011年是拉圖正牌和副牌小拉圖最後一個預購酒的年份。未來拉圖酒莊的葡萄酒只有在酒莊團隊認為準備好了才會發佈：即之後每一年份拉圖正牌

左：二軍酒Les Forts de Latour 1988。
右：莊主Frederic Engerer。

酒的發佈可能為10～12年後，小拉圖的發佈大概為7年後。30年前拉圖酒莊1982年份的預購酒發佈價為每瓶台幣1,000元，現在市場的價格大約台幣120,000元，上漲了120倍。2011年是拉圖酒莊最後一個推出預購酒的年份，當年報出的2011年份預購酒價格為440歐一瓶，定價比2010年份期酒780歐元一瓶降了43%，最後一個預購酒年份合理價格讓不少買家趨之若鶩。

在90年代時拉圖酒莊是台灣人最喜歡的一款酒，因為台灣人喝酒重視的是強而有力，越強越好。我們來看看拉圖有多強；帕克打100分的有1961、1982、1996、2003、2009和2010等六個年份。2000年份被評為99高分。1949和2005都被評為98分。就連最近剛上市的2011年份也被評為93～95高分。在葡萄酒觀察家的分數也很好；也是六個100分，有1863、1899、1945、1961、1990和2000等六個年份。1900、2005、2009和2010都獲評為99高分。1959、1982和2003也都被評為98高分。兩者評分大致相同，可謂是英雄所見略同。英國品醇客則將1949、1959、1990年份的拉圖酒選為此生必喝的100支酒款之三。此外，拉圖酒1899年份也被收錄在世界最大的收藏家米歇爾．傑克．夏蘇耶（Michel-Jack Chasseuil）所著的「世界最珍貴的100款絕世美酒」中，書中提到他是用幾瓶老年份伊甘堡（d'Yquem）和英國收藏家來換1瓶拉圖1899年份的紅酒，可見拉圖老酒的魅力！

1993年，當弗朗索瓦．皮納特以七億二千法郎收購拉圖的時候，那簡直是個天價！但是沒有人在乎？在世人的眼光中只能算是一筆大生意。當時市場正處在最低潮，拉圖酒莊也經歷著一個風雨飄搖的階段，1970～1990二十年最艱難的年代，不少年份的酒出現了風格上的毛病。在不屈不撓的總經理弗朗索瓦．皮納特的帶領下，經過了22年，拉圖酒莊重新找回信心，2000年以後釀製了穩定的酒質，再度傲視群雄，鼎立於世界酒壇。2013年8月20弗萊德里克．安吉瑞爾再度出手收購了位於納帕河谷的超級膜拜酒阿羅侯莊園（Araujo），立刻在國際媒體引起一陣騷動，也為疲弱不振的法國酒市提升不少士氣。在此我們要恭喜美法繼續合作，提供給愛好美酒的人士更多佳釀。

DaTa

地址｜ Saint-Lam bert 33250 Pauillac, France
電話｜ 00 33 5 56 73 19 80
傳真｜ 00 33 5 56 73 19 81
網站｜ www.Château-latour.com
備註｜ 週一到週五對外開放（法國法定節假日除外），8：30～12：30和14：00～17：00；個人和自由旅遊團必須提前預約，團隊人數僅限15人以下

推薦酒款

Recommendation Wine

拉圖酒莊

Château Latour 2000

ABOUT

分數：RP 99、WS 100
適飲期：2010～2060
台灣市場價：45,000元
品種：77%卡本內蘇維翁（Cabernet Sauvignon）、16%美洛（Merlot）、4%卡本內弗朗（Cabernet Franc）3%小維多（Petit Verdot）
木桶：100%法國新橡木桶
桶陳：24個月
瓶陳：6個月
年產量：168,000瓶

品酒筆記

波爾多的2000年份是非常傑出的一年，每一個酒莊都應該感謝上天賜予這麼好的年份。儘管如此，拉圖酒莊的2000年份表現的完美無缺，個人深深感動，精采驚艷！酒的顏色呈現黑紫紅色，濃郁而閃亮。酒中散發出紫羅蘭花香、烤麵包、原始森林、松露、黑醋栗和雪茄盒等各種宜人的香氣。入口充滿味蕾的是黑醋栗、葡萄乾、成熟黑色水果、奶酪、摩卡咖啡和巨大杉木等層出不窮，豐富且集中，深度、純度與廣度皆具，真正偉大的酒，有如奧運體操平衡木冠軍選手，平衡完美，優雅流暢，這款酒是上帝遺留在人間的美酒佳釀，只有喝過的人才知道它的偉大！陳年20年之後，一定會更精采！

建議搭配

湖南臘肉、台式香腸、煎牛排、台式焢肉。

★ 推薦菜單　阿雪真甕雞

阿雪真甕雞創始於1981年，一路走來堅持以純正放山土雞為食材，不含防腐劑、人工色素香料，遵循古法研製更保有土雞原汁原味的香甜。阿雪真甕雞特殊火候悶煮煙燻並淋上獨門配方，絕無化學物質，不添加防腐劑，是台北政商名流的最愛，人氣美食保證好吃！作者以前在教授葡萄酒時，經常買一隻雞帶到課堂上與學生們分享。土雞肉不但肉質結實有彈性，而且清香鮮甜。會用這道土雞肉來搭配是因為它的原味不帶任何醬汁，不會影響這款偉大的酒。拉圖2000年份充滿了奇異旅程，您絕對不知道下一秒會嚐到什麼味道？真甕雞自己能散發魅力，慢慢的，輕輕的，越咀嚼越有味。兩者互不干擾，又可以互相融入，有如完美的二重唱，高音與低音，忽高忽低，忽快忽慢，剛柔並濟，這時候，再來一杯拉圖紅酒，再吃一口土雞肉，人生本該如此快哉！

阿雪真甕雞
地址｜台北市松江路518號

Château Leoville Las Cases

里維·拉卡斯酒莊

里維·拉卡斯酒莊（Château Leoville Las Cases）名源自「Leo」這個單字，其釀造的葡萄酒，也像一隻狂野的獅子，顏色較深，粗曠豪邁，同時也可陳年較久的時間。要瞭解里維·拉卡斯酒莊的歷史，首先必須瞭解創建於1638年的Léoville酒莊。在梅多克（Médoc）區的早期歷史中，里維·拉卡斯酒莊酒莊就被認定是「僅次於公認的4個一級酒莊（Latour、Lafite、Margaux和Haut-Brion）之後的酒莊。」1769年由於莊主葛斯克（Gascq）去世時沒有繼承人，酒莊便由四個家族成員繼承，他們分別是拉卡斯公爵（Marquis de Las-Cases-Beauvoir）以及他的弟弟和兩個姐妹。隨著歷史推進，法國大革命期間，當時的莊主逃離法國，雖然革命沒收了整個酒莊，但卻使酒莊出現了第一次的分裂，最初是酒莊的四分之一被賣掉，後來發展成了今天的巴頓酒莊（Leoville Barton）。餘下的四分之三還保留在家族手中，莊主的兒子皮耶尚（Pierre-Jean）繼承了餘下大部分酒莊。只有一小部分給了他的姐姐珍娜（Jeanne）。後來，珍娜的女兒嫁給了伯菲男爵（Baron Jean-Marie de Poyferré），因此她的葡萄園就成了今天的波菲酒莊（Léoville Poyferré）；而皮耶尚擁有的是最初半個的Léoville酒莊，後來便發展成了里維·拉卡斯酒莊。

A．酒莊門口的雄獅拱門。B．團員們在酒莊試酒。C．飽滿碩大的葡萄。D．酒窖石雕。E．印有標誌的Las Cases 1999原箱木板。

從里維．拉卡斯酒莊分裂出來的三個酒莊在1855年中都被列為二級酒莊。從那以後，里維．拉卡斯酒莊一直都保留在拉卡斯（Las-Cases）家族手中。自1900年起，拉卡斯家族就將里維．拉卡斯酒莊產權改為法人持有，並聘請了釀酒世家德隆（Delon）家族管理酒莊和負責釀酒事務。現時掌管里維．拉卡斯酒莊的是第3代米歇爾．德隆（Michel Delon）和他的兒子尚．歐伯特．德隆（Jean Hubert Delon）。同時，德隆家族已從原來只持有二十分之一的里維．拉卡斯酒莊股份增至目前的二十分之十三，因此對雄獅酒莊擁有絕對的控制權和管理權。如今，德隆家族仍然是里維．拉卡斯酒莊的領導層由米歇爾．德隆繼承酒莊，而現在接棒的是尚．歐伯特．德隆。

里維．拉卡斯酒莊所用的葡萄篩選嚴格，因此很多都被打下作為侯爵園（Clos

du Marquis）二軍，也讓後者在市面上的能見度極高，幾乎成為玩家惦量荷包的首選代用品。 德隆對於品管的要求甚高，在波爾多地區恐無人能比。以採收葡萄為例，本園每公頃平均收成四千公升，然而在極佳的年份，德隆將收成的一半淘汰；又如在1990年這樣優秀的年份，其淘汰率高達六成七。里維・拉卡斯酒莊高淘汰率策略使得本園不僅擁有最好的二軍酒「侯爵園」，這也是里維・拉卡斯酒莊，特別是德隆值得傲人之處。除拉圖（Latour）二軍酒小拉圖之外，幾乎無人能比，難怪《神之雫》漫畫敍述：雖然是二軍酒，它的潛力遠遠淩駕於普通級數的葡萄酒，第24集形容侯爵園（Clos du Marquis 2004）：「溫柔而調和的木琴」，喝一口便覺得很愉快了，鬱悶的心情也會變得很爽朗！在德隆家族全力耕耘將近百年裡，里維・拉卡斯酒莊幾乎都是穩定而值得信任。在2004年份算是波爾多不是很好的年份，勇奪2007年《WS》年終百大第6名，評分高達95分。2002年的WS年終百大，1999年份的里維・拉卡斯酒莊又拿下第10名，前9名一支波爾多都沒有，其實力可見一般。雖然這間酒莊早已不需要百大加持， 但在許多級數酒莊紛紛折腰的1999年份，里維・拉卡斯酒莊仍以準一級酒莊之姿，為波爾多在酒壇留下它的足跡。

里維・拉卡斯酒莊既然已是帕克心目中的一級酒莊，分數當然也有相當不錯的表現。如1982年份被帕克酒評了6次的100分，所向披靡。1986年份一樣被評為100滿分。2000年份和2009年份同時被評為98+高分，1996年份和2005年份同樣被評為98高分，就連布是很好的波爾多年份的2002年份也被評為95高分。在葡萄酒觀察家方面也有兩個100滿分，分別是2000年份和2005年份。2010年份也得到了將近滿分的99高分，1985年份和2009年份同時獲得了98高分。這一連串的高分讚譽，在在證明了酒莊的實力。2009年份的酒一瓶在台灣市場售價為台幣12,000元，2010年份售價是台幣10,000元，新年份2011年份台灣市場價為台幣5,500元。2012年，里維・拉卡斯酒莊在英國倫敦國際葡萄酒交易所（Liv-ex）一年一度的TOP100排行榜上，排名至47名。里維・拉卡斯酒莊在2007以後的連續幾年排名始終在20名內。這次跌到榜外，有點令人驚訝！但不論排名為何？從不影響其品質與收藏家的喜好。

DaTa

地址｜Château Léoville-Las-Cases，33250 St.-Julien-Beychevelle，France
電話｜（33） 05 56 73 25 26
傳真｜（33） 05 56 59 18 33
網站｜www.domaines-delon.com
備註｜參觀前必須預約

推薦酒款

Recommendation Wine

里維・拉卡斯酒莊

Château Leoville Las Cases 1996

ABOUT

分數：WA 98、WA 92
適飲期：2005～2020
台灣市場價：12,000元
品種:卡本內蘇維翁（Cabernet Sauvignon）、
美洛（Merlot）、卡本內弗朗（Cabernet Franc）、
小維多(Petit Verdot)
橡木桶：50%～100%法國新橡木桶
桶陳：18個月～24個月
瓶陳：6個月
年產量: 216,000瓶

品酒筆記

1996年份的里維・拉卡斯是我喝過最好的兩個老年份之一，這個年份是在酒莊喝到的，另一個是品酒會喝到的1982年份。里維・拉卡斯 一向色深豪邁，發展緩慢而有張力，它並不適合即飲，但耐心會讓飲者知其為何「超二趕一」。整支酒有著濃郁的深紫紅色，聞來豐富，入口強壯有力，有微微的花束香，集中飽滿的黑醋栗香氣後，轉而出現煙燻與煙草味，最後是美妙的木桶香草香和松露氣息，經典的波爾多酒，單寧柔和，有力而節制，餘韻悠長且迷人，不愧是稱為百獸之王的一頭猛獅。

建議搭配

牛肉煲、滷味豆干、紅燒五花肉、紅燒豆腐。

★ 推薦菜單　烤羊腿

據傳，烤羊腿曾是成吉思汗喜食的一道名菜。由於烤羊腿肉質酥香、焦脆、不膻不膩，他非常愛吃。隨著時間的流逝，居住在城市裡的廚師，吸取民間烤羊腿的精華，逐漸成為北方經典名菜。作者在北京胡同嚐到的是正宗道地的烤羊腿，來自呼倫貝爾大草原的羊，以炭火慢烤，皮脆肉酥，軟嫩生香。這款足以媲美五大酒莊的雄獅大酒，配上巨大美味的烤羊腿，不腥不膻，肉質鮮嫩，皮香酥脆，果香與肉香在空氣中飄散，近悅遠來。紅酒中的細緻單寧使得羊肉更為順口軟嫩，羊腿瞬時變為小鳥依人，溫柔婉約，入口即化。此時，一手撕著羊腿肉，一手端著雄獅美酒，遙想當年蒙古大帝成吉思汗征戰遠方，不禁燃起思鄉之情！

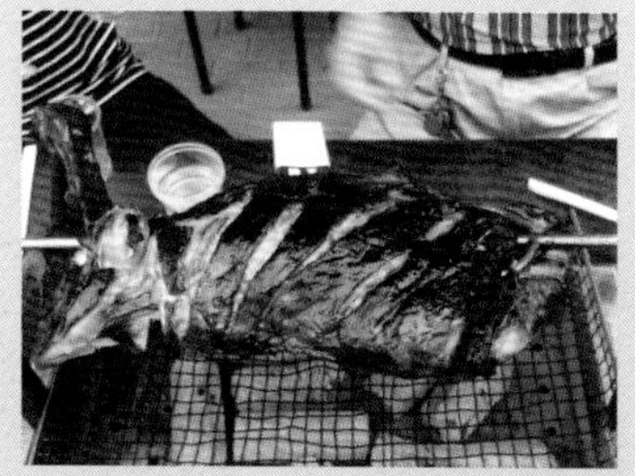

北京胡同內
地址｜北京市

法國酒莊之旅
波爾多篇

Château Lynch-Bages 林奇貝斯酒莊

林奇貝斯酒莊名字中的「Bages」取自古老的貝斯（Bages）小村，改為現在的名字之前稱為貝斯酒莊（Domaine de Bages），自16世紀開始就一直存在於這裡。1691年，約翰．林奇（John Lynch）從愛爾蘭來到法國波爾多，並於此地成家立業。1740年，約翰的大兒子湯瑪斯．林奇（Thomas Lynch）和當時貝斯酒莊的莊主皮爾．德洛伊拉（Pierre Drouillard）的女兒伊莉莎白（Elisabeth）結婚。1749年，皮爾．德洛伊拉去世，貝斯酒莊便順理成章地成為了林奇（Lynch）家族的產業，之後酒莊便改名為林奇貝斯酒莊。

林奇貝斯酒莊幾經輾轉，被著名的葡萄酒世家卡茲（Cazes）家族所購買。當時掌管卡茲家族的是著名的釀酒師尚．查理斯（Jean-Charles），他憑藉積累多年的豐富經驗把林奇貝斯酒莊的酒質提升到了歷史新高，林奇貝斯酒莊的聲譽日隆。尚．查理斯逝世後，酒莊由安德魯．卡茲（Andre Cazes）接管。安德魯．卡茲兢兢業業，酒莊得以繼續發展。老安德魯．卡茲曾擔任多屆波雅克的最高執行官，酒莊現在由他的兒子尚．米歇爾．卡斯（Jean-Michel Cazes）和他女兒西爾薇．卡茲（Sylvie Cazes）管理。在經歷70年代的頹靡不振之後，1981年，林奇貝斯酒莊開始迎來了第一個春天，並且自此以後幾乎每年都能釀出上等的葡萄酒。

A
B | C | D | E

A. 葡萄園。B. 酒莊咖啡廳。C. 酒窖。D. 酒莊經理侍酒與解說。E. 印有酒莊標誌的2003原箱木板。

林奇貝斯酒莊交到尚．米歇爾．卡斯手中後，他與姊姊西爾薇．卡茲（集團主席）共同管理林奇貝斯酒莊。西爾薇．卡茲何許人也？她在2011年接手碧尚女爵堡（Ch. Pichon-Lalande）總經理，同時又當上波爾多級數酒公會（UGCB）理事長。光這兩項頭銜，就可知卡茲家族的實力，要尋找波爾多的「傳統」，林奇貝斯酒莊是值得信賴的選擇。多年來，此酒莊風格傳統，風評佳，每年預售時都有忠實支持者；尤其它在不好年份的表現，經常超越其它酒莊，這也讓它年年成為酒友的例行採買清單，林奇貝斯酒莊2008年份，帕克還喊出了「Bravo！」。1961年份的林奇貝斯（Lynch Bages）也被品醇客選為人生必喝的100支酒款之一。1985年份的林奇貝斯（Lynch Bages）並且獲得《葡萄酒觀察家雜誌WS》1988年度TOP 100的桂冠，評為97高分。

林奇貝斯酒莊100公頃的葡萄園（6公頃為白葡萄園）分佈在吉倫特（Gironde）河邊，溫度濕度均非常適宜，非常適合葡萄的生長。紅葡萄品種有73%卡本內蘇維翁（Cabernet Sauvignon）、15%美洛（Merlot）、卡本內弗朗10%（Cabernet Franc），2%小維多（Petit Verdot），平均樹齡35年。白葡萄品種有40%白蘇維翁（Sauvignon Blanc）、40%榭米雍（Semillon）、20%的慕斯卡朵（Muscadelle），平均樹齡15年。每年生產42萬瓶正牌酒和9萬瓶的副牌酒，另外還有18,000瓶的白酒。林奇貝斯這幾年的表現都非常優異，得一提的是1989和1990連續的高分，1989年份獲得帕克結近滿分的《RP》99+，而且2015年才進入適飲期，一直可以窖藏到2065年之久，幾乎可以橫跨半個世紀。1990年份獲得《RP》99分。其他好年份的有1961年份的95高分，1982年份的93分，1986年份的94分，2000年份的97分，2005年份的94+分，2009年份的98分，2010年份的96分。葡萄酒觀察家分數為：1989、2000、2009和2010四個年份都一起被評為96高分。英國《品醇客雜誌Decanter》也將1961的林奇貝斯酒選為此生必喝的100支酒款之一。目前新年份在台灣上市價格大約是台幣4,000元一瓶，好年份如2009年份的一瓶價格為台幣7,000元。

林奇貝斯酒莊內有一個博物館，展出莊主所收藏的藝術品，遊客可以入內參觀。在本酒堡所附設的高迪佩斯（Le Relais & Château Cordeillan-Bages）高級度假旅館。此精品旅館僅設28個房間。旅館內還有一家被法國米其林美食指南評為二星的同名餐廳，之前讓本餐聽聲名大噪的名廚馬克思（Thierry Marx）在最近離職後，改由尚．路克．羅夏（Jean-Luc Rocha）擔任大廚；羅夏也絕非泛泛之輩，他曾在2007年獲得地位崇高的法國廚藝工藝獎（Meilleur Ouvrier de France）。這是一家在波爾多非常棒的餐廳，建議先訂位，以免向隅。2009年我曾經拜訪這個酒莊，在酒莊內品飲了四款酒，酒莊內的釀酒師和經理很親切的為我們介紹，酒莊的歷史、釀酒風格、酒窖，最後我們來到酒莊內附設的咖啡廳（Cafe Lavinar），坐下來好好的品嚐一杯卡布奇諾咖啡，也可以輕鬆的享用超值的午餐，這是一個在波爾多必遊的酒莊之一。

DaTa

地址｜Craste des Jardins，33250 Pauillac，France

電話｜+33 05 56 73 24 00

傳真｜+33 05 56 59 26 42

網站｜www.lynchbages.com

備註｜參觀前必須先預約，可以電話或郵件連絡，耶誕節和元旦當天不開。

推薦酒款

Recommendation Wine

林奇貝斯酒莊

Château Lynch-Bages 2000

ABOUT

分數：RP 97、WS 96
適飲期：2010～2040
台灣市場價： 10,000元
品種：71%卡本內蘇維翁（Cabernet Sauvignon）、
16%美洛（Merlot）、11%卡本內弗朗（Cabernet Franc）、
2%小維多（Petit Verdot）
橡木桶：70%法國新橡木桶
桶陳：18月
瓶陳：6個月
年產量： 420,000瓶

品酒筆記

2000年的Lynch-Bages確實是一款值得眷戀的世紀美酒，讓人喝了會留下回憶！此酒酒體渾厚，酒色成深紫紅色，香氣帶有豐富的橡木、新皮革、梅子、黑加侖香味，口感有著奶酪和黑醋栗，雪松木，松露和濃濃的摩卡咖啡。入口甜蜜而濃郁，性感中帶著細膩，典型波爾多風格，單寧如絲充滿魅力，華麗絢爛而迷人。這款酒應該可以繼續窖藏30年以上。

建議搭配

牛肉煲、滷味豆干、紅燒五花肉、紅燒豆腐。

★ 推薦菜單　九層塔烘蛋

九層塔烘蛋是一道很普遍的家常菜，這道菜是媽媽和阿嬤最拿手的古早台灣傳統菜，小時候常常吃到。將九層塔切細和蛋汁攪拌，油熱後開始倒入，煎至一面熟後，再換面煎熟，一定要煎到呈金黃色，也就是要到台灣人說赤赤的感覺。熱騰騰的吃可以品嚐到九層塔的特殊香氣和焦黃的蛋香。這款超級年份的波爾多好酒本來就很迷人，就算直接喝不配任何菜也會讓人心動。今天我們以這款簡單的家常菜來搭配，盡量不影響到酒的口感與香氣，而且九層塔的香氣還可以融入葡萄酒的咖啡和新鮮皮革內，蛋的酥香軟嫩也可以增加紅酒的可口度，再次證明好酒並不需要配上最頂級的菜肴，重點是以不影響酒的口感為最高指導原則。

成家小館（木柵店）
地址｜台北市木新路三段154號

瑪歌酒莊

瑪歌酒莊（Château Margaux）歷史悠久，至今已有六七百年的歷史。早在13世紀，歷史中開始有關於拉莫．瑪歌（La Mothe Margaux）的紀載，只是那時園中還沒種植葡萄。瑪歌酒莊的歷屆莊主都是當時的貴族或者重要人物，但即便如此，酒莊也並沒有達到如今的輝煌，直到十六世紀雷斯透納（Lestonnac）家族接管之後，酒莊才開始蓬勃發展起來。雷斯透納家族也是瑪歌酒莊在接下來超過兩世紀的擁有者。

瑪歌酒莊是法國波爾多左岸梅多克產區瑪歌村的知名酒莊，在1855年就已進入四大一級酒莊的行列，《倫敦公報》在1705年報導了波爾多美酒的歷史性時刻，波爾多酒的第一筆買賣，成交的是230桶瑪歌酒莊紅酒。1771，該酒莊第一次出現在佳士得拍賣行的拍賣名單上。美國前總統湯馬斯．傑弗森（Thomas Jefferson）在喝了一瓶1784年份得瑪歌之後，將它評為波爾多四大名莊之首。1810年建築師路易斯．康貝斯（Louis Combes），設計建造了瑪歌酒莊，被世人稱為是梅多克的凡爾賽宮。在法國，這是其中一座為數不多的新帕拉底奧風格的建築，於1946年被列入世界歷史文化遺產，當來自世界各地的遊客們穿越了酒莊入口百年梧桐樹排成的長道後，展現在他們眼前的，是華麗宏偉且獨一無二的

A．酒莊外觀。B．酒窖。C．葡萄採收。D．成熟的葡萄。E．莊主Corinne和女兒Alexandra。

酒莊。曾任中國最高領導人，國家主席胡錦濤當年出訪法國的時候，曾經到過波爾多，所參觀的酒莊就是瑪歌酒莊，這也是迄今為止唯一一家接待過中國最高領導人的波爾多一級酒莊。當時酒莊邀請胡主席品嚐的酒，就是1982年份的瑪歌紅酒。

瑪歌酒莊目前擁有土地面積為262公頃，其中紅葡萄園80公頃，白葡萄園12公頃。葡萄種植比例上，紅葡萄為75%卡本內蘇維翁（Cabernet Sauvignon）、20%美洛（Merlot）、2%卡本內弗朗（Cabernet Franc）和3%小維多（Petit Verdot），白葡萄為100 %白蘇維翁（Sauvignon Blanc）。葡萄植株的平均樹齡為45年。瑪歌酒莊是眾多波爾多名莊中比較恪守傳統的酒莊，酒莊不僅堅持手工操作，而且仍然百分百採用橡木桶，即使像拉圖酒莊、歐布里昂酒莊等五大名莊早就用不銹鋼酒槽發酵。瑪歌紅葡萄酒在橡木桶中發酵，並在新橡木桶中陳年18至24個月。究竟瑪歌有著怎樣的魅力呢？瑪歌的現任總經理保羅．彭塔利爾（Paul Pontallier）這樣評價道：「瑪歌酒把優雅和力量的感受，微妙而和諧地揉合在一起。而其中的諧妙，絕非僅花香、果香或辛香給你帶來的愉悅。」

瑪歌酒莊幾百年來敍述著很多歷史軼事，其中最出名的當然是美國前總統湯馬斯．傑弗森的情有獨鍾。另外一則是在拿破崙的征戰中，瑪歌紅酒是他沙場中的良伴。在拿破崙的《聖赫勒拿回憶錄》裡寫道：「因大雪封山，使得100桶瑪歌酒未能運到滑鐵盧前線。」可見拿破崙對於瑪歌紅酒有多喜愛。連文學家海明威希望能將孫女撫養的「如同瑪歌葡萄酒般充滿女性魅力」，而依酒莊名為她命名。後來孫女也真的成為一位有名的電影明星。在日本電影〈失樂園〉，男主角役所廣司和女主角黑木瞳在殉情時最後喝的酒就是瑪歌1987年，雖然不是很好的年份，但這也證明了日本人還是對瑪歌酒莊的酒比較厚愛。

瑪歌酒莊的酒究竟有多好呢？其酒婉約細膩，但不失堅強，絕無僅有的女王（女+王）。一般公認瑪歌酒莊是波爾多酒中的代表作：細緻、溫柔、優雅以及中庸的單寧。瑪歌堡的佳釀無論如何一定要平心靜氣，細細品味才能體會其「弦外之音」。Ch.Margaux 1900漫畫主角遠峰一青為之臣服的世紀名酒，《WS》選為上世紀12支夢幻神酒之首。Ch.Margaux 2000被帕克選為心目中最好的12支酒之一，100滿分。另外帕克打100分的還有1900年份和1990年份。三個波爾多偉大的年份1996、2009和2010都獲得了接近滿分的99高分。有世紀年份之稱的1982年份則獲得了98分。英國《品醇客Decanter》雜誌也將1990和1985的瑪歌酒莊選為此生必喝的100支酒款之一。目前瑪歌酒在台灣市場價一瓶大約是台幣15,000元起跳，最貴的是1900年份的580,000元一瓶。好年份的2009&2010大約是35,000元一瓶。

作者與酒莊亞洲品牌大使天寶（Thibault Pontallier）在台合影，他也是酒莊總經理Paul Pontallier的兒子。

DaTa

地址｜Château Margaux ,33460 Margaux
電話｜+33（0）5 57 88 83 83
傳真｜+33（0）5 57 88 31 32
網站｜www.Château-margaux.com
備註｜參觀前必須預約，週一到週五上午10：00～12：00，14：00～16：00

推薦酒款

Recommendation Wine

瑪歌酒莊

Château Margaux 1990

ABOUT

分數：RP 100、WS 98
適飲期：2015～2040
台灣市場：35,000元
品種：75%卡本內蘇維翁（Cabernet Sauvignon）、
20%美洛（Merlot）、2%卡本內弗朗（Cabernet Franc）
和3%小維多（Petit Verdot）
橡木桶：100%法國新橡木桶
桶陳：18月
瓶陳：6個月
年產量：300,000瓶

品酒筆記

1990的瑪歌是無可挑剔的一款酒。這個年份的瑪歌個人已經喝過四次之多，能說什麼呢？「無與倫比」四個字。帕克總共嚐了8次之多，其中7次都給了100滿分，最後一次是在2009年6月打的。1990年份絕對是瑪歌酒莊的經典之作，它將成為一個偉大傳奇年份，也會為瑪歌酒莊留下精采的一頁。色澤呈深紅寶石色，鮮花、松露、紫羅蘭、石墨、菸草和東方香料等層層疊疊的香氣，令人目不暇給。一款身材窈窕撫媚動人的酒，單寧柔滑透細，有如貴妃出浴般的濕嫩閃亮，其迷人的風采，完全吸引你的目光。成熟的黑漿果、黑李、黑櫻桃、雪松、甘草、巧克力和摩卡，口感豐富而遼闊。經典的瑪歌酒融合了力量與優雅，濃郁而細膩，有如神話般的美酒，讓人回味無窮！

建議搭配

香煎小羊排、滷牛肉、白切羊肉、滷味。

★ 推薦菜單　全珍一品鍋

全珍一品鍋是翠滿園的招牌菜，全台灣只有這家有，沒有一家可以仿得來。一甕十八斤要價13,000元的招牌鍋，老闆告訴我，裡頭全部採用高級食材，排翅、干貝、鮑魚、烏參、日本花菇、土雞腿、豬蹄花、新鮮筍、金華火腿，層層相疊、重味道的放底層，先慢慢煨再蒸，湯清而不油。雖然做法有點類似佛跳牆，但用的都是高級食材，所以沒那麼油膩，反而比較爽口。瑪歌的酒充滿各式各樣的濃稠果味，和一品鍋的高級食材：排翅、烏參、花菇、鮑魚等比較清淡的佳肴，完美而豐富的果香可以增添美味，又不影響食材的口感，兩者互相呼應，優雅又迷人。一品鍋湯美味鮮，瑪歌酒質濃郁單寧細膩，呼朋引友，共享人間美食美酒，人生一大快事！

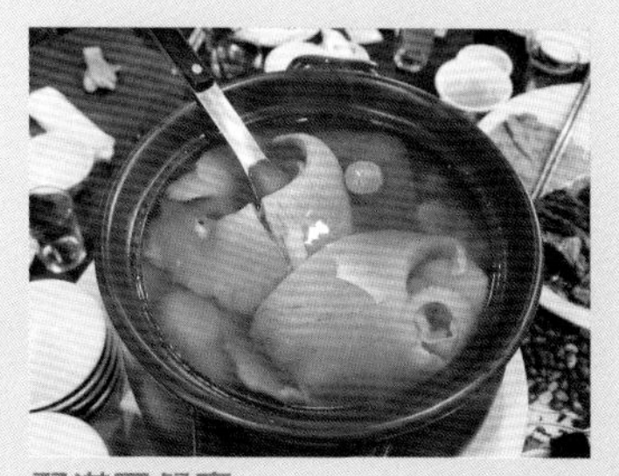

翠滿園餐廳
地址｜台北市延吉街272號

Château Palmer
帕瑪酒莊

波爾多的分級制度，前身本來就是酒的價格。波爾多梅多克產區的酒莊中，除了一級的「五大」之外，通常行情最高的，就是這支位列三級的帕瑪酒莊（Château Palmer），所謂「超二」還得要在很好的年份，才可以對外報出與帕瑪差不多的價格。行家都說，梅多克如果有第六大，帕瑪酒莊出線的機會非常高。帕瑪酒莊與瑪歌酒莊（Château Margaux）和魯臣世家酒莊（Château Rauzan-Segla）相鄰，華麗的巴伐利亞色彩建築，奇形怪狀的四個尖頂塔樓懸掛著三面不同的國旗，十分有特色。帕瑪酒莊雖然在1855年波爾多列級名莊的分級中僅位列第三級，但卻是唯一在品質和價格上可以挑戰五大酒莊的三級酒莊。

1938年，眾多頂級酒莊均處於低谷時期，四個波爾多頂級葡萄酒批發商；馬勒-貝斯（Mahler-Besse）家族、西塞爾（Sichel）家族、米艾勒（Miailhe）家族和

A. 美麗的Palmer城堡。B. 酒莊VIP餐廳。C. 酒莊專用橡木桶。D. 在酒莊品嚐剛亮相的Palmer 2008白酒和兩款紅酒。

吉娜斯特（Ginestet）家族共同購買了帕瑪酒莊，並逐漸恢復了酒莊應有的地位。後來兩個家族退出，西塞爾家族和馬勒-貝斯家族則繼續持有帕瑪酒莊。2004年，持股家族將帕瑪酒莊的管理重任交付給了湯馬斯．杜豪（Thomas Duroux）先生。杜豪曾在眾多世界頂級酒莊從事釀酒工作，接手以後將帕瑪酒莊推升到另一個高峰。在上世紀60～70年代末，這二十年當中，由於瑪歌酒莊的水準不穩定，多次評分都不如帕瑪酒莊，直到78年，瑪歌酒莊才搶回了第一的位置。到現在，兩個酒莊仍然繼續爭鋒。論及酒體的醇厚，帕瑪酒莊與其他一級酒莊相比毫不遜色。它的表現甚至比許多一級酒莊還要出色。雖然帕瑪酒莊名義上只是一座三級酒莊，但它的葡萄酒價格卻定位在一、二級酒莊之間，充分顯示出波爾多經紀商、國外進口商和世界各地的消費者對該酒莊葡萄酒的推崇與尊重。

帕瑪酒莊現擁有葡萄園55公頃，分佈於瑪歌區的丘陵之上。葡萄園的主體部分集中於一片冰川期形成的由貧瘠的礫石構成的高地上，這也正是瑪歌產區丘陵地帶的最高處。由於位於幾米厚的沙礫層山坡上，土壤由易碎的黑色的碧玄岩（lydite），白色和黃色的石英，夾雜著黑色、綠色和藍色的矽岩和白色的玉石組成。葡萄園種植有47%的卡本內蘇維翁（Cabernet Sauvignon）、47%的美洛（Merlot）和6%的小維多（Petit Verdot），平均樹齡為38年。

帕瑪酒莊擁有兩個陳年酒窖。在被稱為「第一年」的陳年酒窖內，擺放的是剛剛裝入當年新酒的橡木桶。它們將安靜地躺在這裡度過第一年的陳年期，在下一年的新酒到來之前，它們便會被搬移到另一個「第二年」陳年酒窖。帕瑪酒莊正牌酒使用新橡木桶50%到60%之間，而副牌酒「另一個我」（Alter Ego）則使用新橡木桶25%到40%之間。酒莊還有一所建築是專門用於儲存已經裝瓶的葡萄酒，出廠前會在這裡貼上商標，然後被送往世界各地銷售。在調配中，帕瑪酒莊所用的美洛葡萄比例，一向較其他梅多克區的列級酒莊為高，這也是《神之雫》裡頭一段非常有趣的情節，所以作者會將它比喻為「蒙娜麗莎的微笑」，1999年份的帕瑪選為第二使徒。無論如何，帕瑪酒莊的酒質非常細緻（偏柔軟）、華麗，香氣直接而持久，微甜，整支酒高貴而尊榮。尤其是輝煌的1961年份《RP》99分，價格更是沒行情。

2005年5月，帕瑪酒莊總經理湯瑪斯．杜豪、行銷經理伯納德和首席釀酒師菲力浦還曾專程來到澳門，為全球最大收藏者葡京酒店已有44年酒齡的528瓶帕瑪更換了軟木塞（換塞後剩下508瓶），確保酒質繼續以穩定的速率漸入佳境，酒塞上還有2005字樣。它比同一年份的Lafite還貴，且只能在酒店裡喝，可能需要3萬港幣才能一親芳澤了！目前帕瑪的價格大概都要台幣8,000元以上，好的年份如2009和2010大概要台幣12,000元以上。

DaTa

地址｜Château Palmer, Cantenac, 33460 Margaux, France
電話｜（33）05 57 88 72 72
傳真｜（33）05 57 88 37 16
網站｜www. Château-palmer.com
備註｜參觀前必須預約；從4月份到10月份每天均可；10月至次年3月，週一至週五

推薦
酒款

Recommendation
Wine

帕瑪酒莊

Château Palmer 1961

ABOUT
分數：RP 99、WS 93
適飲期：2015～2025
台灣市場價：100,000元
品種：47%的卡本內蘇維翁（Cabernet Sauvignon）、
7%的美洛（Merlot）和6%的小維多（Petit Verdot）
橡木桶：50%法國新橡木桶
桶陳：26個月
瓶陳：4個月
年產量：35,000瓶

品酒筆記

2009年時，中文版《品醇客Decanter》創辦人，也是我最好的酒友之一，林耕然先生相約要喝這瓶世紀傳奇之酒，我帶著忐忑不安的心情前往膜拜。這一瓶老酒經過50年的洗禮，到底還能不能喝？正是考驗著酒本身的實力還有收藏者的保存能力。酒打開後，馬上撲鼻而來的是老酒的烏梅與咖啡味道，色澤已經是老酒的顏色了，呈現出老波特酒的深棕色，喝起來厚實強烈，口感甜美而帶有成熟的烏梅、桂圓和波特老酒味。經過30分鐘後，巴羅洛特有的玫瑰花瓣香，波爾多的黑醋栗和黑莓果味，勃根地白酒的烤麵包和純淨的礦物質香氣，迫不及待爭先恐後的跳出，層層堆疊，變化無窮。一支超過半世紀的老酒，能有這樣強烈而集中的香氣，濃郁而成熟，餘韻悠長甘美，令人為之傾倒！這是一款兼具優雅與霸氣的帕瑪，能成為現代傳奇，當之無愧。

建議搭配

阿雪真甕雞、北京烤鴨、鹽水鵝肉。

★推薦菜單　脆皮炸子雞

炸子雞是傳統粵菜餐廳最經常看到的菜式之一。炸子雞最講究是皮要脆，肉要嫩帶汁，而且要入味！喆園的脆皮雞選用3斤重的土雞，是因為雞的油份剛好，不會太肥或太瘦，這些都會影響皮的脆度，擺上一小時以上，皮還是脆的！這款世紀傳奇老酒，酒精味不重，單寧也不是很強烈，並不適合濃重口味的牛羊豬紅肉來搭配，用這道嫩脆適中的雞肉來配，不會搶走帕瑪的花香和果味，更可以增添老酒的迷人丰采。酥脆軟嫩的雞肉和不慍不火的經典老酒，半世紀的等待，就為妳而來，美麗的相遇！

喆園餐廳
地址｜台北市建國北路一段80號

Château Mouton Rothschild
木桐酒莊

木桐酒莊(Château Mouton Rothschild)位於法國波爾多梅多克產區(Medoc)的波雅克(Pauillac)村,出產享譽世界的波爾多葡萄酒。在目前的分級制度中,它是位列第一等(Premier Grand Cru)的五大酒莊之一,與拉菲酒莊(LafIte-Rothschild)、拉圖酒莊(Latour)、瑪歌酒莊(Margaux)和歐布里昂酒莊(Haut-Brion)同列一級酒莊。木桐酒莊的土地最早被稱「Motte」,意為土坡,即「木桐Mouton」的詞源。Mouton在法文的語意是「羊」的意思。這個文字被酒莊廣為宣傳,因為酒莊老莊主菲利浦·羅柴爾德男爵(Baron Philippe de Rothschild)生於1902年4月13日,屬白羊星座的男爵,把自己的名字與酒莊保護神「羊」緊密結合在一起。

酒莊的歷史簡單來說:1853年,家族中一名成員納撒尼爾·羅柴爾德男爵(Baron Nathaniel de Rothschild)購買了(Château Brane-Mouton)莊園,後改名為木桐酒莊(Château Mouton Rothschild)。1855年官方波爾多評級為第二級酒莊。1922年,他的曾孫菲利浦·羅柴爾德男爵(1902~1988)決定由自己來掌管該莊園。他在木桐酒莊的65年中,表現出堅強的個性,將酒莊發揚光大。1924年,他首次推出酒莊裝瓶的概念。1926年,他建立了著名的酒窖,宏偉的100米酒窖,現在已成為

A.酒莊外觀。B.酒神巴庫斯雕像。C.作者與Mouton 2003合影。D.酒窖準備換桶。E.100米長25米寬特別的酒窖，可以存放1000個橡木桶。

參觀木桐酒莊的主要景點之一。1933年，他通過購買旁邊的1855列級五級酒莊達美雅克單人舞（Château Mouton d'Armailhac）而擴大了家族酒莊的面積。1945年開始，以一系列令人陶醉的藝術作品為酒標，每年由著名畫家為木桐酒莊創作商標。1962年，座落在酒窖旁邊的葡萄酒藝術博物館舉行開業慶典，博物館展示一系列三千年以來的葡萄酒和葡萄藤精品，每年吸引著成千上萬名參觀者。1970年，酒莊收購了五級酒莊克拉米隆雙人舞（Château Clerc Milon），繼續擴大規模。1973年，經過20年的努力不懈，菲利浦男爵終於取得了1855列級的修訂，木桐酒莊正式成為第一級酒莊，和其他左岸的四個一級酒莊平起平坐，形成波爾多五大酒莊。1988年，菲麗嬪‧羅柴爾德女男爵繼承父業。1991年，她決定創造銀翼（Aile d'Argent），在占地10英畝的木桐酒莊葡萄園生產的一種優質白葡萄酒，種植品種包括：白蘇維翁

（51%）、塞米雍（47%）和慕斯卡多（2%）。1993年，木桐酒莊首次發表副牌酒，木桐酒莊的小木桐（Le Petit Mouton）。

木桐酒莊葡萄園的面積原為37公頃，園內的品種以種卡本內蘇維翁為主。時至今日，木桐酒莊已擁有82公頃的葡萄園，其中77%為卡本內蘇維翁（Cabernet Sauvignon），10%為卡本內弗朗（Cabernet Franc），11%為美洛（Merlot），2%是小維多（Petit Verdot）。種植密度每公頃8,500株，平均樹齡45年。採用人工採摘的方式收穫葡萄，只採摘完全成熟的葡萄，先放在籃子中，再送到釀酒室。使用橡木發酵桶發酵，木桐酒莊是當今一直使用發酵桶發酵的少數波爾多酒莊之一。一般發酵時間為21至31天；然後轉入新橡木桶熟化18至22個月，每年產量在30萬瓶左右。

1924年廣告畫師尚．卡路（Jean Carlu）用粗獷的手法繪出菲利浦男爵家族五支箭頭的族徽、木桐酒莊，還有木桐酒莊的象徵綿羊創作了第一幅藝術酒標，酒莊從這一年開始實行「在酒莊內裝瓶」。1945年菲利浦委託青年畫家菲利浦．朱利安（Philippe Jullian）創作當年的新酒標，此時適逢二戰結束，就以英國首相邱吉爾兩個手指所筆畫出的V字為主，勝利（Victory）的大「V」字母立在中央，象徵著和平的到來。而這一年的酒也成了木桐酒莊最好的世紀年份，得到各界酒評家的滿分讚賞，幾乎在各大拍賣會場都能見到它的身影。從這一年開始，木桐酒莊每年都會邀請一位藝術家來為木桐設計酒標，受 請的藝術家會得到10箱木桐酒，其中包括5箱自己當年設計酒標的木桐酒和5箱其他不同年份的木桐酒。自那以後，眾多歷史上著名的藝術家都曾替木桐設計酒標，如1955年的喬治．布拉克（Georges Barque）、1958年的薩爾瓦多．達利（Salvador Dali）、1964年的亨利．摩爾（Henry Moore）、1969年的胡安．米羅（Joan Miró）、1970年的馬克．夏卡爾（Marc Chagall）、1971年的瓦西里．康丁斯基（Wassily Kandinsky）、1973年的巴勃羅．畢卡索（Pablo Picasso）、1975年的安迪．沃荷（Andy Warhol）、1980年的漢斯．哈同（Hans Hartung）、1990年的法蘭西斯．培根（Francis Bacon）、1993年的巴爾蒂斯（Balthus）。這個原則只有極少年份例外，如：1953年，購買酒莊百年紀念。1977年，英國王太后的私人訪問紀念。2000年，慶祝千禧年烙印的金羊。2003年，購買酒莊150周年紀念。最著名的酒標是1973年畢卡索的「酒神狂歡圖」，展示了美酒為生

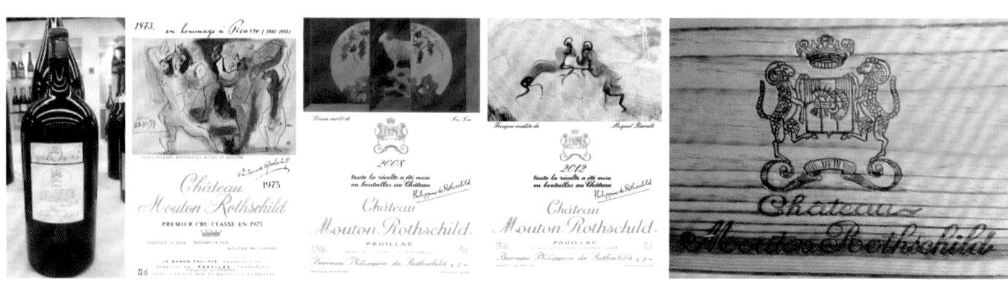

左至右分別是：Mouton Rothschild 1945，第一個年份藝術標籤。畢卡索所畫1973木桐酒標。中國畫家徐累所畫2008木桐酒標。Miquel Barcel 2012最新年份木桐酒標。印有酒莊標誌的原箱木板。

上左：酒莊種植卡本內蘇維翁。上右：各種不同年份的酒標。下左至右：小木桐。備受爭議的裸女酒標。極具收藏價值的2000年金羊。本世紀最好年份的2009木桐。

活帶來的歡樂。而這一年也是酒莊值得慶祝的一年，因為正是木桐酒莊由二級酒莊升等為一級酒莊。2004年的酒標為英國查爾斯王子的水彩畫，上面還寫有：「慶祝英法友好協約簽署100周年，查爾斯2004。」將近70年來只有兩個年份選用了中國畫家的作品：1996年份酒標選用了古干的一幅水墨畫「心連心」，2008年份酒標選用了徐累的一幅工筆畫「三羊開泰」。

木桐酒莊本來的的座右銘為："Premier ne puis,second ne daigne Mouton Suis."意思是「不能第一，不屑第二，我就是木桐。」1973年，菲利浦男爵努力不懈的爭取，終於改變了法國波爾多一百多年來僵硬的傳統：波爾多左岸分級歷史上的唯一一次，木桐酒莊從二級酒莊晉升為一級酒莊。男爵的座右銘從此改為："Premier je suis, second je fus, Mouton ne change."意指「我是第一，曾是第二，木桐不變。」1988年，這位偉大人物仙逝，其女兒菲麗嬪女男爵（Baronne Philippine）接掌酒莊。菲麗嬪女男爵全身心地投入到這一夢幻事業中來，她帶領家族酒業在國內和國際取得重大成就，家族酒莊也攀上峰頂。菲麗嬪女男爵曾榮獲「法國藝術與文學騎士勳章」和「法國榮譽軍團軍官勳章」，2013年6月被英國葡萄酒大師學會（IMW）與《飲料商務Drinks Business》雜誌聯合授予「葡萄酒行業人物終身成就獎」。非常遺憾的是木桐酒莊莊主菲麗嬪女爵已於2014年8月22日晚在巴黎逝世，享年80歲。目前酒莊由菲麗嬪兒子菲力浦-賽雷斯．羅柴爾德先生掌管。

木桐酒莊雖然是五大酒莊之一，但是在有些年份並不穩定，例如在1989和1990兩個波爾多好年份，木桐並沒有發揮好年份的實力，帕克只給了90和84的分數。1945、1959、1982和1986都獲得了帕克的100滿分，其中1945年份被葡萄酒觀察家雜誌選為上世紀最好的12款酒之一。1959年份被英國品醇客雜誌選為此生必喝的100款酒之一。1986年份被帕克選為心目中12款夢幻酒之一。這一個年份也是木桐酒莊在《WS》最高分的年份99高分。最出乎意料的年份是2006年份，這一年並非波爾多頂頂尖年份，但是帕克卻對木桐酒莊打出了98+高分，可以和2000年以後的世紀好年份2010年份一較高下，同樣是98+高分。另一個世紀年份是2009年份的99+高分，將來很有機會挑戰100滿分。目前木桐的酒在台灣最便宜的價格大約是台幣15,000元一瓶，最高的價格當然是1945年的世紀佳釀，一瓶要價500,000元。另外鑲著金羊的2000年千禧年份，因為比較特別，又是好年份，台灣市場價一直沒有低於50,000元，是非常值得投資收藏的一款酒，《RP》96+高分，可以窖藏到2050年，甚至更久。還有最近在台灣才拍賣出去的1945～2009，總共65個年份一套，拍賣價格是三百五十萬元。

2009年我曾經參訪了木桐酒莊，在那裏看到新栽種的紅白葡萄品種，這是一種實驗性質。我們也進到了夢幻的酒窖，裡面都是全新橡木桶，還有60年來不同的藝術酒標，最特別的是酒莊經理還請我們桶邊試酒，酒莊工作人員直接從木桶中抽出小量的酒給大家喝，這是何等的禮遇啊！經理帶我們來到品酒室，給我們試了還沒貼上酒標的2008年份的酒，這個年份的酒標後來採用的是中國畫家徐累的「三羊開泰」。2008年份的酒也是最物超所值的一款好酒，年份不錯。因為2009年遇上金融危機，所以這一年的五大酒莊所有預購期酒都沒超過台幣10,000元，真是買到賺到。

特別推薦

木桐銀翼

Aile d'Argent 2010

ABOUT

分數：RP 93、WS 90
適飲期：2012～2022
台灣市場價：4,000元
品種：70%白蘇維翁（Sauvignon Blanc）
30% 塞米雍（Semillon）
年產量：13,000瓶

DaTa

地址｜Château Mouton Rothschild, 33250 Pauillac, France
電話｜（33） 05 56 59 22 22
傳真｜（33） 05 56 73 20 44
網站｜www.bpdr.com
備註｜參觀前必須預約（週一到週四：上午9：30～11：00，下午2：00～4：00，週五：上午9：30～11：00，下午2：00～3：00；從4月份到10月份：週末和假日均開放（上午9：30和11：00，下午2：00和3：30）

推薦酒款

Recommendation Wine

木桐酒莊

Château Mouton Rothschild 1986

ABOUT
分數：RP 100、WS 99
適飲期：2012～2050
台灣市場價：45,000元
品種：80%卡本內蘇維翁（Cabernet Sauvignon）、
10%美洛（Merlot）、8%卡本內弗朗（Cabernet Franc）
2%小維多（Petit Verdot）
橡木桶：100%法國新橡木桶
桶陳：18～22個月
瓶陳：12個月
年產量：300,000瓶

品酒筆記

1986的木桐酒被帕克認為與偉大的1945、1959、1982三個年份同樣傑出，可見這款酒有多精采！當我2013年第二次品嚐他時，它是多麼的強壯與韌性，單寧細緻而紮實。聞起來花束香、香料、黑咖啡豆、鉛筆芯和黑醋栗。喝到嘴裡時上和舌頭每個角落充滿層層水果，細滑如絲，甜美可口。密集的馬鞍皮革、煙草、雪茄盒、雪松、黑櫻桃和巧克力，最後還出現蜂蜜果干味，這種特殊又精緻的口感，已經得到波爾多頂級酒的精髓，香氣集中，結構完整，酒體優美。真是一款了不起的葡萄酒！應該每年都嚐一次。

建議搭配

花生豬腳、伊比利火腿、紅燒牛肉、烤雞。

★ 推薦菜單　新式無錫排骨

提起無錫，人們一定會想起酥香軟爛、鹹甜可口的無錫排骨，其色澤醬紅，肉質酥爛，骨香濃郁，汁濃味鮮，鹹中帶甜，充分體現了江蘇菜肴的基本風味特徵。傳說，無錫排骨創於宋朝，還與活佛濟公有著一段不解之緣。無錫排骨興起於清朝光緒年間。當時無錫城南門附近的莫興盛肉店出售的醬排骨頗受歡迎，後來即改為無錫排骨。這款100分的木桐紅酒是當今五大最成熟最好的酒之一，酒中充滿各式各樣的水果香氣，可以和排骨中的汁液調和，非常融洽協調。而酒中的細緻單寧也能柔化排骨的油質，使之更加甜美而不膩。紅酒的層層香料更能提升整道菜的豐富感，淺嚐一口，馬上就全身舒暢，深深的被這款酒所吸引。佳肴美酒，遊戲人間！

餐廳：華國飯店帝國會館
地址｜台北市林森北路600號

法國酒莊之旅
波爾多篇

Pétrus
柏圖斯酒莊

提起波爾多的酒，柏圖斯酒莊（Pétrus）絕對是大家公認最好的酒，這一點從來沒有人可以否認。柏圖斯酒莊到底是怎樣的一個酒莊？很多人或許聽過他的大名，但從未嚐過他的酒，或許是因為產量太少了，或許是價格太高了。Pétrus甚至沒有一座高聳偉大的城堡，酒莊的名字也沒有冠以城堡（Château），可見當時只是個無名小卒，如今卻一躍成為波爾多九大酒莊之首，這樣一段傳奇故事值得我們來說說。「Pétrus」在拉丁文中的意思便是「彼得」，聖彼得手中的鑰匙彷彿為葡萄酒愛好者們打開了通往美酒天堂的大門。酒莊最先出現於1837年，當時屬於阿納（Arnaud）家族，該家族自18世紀中葉起便擁有了酒莊。所以在最初的一些年份中，酒標上還標注著柏圖斯阿納（Pétrus-Arnaud）的名字。

1925年柏圖斯傳到艾德蒙．魯芭夫人（Madame Edmond Loubat），她花了將近20年的時間成為了柏圖斯真正的女主人，她想盡辦法讓柏圖斯在上流社會高度曝光。在伊麗莎白女皇二世的婚禮上，魯芭夫人將柏圖斯放到這場世紀婚宴，讓上流貴族們認識到了柏圖斯的魅力，成功打開了英國皇室的大門。隨後，魯芭夫人又在伊麗莎白二世於白金漢宮的加冕典禮獻上一箱柏圖斯做為賀禮。之後，在倫敦所有高級餐廳的酒單上都能見到柏圖斯，讓不少名流貴婦瘋狂的追

A B C D

A. 酒莊門口。B. 酒莊外保護神和寫有Pétrus字是遊客駐足的地點。C. 作者在酒莊留影。D. 葡萄園。

逐。1961年魯芭夫人仙逝後，她把酒莊繼承權分為三份，留給外甥女拉寇斯特（Lacoste）、外甥力格納克（Lignac）和負責酒莊銷售的酒商尚-皮爾．木艾（Jean-Pierre Moueix）。木艾家族在1964年購買了力格納克的股份，成為酒莊的大股東。木艾馬上將柏圖斯推向了美國白宮，酒款深得當時美國總統甘迺迪家族的喜愛，在美國倡導法國時尚的賈桂琳．甘迺迪將柏圖斯引薦進入美國名流圈，柏圖斯酒莊立即成為美國名流社交界追逐的奢侈品。

柏圖斯酒莊原來葡萄園的面積僅有16英畝，1969年購買了12英畝柏圖斯酒莊的鄰居嘉興酒莊（Gazin）的一部分，使葡萄園的面積進一步擴大。20世紀40年代之前，柏圖斯酒莊一直默默無名，1953年以後買了波美侯（Pomerol）著名的當卓龍堡（Trotanoy）、拉弗勒柏圖斯堡（La Fleur Pétrus）和柏圖斯，直到2002

在酒莊喝的1979 Pétrus大瓶裝。

年才全買下全部股權，成為真正的莊主。柏圖斯酒莊擁有11.5公頃的葡萄園，園內土壤表層是純粘土，下面為一層陶土，更深一層則是含鐵量很高的石灰土，並有良好的排水系統。所種植的葡萄品種以美洛（Merlot）為主，約佔95%；剩餘的5%為卡本內弗朗（Cabernet Franc）。由於卡本內弗朗成熟較早，所以除非年份特別好，柏圖斯酒莊一般不用來釀酒。酒莊在葡萄園的更新上採取較傳統的方式，即通過品選，以品質最優的葡萄藤做為「母株」，這和1946年康帝酒莊（Romanee-Conti）剷除老根時的方法是一樣的。葡萄園也採取嚴格的「控果」，每株保留幾個芽眼，每個芽眼僅留下一串葡萄，目標是全熟，但避免超熟，否則會影響葡萄酒細膩的風味。

在波爾多九大酒莊中，只有柏圖斯一家不生產副牌酒。柏圖斯酒莊非常重視品質，只選用最好的葡萄，在不好的年份絕對不出品，如1991年就沒有上市。在採摘的時候，空中會有一架直升機在葡萄園上方盤旋，來回巡視著整個葡萄園。因為在缺乏風和陽光的時候，利用直升機螺旋槳產生的風力把葡萄吹乾後才進行採摘。隨後，酒莊主人、釀酒師、採摘葡萄的工人及酒莊員工會一同享用一頓豐盛的午餐，當葡萄上的露水和霧氣統統消散後，採摘的工程就開始了。採收時的景象也頗為壯觀，出動200位工人對葡萄進行精挑細選，在日落之前將所有的葡萄都採摘完畢。迅速完成採收是讓葡萄有新鮮度可以維持酒體的清新，而不希望較晚採收的葡萄釀成酒後酸度過高，產生梅子和太多的蜜餞味道。

美國《酒觀察家》雜誌在1999年選出上個世紀最好的十二款夢幻酒，1961年份的柏圖斯就是其中之一。歐洲《高端葡萄酒雜誌Fine Wine》曾在2007年出版了一部《有史以來最好的1000支葡萄酒》，該書便以1961年份的柏圖斯做為封面。1998年份帕圖斯也是英國《品醇客雜誌Decanter》選出此生必喝的100支葡萄酒之一。《品醇客》曾這樣形容：「也許是世界上最有個性的一支葡萄酒，我們可以選擇許許多多年份的柏圖斯（1982、1989、1990），但我們所迷戀的奇蹟，仍然是1998年的。沉重的，味道是那種永遠不會消失異國情調的深度。」世界最著名的酒評家帕克對2000年份的柏圖斯形容更絕：「顏色是近乎於墨黑的深紫色，紫色的邊緣。香氣徐徐飄來，幾分鐘之後開始轟鳴，呈現煙燻香和黑莓、櫻桃、甘草的香氣，還有明顯的松露和樹木的氣息。味覺上使人聯想到年份波特酒，成熟的非常好，架構宏大，酒體豐厚，餘韻持續長達65秒。這是另一款可以列入柏圖斯歷史的絕代佳釀。」對1945年份曾這樣寫到：「此酒入口，就好像在品嚐美洛（Merlot）的精華。」值得一提的是，柏圖斯酒莊莊主木艾先生2008年曾獲得《品醇客Decanter》年度貢獻獎，可說是實至名歸。

柏圖斯號稱是波爾多酒王，價錢有多高？2013年11月21日，在Bonhams葡萄酒拍賣公司在香港拍賣會上，兩瓶1961年1.5L裝Pétrus以306,250港幣（相當於台幣1,163,750元）的天價成交。在2008年的倫敦拍賣會上，一瓶1945年份的1.5公升裝柏圖斯拍出了20,000歐元（相當於台幣760,000元）。我們再來看看他的分數如何？帕克總共打了九次100滿分，分別是：1921、1929、1947、1961、1989、1990、2000、2009和2010。打99分的有：1950、1964、1967、1970。《WS》的最高分是1989年份和2005年份的100分。1950、1998和2009的99分。真是成績斐然，傲視群雄。柏圖斯每一瓶上市價都要台幣60,000元起跳，依分數而定，1989、1990和2000三個100分年份大概要150,000台幣以上一瓶，不是一般人能買得起。

Pétrus餐廳

另外我們要介紹一家和Pétrus有關的餐廳；餐廳名字就是「Pétrus」。2000年8月，Pétrus餐廳被美國《HOTELS》雜誌評為過去十年全球五間最佳酒店餐廳之一，是亞太區唯一入選的酒店餐廳。香港人帶朋友去Pétrus餐廳喝Pétrus那可是最高級的待客之道。Pétrus餐廳是亞洲Pétrus葡萄酒藏量最多的餐廳，將近有40個不同年份的Pétrus都可以在這裡找到，最老的年份是1928年份的1.5公升大瓶裝。酒店地址：香港金鐘道88號太古廣場二座港島香格里拉酒店56樓。

來自英國《每日電訊》的報導，2008年2月，兩個英國人在倫敦一家高級餐廳點了一瓶1961年份的柏圖斯，卻發現酒塞上沒有年份和酒莊標誌，他們很快懷疑這瓶酒是個山寨版。教你幾招判斷柏圖斯是不是山寨版：

酒 標

柏圖斯酒莊使用UV光防偽技術，通過紫外線能夠辨認出每瓶酒的獨立號碼。1999年之後的柏圖斯酒標上也出現了細微的不同之處，聖彼得頭像拿著通往天堂之門的鑰匙，把酒瓶稍稍移動，在燈光的照射下，聖彼得心口上會出現閃閃發光的梅花圖案。

酒 瓶

柏圖斯酒莊從1997年開始，酒瓶上印有凸出的"Pétrus"字樣。假如你1997年之後買的酒款沒有凸出的"Pétrus"字樣，那麼這酒就是山寨版了。

酒 塞

柏圖斯酒塞的一面印有酒款的當年份，另一面則是印有"Pétrus"的緞帶蓋在兩把鑰匙上。

封 籤

封籤為紅色，鋁片上壓製有「Pétrus」和「POMEROL」的字母，同樣刻有柏圖斯的標誌。印有「Pétrus」的緞帶蓋在兩把鑰匙上。

DaTa

地址｜Pétrus, 33500 Pomerol, France
電話｜（33）05 57 51 78 96
傳真｜（33）05 57 51 79 79
網站｜www.moueix.com
備註｜僅開放給與酒莊有貿易往來的專業人士，參觀前必須預約

推薦
酒款

Recommendation
Wine

柏圖斯酒莊

Pétrus 1989

ABOUT

分數：RP 100、WS 100
適飲期：2015～2045
台灣市場價： 180,000元
品種：100%美洛（Merlot）
橡木桶：100%法國新橡木桶
桶陳：20個月
瓶陳：6個月
年產量： 30,000瓶

品酒筆記

哇哇哇！這支1989年的柏圖斯竟然是少數雙100分的酒款（RP 100、WS 100），難上加難，好上加好。這是值得討論的，1989年和1990年到底哪一個年份好？目前還沒有定論，但是1989年份的柏圖斯得到兩個酒評的100分就是證明。同時他們也是國際買家現在的寵兒，雖然是億萬富翁收藏的美酒，但是只有愛好者才會去喝它，以他現在的價格來說。這支酒仍然是年輕的紅寶石帶紫色的顏色，味道非常濃郁，香氣集中，均衡和諧，單寧細緻。甜美的黑樹莓、熟透黑櫻桃和黑醋栗交織出動人的音符，散發出濃厚的甘草，松露和椰子烤麵包、橡木、煙絲、濃縮咖啡的香味。有如魔術師一般，複雜多變、華麗閃亮、豐富醇厚、肥碩濃稠，令人目不暇給。太棒了！言語無法形容，天上的蟠桃下凡來。

建議搭配

東坡肉、烤羊排、北京烤鴨、煙燻鵝肉。

★ 推薦菜單　上海生煎包

上海人管生煎叫「生煎饅頭」，在上海已有上百年的歷史。上海生煎包外皮底部煎得金黃色，上面再放點芝麻、香蔥。剛出鍋熱騰騰，輕咬一口滿嘴湯汁，肉餡鮮嫩，芝麻與細蔥香氣四溢。今天這款完美的紅酒本該單喝，不論用哪道菜來搭都無法達到圓滿，反而會破壞這支雙100分的芬芳。會用這道上海點心來襯托，最主要是先填飽肚子，讓肚子不至於胃酸過多影響心情，或者是餓的發昏沒有精神，有點像是西方的麵包先墊墊底，然後再細細品味這款絕世美酒。吃完生煎包，漱口水，就可以開始靜靜地享受這款永不復返的頂級珍釀。

皇朝尊會
地址｜上海市長寧區延安西路1116號

Château Pontet-Canet 龐特卡內酒莊

龐特卡內酒莊（Château Pontet-Canet ）2009 & 2010 Parker的分數RP：100滿分,所以這支酒連續兩年在開盤預購時30分鐘內搶購一空, 大部分的人只買到第二盤或第三盤價格，價格可以說是失去控制，投資者和酒商陷入瘋狂，沒買到的人只有扼腕嘆息。龐特卡內2009和2010年的酒，必需以接近於$8,000～10,000元以上的現金來買，這是有史以來五級酒莊最高的預購價？創立於18世紀的龐特卡內酒莊位於法國波爾多波雅克的中北部，與五大木桐酒莊（Mouton Rothschild）相鄰，由尚．法蘭西斯．龐特（Jean Francois Pontet）皇族創建，1855分級成為五級酒莊，但到克魯斯（Cruse）家族掌管的晚期，酒莊逐漸走向衰落，直到1975年，酒莊被著名干邑商人蓋伊．泰瑟隆（Guy Tesseron）買下。蓋伊．泰瑟隆將酒莊的管理交到了他的兒子阿佛雷德（Alfred Tesseron） 的手中，阿佛雷德迎接了這個挑戰，對葡萄園以及酒窖進行了大筆投資，聘請知名釀酒師，建立了新的釀造酒窖，並且提高了新橡木桶的比例，在1982年推出一款副牌酒，法文名稱為（Les Hauts de Pontet），使用稍次級木桶釀造，停止了機械採摘，實施了非常嚴格的篩選程序，終於在1994年力轉乾坤，生產出具有魅力的龐特．卡內葡萄酒。

龐特卡內酒莊總占地120公頃，其中包括80公頃葡萄園。酒莊在波雅克南面有著

A / B | C | D | E

A . 全體團員和莊主在國旗下合影。B . 作者致贈台灣高山茶給莊主，中間為陳新民教授。C . 酒窖入口。D . 不同容量的Pontet-Canet。E . 印有酒莊標誌的1999原箱木板。

大片集中的葡萄園，這些葡萄園位於波亞克臺地的最好的位置。葡萄園內第四紀砂礫土覆蓋於粘土和石灰石土之上。種植葡萄比例為60%卡本內蘇維翁、33%美洛、5%卡本內弗朗和2%小維多。葡萄樹平均樹齡為35年。採摘後的葡萄經過篩選、破皮後，會進行控溫發酵，隨後進行20個月以上的橡木桶熟成，新橡木桶的使用比例為60%。葡萄酒在裝瓶前用蛋清進行澄清。莊主阿佛雷德足以為他完成的工作感到驕傲，他與他的主管尚．米歇爾．康米（Jean-Michel Comme）一起經過五年多的辛勤勞動，從2010年份開始，他們的葡萄酒獲得生物動力與有機認證，在梅多克產區的列級酒莊中是第一家。從2008年起，酒莊引進馬匹在土地裡工作。阿佛雷德總是喜歡說：「我想要釀造出令人動情的葡萄酒。」

帕克對龐特卡內酒莊的1994年份評了93分，在整個波爾多算是很高的分數。在

21世紀後帕克給的分數更高，2000年份是94+，2003年份是95分，2005年份是96+，2006年份是95+，2007年份是91～94分，2008年份是96分。2009年份，他打出歷史新高100滿分，2010又評了100滿分，連續兩個年份評為100分，在波爾多酒莊算是罕見，就連五大酒莊也未必有此禮遇。英國倫敦葡萄酒交易所指數（Liv-ex）在2011年6月份的市場報告中顯示，當月交易價值總額最大的是2010年份。對該交易額進行排名，第一名是拉菲酒莊（Château Lafite Rothschild），第二是龐特卡內酒莊。同時，交易數量最多的，第一名是胡賽克酒莊（Château Rieussec），第二名的又是龐特卡內酒莊。這顯示出龐特卡內酒莊在市場的活躍程度。

許多人都在討論2008年份波爾多現酒，以末端消費者目前拿到的價格來看，已經達到臨界點。瘋了不成？敢開價也要賣的出去啊！2008年份的波爾多酒以平均分數而言，帕克評的都非常高，甚至超越2000年份，與2005年份可說是在伯仲之間，相互媲美，但其酒價就比前兩個年份便宜多了。尤其這幾年，龐特卡內酒莊已經是超級巨星的超五級，以前追著林奇貝斯（Lynch Bages）跑，後來平起平坐，隨後一飛沖天！甚至比幾個頂二級酒莊（COS、Montrose、Pichon Lalande、Ducru Beaucaillou、Las Cases）的分數還高，龐特卡內2008年份的分數僅次於（Lafite、Pétrus及Ausone）這三大天王。2004年份為2007年《WS》百大第34名，2005年份為2008年《WS》百大第7名。

龐特卡內酒莊在阿佛雷德手中重振聲威，現在已經將棒子交給他的姪女瑪蓮（Melanie Tesseron），繼續管理龐特卡內酒莊完成阿佛雷德的夢想，往後的日子裡，我們會越來越少見到年事已高的阿佛雷德。如果您有接觸過阿佛雷德，就會發現他是一位和藹可親又細心的莊主。當我2009年來到酒莊時，他不但親自迎接，而且知道我們是從台灣來的朋友，酒莊早已升起中華民國的國旗，馬上引起大家的騷動與感動，在我們的要求下阿佛雷德和我們全體成員留下歷史鏡頭。我回台灣的幾年當中，阿佛雷德每一年都不忘寄一張酒莊特製的聖誕賀年卡給我，多麼一個可愛又貼心的莊主啊！在此獻上這篇文章，為了好友-阿佛雷德（Alfred Tesseron）。

DaTa

地址｜33250 Pauillac,France
電話｜+33 5 56 59 04 04
傳真｜0
網站｜www.pontet-canet.com
備註｜參觀前請先預約

推薦酒款

Recommendation Wine

龐特卡內酒莊

Château Pontet-Canet 2009

ABOUT

分數：WA 100、WS 96
適飲期：2013～2050
台灣市場價：10,000元
品種：65%卡本內蘇維翁（Cabernet Sauvignon）、
30%美洛（Merlot）、4% 卡本內弗朗（Cabernet Franc）、
1% 小維多（Petit Verdot）
橡木桶：60%法國新橡木桶
桶陳：18個月～24個月
瓶陳：6個月
年產量：320,000瓶

品酒筆記

2009年的龐特卡內我總共品嚐了三次，顏色是深沉紫墨色，完全不透光，如藍絲絨般的美麗。香氣中能聞到紫羅蘭、黑漿果、甘草、黑醋栗、香料和森林芬多精在空中飄散。我幾乎開始神往，彷彿來到了一座森林，經過一個池塘，來到了神祕花園，園中有各式各樣的果樹、五彩繽紛的花朵和青翠的小草，置身其中，身心靈完全放鬆，令人沉醉！此酒口感千變萬化。新鮮礦物質、可可，咖啡，松露，黑莓醬，黑醋栗，雪茄，充滿嘴裡每一個角落。這是一款豐富又偉大的酒，鮮艷照人，華麗登場，它每次出場都會吸引你的目光，品嚐過的三次都是如此，雖然還是太年輕，但那甜美的果味，總是讓你難忘！

建議搭配

烤羊排、椒鹽松阪豬、東坡肉。

★ 推薦菜單　美國極黑和牛紐約客

餐廳主廚老齊「選用來自蛇河農場（Snake River Farm）的極黑和牛，紐約客部位。油花細膩的極黑和牛碰上老齊煎烤牛排特別的技術，使得牛排在油花、軟嫩、熟度及味道上取得平衡，在三分熟的狀態下軟嫩多汁、美味非常！」這款波爾多超級又超級年份，天王級滿分的龐特卡內紅酒，強壯有力，非常重的甜美單寧，既可以降低牛肉本身的油膩感，又可以提升極黑牛肉本身的鮮甜。高級的食材，簡單的煎烤，不需要太多的醬汁，只要沾上玫瑰鹽或海鹽，就讓你回味無窮！軟嫩鮮甜的牛肉遇上百年難得的好酒，有如天雷勾動地火，不但感動而且激動。大口喝酒大口吃肉，痛快！

齊膳天下私廚料理
地址｜台北市大安區四維路375之3號1樓

Château d'Yquem 伊甘酒莊

在世界葡萄酒歷史上，1847年的伊甘酒莊（Château d'Yquem）是一個具有里程碑意義的傳奇。相傳這一年的秋天，伊甘莊主貝特朗侯爵（Bertrand）外出打獵，等他返回酒莊時已經延誤了採收期，致使葡萄滋生了一種黴菌（也即貴腐菌Botrytis Cinerea），但出人意料的是，用這種葡萄釀造的白葡萄酒卻異常甜美。這就是傳說中的索甸（Sauternes）貴腐酒的由來。

蘇富比拍賣行（Sotheby's）曾於1995年2月4日在曼哈頓以18,400美元拍出一瓶1847年的伊甘酒莊。在2011年拍賣會上，一瓶1811年份伊甘酒莊佳釀以117,000美元的高價成功拍賣，創下了全球白葡萄酒拍賣最高記錄。伊甘酒莊一直是收藏家及投資者追逐的目標。2006年，一瓶1787年份伊甘酒莊以100,000美元拍出；2010年伊甘酒莊1825至2005年的一組葡萄酒拍賣標的，共有128瓶標準

A . **酒莊美景**。B . **酒莊展示的貴腐葡萄照片**。C . **d'Yquem莊園**。D . **酒莊總經理Pierre Lurton**

裝和40瓶大瓶裝葡萄酒，在香港佳士得的名酒拍賣會上拍出了1,040,563美元的高價。

早在200多年前，法國哲學家米歇爾．塞爾對伊甘酒莊的評價似乎就得到了共鳴，不少國家政要王宮貴族為伊甘酒莊佳釀所傾倒。當時駐法代表後來成為美國總統的湯馬斯．傑佛遜（Thomas Jefferson）在1784年從該酒莊訂購了250瓶葡萄酒，之後，他代表總統喬治．華盛頓（George Washington）又訂購了360瓶1787年年份酒，同時也為他自己訂了120瓶。1802年，拿破侖．波拿巴（Napoléon Bonaparte）也訂購了伊甘酒莊的甜白酒；1859年，俄國沙皇亞歷山大和普魯士國王品嚐了1847年份的伊甘酒莊後，出天價購買，使得伊甘酒莊一夜之間成為了政商名流搶購的對象。

酒窖。

1785年，蘇瓦吉家族中法蘭西斯（Françoise Joséphine de Sauvage）小姐與法國國王路易十五的教子路易士．路爾．薩路斯（Louis Amé dé e de Lur Saluces）伯爵結婚，伊甘酒莊正式歸屬路爾．薩路斯家族。法蘭西斯小姐將她所有的精力集中在改善和管理酒莊上，她的努力為伊甘今日的成就奠定了堅實的基礎。不同於諸多波爾多名莊那樣物換星移，在接下來的200多年中伊甘酒莊都屬於路爾．薩路斯家族。這位「伊甘女王」承先啟後，展開伊甘酒莊最不平凡的一段歷史。1855年波爾多分級，伊甘酒莊在分級中是唯一被定為超一級酒莊（Premier Cru Superieur）的酒莊，這一至高榮譽使得當時的伊甘酒莊淩駕於包括拉圖、拉菲、歐布里昂、瑪歌在內的四大一級酒莊之上。

路爾．薩路斯家族掌管了伊甘酒莊200年，一直到1996年伊甘酒莊大約有53%的股份屬於家族成員，事實上不少股份持有者都有心將其套現。在大股東亞歷山大伯爵（Marquis Eugéne de Lur-Saluces）拋售了手中48%的股份後，不少家族成員紛紛效仿。於是在1999年，LVMH集團成功收購了伊甘酒莊63%的股份，成為了伊甘酒莊的新主人。

2004年5月17日，亞歷山大伯爵退休。之後，掌管著波爾多右岸白馬堡（Château Cheval Blanc）的皮爾．路登（Pierre Lurton）入主伊甘酒莊，酒莊的釀酒團隊依舊是原班人馬，皮爾．路登聘請了甜酒教父丹尼斯．杜波狄（Denis

Dubourdieu）做為酒莊的釀酒顧問。不同於其它波爾多頂級名莊，在路爾·薩路斯家族掌權期間，伊甘酒莊從不出售預購酒，在酒款裝瓶前想要一睹其芳容當然也不可能。如今在LVMH集團手中仍然維持不變。

伊甘酒莊在索甸產區（Sauternes）內的葡萄園面積為126公頃，但其中有100公頃一直用於生產。葡萄樹齡只要達到45年就會砍掉，並讓這塊園地休耕3年，待地力恢復後再種植，新種植的葡萄樹在15年後產的葡萄果實才能用於釀造貴腐甜酒。雖然伊甘酒莊釀製所用的葡萄塞米雍（Sémillon）和白蘇維翁（Sauvignon Blanc）各占50%，但卻有80%的葡萄園用來種植塞米雍，僅有20%的土地用來種植白蘇維翁。酒莊到了收穫的季節，150名採收工人一粒一粒地將完全成熟的葡萄手工摘下，他們採摘葡萄的過程通常要持續6到8週，期間最少要4次穿梭於整個葡萄園中。在伊甘酒莊，每株葡萄樹只能釀出一杯葡萄酒，這還得是在天公作美的情況下。在不好的年份裡伊甘酒莊也不會退而求其次，1910、1915、1930、1951、1952、1964、1972、1974、1992這幾個年份，由於葡萄品質不符合要求，酒莊因此沒有釀造一瓶正牌酒，因此我們不難知道為何伊甘酒莊那金黃色的液體如同黃金一般昂貴。這或許就是為什麼挑剔的伊甘酒莊會被稱之為「甜酒之王」的原因。伊甘酒莊也在1959年生產一款叫做「Y」的二軍酒。除了費力的採摘，伊甘酒莊還堅持使用新橡木桶，另外長時間的陳釀也是使得伊甘酒莊如此嬌貴的原因之一，過去伊甘酒莊要經歷長達42個月的陳釀，而隨著釀酒技術的發展，近些年陳釀時間逐漸縮短為36個月。

在美國電影〈瞞天過海：十三王牌Ocean's Thirteen〉中，麥特·戴蒙（Matt Damon）所飾演的萊納斯（Linus Caldwell）引誘拉斯維加斯賭場大亨艾倫·芭金（Ellen Barkin）所飾演的女秘書艾比（Abigail Sponder），當艾比帶他進入鑽石套房後，萊納斯問有什麼好酒，艾比曖昧地說：「我有你想要的一切。伊甘如何？」萊納斯以勾引的口吻說：「只要不是73年的。」因為1973年的伊甘酒莊算是很糟糕的年份，到現在應該已經是一瓶醋了。

美國著名酒評家帕克曾於1995年10月品嚐過1847年的伊甘酒莊，地點在德國收藏家哈迪·羅登斯德克（Hardy Rodenstock）主持的慕尼克Series V-Flight D品酒會上，帕克給予這瓶百年老酒100分的滿分！他說：「如果允許的話，1847年的伊甘應該得到超過100分的分數。」帕克也說過：「伊甘酒莊並不僅僅屬於呂爾·薩呂斯家族，它還屬於法國，屬於歐洲和整個世界。就像沙特爾大教堂、拉威爾的《波萊羅》舞曲、莫內的《睡蓮》一樣，它屬於你，也屬於我。」而且1921年份的伊甘酒莊也是英國《品醇客》雜誌選出來此生必喝的100支酒之一，同時也是美國葡萄酒觀察家雜誌所選出上個世紀最好的12支酒之一，可以說是雙冠王。此外，1976年份的伊甘酒莊也被選為《神之雫》最後一個使徒，來做為這本漫畫的終結。我們繼續來看看帕克打的分數，獲得100分的年份有：1811、1945、1947、2001和2009五個年份。獲得99分的是1975和1990兩個年份。在《葡萄酒觀察家WS》分數，獲得100分的年份有：1811、1834、1859、1967和2001五個年份。獲得99分的是1840、1847和2001三個年份。目前新年份上市大概都要台幣12,000元以上，較好的年份則都要台幣20,000元起跳，如2009和2010兩個年份。

2004 年10月8日，曾有一瓶1847年的伊甘現身洛杉磯，通過扎奇士（Zachys）拍賣行拍出71,675美元，被富比士雜誌（Forbes）評選為2004年度「世界上最昂貴的11件物品」之一，另外10件物品包括俄羅斯首富阿布拉莫維奇訂製的羅盤號（Pelorus）遊艇，價值1.5億美元。印度鋼鐵大王拉克希米．米塔爾購買的倫敦肯辛頓宮花園住宅，價值1.28億美元。蘇富比拍出的畢卡索油畫「拿煙斗的男孩」，價值1.04億美元。1847年的伊甘酒莊目前全世界大概只有三、四瓶，除了澳門葡京酒店藏有一瓶，有記錄的還有巴黎銀塔餐廳（La Tour d'Argent）也擁有一瓶。

難得一見的老酒Château d'Yquem 1864，已超過150年歷史。

DaTa

地址｜Château d'Yquem, 33210 Sauternes, France
電話｜（33）05 57 98 07 07
傳真｜（33）05 57 98 07 08
網站｜www.yquem.fr
備註｜僅接受專業人士及葡萄酒愛好者的書面預約，時間為週一到週五14：00或15：30

推薦酒款

Recommendation Wine

伊甘酒莊

Château d'Yquem 1990

ABOUT

分數：RP 99、WS 95
適飲期：1999～2050
台灣市場價：20,000元
品種：80%榭米雍（Sémillon）和20%白蘇維翁（Sauvignon Blanc）
木桶：100%法國新橡木桶
桶陳：42個月
瓶陳：6個月
年產量： 210,000瓶

品酒筆記

1990的d'Yquem被帕克評了兩次99分，都未達到完美極致的100滿分。我個人喝了兩次這個年份，一次是在最近的2014年底，我覺得它已經是我喝過最好的年份之一，應該可以挑戰100分的實力。顏色開始成黃金色澤，接近咖啡和琥珀色，但是還沒那麼深。伊甘的1990年是一個豐富而精湛的驚人，甜型葡萄酒。相當的濃稠，優雅高貴，成熟動人，香氣集中，酸度平衡而飽滿。鮮花香伴隨著蜂蜜熱帶水果，桃子，椰子，杏桃，水梨、芒果、果乾、烤麵包、橡木，煙燻咖啡、紅茶，一陣一陣的隨著喉嚨進入，直衝腦門，非常激烈的震撼人心，尤其迷人的酸度，餘音繞樑而不絕，實在令人流連忘返。1990年份的伊甘酒莊是繼1988和1989以來最好的90年代三個年份，不但值得喝采，而且會在生命中留下回憶，這一定是壽命最長的d'Yquem之一，也是世紀經典代表作。讀者應該可以收藏50年以上，甚至是100 年。

建議搭配

宜蘭燻鴨肝、微熱山丘土鳳梨酥、鹹水鵝肝、台灣水果。

★ 推薦菜單　煎豬肝

說起翠滿園的台式煎豬肝，這可是老闆許大哥特別招待的，不要以為「沙米斯」的就是隨便上一小碟泡菜，豬肝可是一片片厚片，沒有腥味，吃起來爽脆有彈性，Q軟彈牙，口感剛好，微微的甜鹹交錯，絕對是台北最好吃的煎豬肝！法國人用鵝肝來配索甸貴腐酒，今日我們拋棄包袱，用最道地的台式煎豬肝，看看擦出什麼樣的火花？這款索甸甜白酒之王，有著酸甜適中的果味，可以馬上激發出豬肝的甜嫩，爽脆的豬肝，咬起來有Q度，味道雖然油脂濃厚，遇到這款酸度成熟果味十足的貴腐酒，也只有俯首稱臣，兩者結合，有如鵲橋上的牛郎織女七夕相會，這樣的創意結合，比起傳統的法國人配鵝肝，更有趣更有意思了！

翠滿園
地址｜台北市延吉街272號

Château de Beaucastel 柏卡斯特酒莊

成立於一六八七年 Perrin家族的柏卡斯特酒莊（Château de Beaucastel），可以說是南隆河教皇新堡（Chateauneuf-du-Pape 簡稱CNDP）的傳統和非傳統表徵。 他們的紅酒用上了此區法定13個品種，採收與培養時完全分開，最後再一起混調，這是向先人釀酒智慧致敬的一種方式（目前只剩3間酒莊如此），也贏得許多歐陸傳統派酒評的讚賞。許多評論之間，可以看出他們對此酒莊禮敬三分，光是《品醇客》雜誌的人物專訪，就不知登過幾回。另一方面，美國酒評對此酒莊也是讚譽有加，如美國《葡萄酒觀察家雜誌WS》經常給予95以上高分，帕克欽點的世界156偉大酒莊，柏卡斯特當然名列其中，無論紅白酒都能輕易得到95～100的高分。

A
B | C | D

A. **酒莊外葡萄園。**B. **酒窖。**C. **酒窖藏酒。**D. **酒莊家族釀酒團隊。**

根據記錄，1549年，柏卡斯特家族在這裡買了一間倉庫以及附近的土地。1909年，皮爾．泰米爾（Pierre Tramier）買下了這處地產，隨後傳給了他的女婿皮爾．佩林（Pierre Perrin），之後再傳給傑克．佩林（Jacques Perrin）。1978年傑克．佩林過世，傳給兩個兒子，酒莊在雅克的兒子尚-皮爾（Jean-Pierre）和弗朗索瓦（Francois）兩兄弟手中煥發出新的光彩。已故的傑克．佩林一直堅持三大原則：一是釀酒過程必須是自然的。二是混合品種中的慕維德爾的含量必須是明顯的。三是酒的特性和固有品質不能被現代技術所影響。柏卡斯特酒莊面積達130公頃，其中100公頃種植葡萄樹，剩餘的30公頃用於輪流種植葡萄樹。每年將1～2公頃的老葡萄樹連根挖起，然後在已經休養10年以上的空地上重新種植同樣面積的新葡萄樹。葡萄園內典型的土壤條件是眾多的礫石，通風良好，排水性強，這使得葡萄樹根可以往下扎深。此外，葡萄園內完全使用有機肥料。葡萄園內目前仍種植教皇新堡法定產地批准的13類葡萄品種，其中紅葡萄品種主要有：慕維德爾（Mourvedre）、格納希（Grenache Noir）、希哈（Syrah）、仙索（Cinsault）和古諾希（Counoise）。白葡萄品種主要有：胡珊（Roussanne）和白格納希（Grenache Blanc）。

除了代表作教皇新堡外，酒莊還有一款少見，以極高比例慕維德爾（Mourvedre）釀出的Hommage à Jacques Perrin，意思是「向傑克·佩林致敬」，紀念父親。此珍藏級酒款只在好年份生產，年產量僅5,000瓶，一瓶難求，大概每10年只做3個年份，葡萄皆來自老藤。在2006年舉行的教皇新堡世界盲品會上，（Hommage à Jacques Perrin）大放異彩，從此奠定了它作為南隆河頂尖葡萄酒的地位。並且1989第一個年份就拿下帕克 100滿分！到2013年為止，只生產17個年份，共獲得4個100滿分!四個年份分別為：1989、1990、1998、2007，得到99高分的有：2001和2009兩個年份，最新的2013年份則獲得97～100分，可稱之為教皇新堡的百分王。柏卡斯特酒莊也做白酒, 它有一款以胡珊（Roussanne）老藤為主所釀出的教皇新堡，請注意是胡珊老藤Roussanne Vieilles Vignes（2009榮獲RP：100滿分），此酒實力非凡，一樣不多見，超級玩家根本是從源頭收起，畢竟這也是值得珍藏的好酒；若是追不到或是追不上， 退而求其次，還可以找它一般款的教皇新堡白酒頂替一下，用想像力「推定」胡珊老藤白酒的深厚實力。

2006年，Perrin家族加入了世界最頂尖的Primum Familiae Vini（PFV，頂尖葡萄酒家族），成為PFV的最新成員，與世界知名且仍由家族控制的10間酒莊平起平坐。PFV的成員有個特點：既能釀造世界一等一的酒款，也同時生產大眾化但高品質的好酒。柏卡斯特酒莊的教皇新堡，就是一款值得收藏的名作。法國任何米其林星級餐廳為什麼教皇新堡的酒款中，酒單上經常看到的就是Chateau Beaucastel？因為這是認識教皇新堡的必經之路，沒有經過柏卡斯特的洗禮，不算喝過教皇新堡。帕克的分數是：1989和1990兩個南隆河好年份是97分和96高分。2001、2007和2012三個年份都獲得了96分。2005、2007、2009和2010四個隆河的好年份也都獲得了《WS》96高分，目前在台灣上市價約台幣3,800元一瓶。這支酒在國際上有一定的價格行情，通常是120美金。

DaTa

地址｜Chemin de Beaucastel, 84350 Courthézon, France
電話｜（33）04 90 70 41 00
傳真｜（33）04 90 70 41 19
網站｜www.beaucastel.com
備註｜只接受預約訪客

推薦酒款

Recommendation Wine

向傑克．佩林致敬

Château de Beaucastel Hommage à Jacques Perrin 2010

ABOUT

分數：RP 100
適飲期：2021～2060
台灣市場價：13,000元
品種：60%慕維德爾（Mourvedre），20%希哈（Syrah），10%格納希（Grenache），10%古諾希（Counoise）
橡木桶：舊橡木桶
桶陳：24個月
年產量：5,000瓶

品酒筆記

2010年教皇新堡的向傑克．佩林致敬這款偉大的酒，世界上的酒幾乎無法與之抗衡。漆黑毫不透光的湛藍色，有如烏沉香的烏黑。酒體結構飽滿，香氣集中，單寧強烈，餘味悠長。開瓶後首先聞到的是；煙燻烤肉、香草、黑莓、藍莓、櫻桃，接著出現的是森林樹木、高山雪松、甘草和松露，最後是醉人的金莎巧克力、烤咖啡豆和東方香料味。無所不用其極的任何香氣，還有刻骨銘心的口感，注定這款酒將成為傑出的作品，世界級的水準，無可匹敵。只是需要一些耐心，等待10年以後就開始接近青春期，那時候可以一瓶一瓶慢慢的享用，如果您還有幾瓶收藏的話，那將會是最幸運的酒饕。這款酒窖藏個30～50年絕對不成問題，非常有可能直到永恆，你完全不知道它在哪一年會畫下休止符？

建議搭配

北京烤鴨、鐵板燒、菲力牛排，碳烤松阪豬小羊腿等。

★ 推薦菜單　椒鹽牛小排

這是吉品海鮮的招牌菜之一，美國牛小排先去骨取肉的部分，加以按摩，再以自製醬料醃製30 分鐘，乾煎兩面微熟，上桌前灑上特製蒜酥。軟嫩、香酥、肉質有彈性，醬汁濃郁而入味。這樣香氣四溢美味可口的極品牛排，實在令人垂涎三尺，就算要減肥也是明天的事了。這款南隆河的大酒充滿著各式香料，有如一道印度料理，需要這道香味濃厚的牛肉來解膩。尤其紅酒中的雄厚單寧和黑色果香可以柔化肉質的油脂，這樣的組合讓我們見識到了強者的力量，大酒配大肉，喝得淋漓暢快，吃得舒服快活。

吉品海鮮餐廳敦南店
地址｜台北市敦化南路一段25號2樓

法國酒莊之旅

隆河篇

E.Guigal 積架酒莊

有隆河酒王之美譽的積架酒莊（E.Guigal），是帕克所著《世界156個偉大酒莊》之一，也是《稀世珍釀》世界百大葡萄酒之一。歷年來有24款酒獲得帕克評為滿分 100 分，帕克曾說：「如果只剩下最後一瓶酒可喝，那我最想喝到的就是積架酒廠的慕林園（Cote Rotie La Mouline）。」他又說：「也無論是在任何狀況的年份，地球上沒有任何一個酒莊可以像馬歇爾．積架（Marcel Guigal）一樣釀造出如此多款令人嘆服的葡萄酒。」整個北隆河，最精華的紅酒產區不外羅第坡（Cote Rotie）與 隱居地（Hermintage），當然可那斯（Cornas）也可算在內，但尚難撼動前兩者的天王地位與價格。由家族主導的積架酒莊，自1946年艾地安（Etienne Guigal）在安普斯（Ampuis）村創設以來，不但讓隆河紅酒站上世界舞臺，更讓積架酒莊成為北隆河明星中的明星，馬歇爾在1961接手管理後，

A . 美麗的酒莊座落在隆河旁。B . 積架酒莊兩代莊主Marcel和Philippe。C . 陡峭的葡萄園。

他與兒子菲利浦（Philippe）共同施展神奇的釀酒魔法，讓積架酒莊在質與量皆成為北隆河無可動搖的堡壘。

積架酒莊創始人艾地安（Etienne Guigal）出身貧苦，苦學十九年後自行創業建立（Domaine E. Guigal）。艾地安的兒子馬歇爾自幼跟隨父親，每日清晨五點半就上工，在他手中造就今日積架酒莊的成功，連國際巨星席琳狄翁（Celine Dion）也是積架酒莊的酒迷。法國政府也頒予「榮譽勛位勳章」褒獎馬歇爾對於法國釀酒業的貢獻，這也是法國平民所能獲得的最高榮譽。積架酒莊的酒窖至今仍位於阿布斯村，生產羅第、孔德里約（Condrieu）、隱居地（Hermitage）、聖約瑟夫（St.-Joseph）以及克羅茲-隱居地（Crozes- Hermitage）等多個AOC酒款，而該酒莊在羅納河谷南部生產的教皇新堡（Chateauneuf-du-Pape）、吉恭達斯（Gigondas）、塔維勒（Tavel）和隆河丘（Cotes du Rhone）的酒款也會在這裡陳年。積架酒莊的總部位於阿布斯堡（Chateau d'Ampuis）。這座城堡建於12世紀，周圍圍繞著大片的葡萄樹，曾接待過多位法國君主，現在已經成為當地的名勝。

積架酒廠最令人敬重之處，在於各個價格帶皆能推出品質優秀的酒款，最初階的隆河丘紅酒（Cotes du Rhone），年產三百萬瓶。三款單一葡萄園頂級酒：杜克（La Turque）、慕林（La Mouline）以及蘭多娜（La Landonne），簡稱「LaLaLa」，在極陡的羅第坡斜坡上，42 個月100% 全新橡木桶陳年，數量稀少，每年只生產4,000-10,000瓶，成為全球愛酒人士不計代價想要收藏的隆河珍釀！

在羅第坡，積架酒莊除了名作LaLaLa 之外，酒莊更以Chateau d'Ampuis（安普斯堡頂級紅酒）此款酒宣揚製酒理念，它集合了羅第坡七個傑出地塊，以90%以上希哈為底，混以維歐尼耶。平均50年的葡萄藤，讓酒質渾圓中有層次，以2010年的安普斯為例，它滿載著黑醋栗、煙燻、甘草、胡椒和肉桂各種氣息，口感華麗，醇厚豐富中亦有深度。單寧成熟而多汁，橡木桶風味絕佳，輕易可陳放20年以上。《WA》96適飲期可到2037年。積架酒莊的白酒也是行家收藏珍品。頂尖中的頂尖酒款，就屬Ermitage「Ex-Voto Blanc」（維多頂級白酒）。在偉大的2010年，此酒《WA》100，《RP》98～100。

紅酒拿百分很常見，在積架酒莊更不是新聞，滿分的白酒就很稀奇，尤其適飲期長達半個世紀的更是極為罕見。也難怪這是媲美1978年份的2010年，紅白皆美。你也許看到人家動不動就積架（LaLaLa），但Ex-Voto白酒少之又少，照葡萄酒大師珍西羅賓斯（Jancis Robison）的講法，積架白酒登上頂峰也才不過10幾年，以維多頂級白酒來說，大展神威還早的很呢！這酒絕對是認真的隆河酒迷收藏必備！況且還不約而同得到《WA》及《RP》雙100分！台灣價格約台幣9,000元一瓶。

DaTa

地址｜Château Ampuis ,69420 Ampuis, France
電話｜（33）04 74 56 10 22
傳真｜（33）04 74 56 18 76
網站｜ww.guigal.com
備註｜對外開放時間：週一至週五8：00-12：00am和2：00-6：00pm，想要參觀莊園和參加品酒會必須提前預約

推薦酒款

Recommendation Wine

積架酒莊蘭多娜園

E.Guigal La Landonne 1998

ABOUT

分數：RP 100、WS 95
適飲期：2010～2040
台灣市場價：25,000元
品種：100%希哈（Syrah）
橡木桶：新橡木桶
桶陳：42個月
年產量：10,000瓶

品酒筆記

非常傳奇的一支酒，酒的顏色漆黑而不透光，濃厚華麗，單寧如絲，力道深不可測，強烈而性感。濃濃的煙草味、新鮮皮革、黑橄欖、黑醋栗、黑加侖、黑莓、礦物味。酒喝起來感覺波濤洶湧，所有的香氣接踵而來;松露、黑巧克力、白巧克力、各式香料和松木味道。蘭多娜是一支盡善盡美的葡萄酒，只要喝過就終生難忘，可惜的是酒的數量越來越少，幾乎是市面上不見蹤跡。這樣一款完美平衡，複雜多變，永無止境，無可挑剔的美酒，給出兩個100分都不嫌多。

建議搭配

回鍋肉、紅燒牛肉、烤羊肉、醬鴨。

★ 推薦菜單　糖醋排骨

糖醋排骨屬於醬燒菜，用的是炸完再醬燒的烹飪方法，屬於糖醋味型，油亮美味，鮮香滋潤，甜酸醇厚，是一款極好的下酒菜或開胃菜。雖然這道菜本身有濃厚的甜酸口感，一般酒並不適合搭配。但今天所選的滿分酒是隆河中最強勁的酒款，具有濃濃的香料和煙燻肉味，而且還有獨特的蜜汁果乾味，所以毫不畏懼這道中國名菜。這支酒不斷出現煙燻培根、煙燻香料、多汁的蜜餞味和濃濃的煙草味，配上這道有點酸有點甜的排骨嫩肉，確實相得益彰，如魚得水，再也找不到任何的紅酒可以搭配這道菜了。

香港星記海鮮飯店
地址｜香港灣仔盧押道21-25號

Domaine Paul Jaboulet Aine
保羅佳布列酒莊

隱居地產區的小教堂（Hermitage La Chapelle）葡萄酒包含著兩段歷史。一段可以追溯到13世紀。當時，史特林堡（Stérimberg）騎士從十字軍東征歸來，厭煩了戰爭生活，於是在坦-艾米達吉（Tain-l'Hermitage）鎮的小山丘上隱居，並讓人在此修建了一座小教堂。產區的名稱隱居地（Hermitage，或寫作Ermitage，在法語中，Ermitage意指僻靜、隱居之處）就來源於這段歷史。第二段歷史則較近，與小教堂（La Chapelle）葡萄酒有關。1919年，保羅佳布列酒莊把這座名為聖-克利斯多佛的小教堂買了下來。當時，成立於1834年的保羅佳布列酒莊在隱居地產區已經擁有眾多葡萄園。從此，小教堂便成為該酒莊最負盛名的葡萄酒的標誌。

B
A C
D

A.著名的小教堂夜景。B.小教堂葡萄園。C.酒窖中傳奇的1961年小教堂。D.小教堂美麗的女莊主Caroline

酒標上的小教堂（La Chapelle）並非是指山頂上小教堂，而是附近葡萄園的名字。事實上，小教堂葡萄酒是用隱居地山丘上四大出色地塊的希哈葡萄混釀而成的。這些希哈葡萄的樹齡約在50歲左右。用於釀造小教堂葡萄酒的地塊有Les Bessards、Les Greffieux、Le Méal和Les Rocoules。這些地塊的土質各有特色，每公頃的葡萄釀成的葡萄汁低於1000至1800升，小教堂紅葡萄酒的總產量不過數萬瓶。2008年，由於這個年份的葡萄品質欠佳，酒莊決定不生產小教堂，而是將收獲的葡萄全部用於生產小小教堂（La Petite Chapelle）。保羅佳布列酒莊位於隱居地的葡萄園座落於海拔130至250公尺的梯田上，較低處的土壤為沙土、碎石和礫石塊，較高處為棕色土和岩石土。園地面積僅26公 頃，除了5公頃種植白葡萄品種的園地，紅葡萄種植園地僅21公頃，散佈在賀米塔吉丘陵頂部的小教堂附近。每公頃種植6,000株葡萄樹，平均樹齡50年，每公頃產酒3,000公升。佳布列酒莊將一座20公尺高的小山挖出一個10公尺高的空洞作為天然的酒窖，這裡不僅有儲酒自然的溫度，而且洞中的鐘乳石交錯盤疊，非常壯觀。

小教堂的舵手吉拉德（Gérard Jaboulet）在1997年逝世後，北隆河仍是好酒不斷，響徹雲霄的積架酒莊（Guigal ,LaLaLa）還有夏芙（Chave）等酒莊，依然是將希哈（Syrah）推向顛峰。不過在賀米塔吉佔有25公頃葡萄園的佳布列酒莊，歷經一番整頓，終於在2006年由佛瑞（Frey）家族接手。深諳釀酒的卡洛琳（Caroline Frey）在拉拉貢酒莊（Château La Lagune）已經展現了她精采的手藝，讓拉拉貢的實力大幅超越以往。主導佳布列酒莊之後，小教堂的單位產量也漸趨穩定，橡木桶的使用亦同。佛瑞家族收購佳布列酒莊後，改善了釀酒設施，一項重要的葡萄園重植計劃也提上日程。卡洛琳接過了酒莊的領導權，在她的領導下，釀酒方式有所改變。至於釀酒師，她認準了波爾多的釀酒師丹尼斯・杜博迪（Denis Dubourdieu），因為她曾是丹尼斯的學生。丹尼斯把他的經驗帶到這裡，採用更加嚴格的釀酒方式。波爾多式的靈感將賦予佳布列酒莊的葡萄酒一個新面貌。

波爾多酒業開展之初，隆河經常扮演著梅多克酒莊的後勤部隊。許多波爾多混有隆河酒眾所皆知，尤其北隆的希哈更是其中要角。如果要細數這張成績單，帶頭的是1961年份的小教堂（La Chapelle）。此酒由保羅佳布列（Paul Jaboulet Aîné）生產，早在陳新民教授第一版《稀世珍釀》即已列入。葡萄酒作家珍希羅賓斯（J. Robinson）亦曾寫過1961小教堂，續航力甚至超越了知名的61波爾多，用以相比的竟是傳奇的61年的拉圖（Latour）。除了61年份之外，小教堂這半世紀的幾個美好年份，像是1945、1978、1982、1990，皆可稱為世界級名酒。1961年份已經被列入全球12大好酒之一，這使得它的價值被推高到峰頂：一箱6瓶裝的小教堂已經被賣到10萬美金之高。英國《品醇客Decanter》雜誌選出1983年的小教堂成為此生必喝的100支酒之一。另外，帕克打了三個年份的100分：分別是1961、1978和1990。隆河四個極佳年份2009、2010、2011和2012四個年份也都表現不錯，分數都在95～98之間。上市價大約是台幣8,000元。《WS》則對1961年份的小教堂也打出了100滿分，成為雙100滿分的酒款。

DaTa

地址｜“Les Jalets,” Route Nationale 7,26600 La Roche sur Glun, France
電話｜（33）04 75 84 68 93
傳真｜（33）04 75 84 56 14
網站｜www.jaboulet.com
備註｜參觀前請先與專人聯繫

推薦酒款

Recommendation Wine

小教堂

Paul Jaboulet Aîné Hermitage La Chapelle 2003

ABOUT
分數：RP 95+、WS 96
適飲期：2011~2040
台灣市場價：NT$7,000
品種： 100%希哈（Syrah）
橡木桶：一年新橡木桶
桶陳：24個月～36個月
年產量： 45,000瓶

品酒筆記

2003年份的La Chapelle，這是一個輝煌燦爛的好年份，顏色是深紅寶石帶紫色，鮮明而濃郁。開瓶時鮮花綻放的香氣，接著而來是黑醋栗、黑莓、野莓和桑椹等果香，中段出現了松露、薄荷、冷冽的礦物、甘草、甘油和煙燻木桶味，最後是焦糖摩卡、新鮮皮革和一點點的迷迭香，神祕、持久有勁道，喝過就會留住記憶，這是多數小教堂的魔力。整款酒香氣密集，結構扎實，層次複雜，豐富香醇，清晰純正，絕對能喝出小教堂的特殊迷人丰采。2003年的小教堂算是產量較少的年份，只生產50,000瓶，這個年份幾乎是有可能和傳奇的1990年份旗鼓相當，建議喜歡喝的人可以趕快收藏，應該能窖藏50年以上或更久。

建議搭配

排骨酥、手抓羊肉、生牛肉、伊比利火腿。

★ 推薦菜單　東江千葉豆腐

東江千葉豆腐是江南匯的一道手工招牌菜，和揚州菜一樣，講究刀工。先將蟹腳肉、鮮筍、蝦仁、婆參、干貝、冬菇等都樣材料切丁熱炒，再以刀工細膩的嫩豆腐切片圍成圓形、淋上高湯蒸熱。這道菜集合了各種高級食材，軟嫩、香脆、滑細，醬汁濃郁而大氣。這道菜必須配一支雄壯威武的大酒，這支古老傳奇的北隆河小教堂就是以濃郁厚實，霸氣十足為著，剛好可以較量一番。小教堂千變萬化的果香，薄荷和迷迭香等多種香料，可以提升濃稠多汁的高貴食材，煙燻木頭和咖啡香也能使得平淡無奇的嫩豆腐更加可口美味。這樣一款高級濃厚的酒，無論何時何地都可以雄霸一方，君臨天下。

江南匯
地址｜臺北市安和路一段145號

法國酒莊之旅
隆河篇

M. Chapoutier
夏伯帝酒莊

1789年第一代的夏伯帝（Chapoutier）祖先自本產區南邊的Ardèche地區北上來到坦-艾米達吉（Tain-l'Hermitage），擔任酒窖工人，長年累月，愈來愈熟悉釀酒的工作，最後甚至在1808年買下老東家的酒廠。1879年，波利多·夏伯帝（Polydor Chapoutier）開始購入葡萄園，使得夏伯帝從單純釀酒的酒商，轉變成為具有自家葡萄園的酒莊，後來成為法國最著名的酒莊之一。自從1989年麥克斯·夏伯帝（Max Chapoutier）退休後，莊園就由他的兒子米歇爾（Michel Chapoutier）掌管。他釀製的葡萄酒可以和北隆河產區最出色的積架酒莊所釀製的葡萄酒相抗衡。如果說積架酒莊是北隆河紅酒之王，夏伯帝酒莊就是北隆河白酒之王。

夏伯帝酒莊只用單一品種釀製葡萄酒，夏伯帝酒莊的羅第坡葡萄酒用的全是希哈，隱居地白葡萄酒全部用的瑪珊，而教皇新堡葡萄酒全部用的是格納希。他是一個認為混合品種只會掩蓋風土條件和葡萄特性的單一品種擁護者。1995年米歇爾·夏伯帝也將酒莊引導上自然動力法之路。因而，或可推斷是自然動力法的一臂之力，將夏伯帝的酒質逐年推升。在1996年酒莊又推出另一項創舉：即為方便盲人飲者，酒莊自此年份起於酒標上印製盲人點字凸印，不僅方便盲友，也使其酒標獨樹一格而達到話題行銷的附加效益。

A | B / C / D

A . **葡萄農在斜坡上採收葡萄。**B . **葡萄園。**C . **小亭園葡萄園入口。**D . **老葡萄樹**

夏伯帝酒莊目前擁有26公頃的隱居地葡萄園，另有跟親戚租用耕作的5.5公頃，共計31.5公頃，整個隱居地面積不超過130公頃；其中的19.5公頃種植的是釀造紅酒的希哈品種，另外的12公頃種的則是馬珊白葡萄的老藤葡萄樹，酒莊並未種有胡珊白葡萄品種。由於夏伯帝酒款眾多，我們選擇酒莊生產的最好三款紅酒和三款白酒來介紹：夏伯帝酒莊單一葡萄園裝瓶的隱居地風潮始自1980年代末期，最重要的酒莊就是夏伯帝酒莊。三款高階的酒款分別是：

岩粉園（Ermitage Le Méal）

此單一園酒款的首年份為1996年，平均年產量為僅僅5,000瓶。岩粉園是三者中酒質最早熟者，此酒以濃厚豐腴見長，成熟後果醬味極為明顯。 2009～2012四個連續年份的分數都獲得了帕克的98～99高分。台灣價格大約是台幣8,000元一瓶。

小亭園（Ermitage Le Pavillon）

這是夏伯帝最早的單一葡萄園，首釀年份為1989年，年產只有7,000瓶。具有較明顯的黑色漿果或黑李氣息，成熟酒款常帶有皮革、土壤以及礦物質風韻。是夏伯帝酒莊最佳最著名的紅酒，八次拿下帕克的100滿分；1989、1990、1991、2003、2009、2010、2011和2012。台灣價格大約是台幣10,000元一瓶。

隱士園（Ermitage L'Ermite）

首釀年份為1996年，每年產量約為5,000瓶，樹齡80歲老藤，隱士園是三者中最晚成熟者，單寧精細香甜，通常帶有松露、特殊香料以及木料氣息。2003、2010和2012三個年份都被帕克評為100分。台灣價格大約是台幣10,000元一瓶。

夏伯帝在隱居地做的白酒非常的出色，在北隆河產區裡無人出其右。全部用100%的馬珊釀製，和一般皆以胡珊品種為主釀製的不同。有出色的三大頂級園：

林邊園（M. Chapoutier Ermitage De l'Orée）

酒莊第一個釀的單一園白酒，首釀年份為1991年，年產量約7,000瓶；樹齡平均65歲，有時候像勃根地的蒙哈謝，有成熟的果實和礦物，豐富有勁道。2000、2009、2010、2013，四個年分獲得帕克100滿分。1994、1996、1998、1999、2003、2004、2006、2011和2012也獲得將近滿分的99高分。台灣價格大約是7,000台幣一瓶。

岩粉園（Ermitage Le Méal）白酒

首釀年份為1997年，年產量約5,500瓶；帶有蜂蜜、杏桃、橘皮風韻，具有多種香料味的酒款。2004和2013獲得100滿分。台灣價格大約是6,000台幣一瓶。

隱士園（Ermitage L'Ermite）白酒

首釀年份為1999年，年產量約2,000瓶；樹齡平均為80年，帶有蜂蜜、熱帶水果，煙烤、乾草和礦物質風格，非常奇特迷人的一款白酒，尤其經過10～20年的陳年，更能顯示出它的魅力，算是夏伯帝最頂級的白酒，也是最難收到的世界珍釀。1999、2000、2003、2004、2006、2009、2010、2011、2012、2013總共十個年份破天荒的100滿分。台灣價格大約是12,000台幣一瓶。是最貴的一款北隆河白酒。

DaTa

地址｜18, avenue Docteur Paul Durand, 26600 Tain l'Hermitage, France
電話｜（33）04 75 08 28 65
傳真｜（33）04 75 08 81 70
網站｜www.chapoutier.com
備註｜參觀和品酒前必須預約或者聯繫酒莊

Recommendation
Wine

夏伯帝酒莊林邊園白酒

Ermitage De l'Orée 1994

ABOUT
分數：RP 99、WS 90
適飲期：1996～2046
台灣市場價： 12,000元
品種：馬珊（Marsanne）
木桶：橡木桶
桶陳：12個月
年產量：5,000瓶

品 酒 筆 記

1994年份的夏伯帝酒莊林邊園白酒絕對是偉大而傳奇的白酒，可以列入世界上最好的白酒之一。新鮮迷人的花草香味，豐富成熟的水果;蜜桃乾、柑橘、芒果乾。眾多香料;胡椒、茴香、迷迭香，最後是冬瓜蜜和蜂蜜。整款酒性感華麗，花枝招展，妖嬌挑逗， 有如好萊塢巨星瑪麗蓮夢露再世，簡直令人無法拒絕。

建 議 搭 配

清蒸石斑、乾煎圓鱈、水煮蝦、鯊魚煙燻。

★ 推 薦 菜 單　蔥薑蒸龍蝦

使用日本進口的小龍蝦，以自製高湯清蒸4~5分鐘，達到龍蝦肉Q、味鮮的程度。這道菜完全是原味，沒有加任何的佐料去蒸，嚐起來鮮美，龍蝦肉質軟嫩、細緻而且Q彈。這支隆河最好的白酒有著香濃的果香和蜂蜜，酒一入口就可以馬上提升龍蝦的鮮味，而且冷冽甘美清甜，兩者的香氣都很令人著迷，芬芳美味，細細品嚐，將是人生一大享受！

吉品海鮮餐廳（敦南店）
地址｜臺北市敦化南路一段25號2樓

Bollinger

伯蘭爵酒莊

在電影中007系列中，主角詹姆士龐德最喜歡的香檳就是伯蘭爵（Bollinger）香檳，總共在20幾部的電影中出現過10部之多。伯蘭爵（Bollinger）可以說是完美香檳的代名詞，一個可回溯到十五世紀的傳統高貴的香檳品牌，在歷經五個世紀的洗禮，依然以香檳界三顆星的最高榮耀，屹立不搖。1884年，當女王維多利亞選擇飲用伯蘭爵法蘭西香檳（Bollinger Francaises）時，他賜予伯蘭爵家族王室的家族徽章，此後任何一個英國君主，都從未更改過此一選擇。

伯蘭爵香檳的葡萄園有百分之六十為特級園（Grand Cru）。伯蘭爵香檳只使用第一道搾出的葡萄汁來釀造，這些高品質的葡萄汁，讓伯蘭爵香檳在木桶中釀造高品質的年份香檳。伯蘭爵是極少數把所有年份香檳和部分無年份香檳在小橡木桶中發酵的香檳酒莊之一。他們也是唯一一家雇用全職桶匠的香檳酒莊。使用這些小桶，就能把每塊葡萄園、每個年份和每個品種嚴格地分開釀造。伯蘭爵香檳相信好的香檳需要較長的窖藏時間，來發展其特性及複雜度。所以無年份的伯蘭爵香檳，最少要窖藏三年以上，比法定的一年還要久，伯蘭爵香檳年份香檳則窖藏五年，特級年份香檳則高達八年之久。

伯蘭爵「頂級年份」（Grande Annee）香檳也就是說只有好年份時才會出產。

A / B | C | D

A.葡萄園。B.酒莊外觀。C.採收葡萄。D.人工轉瓶。

只在最優年份釀製，但帶渣陳年的時間比豐年香檳要長，為8～10年左右。頂級年份香檳完全是由特級及一級葡萄園的收成釀製而成，通常要用16款不同年份的年份酒進行混合勾兑。你所能看到的75%的香檳酒都產自特級葡萄園，其他的則來自於一級葡萄園。然而，這款酒每年的混合比例每年不一樣，大約是60～70%的黑皮諾加上30～40%的夏多內混合釀製的。它通常會在容積為205公升、225公升和410公升的小型橡木桶中進行發酵，一個地塊接一個地塊，一座葡萄園緊接一座葡萄園依次進行發酵，這就使得葡萄的挑選過程極為嚴苛。酒莊只使用5年以上舊橡木桶，

難得一見的1952 R.D.香檳。

目的是確保單寧和橡木的風味都不會對香檳酒產生影響。這一款香檳是伯蘭爵賣得最好的香檳酒款，通常粉紅香檳做的比干白香檳來的佳。2004年份的Grande Annee Rose獲得《WA》96高分，同款1996年份獲得《WS》95高分，1990和1995的Grande Annee都獲得《WS》95高分。

頂級年份干白香檳一瓶上市價大約新台幣5,500元。頂級年份粉紅香檳一瓶上市價大約新台幣7,500元。伯蘭爵第二等級的香檳是R.D.（Recently Disgorged）也就是剛剛才開瓶除渣的意思，此香檳只有在極佳年份時才會生產。大約是七成的黑皮諾加上三成的夏多內混合釀製而成。在小型的橡木桶中發酵，在釀成之後的10到12年後去除沈澱渣，運輸出口之前休息3個月。它是一款極為醇厚、酒體豐腴的香檳酒。1990年份的R.D.獲得《WA》98高分，1996年份則獲得《WA》96分。同樣酒款1990年份則獲得《WS》97高分。台灣上市價一瓶大約台幣11,000元。

伯蘭爵最得意之作也是「法蘭西斯老藤」（Vieilles Vignes Francaises）簡稱VVF，採用來自3個葡萄園種植的純正法國老葡萄樹釀製。這3個葡萄園的葡萄樹都是在1960年法國葡萄根瘤蚜蟲侵襲的時候倖存下來，是葡萄園中的精品。為了照顧這些老株，葡萄園全部採用人工作業，連整理工具都使用老式的。而這些葡萄老株往往可結出香氣集中、糖分高而早熟的果實，但產量並不高，每株葡萄樹大概只有3至4串葡萄。用這些葡萄釀造的法國老株香檳酒年產量不會超過3,000瓶（每瓶都有編號），採用橡木桶發酵，裝瓶後還要熟成3年以上才上市，口味較重，酒體飽滿。1996年份的「法蘭西斯老藤」也被英國品醇客雜誌選為此生必喝的100支酒之一。1996和2002兩個年份都獲得《WA》98高分。台灣每年配量僅僅24瓶而已，很難見到蹤影，每瓶上市價約台幣30,000元。

2007年，該酒廠交由之前在雀巢和可口可樂工作的菲利蓬（Jérôme Philippon）管理，他非常注重生產過程中的現代化操作，還在歐格（Oger）建立了包裝中心。他非常重團隊的年輕化，2013年，他將酒窖和葡萄園交由年僅48歲的吉里斯（Gilles Descotes）管理，此人之前曾在Vranken香檳集團工作。

DaTa

地址｜Bollinger 16, rue Jules-Lobet, BP 4,51160 Aÿ
電話｜0033 3 26 53 33 66
傳真｜0033 3 26 54 85 59
網站｜www.champagne-bollinger.fr
備註｜不開放參觀

推薦酒款

Recommendation Wine

伯蘭爵頂級年份粉紅香檳

Bollinger La Grande Annee Rose 1990

ABOUT

分數：Jacky Huang 99
適飲期：2000～2035
台灣市場價：12,000元
品種：65%黑皮諾（Pinot Noir）和35%夏多內（Chardonnay）
橡木桶：舊橡木桶
瓶陳：8～10年
年產量：10,000瓶

品酒筆記

這款1990年粉紅香檳是上個世紀最好的香檳年份之一，香氣持久，氣泡細膩，果味成熟，口感平衡，誘人的花香，縈繞的餘韻，令人無法抗拒。果味十分香濃，散發出細緻的玫瑰花香，自然奔放，丁香、紅莓、草莓、烤堅果、土司麵包和野薑花、香料。表現的極致完美，無懈可擊的一款最佳粉紅香檳。

建議搭配

三杯中卷、川燙鮮蚵、紅甘生魚片、台南蚵仔煎。

★ 推薦菜單　韭菜皮蛋鬆

這是一道最好的下酒菜！非常奇妙特別的家常菜，廚師很用心的創意，在開始的前菜就已經達到驚奇的效果。烹調很簡單，就是用皮蛋切塊，韭菜切小段在加上肉末去拌炒。但是很多客人回家弄就是弄不出喆園的味道。喆園的梁總偷偷告訴我，我們的師傅是加入了鮑魚汁下去炒，所以味道特別好。這款帶著紅色果香和核果香的伯蘭爵高級粉紅香檳搭著這道特殊的韭菜皮蛋香，真是令人拍案叫絕，這樣的美味只有中國人才能享受到，比起鵝肝和魚子醬有過之而無不及，所以香檳真是百搭，只要您敢嘗試，多一點創意又如何？真是太神奇了！

喆園餐廳
地址｜台北市建國北路一段80號

Cattier Armande de Brignac
卡蒂爾黑桃A香檳酒莊

2009年，全球唯一一本香檳專業雜誌《最佳香檳Fine Champange》舉辦一場香檳盲品大賽，世界知名酒評人和品酒師，在不知道品牌和價格的情況下，嚴格按照要求對一千多種香檳進行盲飲。評鑒結果發表在《最佳香檳》雜誌上，該雜誌是唯一的國際性香檳刊物，也是業界最知名的權威雜誌。每種香檳按100分制評分，過程十分嚴格，如果這些酒評人的給分有超過4分的差距，將對香檳進行重新品嚐和重新打分。評審對結果仔細斟酌後，才選出得分最高的十種香檳，其中包括很多經典品牌。黑桃A香檳的一款柏格納阿曼黃金香檳（Armande de Brignac Brut Gold）神奇地壓倒眾多對手，以96分的平均分數打敗群雄，獲得最高口感評分，名列全球最佳香檳榜首。從而奠定黑桃A黃金香檳擠身世界最好的香檳之林。

黑桃A香檳酒莊由卡蒂爾（Cattier）家族創立，目前的莊主是家族的第十代尚-

A . 酒莊全景。B . Cattier莊主父子查看葡萄生長。C . 在A字型架的黑桃A黃金香檳。D . 黑桃A三款閃亮香檳。E . 作者與來台的訪問的Cattier莊主父子合影。

雅克・卡蒂爾（Jean-Jacques Cattier）和十一代亞歷山大・卡蒂爾（Alexandre Cattier）。「黑桃A」是法國君主立憲的象徵，由法國古老的釀酒世家卡蒂爾家族釀製，早在法王路易十五在位的時候，就出產全法國最好的葡萄酒供給皇族。而柏格納一本法國當地小說改編而成的舞臺劇「黑桃皇后」中的角色，深得卡蒂爾（Cattier）老夫人的喜愛，以此命名香檳，表達了酒莊主人對母親的紀念。黑桃A香檳酒莊釀酒所用的葡萄主要有三種：夏多內（Chardonnay）、黑皮諾（Pinot Noir）和莫尼耶皮諾（Pinot Meunier）。夏多內葡萄的品質，賦予了黑桃A香檳活潑的特質；黑皮諾則增添了香檳力量和骨架，並使得黑桃A香檳的口感更具層次；莫尼耶皮諾則為黑桃A香檳提供了圓潤口感,微妙香氣和豐富的果味。這些葡萄均採摘自香檳區一級和特級葡萄園。

在釀製方面，黑桃A香檳從採摘到裝瓶，僅由8人的團隊傾力完成，是世界上唯一一種純人工製作的香檳。人工採摘下來的葡萄，在用傳統方法進行壓榨後，就會被用來釀製品質卓越，個性鮮明的混釀葡萄酒。每一瓶黑桃A香檳都是混合了香檳區最好的年份，卡蒂爾家族最佳的三種葡萄釀造而成的特釀。之後，黑桃A香檳的酒液會在全香檳區最深的地下酒窖進行緩慢的陳年，並用卡蒂爾家傳秘方進行補液，使黑桃A香檳蘊涵了其私家葡萄園精選年份的美酒精華。

黑桃A黃金香檳不僅外表光鮮，它其實有著表裡如一的好品質。一直以來，它受到世界各地的評論家、記者和葡萄酒愛好者的廣泛讚譽。這款從釀製到外包裝，都是全手工打造的香檳，粉絲包括湯姆克魯斯、貝克漢、喬治克隆尼、碧昂絲等巨星。摩納哥賭場中，唯有Armande de Brigmac「黑桃A，黃金瓶的王牌」。一瓶邁達斯（Midas）30公升黑桃A 香檳，日前被倫敦頂級俱樂部One For One會員以12萬歐元（相當於台幣420萬元）購得。這款香檳酒瓶重達45公斤，相當於40個普通瓶子的重量。這種罕見的酒瓶源自希臘神話中的邁達斯國王（King Midas），傳說他能將自己觸摸的任何東西變成黃金。小莊主亞歷山大告訴我：「卡蒂爾的三層地下酒窖深達30公尺，分別代表了三種建築風格：文藝復興式、羅馬式和哥德式，頗為壯觀，為香檳區最深的酒窖之一。」如此深的酒窖可以使自然陳年的過程能緩慢進行，對於打造細膩品質的黑桃A香檳非常重要。

高爾夫球限量版的綠金香檳。

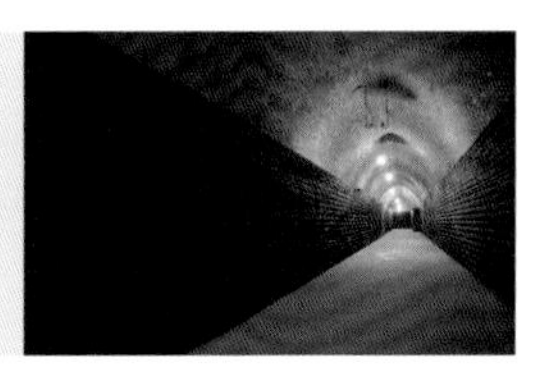

DaTa

地址｜6-11 rue Dom Pérignon-BP 15 ,51500 Chigny les Roses-France
電話｜+33（0）3 26 03 42 11
傳真｜+33（0）3 26 03 43 13
網站｜www.cattier.com
備註｜參觀前請先預約

推薦酒款

Recommendation Wine

黑桃A黃金香檳

Armand de Brignac Brut

ABOUT

分數：Fine Champange 96
適飲期：2013～2025
台灣市場價：10,000元
品種：40% 夏多內（Chardonnay）、40% 黑皮諾（Pinot Noir）、20%皮諾莫尼耶（Pinot Meunier）
木桶：橡木桶
桶陳：12～36個月
年產量：約50,000瓶

品酒筆記

這款黃金香檳聞起來帶有淡雅的丁香花香，入口有著濃郁自然的果味，口感如奶油般順滑，呈現出驚人的複雜層次，又有著細緻的，且帶些檸檬、香草、蜜蘋果氣息的後韻，不同於一般香檳。當我喝過五次以上的黑桃A黃金香檳後，我才明白它為何能在眾多香檳中脫穎而出，獲得96高分拿下冠軍。沒有喝過的酒友一定會質疑，但是當您喝過幾次後，您就會被它的魔力所吸引，它不僅有光鮮亮麗的外表，更是一款蘊藏著深度而有氣質的絕佳香檳。

值得一提的是黑桃A香檳的酒瓶。它獨特的金瓶設計，據說是出自法國時尚界一個酷愛黑桃A的名家的靈感。從頂級和一級葡萄園中挑選採收、釀造、罐裝和窖藏轉瓶，到精美的酒瓶設計與華麗的錫製標籤，每個步驟遵循傳統工藝方法以手工打造。

建議搭配

烤紅喉、烤蟹腳、炸水晶魚、蚵仔酥。

★ 推薦菜單　鹹酥魚蛋

木柵基隆港海鮮餐廳是我個人最喜歡的海鮮餐廳之一，每天從基隆和大溪港挑選新鮮魚貨，每道菜都是精心釀製，不論從海外來的老外還是從大陸來的領導朋友，對這家海鮮餐廳讚不絕口，吃了就忘不了。這道鹹酥鱸魚蛋可不是天天有得吃，必須等到各式海魚盛產期才能一飽口福。鹹酥的做法是最下酒的，先將季節性魚卵炸酥，再和蔥、蒜、辣椒一起拌炒，起鍋時灑點細鹽。集香、酥、脆於一身，美味至極。尤其配上這款鏗鏘有力的黃金香檳，金光閃閃，一顆接一顆跳動在舌尖上，檸檬、蘋果、香草、還有冰淇淋香氣。嚐一口，全身舒暢，人間美味莫過於此！

基隆港海鮮餐廳
地址｜台北市文山區木新路三段112號

Moët Chandon Dom Pérignon 唐·培里儂酒莊

提到香檳酒，大家必然會想起唐．培里儂神父（Dom Pérignon，1638～1715）。這位聖本篤教會的神父終生幾乎都在本地區南部一個小修道院歐維勒（Hautvillers）管理酒窖。唐．培里儂修士與太陽王路易十四所處的時代，是法國的極盛時期。香檳的金黃色澤既可與金色的太陽相呼應，文人筆下的「火花、星光、與好聽的氣泡嘶嘶聲」更增國王的尊榮。何況發明香檳的唐．培里儂修士，與路易十四同年出生，同年過世，甚至離開人世的時間都很接近。這種巧合本身就帶有戲劇性，值得當做傳奇或神話來傳述，於是香檳被視為「法國國酒」而行銷世界。唐．培里儂採用多種葡萄混釀來彌補當地葡萄酒品質的不足，並且從西班牙引入了軟木塞，用油浸過的麻繩緊固瓶塞來保持酒的新鮮和豐富氣泡，並且使用更厚的玻璃來加強酒瓶強度。培里儂神父首次採用了香檳分次榨汁工藝，經

A | B C D E

A.香檳王酒廠門口立著香檳發名人唐培里儂雕像。B.作者在酩悅香檳酒莊。C.四季恆溫的白堊岩石酒窖。D.1810年法皇拿破崙曾贈送酒廠一座大型橡木桶以茲紀念，其內容量為1,200公升。E.四季恆溫的白堊岩石。

過多次耐心提煉，最終奠定了我們今天「香檳釀造法」的基礎。

自1797年，釀造唐·培里儂的修道院和葡萄園就被酩悅·軒尼詩所擁有。酩悅酒廠（Moët Chandon）目前是法國最大的香檳酒廠商，酒廠的葡萄園將近有1,200公頃，酒廠地下酒窖的長度達到28公里，唐·培里儂是酩悅酒廠旗下的最頂級年份香檳品牌，現隸屬於全球第一大奢侈品集團LVMH。酩悅香檳（Champagne Moet & Chandon）歷史頗為久遠，始創於1743年，如今已超越了兩個多世紀。據說有「香檳之父」之稱的唐·培里儂發明了香檳酒之後，酒莊創始人克勞德（Claude Moet）先生即著手試釀，然而酒莊卻一直名不見經傳，直到他的孫子尚·雷米（Jean-Remy Moet）掌管酒莊時，因尚·雷米認識了當時還是青年軍官的拿破崙一世，且拿破崙一世相當喜愛酩悅香檳，至此這個酒莊的名字才開始揚名天下。法國大革命時，唐·培里儂修士(Dom Perignon)當年所住的歐維勒修道院與葡萄園被充公,酩悅香檳把握機會於拍賣會中鉅資將其購入,將其闢為博物館,並加建了唐.培里儂銅像,令香檳愛好者以「朝聖」的心態前往參觀。

2004年,Doris Duke的藏品在佳士得紐約拍賣會上,3瓶唐.培里儂首釀年份的1921拍得24,675美元(相當於台幣76萬元)。在2008年的兩場 Acker Merrall & Condit的拍賣會上,三瓶1.5公升裝的珍藏粉紅香檳(Oenothéque Rosé1966、1973和1976年份)在香港拍出93,260美元(相當於台幣290萬元)。在2010年5月的蘇富比香港拍賣會上,一組垂直唐.培里儂珍藏粉紅香檳再一次刷新了拍賣紀錄,這30瓶拍品(包括0.75公升和1.5公升裝)1966、1978、1982、1985、1988和1990年份,拍賣價達133.1萬港元(相當於台幣530萬元),刷新了世界上單個香檳拍賣品的價格紀錄。

香檳王年份香檳的1988和1990兩個年份同時獲得英國《品醇客Decanter》雜誌此生必喝的100款酒之一,在香檳酒款中得此殊榮只有香檳王酒廠一家。這款酒在200多年的歷史中,從小說家海明威、波普藝術家安迪.霍爾、大導演希區考克、好萊塢巨星葛蕾絲.凱利、奧黛莉.赫本、瑪麗蓮.夢露……都是其粉絲。甚至皇室貴族中也不乏其追隨者,戴安娜王妃與查爾斯王儲的世紀婚典也是使用香檳王香檳。目前本酒廠屬於法國最大的「LVMH」時尚集團所有。這個集團旗下除全球女士最愛的、以皮包著稱的「路易威登」(Louis Vuitton)及香水的「迪奧」(Christian Dior)等時尚名牌。尚有白蘭地酒廠軒尼詩(Hennessy)、庫克香檳(Krug)、甜酒之王伊甘酒莊(d'Yquem),波爾多九大酒莊之一的白馬堡(Cheval-Blanc)和酩悅香檳王酒廠。

許多頂級香檳依舊使用從外購來的葡萄,而釀製香檳王的葡萄,則全數來自於自己的葡萄園。除了一級葡萄園歐維勒(即修道院所在),其他葡萄都來自特級葡萄園(Grand Cru)。香檳王主要使用來自九個葡萄園的葡萄:夏多內來自白丘區(Côte des Blancs)的Chouilly、Cramant、Avize及Le Mesnil-sur-Orger四個特級園;黑皮諾則來自Hautvillers一級園,以及Bouzy、Aÿ、Verzenay、Mailly-Champagne四個特級園,香檳王僅使用此一黑一白兩種品種,並未使用皮諾.莫尼耶。香檳王香檳,只有在長時間的陳年後,它才能展現全部潛力。

DaTa

地址｜Moët et Chandon, 20, avenue de Champagne, 51200 Epernay
電話｜0033 3 26 51 20 00
傳真｜0033 3 26 54 84 23
網站｜www.domperignon.com
備註｜周一至周五,上午9:30~11:30,下午2:30~4:30

推薦酒款

Recommendation Wine

唐・培里儂

Dom Pérignon 1990

ABOUT
分數：WA：98　WS：92
適飲期：2009～2030
台灣市場價：15,000元
品種： 60%夏多內（Chardonnay）、40%黑皮諾（Pinot Noir）
橡木桶：橡木桶
桶陳：84個月
年產量：約5,000,000瓶

品酒筆記

這款經典年份的香檳王酒色呈金黃色，氣泡仍然非常活潑有勁，酒體飽滿柔順，優雅精緻而平衡，餘味悠長，超過60秒以上。很明顯的烤麵包，茉莉花芳香，檸檬、肉桂、奶油、核果、蘋果派和烤蜂蜜鬆餅香。是我個人認為香檳迷必嚐的一款香檳王年份香檳，不同於一般香檳，尤其是經過20年後的今天，正是它的高峰期，相信還可以陳年15年以上，甚至更久。這輩子必嚐的香檳酒款之一，沒喝過的酒友一定要喝喝看。

建議搭配

澎湖烤生蠔、萬里清蒸三點蟹、布袋鮮蚵、沙西米牡丹蝦。

★ 推薦菜單　南非鮑魚佐白酒青胡椒醬汁

齊膳天下老齊用帶有特殊礦石味及一定酸度的Chablis白酒，和燉煮四小時以上的雞肉蔬菜高湯去燉煮新鮮鮑魚，讓鮑魚的鮮甜發揮出來。再搭上利用燉鮑魚的湯汁和帶有清爽芳香的新鮮綠胡椒及法式黃芥末製成的醬汁，使整道料理達到一個平衡的完美境界。這道菜是他精心調製出來的祕方，別的地方嚐不到，就算國外米其林餐廳也無法烹出這樣的水準。今天能以1990年頂級年份的香檳王來搭配，真是琴瑟和鳴，酒菜雙絕。鮑魚鮮香滑嫩，香檳優雅細緻，兩者各自散發魅力，挑逗味蕾，達到前所未有的巔峰，創造一種美食新境界。

齊膳天下
地址｜台北市大安區四維路375之3號1樓

Moët Chandon
Krug

庫克香檳酒莊

庫克香檳（Champagne Krug）是最頂級的香檳品牌，被稱為香檳中的「勞斯萊斯」。庫克不是香檳，它就是庫克！

庫克由德國人約瑟夫庫克（Joseph Krug）創於1843，現今已傳承了6代人。約瑟夫是一位有理想的釀酒者，一生致力於釀造出與眾不同的頂級香檳。他原來在雅克森（Jacquesson）香檳酒莊釀酒，為追求自己釀製香檳的理想而放棄了那裡的優厚待遇，所以創立了庫克酒莊。酒廠擁有20公頃的土地，主要種植夏多內、黑皮諾及皮諾．莫尼耶三種葡萄。庫克酒莊對原料的挑選極為苛刻，它不使用大型葡萄園出產的葡萄，而一直取料於產量有限的50餘個精緻葡萄園，並不局限於頂級葡萄園，這在頂級香檳品牌中也是極為罕見的。這些葡萄園很多都是小型的，如梅尼爾（Clos du Mesnil）葡萄園的大小就跟一個花園差不多，在如此的精

A
B | C | D

A.酒莊。B.葡萄園。C.酒窖。D.小橡桶。

緻葡萄園中，每一粒葡萄都能受到細心呵護。

做為世界最頂級的香檳酒莊，為確保一貫的韻味及優雅細緻的口感，庫克酒莊還保留了一項足以號令天下的秘笈～酒窖原酒。庫克最為珍貴的寶藏就是其超過150個種類，超過百萬瓶窖藏原酒媲美圖書館級的酒窖，分批單獨珍藏了每年每塊葡萄園的佳釀。酒窖原酒多選用來自7至10個不同年份的原酒，年代最久的年份是13至15年，並且，每一瓶庫克香檳都需要再額外封瓶儲藏至少6年時間，再加上1年除酵母淨置的時間，因此總共需要至少20年時間才能最終釀製出絕世珍品——庫克香檳。

庫克香檳釀酒用的葡萄，三分之一來自自家的葡萄園，其餘的來自LVMH集團的葡萄園，都是精心篩選的。這樣的成就來自於四個靈魂人物：原籍委內瑞拉的董事長瑪嘉賀・亨利奎茲（Margareth Henriquez）和奧利維爾・庫克（Olivier Krug），忠實的釀酒主管艾力克・雷伯（Éric Lebel）和女釀酒師茱莉・卡維（Julie Cavil）。所有的葡萄酒都是在小橡木桶中發酵，酒窖中將近3000個木桶，使用的平均年齡為20年，發酵期為兩個月。在不銹鋼大桶內進行，部分進行乳酸發酵。從2012年起，酒廠在每瓶酒上貼上一個身份卡，上面標註著一個號碼，依此可以在庫克的網站上查詢這瓶酒的出窖日期和葡萄配比。因此，該酒廠雖然產量大，但每款酒仍有跡可循。

這家傳奇酒廠於1999年被LVMH集團收購，庫克酒莊現在旗下有六款超凡的香檳：庫克陳年香檳（Krug Grande Cuvee）、庫克粉紅香檳（Krug Rose）、庫克年份香檳（Krug Vintage）、庫克收藏家香檳（Krug Collection）、庫克梅尼爾白中白香檳（Krug Clos du Mesnil）以及庫克安邦內紫標香檳（Krug Clos d'Ambonnay）。

庫克香檳每年的總產量非常稀少，估計不超過10萬瓶，僅佔全球所有香檳的0.2%，酒莊家族傳人奧利維爾・庫克（Olivier Krug）就曾開玩笑説：「在600瓶不同香檳中，才有可能發現只有1瓶是庫克。」事實上，庫克香檳的優雅、尊貴、珍稀讓它成為少數人獨享的高級香檳。但是它對追求釀造高品質的香檳毫不退讓，以無比精確、注重細節的製作過程釀造頂級香檳為志，近乎苛求。

庫克香氣優雅，氣泡細膩，層次豐富。當然，在歐美葡萄酒權威媒體也有很好的讚譽；《葡萄酒倡導家》就給了梅尼爾白中白香檳（Krug Clos du Mesnil）1988和1996兩個年份100分。《葡萄酒觀察家》也給了庫克年份香檳1996年份99高分。英國品醇客雜誌《Decanter》將庫克年份香檳1990年份選為此生必喝的100支酒之一。這足以説明庫克的高品質，因此它也被譽為是香檳中的「勞斯萊斯」。庫克不僅是許多富豪開門迎客的首選飲品，更是官方儀式的御用佳釀，1995年5月，80國領袖在法國慶祝第二次世界大戰結束50年的午宴，選用的就是庫克香檳。另外，從1977年起庫克就是協和客機的專用香檳，也是英國航空、澳洲航空、新加坡航空、國泰航空等航空公司頭等艙所指定的香檳。

庫克就是庫克，凡人無法擋。

DaTa

地址 | 5, rue Coquebert 51100 Reims
電話 | 00 33 3 26 84 44 20
傳真 | 00 33 3 26 84 44 49
網站 | www.krug.com
備註 | 不接受參觀，僅接受私人預約訪問

推薦酒款

Recommendation Wine

庫克年份香檳

Krug Vintage 1990

ABOUT

分數：WA 95、WS 97
適飲期：20002～2040
台灣市場價：18,000元
品種：黑皮諾的比例為30%～50%，皮諾莫尼耶的比例為18%～28%，夏多內的比例為30%～40%
橡木桶：小木桶發酵
瓶陳：120個月以上
年產量：20,000瓶

品酒筆記

這一款神奇的1990年份庫克香檳簡直就像個魔術師。由新鮮的小白花和Doir香水香味先挑逗你，然後清爽帶有濃郁飽滿的酒香，再散發出椰子、乾果、杏仁、梅子、柑橘、烤麵包、烤堅果、濃濃的焦糖咖啡香，結尾是成熟誘人的蜂蜜檸檬味。這樣一款偉大而經典的香檳，雖然只喝過3次，每一次都令人印象深刻，尤其在2013年元旦時所喝的那一次，實在讓人無法置信，那深情款款的蜜糖、杏仁果、椰子、還有兒時記憶的白脫糖和車輪餅中的奶油香，每一口都能打動人心，絲絲入扣，尤其是能勾起小時候物資缺乏想吃又吃不到的回憶，嘴饞的回憶年份這是一支非常年輕氣盛的香檳，氣泡細緻有活力，結構飽滿厚實，酸度平衡，香氣複雜多變，後勁餘味縈繞纏綿，久久難忘。這樣一款世間少有的香檳，您絕對不能錯過，難怪被品醇客雜誌選為此生必喝的100支酒之一。相信在未來的30年當中都是最佳賞味期。

建議搭配

三杯雞、生魚片、鮮蝦沙拉、乾煎鱸魚。

★ 推薦菜單　欣葉蚵仔煎

蚵仔煎是福建閩南常見的小吃、廣東潮州稱為「蠔烙」。做法是先用平底鍋把油燒熱，攪拌後的蛋汁，加上生蚵，一起兩面煎熟即可。這是一道非常簡單的小吃，雖然沒有任何高級食材，但是男女老少都喜歡。欣葉的蚵仔煎不使用地瓜粉勾芡，不同於一般夜市。雞蛋的焦香、鮮蚵的清甜和細蔥的嫩脆，組合一道最爽口美味的佳肴。1990年的庫克香檳，散發出凡人無法擋的魅力，花香、果香和椰子糖，濃纖合宜，富貴逼人。這款香檳配上任何高級菜系，都能表現其迷人丰采，就算這樣樸實的小吃來搭，也能享受庫克的芳香宜人。

欣葉台菜
地址｜台北市大安區忠孝東路四段112號2樓

Louis Roederer 路易侯德爾香檳酒莊

香檳中的「愛馬仕」，沙皇喝的香檳～路易侯德爾水晶香檳（Louis Roederer Cristal）。

路易侯德爾酒莊位於法國蘭斯市（Reims），該酒莊的歷史可以追溯到1776年，酒莊由杜布瓦（Dubois）父子創建。直到1833年，路易．侯德爾（Louis Roederer）先生從他叔叔那裡繼承了這份產業，酒莊才更名為路易．侯德爾（Louis Roederer）。在他的領導下，路易．侯德爾香檳才逐漸打開知名度，遠近馳名。

1873年路易．侯德爾香檳成為俄國沙皇的最愛，僅一年的時間，酒莊就向俄國運送了66萬瓶香檳。三年之後，也就是1876年，酒莊應沙皇亞歷山大二世（Alexander II）的要求，為俄國皇室特別釀造了路易．侯德爾水晶香檳酒

A
B | C | D

A.**葡萄園景色**。B.**工人正在萃取葡萄汁**。C.**1962年的老水晶香檳**。
D.**橡木桶**。

（Louis Roederer Cristal）。1917年，俄國十月革命爆發，路易．侯德爾失去了最大的客戶。1924年開始，酒莊又重新生產水晶香檳酒，以他們極為精細的釀製工藝和完美無瑕的品質，路易．侯德爾水晶香檳目前還是英國皇室的御用香檳。路易．侯德爾水晶香檳瓶外面包有一層金黃色的玻璃紙，該紙只能在飲用前打開。因為水晶香檳酒的酒瓶是透明的，不像其它香檳瓶是綠色或黑色的，擋不了太陽的紫外線，所以需要另加一層保護膜。

路易．侯德爾酒廠是個家族企業，擁有214公頃葡萄園，其中70%為特級葡萄園。他們非常重視葡萄園的管理，近15%的葡萄園實施生物動力法種植。酒廠重視葡萄園的管理，尊重香檳的風土，這就是他們的香檳質量穩定的原因。葡萄基酒的乳酸發酵，或者偶爾進行，或者實施部份發酵，著名的水晶香檳所使用的基酒，只有25%是經過乳酸發酵的。酒精發酵在不鏽鋼桶或者在大型橡木桶中進行，以增加酒質的厚度。路易．侯德爾酒廠最為特殊的，是用240個小型不銹鋼桶，將不同葡萄園和地塊的葡萄分別發酵。酒莊內全部的優質陳釀就是水晶香檳的精華所在，被保存在木質酒桶內，讓香檳酒的酒體更加豐腴，口感更加濃烈。該酒莊香檳酒的混合比例每年都會有所不同，但一般來說，由50%至60%的黑皮諾調配夏多內精釀而成。調配時選擇10～30種不同基酒，成熟5～7 年，再瓶熟6個月，最後才能上市。

路易．侯德爾酒廠目前生產8款香檳，其中最著名的是水晶年份香檳和水晶年份粉紅香檳。水晶年份香檳目前年產量大約是50萬瓶，產量雖然很大，也沒有每年生產，品質仍維持得很好，所以仍供不應求，國際價格也年年升高。2002年份的水晶香檳曾獲得葡萄酒愛好者（Wine Enthusiast）100滿分。1982和1999兩個年份也都獲得了《WA》98高分的高度讚賞。另外，1979年份的水晶香檳也獲選為《品醇客雜誌Decanter》此生必喝的100支酒之一。新年份在台灣上市價約為7,800台幣。水晶粉紅香檳是用100%黑皮諾葡萄釀製，每年產量僅僅20,000瓶而已。帕克說：「這是全世界最好的三款粉紅香檳，另外兩款是庫克無年份粉紅香檳和香檳王年份粉紅香檳。」他個人也曾對這款粉紅香檳1996年份打出了98高分的讚賞。在帕克的全世界156個偉大酒莊一書中曾說：「就算在香檳區不好的年份，尤其是1974年和1977年，水晶香檳也能釀出極為出色的香檳，這不得不説是一個奇蹟。」路易侯德爾香檳的常客包括阿格西、珍妮佛安妮斯頓、皮爾斯布洛斯南、瑪麗亞凱莉、李察吉爾、梅爾吉勃遜、惠妮休士頓、布萊德彼特、茱莉亞羅勃茲、小甜甜布蘭妮、莎朗史東、約翰屈伏塔、布魯斯威利等人。

人工轉瓶。

DaTa

地址｜21 boulevard Lundy, 51100 Reims, France
電話｜00 33 03 26 40 42 11
傳真｜00 33 03 26 61 40 45
網站｜www.champagne-roederer.com
備註｜必須通過推薦，參觀前須預約

推薦酒款

Recommendation Wine

路易侯德爾水晶香檳

Louis Roederer Cristal 2002

ABOUT

分數：WE 100、AG 96+、WS 92
適飲期：2010～2032
台灣市場價：12,000元
品種：60%黑皮諾（Pinot Noir）、40%夏多內（Chardonnay）
橡木桶：20%放橡木桶
桶陳：60～72個月
年產量：500,000瓶

品酒筆記

被葡萄酒愛好者打過100滿分的2002年水晶香檳喝來充滿堅實的力量，氣泡活潑有勁，綿密的細泡不斷的往上衝刺，爭先恐後，你搶我奪，令人目不暇給。這款香檳領銜出場的是花束、礦物、薄荷、高山梨和香料，新鮮自然。接著是妖嬈窈窕的女主角，入口時蕩開青蘋果、新鮮草莓，奶油，烤腰果和檸檬。最後登場的是風流倜儻的男主角，熟透柑橘、日本蜜桃、淡淡的咖啡香和回味的蜂蜜，讓人垂涎欲滴。2002的水晶香檳已經展現出偉大年份應有氣勢和魄力，雖然年輕，但是內斂典雅，將來的潛力必定無可限量。

建議搭配

蝦捲、豆鼓虱目魚、清蒸圓鱈魚、鹽烤軟絲。

★ 推薦菜單　香蒜中卷

這道菜是基隆港海鮮下酒的招牌菜，採取新鮮透抽中卷，先川燙再過油，後加以蒜片、蒜苗拌獨家醬汁熱炒，色香味俱全。這道菜是出自四周環海的台灣活海鮮，身為一個台灣人覺得非常幸福，可以吃到現撈的各式各樣的海鮮，而且又有一流的台灣菜料理師傅，永遠都有用不完的創意，來滿足不同族群的老饕。新鮮的透抽，肉質帶著Q彈細嫩，和蒜蔥一起拌炒以後更是香噴噴，尤其獨門醬料帶有西螺蔭油的香甜，讓人味蕾全開，食指大動。用這款華麗典雅的水晶香檳來搭配這樣的海鮮，撞擊出來的是鮮、香、甜，還有全身舒暢，所有壓力全部釋放，這就是喝香檳配台灣海鮮應該有的感覺，美麗的寶島海鮮，浪漫的法國香檳，有如天作之合。

基隆港活海鮮
地址｜台北市文山區木新路三段112號

法國酒莊之旅
香檳篇

Salon

沙龍香檳酒莊

被香檳擁護者稱為「香檳中黃金鑽石」的沙龍香檳（Salon）是香檳中最特殊也是最小的酒莊之一，從創立到現在一直採用「四個單一」原則：單一地塊（白丘）、單一葡萄園（Le Mesnil Sur Oger）、單一葡萄品種（夏多內）、單一年份（只做年份香檳）。1905年第一款完全以夏多內葡萄釀製的「白中白」（Blanc de Blancs）香檳誕生。沙龍香檳的獨特風味立刻引起了一陣騷動，這款奇特的香檳，也開創了白中白香檳風氣之先。

沙龍香檳的創始人尤金尼-艾米・沙龍（Eugène-Aimé Salon）在年少時便盼望著將來可以釀製一支自己的香檳。尤金尼對於香檳的情緣自於小時候的耳濡目染，他的姐夫是一名香檳釀酒師，小時候他常常會去葡萄園幫忙，當姐夫的小幫手，就這樣慢慢實現釀製香檳的夢想。於是，尤金尼在香檳區白丘梅斯尼（Le Mesnil）村買了半坡處面積一公頃的葡萄園，開始釀製一款前所未有的白中白香檳。他釀製的第一個年份是1905年，這純粹是尤金尼實驗性的釀造，他釀製的香檳並不出售，只用來饋贈親朋好友及客戶。但沒想到，自家產的香檳在親朋好友間口耳相傳，贏得了一片叫好聲。於是在1911年，沙龍香檳酒莊正式成立。

沙龍是一款打破遊戲規則的香檳，大部分香檳都會選取來自不同村莊、不同

A
B | C

A . 酒莊外觀。B . 品酒室。C . 莊主。

葡萄園的葡萄進行混釀，而沙龍香檳只選取來自於梅斯尼村的葡萄，它是一款由100%夏多內釀製而成的白中白。釀製沙龍香檳無疑是一種藝術;不採用橡木桶，自二十世紀七十年代起就開始在不鏽鋼桶中發酵，不做蘋果乳酸發酵，不添加老酒。不加人工雕琢，讓沙龍儼然成了一個渾然天成的美人。每個年份它都會幻化出不同的特色，有時像奧黛麗．赫本的經典優雅，有時又像瑪莉蓮．夢露的性感魅力。一瓶沙龍香檳的最終問世除了優質的葡萄品種，也少不了人們的細心照料。沙龍香檳在上市前需要陳釀8至12年，讓它在歲月中演變出更複雜的風味。在嚴格的篩選機制下，沙龍香檳問世的年份少之甚少。即使是年份極佳的1989年，沙龍也沒有出產過一瓶，因為葡萄的酸度完全不符合沙龍香檳的風格，酒莊為了堅持一貫品質與風格，也只好在此等好年份裡忍痛割愛。

葡萄園。

酒窖。

2011年，沙龍香檳推出了20世紀最後一瓶年份香檳——1999年沙龍香檳首次上市，在2014年的年底推出本世紀第一個年份2002年沙龍香檳。這兩個新的年份不禁讓人好奇沙龍又會是什麼滋味？我們來看看幾個不同的分數；《WA》給沙龍1999年的分數是95高分，Antonio Galloni也是95分，《WS》是94分。2002年份的沙龍香檳《WS》給了最高分數的98高分，Antonio Galloni則給了96+高分。《WA》給了1996年份的沙龍97+高分。1990年份則獲得了《WS》97高分，1995和1998兩個年份則獲得了96高分。台灣新年份上市價約13,500台幣一瓶。因每年的產量僅為60,000瓶，而中國市場只分到1000瓶，可謂一瓶難求。

沙龍酒莊於1988年歸屬於羅蘭-皮爾（Laurent-Perrier）集團，但一直秉承自己的釀酒理念。所有的年份產品都需要經過長時間的陳釀方可上市（約10年的時間），它擁有夏多內的典型個性，香氣持久，果香馥郁，因白堊土壤而別具清新感。在沙龍酒莊現代的白色品酒大廳裡，透過一道玻璃門就可以看見白堊土的酒窖，所有的沙龍香檳按照年份整整齊齊地排列在木架上，還有一些更老的年份藏在深處。20世紀出產沙龍香檳的年份如下：1905、1909、1911、1914、1921、1925、1928、1934、1937、1942、1943、1946、1947、1948、1949、1951、1953、1955、1956、1959、1961、1964、1966、1969、1971、1973、1976、1979、1982、1983、1985、1988、1990、1995、1996、1997、1999。

DaTa

地址｜Salon 5, rue de la Brèche-d'Oger, 51190 Le Mesnil-sur-Oger
電話｜0033 3 26 57 51 65
傳真｜0033 3 26 57 79 29
網站｜www.salondelamontte.com
備註｜週一至週五8：00-11：00, 14：00-17：00 需提前預約

推薦酒款

Recommendation Wine

沙龍白中白香檳

Salon Blanc de Blancs 1995

ABOUT

分數：WS 96、AG 94
適飲期：2012～2030
台灣市場價：35,000元
品種：100%夏多內（Chardonnay）
瓶陳：120個月
年產量：50,000瓶

品酒筆記

不可思議的小白花香水味和野蜂蜜。沙龍香檳是我喝過最多的年份香檳，起碼已經過嚐了30次以上，尤其是1982和1983兩個年份。世界上最強勁濃郁的夏多內白中白香檳，氣泡細緻綿密，活力十足，餘韻飽滿豐富而持久。金黃色的液體中綻放著白色花朵，香氣飄散在空氣中，柑橘、蜂蜜及熱帶水果，每一口都能嚐到刺激冷冽的礦物感和果香，野生核桃，杏仁，回味常有明顯的蘋果派、檸檬水果和蜂蜜香。這款香檳至少可以陳年三十年以上，希望每年都能喝上一次，美好人生必須有香檳相伴！

建議搭配

台式臭豆腐、生炒鵝肝鵝腸、鯊魚炒大蒜、白斬雞。

★ 推薦菜單　澎湖絲瓜炒木耳

這真是吉品海鮮的一道手工招牌菜，講究刀工。澎湖絲瓜削皮後，只取周圍綠色部分0.1公分，切成細絲，與木耳、松阪肉絲一起炒熟。這道菜雖然簡單，但是嚐起來清脆爽口，在其他餐廳很難見到這樣的特別的手工菜，細緻可口，小家碧玉，雖然不是什麼樣的大菜，但是可以看出廚師的用心。這道菜香脆滑細，軟嫩爽口，配上這一支世界上最好的白中白香檳，在舌中滾動的氣泡，曼妙起舞，每一口都存在唯美的視覺與無限的刺激感，平凡的青翠絲瓜和紫黑的木耳只是靜靜的陪在主角身邊，絕不搶戲，更襯托出這款香檳的尊榮與高貴。

吉品海鮮餐廳（敦南店）
地址｜臺北市敦化南路一段25號2樓

DR. LOOSEN
路森博士酒莊

德國釀酒事業在上世紀二十年代登峰造極，當時許多德國白酒的佳釀，賣價甚至比法國波爾多一等葡萄園還要來的昂貴，但是七十年代來自德國的廉價酒大軍衝擊全球市場，德國葡萄酒市場因此崩潰，自此，德國酒莊一直在努力掙脱平價甜酒的國際形象，路森莊主巡迴各國就是為了找回愛酒人士對於優質德國白酒的傳統印象。路森家族於萊茵河流域Mosel地區種植葡萄來釀酒已經二百年，莊主爾納路森（Ernst Loosen ）1988年接手後開始停施化學肥料及減產以降低葡萄樹生長期間的人力與技術干預，然而最重要的是，他轉向溫和的地窖做法，使葡萄酒靠著自然的力量發揮到淋漓盡致。

出生於1959年9月，1977年就讀於蓋森漢（Geisenheim）葡萄酒學院，1981就讀門茲（Mainz）大學，主修考古，1986年接手家族酒莊，1996年租借JL Wolf莊

A
B | C | D

A . DR. LOOSEN 酒莊門口。B . 作者和莊主Ernst Loosen在台北合影。C . DR. LOOSEN品酒室。D . 作者致贈台灣高山茶給莊主Ernst Loosen

園，1999年創立合資企業與美國華盛頓州的聖密歇爾（Chateau St. Michelle）合資。雖然出生於一個釀酒世家，但是路森並不想投入釀酒這個事業。1977年，他被送進了德國最頂尖的葡萄酒學院蓋森漢，1986年父親病況嚴重，沒辦法繼續經營酒莊，母親考慮把酒莊賣掉，爾納（Ernst）鼓起勇氣接下這個重擔，1987年是他的第一個收成年份。」剛開始生意並沒有起色，一直到1993年，洛森才有信心銷售他全部的產品。他賣力推銷自家的葡萄酒，至今還是如此。現在他所生產的路森博士酒莊葡萄酒行銷到43個國家。莊主說：「不過，我希望我的酒可以國際化，而且我發現，這些國家的人們會對進口產品產生忠誠度，只要能受到他們喜愛，花再多的時間是值得，不過這段路花了20年時間才做到。」

從法蘭克福開車到這美麗的酒市大約要兩個鐘頭，遊客來來往往在萊茵河的兩畔遊梭，有些人是來旅遊欣賞風景，有些人則為了找尋美酒，我是為了拜訪酒莊。在伯恩卡斯特（Bernkastel）村莊，一座美麗的莊園孤立於人來人往的莫塞爾（Mosel）河旁，來到路森博士酒莊，也是路森家族居所，酒窖也在裡面。我們一群人被請進到一個很大的圖書室，裡面敘述著酒莊的點點滴滴和各式各樣大小不一的酒瓶。參觀完酒窖後，我們在圖書室的桌子上試酒，路森介紹每一款路森的酒，從小房酒（Kabinett）到逐粒精選（Beerenauslese），這次我們沒有喝到枯葡精選（Trockeneerenauslese）。每一支都是精采絕倫，絲絲入扣。這是我第二次見到路森本人，第一次是我在台北主辦路森博士酒莊品酒會的時候。

有關路森本人在世界上的名氣眾所皆知，名酒評家休強森（Hugh Johonson）：「路森（Ernie Loosen）帶領莫塞爾河谷與此地的麗絲玲葡萄酒成功進入21世紀。他的思考是全球性的，鮮少有德國釀酒人跟他一樣。」葡萄酒大師Jancis Robinson：「路森（Ernie Loosen）靠一己之力將德國葡萄酒帶進21世紀的世界舞台。這是他不拘泥於傳統、不斷旅行與對品質不妥協所得到的成果。」倫敦國際葡萄酒挑戰賽年度最佳甜酒釀酒師、品醇客雜誌評鑑Ernst Loosen為世界前10名白酒釀酒師、品醇客雜誌評鑑Ernst Loosen為世界上對酒最有影響力的人……，太多的讚美與榮譽，這是路森一路辛苦走來的代價。

路森博士酒莊（DR. LOOSEN）面積有15公頃，主要生產德國白酒，葡萄品種100%麗絲玲，葡萄樹齡60至100年（未接枝）。主要產區：

教士莊園（ErdenerPrälat） 特級葡萄園（Grand Cru）

毫無疑問的，這是Dr. Loosen酒莊中最佳的葡萄園，教士莊園為百分之百南向坡面的紅色板岩地質，並具備相當溫暖的微氣候環境，果香味十足的葡萄酒，與令人無法抵抗之魅力。本園位於河流與大岩壁之間，保留熱能的陡峭岩壁，確保所有的葡萄都可以達到充分的成熟。

艾登莊園（Erdener Treppchen）特級葡萄園（Grand Cru）

本園位於Erdener Pralat教士莊園的東面，莊園內的紅色板岩生產出口感飽滿、複雜綿密且富含礦物質的葡萄酒，需較長時間在瓶內熟成。由於本園地形相當陡峭，百年來農人必須完全依賴石梯，才能到達莊園工作。

烏齊格莊園（Urziger W　rzgarten） 特級葡萄園（Grand Cru）

紅色的火山岩及板岩地質的烏齊格莊園，生產除莫塞爾河地區獨一無二的葡萄酒，雖然本園直接緊鄰Erden地區最好的葡萄園，但卻生產出風味迥異的葡萄酒，帶有熱帶香料的特殊風味與令人著迷的土質口感，這是莫塞爾河其他區域的葡萄酒所缺乏的熱帶風味。

衛恩日晷莊園（WehlenerSonnenuhr） 特級葡萄園（Grand Cru）

本區地形極為陡峭，而且充滿板岩。直接位於莫塞爾河岸邊，生產出世界上最優雅、風味最佳的白葡萄酒，灰藍色的板岩賦予葡萄酒美妙而清爽的酸度與有如成熟水蜜桃般的香味，兩者均勻的調合，造就出本酒莊裡風味最迷人的葡萄酒。

伯恩卡斯特（Bernkasteler Lay）優級葡萄園（Primer Cru）

Bernkasteler Lay（唸做Lie，是Slate的古字）與Dr. Loosen酒莊毗鄰的莊園，主要是板岩構成，而且比附近的莊園Wehlen及Graach更為深層。相較其他葡萄園坡度較為緩和，所釀製的酒層次豐富且分明。小房酒（Kabinett）是德國麗絲玲酒款等級中最為輕快爽口的，是由最早收成的葡萄所釀製。沒有比莫塞爾（Mosel）流域所釀的麗絲玲更加優雅細緻、香氣集中。蘋果及礦石味道中隱隱散

左：作者和莊主Ernse Loosen在酒莊品酒室合影。右：酒莊特別生產2006 逐粒精選BA級187ml迷你小瓶，產量稀少。

發出水蜜桃香氣，在口中甦醒，草本植物的清新風格令人心曠神怡。

小小的教士莊園（Erdener Prälat）園區是令他得意與快樂的地方。這座占地1.44公頃的葡萄園位於河流彎曲之處，可以將熱氣留住。這座園區並非只屬他一人，不過他擁有最大一部分。Prälat生產的是莫塞爾河谷當地最有異國風味、最奢華的麗絲玲白酒，而且一向是最後採收的葡萄。路森在Prälat生產的晚摘精選級葡萄酒精選酒（Auslese）是德國最好的葡萄酒之一，緊接在後的是他伯恩卡斯特（Bernkasteler Lay）園區所釀造的冰酒，以及其它園區所生產的濃郁又芬芳的麗絲玲。

要喝麗絲玲白酒（Riesling），就會想起德國白酒的榮耀——路森博士酒莊，這是目前萊茵河流域莫塞爾（Mosel）地區少數仍舊堅持傳統，以頂尖葡萄園裡所種出最好的麗絲玲葡萄來釀造白酒的酒廠，麗絲玲在摩澤地區享有完美條件的土壤和氣候條件，因此能夠產出獨特地區風格的德國白酒。

左：酒莊致贈給作者DR. LOOSEN所在的Urziger Würzgarten特級葡萄園海報，海報上有莊主Ernst Loosen本人簽名。右：酒莊特別生產2006 逐粒精選BA級187ml迷你小瓶，產量稀少。三種不同尺寸的包裝，非常有趣。

DaTa

地址｜St. Johannishof D-54470 Bernkastel/ Mosel, Germany
電話｜（+49）6531-3426
傳真｜（+49）6531-4248
網站｜http://www.drloosen.com
備註｜可以預約參觀

推薦
酒款

Recommendation
Wine

教士莊園枯萄精選

DR. LOOSEN Erdener Prälat TBA Gold Capsule 1990 750ml

ABOUT
分數：Jacky Huang 100
適飲期：2010～2060
台灣市場價：48,000元
品種：麗絲玲（Riesling）
年產量：120瓶

品酒筆記

2013年的一個秋天，德國美酒收藏家熱克（Dr.Sacker）教授從德國帶了幾瓶葡萄酒來到台灣與酒友們分享，其中這瓶德國的1990年DR. LOOSEN Erdener Prälat TBA我最感興趣。白袍教士的酒標（Erdener Prälat）是路森博士酒莊中最好的地塊，況且是已經超過二十年的世紀最佳年份的1990，而更難得的是大瓶裝的750毫升的，這款酒在世上已經很難見到了，何況是再超過兩級的TBA。在冰桶裡冰鎮過一小時後。當酒一打開時，我已經聞到鳳梨、楊桃乾和百合花的濃濃香氣。我開始將這瓊漿玉液為大家一一斟上，每個人迫不及待的想一親芳澤。這酒已經呈深金黃色澤，一股野蜂蜜香逼近，緊接跟來的是烤杏仁、鳳梨汁、荔枝蜜等不同的香氣。酒送進口中時，酸酸甜甜，像是吃蜜餞和蜂蜜般的濃郁，中間還帶有蜜棗、糖漬蘋果、芒果乾和百香果汁的天然滋味，甜度跟酸度達到完美的平衡，每個人都發出讚嘆的聲音，也捨不得一口氣就喝完，因為一生中要再嚐到這樣的美酒，就得看各人造化了。

建議搭配

草莓慕斯、巧克力、馬卡龍、奶油波羅包。

★ **推薦菜單**　公主雪山包

公主雪山包其實就是奶油波羅包，是港式點心中的超人氣產品，外層表面的脆皮，一般由砂糖、雞蛋、麵粉與豬油烘製而成，是菠蘿麵包的靈魂，為平凡的麵包加上了口感，要熱熱的吃才好吃。菠蘿麵包經烘焙過後表面金黃色、凹凸的脆皮狀似菠蘿因而得名，實際上並沒有菠蘿的成分。皇朝尊會港式餐廳股東曹會長宴請朋友時，最後一定會上這道甜點來配甜酒。公主雪山包，裡面加了奶油，具有皮脆餡香，外酥內嫩的特色，用這款路森博士教士莊園（TBA）貴腐酒來相配，有如天雷勾動地火般的強烈，貴腐酒的沁涼和酸甜，雪山包的軟嫩酥香，酒喝起來有如神仙般的快活，雪山包吃起來也會有回家的溫暖。

皇朝尊會
地址｜上海市長寧區延安西路1116號

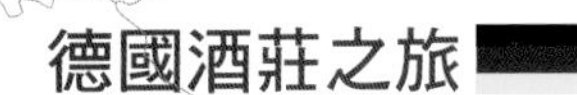

Egon Müller
伊貢慕勒酒莊

伊貢慕勒酒莊（Weingut Egon Müller）是位於莫塞爾（Mosel） 產區精華地塊的28英畝（約11.3公頃）葡萄園，擁有排水良好的板岩地層，大部分種植麗絲玲（Riesling），將當地風土條件發揮得淋漓盡致，因此被評選為莫塞爾地區最頂尖的酒廠之一。這裡享有「德國麗絲玲之王」的美譽。同時伊貢慕勒酒莊所產的貴腐甜白酒（TBA）也和勃根地的沃恩·羅曼尼（Vosne Romanee）村中的羅曼尼·康帝酒園（DRC）的紅酒齊名，並列世界上最貴和最好的兩款酒，一白一紅，獨步酒林，一生中如能同時喝到這兩款酒，將終生無憾！伊貢慕勒的歷史可從西元6世紀建成的聖瑪麗修道院（Sankt Maria von Trier）說起。該院建在維庭根鎮附近一座名為沙茲堡（Scharzhofberg）的小山上。後來，法國軍隊佔領了整個盛產美酒的萊茵河地區，教會與貴族所擁有的龐大葡萄園被充公拍賣。1797年，慕勒（Müller）家族曾祖父趁

A
B | C | D

A . 酒莊外觀。B . 葡萄園遠景。C . 酒窖藏酒。D . 莊主Egon Müller。

機購得了此酒莊。此後，酒莊一直歸慕勒家族所有，至今傳承至第五代後人。

伊貢慕勒的釀酒方法就是以傳統、天然、簡單的方式進行。11.3公頃的葡萄園，土壤多為片岩，板岩層層的堆疊，透水性佳，在雨季時排水也很順暢，板岩有保溫與排熱的功能，能提高葡萄藤的生長。他們深信他們的葡萄園有實力種植出最好的葡萄和釀製出最有潛力的葡萄酒。

釀製貴腐甜酒，必須等到葡萄已被黴菌侵蝕，吸收葡萄水分，讓整顆葡萄萎縮乾扁，才開始採收、榨汁，且逐串逐粒挑選，而每串葡萄也不一定同時萎縮，必須分次採收，極為費時費力。因此每株葡萄樹往往榨不出一百公克的汁液。同時，葡萄皮不可有破損，否則汁液流出與空氣接觸會變酸發酵而腐壞掉，前功盡棄矣！而此時正是滿園籠罩甘甜芬芳之氣，自然吸引無數蜂蠅鳥雀，為避免寶貴的葡萄被啄啃，有的園區便會裝置網罩，這又是一筆開銷。量少工多，自然將貴腐甜酒的品質和價格推升到最高點。

伊貢慕勒採用自有葡萄園栽培的麗絲玲來釀酒，釀成的麗絲玲葡萄酒酒香優雅，細膩精緻，具有經典德國麗絲玲風格，是德國以至世界最出色的麗絲玲葡萄酒之一。除此之外，這裡出產的冰酒和枯葡精選（TBA）也尤為珍貴。這裡出品的冰酒有一般冰酒及特種冰酒之分，即使是一瓶新年份的普通冰酒，目前在德國的市場價也超過了1,000歐元，是德國最昂貴的冰酒。該酒莊的枯葡精選酒並非每年都有釀製，即使老天幫忙，其產量也是極其稀少，每年最多生產200～300瓶。物以稀為貴，每年拍賣會上，伊慕酒莊所出品的枯葡精選都拍出了令人驚歎的高價。

伊貢慕勒的酒有多好呢？2005年份沙茲佛格拉斯維廷閣園的金頸精選級（Scharzhof Le Gallais Wiltinger Braune Kupp Riesling Auslese Gold Capsule）獲得《WA》97高分。2008沙茲佛山堡園的金頸精選級（Scharzhof Scharzhofberger Riesling Auslese Gold Capsule）獲得《WA》98高分。台灣市價一瓶約台幣80,000元。1988年份沙茲佛山堡園的逐粒精選（Scharzhof Scharzhofberger Riesling BA）獲得《WS》99高分。台灣上市價一瓶約100,000元。1989年份沙茲佛山堡園的冰酒（Scharzhof Scharzhofberger Riesling Eiswein）獲得《WS》97高分。台灣市價一瓶約120,000元。2010沙茲佛山堡園的枯葡精選（Scharzhof Scharzhofberger Riesling TBA）獲得《WA》99高分，同款2005年份和2009年份獲得98高分。1989年份獲得《WS》的100滿分。台灣市價一瓶約200,000元。可謂是款款精采，無與倫比。從最基本的私房酒（K級）到枯葡精選（TBA）都有很高的分數與評價。最招牌的貴腐甜酒（TBA），基本上是消失在人間，一瓶難求！難怪1976的沙茲佛山堡園的貴腐甜酒（Scharzhof Scharzhofberger Riesling TBA）會被英國《品醇客》選為此生必喝的100支酒之一。

伊貢慕勒四世曾說過：「一要相信葡萄園。」第一瓶枯葡精選在1959年問世，僅在十多個極佳的年份生產（每年只有200～300瓶），至今總量不超過4,000瓶。伊貢慕勒開玩笑說過：「如果每年我們都能釀TBA的話，那我其他酒都可以不用釀了。」

DaTa

地址｜Mandelring 25, 67433 Neustadt-Haardt, Germany
電話｜（49） 63 21 28 15
傳真｜（49） 63 21 48 00 14
網站｜http://www.mueller-catoir.de
備註｜不接受參觀

推薦
酒款

Recommendation
Wine

沙茲佛山堡園的金頸精選級

Scharzhof Scharzhofberger Riesling Auslese Gold Capsule 1989

ABOUT
分數：WS 97
適飲期：2005～2050
台灣市場價：18,000元
品種：麗絲玲（Riesling）
年產量：240瓶

品酒筆記

伊貢慕勒的精選酒（Auslese）一般人只喝到晚摘酒（Spatlese）就要花4,000元台幣，精選級以上很少人喝到，更何況是一款老年份的長金頸精選酒（Gold Capsule），而且是德國上世紀最好的年份！2009年的一個夏天，我私下邀請日本最知名的侍酒師木村克己到台灣訪問，與會的《稀世珍釀》作者陳新民教授特別攜來這支罕見的佳釀，1989年份伊貢慕勒長金頸精選級大瓶裝，這款號稱黃金酒液的酒立即成為萬眾矚目的焦點。當我打開這瓶酒時，在拔出瓶塞後，首先聞到的是椴花香和桂花蜂蜜香，淡淡的柑橘馬上跟來，還有著鳳梨和水蜜桃，香氣不斷的散出，大家已經迫不及待的想嚐一口了。入口後好戲才開始，在舌尖肆意遊走的是芒果乾、杏桃乾、楊桃乾等各種乾果，明亮的礦物、辛香料、葡萄柚、百香果也陸續登場，層次複雜而分明。最後謝幕的是蜜餞、野花蜂蜜、李子醬、話梅和鳳梨的甜美和果酸，千姿百態，完美演出!

建議搭配

蓮蓉月餅、木瓜椰奶、巧克力派、冰淇淋蛋糕。

★ 推薦菜單　黃金流沙包

黃金流沙包外型渾圓小巧，吃的時候一定要小心，以免一咬噴漿而燙傷嘴唇和舌頭。熱呼呼的流質內餡採用上選牛油、鹹蛋黃搭配而成。蒸好的蛋黃要經過好幾次壓碎與過篩，成為口感細緻的蛋黃沙蓉，才能充分展現流沙的口感，然後再與牛油一起，均勻地和入奶黃裡。主廚特別加入了上選椰奶，椰香、蛋香與奶香，以完美比例調和，成為絕佳的內餡。此外蒸煮的過程也得靠真功夫，因「流沙包」外固體、內流質的特殊構造，若非精心掌控餡料與火侯，很容易就在蒸籠中爆了開來。冰鎮後的精選酒散發著誘人的鳳梨和柑橘，流沙包的外皮軟嫩綿密，內餡香熱爽口，兩者互相交融，讓口感提升到最高境界，整款酒的酸甜和流沙包的鹹香發揮的淋漓盡致，鹹中有甜，甜中有酸，這是最完美的結束，多美好的夜晚啊！

華國飯店帝國宴會館
地址｜台北市林森北路600號

Fritz Haag 弗利茲海格酒莊

話說1810年前後，有一次拿破崙在前往德勒斯登（Dresten）的途中，經過了萊茵河支流的莫塞爾的中段，一個名叫「杜塞蒙」（Dusemond）的谷地，這個名稱是由拉丁文（mons dulcis），轉成德文，意思為「甜蜜的山」。弗利茲海格酒莊（Fritz Haag） 的兩個葡萄園：布蘭納傑夫日晷園（Brauneberger Juffer Sonnenuhr ）和布蘭納傑夫園（Brauneberger Juffer）被拿破崙大讚為：「莫塞爾的珍珠」！布蘭納傑夫日晷園在德國白酒排名第二名，目前僅次於伊貢米勒的沙茲堡（Egon Müller Schazhofberg）。

來自法國美食指南米高樂（Gault Millau）的德國酒指南（Wein Guide Deutschland）， 一向是穩定而值得信賴的德國酒評分，它審查標準極嚴，像是德國白酒主要產區的莫塞爾-莎爾-盧爾（MOSEL-SAAR-RUWER）產區,，僅伊貢

A
B | C | D

A . 葡萄園。B . 作者和老莊主還有大兒子Thomas Haag一起合影。C . 葡萄園土壤灰色板岩。D . 作者和老莊主Wilhelm Hagg在酒莊合影。

米勒（Egon Müller）、普綠（J.J.Prüm），以及弗利茲海格（Fritz Haag）等少數酒莊拿到最高的「五串葡萄」頭銜，目前被視為德國前三大酒莊之一。英文版中，弗利茲海格布蘭納傑夫園（ Fritz Haag Brauneberger Juffer TBA） 2007勇奪99分，布蘭納傑夫日晷園（Brauneberger Juffer-Sonnenuhr Auslese）2007 也有97分，至於該廠的2003 TBA，更是知名的100分（滿分酒）。講究CP值（物超所值或價格合理）的酒友，都知道弗利茲海格（Fritz Haag）是「五串葡萄」的內行選擇。

弗利茲海格酒莊（Fritz Haag）目前由少莊主奧利佛（Oliver）接管，這個小夥子從德國酒學校蓋森漢畢業不久後便開始在酒莊工作，跟著父親威廉（Wilhelm）學釀酒，2005年，年事已高的威廉交棒給奧利佛，酒莊開始邁向新的里程碑。2009年七月奧利佛初次來台舉辦品酒會，我們一見如故。在台北華國飯店的這一場品酒會80個名額早已秒殺，坐無虛席，而他所帶來的酒也讓台灣的酒迷沒有失望，從最基本的小房酒（Kabinett）、晚摘酒（Spatlese）、精選酒（Auslese）、逐粒精選（Beerenauslese）、到枯萄精選（Trocken beerenauslese），全部一路喝到爽。這場品酒會也讓台灣的酒迷大開眼界，終生難忘！酒會結束後奧利佛當面邀約我前往酒莊拜訪，遂在2012年我再度前往德國參訪，當然也見到了老莊主威廉海格（Wilhelm Hagg），老先生還帶領我們參觀他們最好的葡萄園布蘭納傑夫日晷園（Brauneberger Juffer Sonnenuhr ），並且喝到一系列的弗利茲海格酒莊（Fritz Haag）和大兒子的史克勞斯利澤酒莊（Schloss Lieser），總共品嚐了十一款美酒，讓我們一群人醉在酒鄉，留下美麗的回憶！

弗利茲海格酒莊（Fritz Haag）這幾年屢創佳績，囊括所有的金牌以及滿分的TBA，2007年度的「金頸精選級」（Brauneberger Juffer Auslese Gold Capsule ），被葡萄酒倡導家《WA》評為97分，雖然是精選級，但其中5至6成為貴腐葡萄。酒觀察家雜誌評《WS》評為95分。2004、2006和2008「金頸精選級」布蘭納傑夫日晷園13號（Brauneberger Juffer Sonnenuhr Auslese Gold Capsule#13）都被《WA》評為97分。台灣上市價750毫升一瓶約台幣6,000元。2005年和2011的布蘭納傑夫日晷園逐串精選（Brauneberger Juffer Sonnenuhr Beerenauslese）都被《WA》評為98分，而2005年份同樣酒款也被酒觀察家雜誌《WS》評為98分。台灣上市價375毫升一瓶約台幣10,000元。2006布蘭納傑夫日晷園枯萄精選（Brauneberger Juffer Sonnenuhr TBA）被《WA》評為99高分，2007年份和2011年份同樣酒款則被評為將近滿分的99～100分。2001年份的（Brauneberger Juffer Sonnenuhr TBA）被《WS》評為99高分。台灣上市價375毫升一瓶約台幣16,000元。弗利茲海格酒莊（Fritz Haag）同時也是帕克（Robert Parker）所著世界156偉大酒莊德國僅有的七個酒莊之一。1976布蘭納傑夫日晷園枯萄精選（Brauneberger Juffer Sonnenuhr TBA）曾被英國《醒酒瓶》雜誌選為此生必喝的100支酒之一。

DaTa

地址｜Dusemonder Str.44,D-54472 Brauneberg/Mosel, Germany
電話｜（49）6534 410
傳真｜（49）6534 1347
網站｜http://www.weingut-fritz-haag.de
備註｜可以參觀，必須先預約

推薦酒款

Recommendation Wine

布蘭納傑夫園枯萄精選

Brauneberger Juffer TBA 2010

ABOUT

分數：WA 97、WS 96
適飲期：2013～2047
台灣市場價：18,000元
品種：麗絲玲（Riesling）
年產量：300瓶

品酒筆記

酒色已經呈金黃色澤，近乎狂野的烤鳳梨、乾杏仁、丁香花、核果油，還有貴腐甜酒香，如蜜般的野蜂蜜香，清爽與令人驚豔的深度。中間帶有水蜜桃、蘋果風味顯得更加濃郁，細緻、爽口易飲。尾端陸續出現葡萄柚、芒果、牡丹花以及核果油的香氣，有如說書者的抑揚頓挫，一段又一段的令人神往。甜度跟酸度在口中達到完美的平衡，喝一口就讓你心頭為之一震，酸酸甜甜，舒暢無比。適合搭配最後的甜點飲用，不管是歐美法式甜點；馬卡龍、巧克力蛋糕、水果慕斯、焦糖布丁，台灣鳳梨酥或廣式波羅包，都非常適合。

建議搭配

焦糖布丁、草莓慕斯、水果糖、冰淇淋。

★推薦菜單　反沙芋頭

反沙芋頭是中國潮州的一道很講究烹調功夫的甜點，屬於潮州菜。做法是芋頭去皮蒸熟後，再下油鍋炸至表面有點硬就行了，起鑊候用。準備糖漿，鍋裡先下半碗水，再下白糖，中火煮，用鍋鏟不斷攪拌，特別要注意糖漿的火候，能不能反沙就看糖漿了，糖漿煮好後，趕緊熄爐火，把準備好的芋頭倒時糖漿中，用鍋鏟不斷翻拌均勻，讓每塊芋塊都能均勻地粘上糖漿，糖漿遇冷會在芋塊上結一層白霜，這樣就完成了。這是一道外酥內軟的飯後中式甜點，今日我們用這一款德國相當經典的貴腐甜酒來搭配，精采絕倫。芋頭的甜度與酒的酸度剛好平衡，不會產生甜膩，也不會過於搶戲，有如鴛鴦戲水般的自在。酒中的蜜餞和鳳梨乾氣味正好可以抑制油耗的味道，而優雅的蘋果水蜜桃甜味也可以和芋頭上的糖霜融合，互相呼應，清爽不膩，尾韻雅緻且悠長。

華國飯店帝國宴會館
地址｜台北市林森北路600號

Weingut Hermann Dönnhoff

赫曼登荷夫酒莊

赫曼登荷夫酒莊（Weingut Hermann Dönnhoff）是德國最頂尖的酒莊，位於德國六大產區納赫（Nahe）產區，另外五個產區為：莫塞爾河（Mosel-Saar-Ruwer）、萊茵高（Rheingau）、萊茵黑森（Rheinhessen）、萊茵法茲（Rheinpfalz）和法蘭根（Franken）。納赫（Nahe）產區位在德國葡萄酒產區的十字路口，北臨梅登漢（Mittelrhein）和萊茵高（Rheingau），東面萊茵黑森（Rheinhessen），西側為莫塞爾河（Mosel-Saar-Ruwer），所以此區麗絲玲兼具莫塞爾河（Mosel）的濃郁香氣，以及萊茵高的和諧平衡感。納赫（Nahe）產區西北邊有山脈和森林的防護，氣候溫和，陽光充足，土質豐富多變，富含礦物質，造就了細緻的酒質。赫曼登荷夫酒莊絕對是稱得上全納赫（Nahe）產區最好的酒莊，也是全德國生產最好的冰酒酒莊。登荷夫家族早在1750年就在本地釀製葡萄酒，經過200多年的傳承，在現任莊主荷姆登荷夫（Helmut Dönnhoff）先生的手上發揚光大。

荷姆登荷夫（Helmut Dönnhoff）從1971年開始接掌本酒莊，如今他已經被視為德國最偉大的釀酒師之一，葡萄酒大師休強生（Hugh Johnson）形容荷姆具有釀酒的卓越天賦，並且對品質有著狂熱的執著和投入。登荷夫酒莊位於歐伯豪澤

A．酒莊。B．葡萄園。C．酒莊內小倉庫。D．作者和莊主Helmut Dönnhoff在酒莊合影。

（Oberhäuser）村，目前擁有總面積16公頃的葡萄園，分布在鄰近幾個村莊，均是納赫河谷地最優良、最著名的一些葡萄園，土壤以板岩和火山土為主，種植的葡萄品種有75%的麗絲玲，和其他的一些白品種，每年產量平均只有10,000箱左右。在荷姆的努力之下，將登荷夫酒莊推上不僅是全德國，也是全世界最頂尖的葡萄酒生產者之列。

荷姆登荷夫酒莊（Helmut Dönnhoff）最拿手的是冰酒，我們來看看幾個重要葡萄園的分數：2001和2002兩個連續年份的歐伯豪澤布魯克園（Oberhauser Brucke）同時獲得《WA》最高的100滿分。而2010年份也獲得100滿分，2004年份99高分，2009年份的98高分。一瓶半瓶裝（375ml）冰酒上市價13,000元台幣。另外枯萄精選（TBA）也都有很高的分數，2009年份的尼德豪澤赫曼豪勒園（Niederhauser Hermannshohle TBA）獲得《WA》99高分。一瓶半瓶裝（375ml） 枯萄精選（TBA）上市價台幣15,000元。逐粒精選（BA）也不錯，2006年份尼德豪澤赫曼豪勒園（Niederhauser Hermannshohle BA） 獲得《WA》99高分，2007年份史克勞斯布克海姆佛森山園（Schlossbockelheimer Felsenberg BA） 獲得《WA》99高分。一瓶半瓶裝（375ml） 逐粒精選（BA）上市價7,000元台幣。精選級金頸也有不錯的成績，2007年份歐伯豪澤布魯克園精選級金頸（Oberhauser Brucke Auslese Goldkapsel）被《WA》評為98高分，2011年份尼德豪澤赫曼豪勒園精選級金頸（Niederhauser Hermannshohle Auslese Goldkapsel）被評為97分，2005年份史克勞斯布克海姆佛森山園精選級金頸（Schlossbockelheimer Felsenberg Auslese Goldkapsel） 被《WS》評為96分。一瓶半瓶裝（375ml） 精選級金頸台幣5,000元。

2012的夏天第一次來到了納赫（Nahe）產區赫曼登荷夫酒莊，這是一個家庭式的酒莊，規模很小，莊主荷姆登荷夫和夫人在門口親切的歡迎我們。荷姆先生告訴我們說：「我們是一個小型的酒莊，我只是一位農夫，每一年的只想老天爺都能賜予好收成，然後把酒釀好。」雖然看起來是一個小小的心願，但是足以道出一位釀酒者的心情。我們參觀完了他的兩個葡萄園之後，被請到很簡單的試酒室，這也是一個小倉庫，堆放著一些裝箱好的赫曼登荷夫酒莊的酒準備出售。荷姆先生給我們試喝的酒總共有六種酒：從不甜的白酒（Trocken）到2008年份歐伯豪澤布魯克園冰酒（Oberhauser Brucke Eiswein ）。當我喝到這款冰酒時，雖然年輕，但是它聞起來帶有黑醋栗甜酒、杏仁糖、檸檬皮、木瓜、蜂蜜、焦糖等複雜迷人香氣；豐富而多變的口感，誘人的滋味，如杏桃果醬、蜜餞，蜂蜜、芒果、鳳梨、甚至是楊桃乾，質感濃郁油滑，由於有很好的酸度，讓它的甜度比較平衡而不膩。這款酒可以輕鬆再陳年半個世紀或更久！

德國最權威的葡萄酒購買指南German Wine Guide已經連續多年給予本酒莊最高的五串葡萄評等，1999年並將Dönnhoff選為「年度釀酒師 Winemaker of the Year」；休強生（Hugh Johnson）讚譽此酒莊所產之麗絲玲（Riesling）是納赫（Nahe）產區表現最佳最完美的。由於本酒莊近年來的超高人氣，許多酒評家都指出Dönnhoff的酒在市面上是一瓶難求的！

DaTa

地址｜Bahnhofstrasse 11, 55585 Oberhausen / Nahe, Germany
電話｜（49）67 55 263
傳真｜（49）67 55 1067

推薦
酒款

Recommendation
Wine

歐伯豪澤布魯克園冰酒

Oberhauser Brucke Eiswein 2008

ABOUT
分數：WA 97
適飲期：2013～2040
台灣市場價：12,000元
品種：麗絲玲（Riesling）
年產量：240瓶

品酒筆記

德國第一冰酒代表赫曼登荷夫酒莊所出產的冰酒，聞起來有杏仁糖、檸檬皮、木瓜、蜂蜜、焦糖等複雜香氣；這款經典冰酒散發著杏桃，醃製檸檬，礦物和醃漬蘋果的風味。令人眼花繚亂的水果香氣，鳳梨、杏桃干、荔枝、芒果等層層不同的味道，豐富而活潑的口感，在足夠的酸度下，讓整支酒甜度顯得怡人而不膩，充滿活力和長久的餘韻，以及柑橘和李子的回味。應該可以輕鬆陳年半個世紀或更久。

建議搭配

草莓派、宮保雞丁、豆瓣魚、水果冰淇淋。

★ 推薦菜單　三色蝦仁

這是一道色香味俱全的創意料理，將蝦仁做成三種不同口味；分別是番茄醬汁蝦仁、咖哩蝦仁和清炒蝦仁。這是我第一次嚐到這種方式來呈現蝦仁，一般都以清炒為主，比較出名的有杭州菜的龍井蝦仁。番茄醬汁帶有酸甜口感，咖哩醬汁則有香辣滋味，清炒則展現出蝦人本身的鮮甜。我們用這一款德國最好的冰酒來搭配這道出色的創意菜，趣味橫生，令人期待。首先是番茄的酸甜正好與冰酒中的蜜餞和鳳梨相輔相成，甜酸融合，而酒中的蜂蜜與荔枝也可以提升咖哩的香辣美味，優雅的蘋果和礦物可使清炒蝦仁更為鮮甜可口，酒與菜互相呼應，清爽舒暢，滿室生香。

祥福樓餐廳
地址｜台北市南京東路四段50號二樓

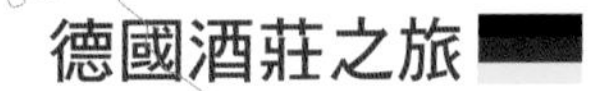

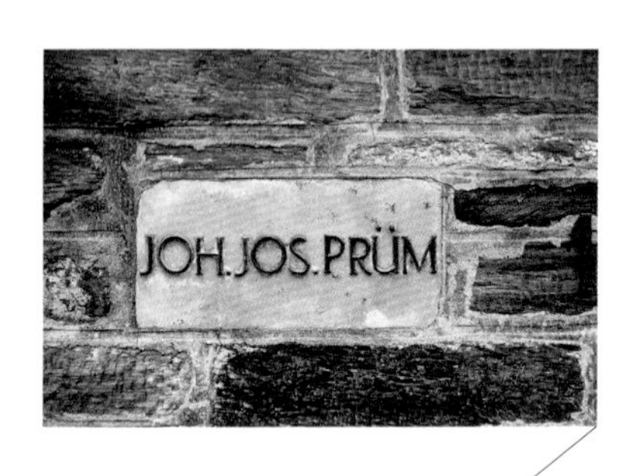

Weingut Joh. Jos. Prüm

普綠酒莊

普綠酒莊（Weingut Joh. Jos. Prüm）位於德國莫塞爾（Mosel）產區內的衛恩（Wehlen）村，是德國最富傳奇色彩的酒莊之一。普綠酒莊的創立者是普綠（Prüm）家族。該家族和慕勒家族的祖先一樣，在教產拍賣會上買下了一塊園地，之後，該家族的所有成員便遷移到該園地。後來普綠家族逐漸擴充園地，子孫也不斷繁衍。1911年，在分配遺產時，家族的葡萄園被分為了7塊。其中一塊叫做「日晷Sonnenuhr」的園區被分配給了約翰．約瑟夫．普綠（Johann Josef Prüm），當年他便自立門戶，創立了普綠酒莊。不過酒莊聲譽的建立多歸功於其兒子塞巴斯提安．普綠（Sebastian Prüm）的功勞。塞巴斯提安從18歲開始就在酒莊工作，而且在1930年代和1940年代時候發展了普綠酒莊葡萄酒的獨特風格。1969年，塞巴斯提安．普綠逝世，他的兒子曼弗雷德．普綠博士（Dr.Manfred

A B|C|D

A . **酒莊門牌**。B . Joh. Jos. Prüm**酒莊**。C . Joh. Jos. Prüm**莊主**Dr.Manfred Prüm**和女兒**Katharina Prüm。D . **目前酒莊由莊主女兒**Katharina Prüm**經營**。

Prüm）開始接管酒莊。如今，酒莊由他和他的弟弟沃爾夫．普綠（Wolfgang Prüm）共同打理，女兒卡賽琳娜（Katharina Prüm）也開始進入酒莊經營。

普綠酒莊的葡萄園佔地43英畝（約17.4公頃），這些葡萄園分佈在4個產區，均位於土質為灰色泥盆紀（Devonian）板岩的斜坡上。園裡全部種植著麗絲玲（Riesling），樹齡為50年老藤，種植密度為每公頃7,500株，葡萄成熟後都是經過人工採收的。

普綠的精選酒也可區分為普通的精選及特別精選，後者又稱為「長金頸精選」（Lange Goldkapsel）。這是德國近年來一種新的分級法，「長金頸」是指瓶蓋封籤是金色且比較長。之所以要有這種差別，是因為葡萄若熟透到長出寶黴菌時，也有部分葡萄未長黴菌。此時固可以將之列入枯葡精選，而部分未長黴菌似乎不妥，但其品質又高過一般精選，故折衷之計再創新的等級，有的酒園亦稱為「優質精選」（Feine Auslese）。普綠園在第二次大戰後就使用此語，到了1971年起才改為金頸。這種接近於枯萄精選（Trockenbeerenauslese）的「長金頸精選」酒，目前世界上的收藏家們將他們當作黃金液體般收藏。

普綠酒莊的酒屢創佳績，尤其在美國雜誌酒觀察家（Wine Spectator）創下兩個100滿分，這不僅在世界上少見，在德國酒裡也從來沒有一個酒莊可以有此殊榮，就連麗絲玲之王伊貢慕勒（Egon Müller）都無法辦到。得到100滿分的世紀之酒為1938 年份的衛恩日晷園枯萄精選（Wehlener Sonnenuhr Trockenbeerenauslese）和1949年份的衛恩塞廷閣日晷園枯萄精選（Wehlener-Zeltinger Sonnenuhr Trockenbeerenauslese）。這現在已是天價，無法購得，新年份在台灣上市價一瓶約新台幣60,000元。得到99分的有1971年份衛恩日晷園枯萄精選，還有精選酒格拉奇仙境園2001年份（Graacher Himmelreich Auslese）和1949年份的衛恩日晷園精選酒，新年份台灣上市價在8,000元台幣。得到98分的當然是最招牌的金頸精選酒，1988、1990和2005年份的衛恩日晷園金頸精選酒（Wehlener Sonnenuhr Auslese Gold Cap），新年份台灣上市價在10,000元台幣。就連衛恩日晷園的晚摘酒也都有很高的分數，1988年份的晚摘酒（Wehlener Sonnenuhr Spätlese）得到98的超高分評價，這在整個德國酒莊也是少見的高分。新年份台灣上市價在台幣3,000元。

普綠酒莊從晚摘酒（Spätlese）、精選酒（Auslese）、金頸精選酒（Auslese Gold Cap）一直到枯萄精選都有相當高的品質，也是德國市場上的主流，在美國更是藏家所追逐的對象，枯萄精選通常是一瓶難求，永遠是有進無出，藏在深宮，難見天日。作者建議讀者們有一瓶收一瓶，因為這種酒不但可以耐藏而且日日高漲。美國《葡萄酒觀察家》雜誌1976年將「年度之酒」的榮譽頒給了普綠酒莊的精選級，從此成為愛酒人士競相收藏的對象。英國《品醇客Decanter》葡萄酒雜誌將1976年份的衛恩日晷園枯萄精選選為此生必喝的100款酒之一，在世界酒林之中，難出其右。

DaTa

地址｜Uferallee 19 ,54470 Bernkastel-Wehlen,Germany
電話｜+49 6531 – 3091
傳真｜+49 6531-6071
網站｜http://www.jjPrüm.com
備註｜參觀前必須預約

推薦酒款

Recommendation Wine

格拉奇仙境園精選級

Graacher Himmelreich Auslese 1990

ABOUT
分數：WS 93
適飲期：現在～2025
台灣市場價：6,000元
品種：麗絲玲（Riesling）
年產量：2400瓶

品酒筆記

當我在2010年的一個聖誕節前喝到這瓶酒時，我相信了！我相信普綠酒莊（Weingut Joh. Jos. Prüm）的精選級（Auslese）為什麼世上有這多的酒友喝它?為什麼有這麼多的收藏家珍藏它?答案是它真的耐藏而且好喝。1990的格拉奇仙境園精選級（Graacher Himmelreich Auslese）麗絲玲以呈黃棕色彩，接近琥珀色。打開時立刻散發出野蜂蜜香味，花香，葡萄乾和番石榴味，整間房間的空氣中都是瀰漫著這股迷人的味道。在眾人的驚叫聲中，酒已經悄悄的被喝下，酒到口裡的瞬間陣陣多汁的水果甜度，豐富的香料，油脂的礦物口感，誘人的烤蘋果、奇異果、蜂蜜、烤鳳梨，大家都說不出話了，剎那間的舒暢實在無法形容，有如戀愛般的滋味，想表達又表達不出，酸甜苦辣鹹，五味雜陳。最後有橘皮、蜜餞和話梅回甘，更加微妙且回味無窮。

建議搭配

烤布雷、驢打滾、紅豆湯圓。

★ 推薦菜單　蜜汁叉燒酥

蜜汁叉燒酥是一道最受歡迎的廣東點心，在香港的港式茶樓裡一定有這道菜單，而在台灣的飲茶餐廳也常出現這道點心。正宗蜜汁叉燒酥，外層金黃酥脆，裡面是又鹹又甜的叉燒肉餡，鹹甜交融，每咬一口，都能感受到酥皮的軟嫩綿密，叉燒肉餡蜜汁緩緩的流出，多層次堆疊的口感，溫暖人心。這支德國最好的精選級酒配上這道點心，有如畫龍點睛般的活現，沁涼的酸甜度讓熱燙的蜜汁叉燒肉稍稍降溫，入口容易，而麗絲玲白酒中特有的蜂蜜和鳳梨的甜味也可以和外層的酥皮相映襯，顯現出甜而不膩，軟中帶綿，讓人吃了還想再吃。

龍都酒樓
地址｜台北市中山北路一段105巷18-1號

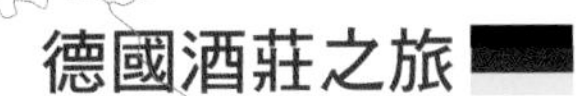

Robert Weil
羅伯威爾酒莊

羅伯威爾（Rober Weil）是德國萊茵高（Rheingau）區的知名酒莊，它在德國屬於最頂級的五串葡萄莊園，也是帕克（R. Parker）所列世界最偉大酒莊之一。陳新民教授所著的《稀世珍釀》，更將其列入百大之林。喝德國麗絲玲（Riesling）甜白酒的朋友，要想不知道羅伯威爾還真是不太容易；但要想徹底瞭解羅伯威爾，只怕也是很難——因為此酒莊的酒，拍賣會上經常屢創佳績，價格一度超越五大的拉圖（Ch. Latour）。羅伯威爾（Rober Weil）也因此獲得萊茵高地區伊甘堡（Chateau d'Yquem）的稱號，並且與伊貢米勒（Egon Müller）及普綠園（Joh. Jos. Prüm），三雄並立，成為德國最頂級酒尊稱的「三傑」。

羅伯．威爾酒莊擁有德國最頂尖的名園之一的「伯爵山園（Gräfenberg）」，關於此園的紀錄早在12世紀就已經出現在文獻上，從那個時候起，“Berg der Grafen”（意為Hill of the Counts）一直是貴族所擁有的尊貴葡萄園。伯爵山園是威爾博士最早購置下來的葡萄園，從1868年份起就一直用以生產本酒莊的招牌產品。所以只要掛有基德利伯爵山園（Kiedrich Gräfenberg）絕對是品質保證，這個山園所產的酒無論是金頸精選級（Auslese）、逐粒精選（Beerenauslese）、冰酒（Eiswein）和枯萄精選（Trockenbeerenauslese）都是最貴的。羅伯．

A. 酒莊門口。B. 酒莊。C. 作者在酒莊內看到大瓶裝酒。D. 酒窖內收藏著老年份的酒。E. 酒莊展示Kiedrich Gräfenberg葡萄園的土壤。

威爾酒莊的基德利伯爵山園金頸精選級（Kiedrich Gräfenberg Auslese Gold Capsule）2004年份被《WA》網站最會評德國酒的酒評家大衛史奇德納切（David Schildknecht）評為96高分，上市價大約新台幣6,000元。伯爵山園冰酒（Eiswein）2001年份也被評為接近滿分的99分、2002和2003年份都被評為98高分，上市價大約新台幣10,000元。伯爵山園枯萄精選（TBA）2002和2004年份一起被評為99高分。1995年份和2003年份伯爵山園枯萄精選（TBA）也都被德國酒年鑑評為100滿分的酒。1997年份的伯爵山園金頸枯萄精選（TBA）被美國葡萄酒雜誌酒觀察家《WS》評為98高分。上市價大約新台幣12,000元。1997年份和1999年份伯爵山園金頸逐粒精選（Beerenauslese）也都被評為97分。上市價大約新台幣8,000元。1997年份和1999年份伯爵山園冰酒（Eiswein）也都被評為97分。2005年份伯爵山園金頸精選級（Kiedrich Gräfenberg Auslese Gold Capsule）也被評為97分。羅伯．威爾酒莊的基德利伯爵山園（Kiedrich Gräfenberg）已經成為酒莊的招牌酒了。

2007年的一個初春，我第一次來到德國拜訪了羅伯．威爾酒莊，受到酒莊的國際業務經理非常熱烈的招待，他帶領了我們參觀酒莊古老的地窖、葡萄園、自動裝瓶廠和品酒室，我們一群人也在酒莊內品嚐了五款酒莊最好的酒，從私房酒（Kabinett）到枯萄精選（TBA），支支精采，尤其是2002年份的伯爵山園枯萄精選（TBA）令人拍案叫絕，我與同行的台灣評酒大師陳新民兄異口同聲的的說：「好!太好了!」真的是直衝腦門，舒服透頂，其中的甜酸度平衡到無法形容，鳳梨、芒果、蜂蜜、甘蔗、蜜餞、柑橘、花香，清楚分明，十分醉人，永生難忘！2012年夏天我再度到訪這個酒莊，接待我們的還是業務經理，這次我們和他已經非常熟悉了，他滔滔不絕的介紹葡萄園給我們的團員，而且欲罷不能，大家也非常配合的聆聽他講完，終於開始品酒。這次給我們品嚐到的是從不甜（Trocken）到金頸逐粒精選（Beerenauslese），最好喝的當然是2010年份的（BA）金頸，讓我們這團的女性朋友們驚叫驚奇，直呼值回票價！2009年在台北國賓飯店的川菜參加羅伯．威爾品酒會上再度遇到莊主威廉．威爾（Wilheim Weil），他非常熱情地過來與我寒暄了幾句，而且還當面邀請我能到德國拜訪他的酒莊指點他的酒，對於這樣的盛情，才會促使我在2012年和新民兄一起帶團前往參觀羅伯．威爾酒莊。

威廉的努力讓本酒莊的聲譽迅速地屢創高峰。德國最具影響力的葡萄酒評鑑書籍 Gault Millau The Guide to German Wines）在1994年評選本酒莊為明日之星（Rising star），1997年評選為最佳年度生產者（Producer of the year），2005年他的酒又被評選為年度最佳系列（Range of the year）。這樣的殊榮幾乎沒有其他的酒莊能出其右，其他知名酒評家或媒體給予的好評也是多不勝數；事實上，羅伯．威爾酒莊現在被公認是萊茵高產區最具代表性的生產者，甚至是被視為世界級水準的酒莊，威廉．威爾已經將本酒莊帶領到前所未有的高峰。

DaTa

地址｜Mühlberg 5, 65399 Kiedrich, Germany
電話｜+49 6123 2308
網站｜http://www.weingut-robert-weil.com
現任莊主｜Wilhelm Weil
備註｜可以預約參觀

推薦酒款

Recommendation Wine

基德利伯爵山園枯萄精選

Kiedrich Gräfenberg Trockenbeerenauslese 2006

ABOUT

分數：WA 99、WS 97
適飲期：現在～2050
台灣市場價：18,000元
品種：麗絲玲（Riesling）
年產量：240瓶

品酒筆記

這款深黃琥珀色的TBA貴腐酒，已呈現出優良的成熟度和濃郁度。聞起來有明顯的杏乾、桃乾等成熟果香和蜂蜜味。口感帶有相當多層次的香味，芒果乾、楊桃乾、檸檬皮等水果香混合了礦物質油脂味道，加上鮮活的酸度，使甜味不會膩人，酒體高雅而均衡，整體表現非常迷人。這款酒層次複雜多變，葡萄乾、強烈的芳香香料、水果蛋糕和糖漬橘子皮，塗滿蜂蜜焦糖醬麵包，薑糖和橘糖的香濃，一層一層的送進口中。整款酒表現出活潑的結構和有力的強度，雖然需要時間來展現更好的酸度，但是能喝到如此稀有的美酒，也算是一種幸福的奢侈。

建議搭配

鳳梨酥、綠豆椪、椰子糕、紅豆糕。

★ **推薦菜單**　豌豆黃

豌豆黃是北京春夏季節一種傳統小吃，一般在北方的館子會吃到這道點心。原為回族民間小吃，後傳入宮廷。清宮的豌豆黃，用上等白豌豆為原料，色澤淺黃、細膩、純淨，入口即化，味道香甜，清涼爽口。豌豆黃是宮廷小吃，還說西太后最喜歡吃了，這麼一宣傳，它的身價更不可一世。這道簡單的飯後點心，自然爽口不做作，我們用德國最好的貴腐酒來搭配是為了不讓這支好酒過於浪費，因為這支酒本身就是一種甜點，可以單獨飲用。貴腐酒的酸度反而可以提升碗豆黃的純淨細膩和香甜，慢慢的品嚐咀嚼，別有一番滋味在心頭。只要酒好、人對了，配什麼菜都是美味。

儷宴會館東光館
地址｜台北市林森北路413號

Schloss Johannisberg 約翰尼斯山堡酒莊

約翰尼斯山堡（Schloss Johannisberg）地處德國萊茵高（Rheingau）產區，是該產區最具代表性的酒莊，也是一個充滿傳奇故事的酒莊。尤其他的晚摘酒（Spatlese）更是酒莊的一絕，在整個德國幾乎是打遍天下無敵手，就連德國最好的酒莊伊貢慕勒（Egon Muller）也甘拜下風，俯首稱臣。

據說早在西元8世紀，有一次查理曼大帝（742～814）看到約翰山附近的雪融化得較早，覺得這裡天氣會比較溫暖，應該適合種植葡萄，就令人在這裡種植葡萄。不久，山腳下就建立了葡萄園，並歸王子路德維格（Ludwig der Fromme）所有。後來曼茲（Mainz）市大主教在此地蓋了一個獻給聖尼克勞斯（Sankt Nikolaus）的小教堂。1130年，聖本篤教會的修士們在此教堂旁加蓋了一個獻給聖約翰的修道院，因此酒莊正式有了「約翰山」之名。之後，酒莊一直由修士們

A
B | C | D | E

A.葡萄園。B.酒莊招牌。C.送晚摘酒信函的信差雕像。D.酒莊內的露天餐廳。E.酒窖內的藏酒。

管理。1802年，修士們被法國大軍趕走，歐蘭尼伯爵（Furst von Oranien），就成為此地的新莊主。到了1816年奧皇法蘭茲送給梅特涅伯爵（Furst Metternich-Winneburg），但必須有一個條件，每年要進貢給皇家十分之一的產量。目前，雖然梅特涅伯爵家族仍擁有約翰山酒莊，但本酒莊的經營權已經交給食品業大亨魯道夫·奧格斯特·歐格特（Rudolf August Oekter）。

另一個晚摘酒的傳奇故事，發生在1775年，酒莊的葡萄已接近成熟採收期，正巧富達大主教外出開會，修士們趕緊派信差去請示大主教能否採收?不料信差在中途突然生病，就耽誤了幾天的行程。等到回酒莊出示主教可以如期採收的手諭時，所有的葡萄都已過了採收時間，有部分已經長了黴菌，修士們仍進行採收，照常釀製，竟發現比以前所釀製的酒更香更好喝，晚摘酒（Spatlese）就這樣歪

橡木桶刻有歌頌酒莊的各種文字。

打正著的誕生了，所以約翰尼斯山堡酒莊也是晚摘酒的發源地，也造就了全德國的酒莊都生產這樣招牌的晚摘酒。

約翰尼斯山堡的葡萄園裡主要種植麗絲玲（Riesling）葡萄，種植歷史可追溯至西元720年。現在各國所種的麗絲玲全名即是「約翰山麗絲玲」。目前，酒莊葡萄園種植密度十分高，每公頃種植1萬株葡萄樹。葡萄土壤多為黃土質亞粘土。每年總共可生產約2.5萬箱葡萄酒。葡萄樹的平均樹齡為30～35年之間。在葡萄園管理方面，一半的葡萄園以鏟子除草，另外一半不除草，以使土壤產生更多的有機質。這裡的葡萄在成熟後，也是分次採收、榨汁，經過4週的發酵後移入百年的老木桶中靜存，時間約半年之久。到了次年春天的三四月這些葡萄酒即可完全成熟，隨後裝瓶上市。

2007年的一個初春我和稀世珍釀作者新民兄第一次訪問了約翰尼斯山堡，那是一個非常濕冷的傍晚，到達酒莊時剛好下著細雨，酒莊女釀酒師帶領我們去到旁邊的葡萄園，從這裡可以俯瞰煙雨濛濛的萊茵河。釀酒師很仔細地介紹葡萄藤如何過冬？在春天剛長出新芽，然後怎麼嫁接?處處皆學問。他接著帶我們到有900多年歷史的老酒窖參觀，在這個陰暗的酒窖哩，除了看到許多老年份的酒之外，其中還有一個大橡木桶，上面寫著各種不同的語言，都是在讚美著約翰尼斯山堡酒莊。當天品嚐六款酒之一的2005年份的逐粒精選（Beerenauslese）被《WS》評為97高分，1947年份的逐粒精選則被評為96分。一瓶上市價大約是台幣7,000元。1993和2009年份的枯萄精選（Trockenbeerenauslese）一起被評96分。一瓶上市價大約是台幣10,000元。而最有名氣的晚摘酒（Spatlese）一瓶上市價約為1,800元台幣。2012年的夏天我又再度拜訪了約翰尼斯山堡酒莊，當天中午我們在餐廳裡用餐，面對著萊茵河，特別的詩情畫意。因為適逢暑假，人山人海的遊客，都是為了來參觀這個歷史名園，也為了嚐一口世界上最有名的晚摘酒，更是為了瞻仰立在門口的信差，因為當年有他，我們才能喝到現在的晚摘美酒。

DaTa

地址｜65366 Geisenheim, Germany
電話｜+49（0）6722-7009-0
網站｜www.schloss-johannisberg.de/en
備註｜可以預約參觀，有餐廳可供餐

推薦酒款

Recommendation Wine

約翰尼斯山堡晚摘酒

Schloss Johannisberg Spatlese 2012

ABOUT
分數：WS 92
適飲期：2014～2035
台灣市場價：2,100元
品種：麗絲玲（Riesling）
年產量： 24,000瓶

品酒筆記

2012的約翰尼斯山堡晚摘酒（Spatlese）有著鮮明的熱帶鳳梨果香，同時也有成熟桃子的甜美，挾帶著多層次的水果香甜味，剛開始的口感有芒果、百香果、柑橘和檸檬味，豐沛而多汁，伴隨著特殊的岩石氣息，優雅甜美的果酸，散發出經典德國白酒的貴族氣息，每次喝都很好喝，品質非常穩定，是我喝過最好的一款晚摘麗絲玲酒款。開瓶後會有麗絲玲特有的白花香，幽幽的花香會在濃郁的果香後散出。整支酒酸度均衡，甜中帶酸，冰鎮後喝起來更是暢快淋漓。

建議搭配

麻婆豆腐、麻辣火鍋、生魚片、豆瓣鯉魚。

★ 推薦菜單　剁椒魚頭

剁椒魚頭是湖南湘潭傳統名菜，屬中國八大菜系中的湘菜，在台灣是一道很受歡迎的家常菜。火紅的剁辣椒，佈滿在嫩白的魚頭上，香氣四溢。湘菜特有的香辣誘人，在這盤剁椒魚頭上得到了最好的詮釋。蒸製的方法可以讓魚頭的鮮香封存在肉質之內，剁椒的香辣也能滲入到魚肉當中，色澤紅亮，魚頭糯軟，肥而不膩，鮮辣適口。2014年的9月，好友新民兄適逢珍珠婚三十年，幾位酒友在台北龍都酒樓藉這個理由喝幾盅。我帶了兩瓶新民兄在德國留學時最喜歡的約翰尼斯山堡晚摘酒，這款酒也是讓他踏上葡萄酒不歸路的一款酒。在這世界上如果要找一支可搭配中國川菜、湘菜的酒，只有德國麗絲玲甜白酒可以辦到。因為德國甜白酒的冰涼酸甜正好可以中和這樣又麻又辣的重口味，這道剁椒魚頭配上這款晚摘酒真是完美，魚頭的香辣碰撞白酒的酸甜，少一分則太甜，多一份則太辣，酸甜香辣在口中四方遊走，有如神仙般的悠哉，快活！

龍都酒家
地址｜ 臺北市中山北路一段105巷18號之1

Selbach Oster
塞爾巴奧斯特酒莊

塞爾巴奧斯特酒莊（Selbach Oster）是德國莫塞爾（Mosel）的大酒商和酒莊。不但賣酒，同時本身更擁有許多頂級特級園（Grand Cru）的單一葡萄園。它名列帕克（Robert Parker）所寫的世界最好的156個酒莊（“The World's Greatest Wine Estates”）。德國媒體評為：德國最好的十大酒莊之一。冰酒是它的超級品項。2001年份勇奪《WA》99高分和《WS》99高分。德白的分數不像法國酒，想上95分難之又難，由此可見酒莊實力。

在塞爾巴奧斯特酒莊（Selbach Oster）許多葡萄園中，衛恩日晷園（Wehlener Sonnenuhr）是它的一個重要品項。衛恩（Wehlener）是村名，但日晷（Sonnenuhr）提供了一些簡易的線索。如果不會買德白，找日晷（Sonnenuhr）這個字就行了。因為日晷一定要立在（正）南向坡才能夠發揮作用，故以此為名的德白葡萄園，都有著麗絲玲最需要的陽光，品質當然也有一定保證。

塞爾巴酒莊擁有14公頃的葡萄園，葡萄園內種植98%的麗絲玲（Riesling）和2%的白皮諾（Pinot Blanc），葡萄樹的平均樹齡為55年，最年輕的葡萄樹樹齡為20年，最老的大約是100年。老葡萄園的種植密度為每一公頃8,000株，新葡萄園為每一公頃5,500株。酒莊擁有一些特級的葡萄園（Grand Cru）：塞廷格日晷園

A . 葡萄園。B . 酒莊門口。C . 作者在葡萄園拍照。D . 莊主Johannes Selbach在酒窖做介紹。

（Zeltinger Sonnenuhr）的頂級葡萄園，那裡出產了最強勁、最豐滿、最強烈的葡萄酒；葛拉赫東普斯特園（Graacher Domprobst）頂級葡萄園，那裡釀制的葡萄酒帶有最接近液態板岩的口感；衛恩日晷園（Wehlener Sonnenuhr），那裡出產的葡萄酒有著柔和的香草、花香和精緻的風格。還有塞廷格仙境園（Zeltinger Himmelreich）及伯恩卡斯特巴圖比園（Bernkasteler Badstube）。

超過50%的塞爾巴奧斯特家族葡萄園仍舊種植著非常老而且沒有經過嫁接的葡萄藤，果實小但品質非常精良。塞爾巴酒莊的葡萄都是經過人工採收的，

而且通常要分兩到三次進行，然後使用現代的氣動壓榨機輕輕地壓碎，釀制冰酒用的葡萄還會進行兩次老式筐式壓榨。塞爾巴奧斯特家族堅持採用傳統的德國製「Fuder1,000公升」舊橡木桶培養葡萄酒，同時使用不銹鋼發酵槽和玻璃纖維

發酵槽低溫發酵，保留葡萄的鮮度和優雅的香氣。整個發酵過程都是在容量1,000升到3,000升之間的酒桶中進行，發酵溫度非常低。另外，該酒莊能釀制出一些帶有殘餘糖分的葡萄酒，是因為發酵過程被人為中斷形成的。塞爾巴喜歡讓葡萄酒和它們的優質酒糟一起陳釀，而且不去人為阻止，他認為這會改善葡萄酒的質感並增添果香的複雜性。

塞爾巴酒莊每個葡萄園和品項都有極高的評價；2005年份和2006年份的逐粒精選《BA》伯恩卡斯特巴圖比園（Bernkasteler Badstube）獲《WA》96高分，2001年份的冰酒（Eiswein）獲得《WA》和《WS》接近滿分的99高分。冰酒上市價約台幣10,000元。2002的塞廷格仙境園（Zeltinger Himmelreich）冰酒獲《WA》96高分，2001年份的冰酒獲得《WS》的98高分。2005年份的塞廷格日晷園（Zeltinger Sonnenuhr）逐粒精選（BA）被《WA》98高分，上市價約6,000元新台幣一瓶。2010年份的枯萄精選（TBA）被評為95+高分，上市價約10,000元新台幣一瓶。1989、2001和2007的（TBA）起被《WS》的97高分。塞廷格使克勞斯山園（Zeltinger Schlossberg）2005年份和2009年份的枯萄精選（TBA）都被《WA》評為98高分。塞爾巴酒莊每個葡萄園都得到《WS》與《WA》高度的評價與讚賞，在德國算是非常少見的酒莊。

2012的夏天我和留德的新民兄一起參訪了塞爾巴奧斯特酒莊，他同時也是台灣最懂得德國白葡萄酒的專家。莊主約翰尼斯·塞爾巴（Johannes Selbach）首先帶領我們去參觀他的葡萄園，只看到這面向太陽又陡又峭的山坡，種滿了麗絲玲葡萄，土壤都是乾裂的棕色板岩，在太陽底下強尼斯為我們很仔細地介紹塞廷格日晷園（Zeltinger Sonnenuhr）這塊葡萄園的特性，同時我們也摘下幾顆快成熟的葡萄嚐嚐。緊接著強尼斯帶我們到一個餐廳酒窖，他同時也準備了六款酒來搭配今天中午的菜，從私房酒（K級）到冰酒（Eiswein）都讓我們喝過癮。強尼斯告訴我們：「塞爾巴奧斯特酒莊 獲得知名國際酒評家的一致好評，屢屢獲得高分殊榮。家族引以為傲的是純手工打造美好傑出的葡萄酒，同時將他們獲得的絕佳好評當作應盡的義務，努力不懈的追求每一個年份，每一瓶酒的完美品質。」

DaTa

地址｜Uferallee 23, D-54492 Zeltingen, Germany
電話｜（49）65 32 2081
傳真｜（49）65 32 4014
網站｜http://www.selbach-oster.de
備註｜接受預約參觀

推薦
酒款

Recommendation
Wine

塞廷格仙境園冰酒

Zeltinger Himmelreich Riesling Eiswein 2010

ABOUT
分數：WS 95
適飲期：2015～2040
台灣市場價：7,000元
品種：麗絲玲（Riesling）
年產量：360瓶

品酒筆記

典型的德國冰酒香氣，有著檸檬、西柚、鳳梨、麝香葡萄、椴花和蜂蜜等芳香。麗絲玲是德國品質最優異的葡萄品種，也是飯後甜點的最佳伴侶。口感具有青蘋果與萊姆、葡萄柚、杏桃、水蜜桃，清新自然，簡單易飲。舌間上通常會有一點點的刺激感，有如香檳氣泡般的跳動，餘味會有令人印象深刻的荔枝與野蜂蜜味道，悠長而甜美。

延伸分享

夏日白酒是台灣酒界老梗！畢竟天氣炎熱，要跟紅酒的單寧奮戰實為不智。問題是什麼樣的白酒適合我們的飲食習慣？如果不太清楚會遇到什麼菜，一支私房酒（Kabinett）級的德白通常是最安全的答案。整款酒有著青蘋果與萊姆交織而成的口感，低溫時像雪酪，清甜而不膩，搭一般中餐，白黃色糕點皆宜。青蘋果與萊姆、葡萄柚、水蜜桃、荔枝與蜂蜜，清新自然，簡單易飲。適宜搭配：中式熱炒、川菜、泰式酸辣、麻辣火鍋、日式海鮮。

建議搭配

烤布丁、草莓蛋糕、和紅豆糕。

★ 推薦菜單　葡式蛋塔

蛋塔是一種以蛋漿做成餡料的西式餡餅，做法是把餅皮放進圓形狀的餅模中，倒入砂糖、鮮奶及雞蛋混合而成之蛋漿，然後放入烤爐；烤到外層鬆脆，內層為黃色糕狀蛋漿。2014年5月我到香港參加酒展，好友台商會長張佐民先生特地在香港最有名的鏞記酒家設宴請客，這家餐廳最有名的當然是燒鵝，此外最讓我心動的就是這道甜點。面對這道舶來品的點心，剛好我從台灣帶來一款德國冰酒可以派上用場。這一款德國冰酒帶著鳳梨、甘蔗、芒果冰沙、和青蘋果的鮮甜，而蛋塔的微熱酥軟，絲滑Q彈，配起來絲毫不費力氣，酸酸甜甜，清爽不膩，相當精采。蛋塔的甜度與酒的酸度剛好能平衡，而且還能嚐出冰酒的果酸和蛋塔的甜嫩雅緻，相得益彰，陶醉不已！

香港鏞記酒家
地址｜香港威靈頓街32號

Chateau Pajzos 佩佐斯酒莊

佩佐斯酒莊（Chateau Pajzos）是Sarospatak的羅可奇（Rakoczi）王子城堡中最好的酒窖。羅可奇王子把此不凡的美酒獻給凡爾賽宮的法王路易十四，法國國王極度讚賞此酒將它稱為"Wine of Kings and King of Wines"酒中之王，王者之酒。而這個酒窖也已列入聯合國的世界遺產中。匈牙利托凱之王——佩佐斯酒莊（Chateau Pajzos）在1737年就擁有皇室欽定的特級園（Grand Cru）。位在托凱（Tokaji）的佩佐斯酒莊，這裡的火山土裡富含黏土與黃土，南方坡地上有令人驚嘆的景致，蒂薩河（Tisza）及博德羅格河（Bordrog）則共同構成適合貴腐黴菌熟成的微氣候，可以讓葡萄完全貴腐化。此地的酒窖以石頭排列出一條條的凹槽，這些凹槽構成了一個巨大的系統，由於酒窖終年都保持在12℃與95%的濕度下，因此相當適合用來進行發酵。在陳新民教授的《稀世珍釀》中將它列入唯

A
B | C | D

A . 夜光下的Chateau Pajzos酒莊。B . 作者在酒窖內留影。C . 古老的壓榨機。D . 長年的濕度，酒瓶都長黴了，這是最好的儲存環境。

一百大的匈牙利酒。

早在1650年之前，匈牙利東北部Tokaji-Hegyalia小鎮（簡稱托凱）就開始生產貴腐甜酒。以生產貴腐甜酒聞名的法國波爾多區索甸（Sauternes），則到西元18世紀才開始生產貴腐甜酒，因此匈牙利托凱是最早生產貴腐甜酒的地區。正因為托凱貴腐甜酒極珍貴稀有，因此托凱小鎮於1737年被匈牙利皇家宣佈為保護區，當時成為世界上第一個封閉式的葡萄酒生產地。幾百年來托凱貴腐甜酒以精緻優雅的姿態出現在歐洲餐桌上，各國皇室推崇它為最高酒品，俄國沙皇時代也視托凱貴腐甜酒為至寶，竟然在產地租用葡萄園，還派遣軍隊駐守，釀成的貴腐甜酒，還得要由騎兵一路護送到聖彼得堡。托凱當地傳說，在彌留的人所躺的四個床角，分別擺上四瓶托凱貴腐甜酒，會讓引領靈魂的天使們都戀戀不捨。而在歌德的作品《浮士德》中，魔鬼梅菲斯特給學生布蘭德的那杯酒正是托凱甜酒，希特勒在自殺身亡之前，床頭上也擺了一瓶托凱貴腐甜酒，可見托凱貴腐甜的魅力，凡人無法擋。

貝多芬、大仲馬、法王路易十四，這些歐洲的歷史人物留名百年，但是他們共同之處在於全都是匈牙利托凱（Tokaji）酒的愛好者，特別是來自赫赫有名的佩佐斯酒莊（Ch. Pajzos）。聯合國教科文組織也將佩佐斯酒莊的酒窖列入世界遺產。這種殊榮，絕非偶然！上世紀最佳年份1993年的佩佐斯酒莊伊森西亞（Ch. Pajzos Esszencia）極為稀有，象徵米歇爾侯蘭（M. Roland）與克利耐酒莊（Ch. Clinet）的技術與資金進駐後的成果展現，年份特佳。酒評家帕克（Robert Parker）表示，佩佐斯酒莊的伊森西亞（Esszencia 1993）是「美酒珍饌的美好夜晚中最完美的結束。」分數評為接近滿分的99+；《酒觀察家WS》雜誌，也評為99～100分。此酒極為稀有，市場多視為收藏級品項，連一向挑剔的馬利歐（Mario Scheuermann），也欽點Ch. Pajzos Esszencia 1993為「世界最偉大的酒」之一。

《稀世珍釀》一書中，就對佩佐斯的伊森西亞有相當多篇幅的介紹。書中寫到，「我在2007年11月有幸品嚐到了這一款真正的夢幻酒。不可思議的黏稠中散發了野蜜、淡淡的花香、巧克力以及檸檬酸，十分優雅，入口後酒汁似乎賴在舌尖不走，讓人感覺每滴佩佐斯都有情感，捨不得與品賞者分離。果然是神妙的一刻。」佩佐斯伊森西亞（Esszencia）每年產量不定，而且並非每年生產，每一公頃只能夠生產100至300公斤的阿素葡萄。1993年只有生產出2,500公升，罐裝成500毫升才5,000瓶，目前一瓶在歐洲的市價為400歐元，近20,000台幣一瓶。美國市場對匈牙利托凱貴腐酒的寵愛已超過一般紅白酒，價格節節高昇，尤其是老年份的1993算是匈牙利好年份中的最佳年份之一，另外2002是匈牙利開放市場的第一個年份，也是應該收藏之一。

DaTa

地址｜Pajzos Zrt., Sárospatak,Nagy L. u. 12. Hungary
電話｜212 967 6948
傳真｜212 967 6986
備註｜參觀前須先預約

推薦酒款

Recommendation Wine

佩佐斯伊森西亞

Ch. Pajzos Esszencia 1993

ABOUT
分數：WS 99～100 、WA 99+
適飲期：現在～2050
台灣市場價：21, 000元
品種：70%以上福明（ Furmint）
橡木桶：3年以上
年產量： 480瓶

品酒筆記

這款本世紀最好的匈牙利伊森西亞，我第一次在2007年的春天到過佩佐斯酒莊的酒窖品嚐過，喝到這款「天使之酒」時，實在難以置信，當下拍案叫絕的說：好酒！好酒！這款酒的酒精非常低，只有4度，一點酒精味都沒有，散發出來的是野花蜂蜜、楊桃乾、紅茶和蜜棗的香濃味道。酒入口中，馬上有著杏桃、醃漬水果和焦糖咖啡的濃香，接著而來的是芒果乾、檸檬乾、李子乾等眾多水果在口中盤繞不去，一陣酸一陣甜，舒服到極點，每喝一口，細膩的酸度就直衝腦門，如入天堂，令人沉醉，欲罷不能！

建議搭配

鵝肝料理或是冷的鵝肝醬、中式烤鴨、乳鴿、香煎小牛胸腺佐杏桃醬、焦糖水果甜點及布丁。

★ 推薦菜單　麻打滾

據說因慈禧太后吃煩了宮裡的食物，御膳大廚左思右想，決定用江米粉裹紅豆沙做一道新菜。新菜剛做好，一個叫小驢兒的太監來到御膳廚房，一不小心把新菜碰到了裝黃豆麵的盆裡，此時重做也來不及，御膳大廚只好硬著頭皮將這道菜送到慈禧太后面前。慈禧一吃覺得味道還不錯，問：「這東西叫什麼呀？」大廚想了想，都是那個叫小驢兒的太監闖的禍，於是脫口說出「驢打滾」，從此流傳至今。麻打滾這道點心通常在宴會結束前享用，所以必須用一款甜酒來搭配，否則再好的酒遇到這樣甜的點心也會變成苦酒。好友帶來這款匈牙利最好的貴腐酒，搭配麻打滾上的花生粉非常有趣，酥酥麻麻，甜甜酸酸，有時候還會感受到一點點鹹，那是糯米做的麻糬鹹香。這樣一款好酒果然千變萬化，可以和北方的民間小點相處融洽，也算不簡單，莫怪被稱為世上最好的貴腐甜酒。

祥福樓
地址｜台北市松山區南京東路四段50號2樓

Disznókő
豚岩酒莊

世界葡萄酒的地圖上，匈牙利的托凱（Tokaji）是絕不可缺的甜白酒重鎮！大部分說法都認為，法國索甸的甜白酒，很多的想法根本是從匈牙利而來。事實上，從時間點的觀察也是如此——托凱16世紀就已釀貴腐甜酒，索甸要到18世紀中葉才有這項工藝。托凱酒自十六世紀以來風靡全歐，到了十八世紀，歐洲大部分的貴族皆欲一飲，但往往未必能得願。托凱的貴腐酒通常是王室貴族才可能享用到，如俄國凱撒琳女皇、法皇路易十五，還有大文豪伏爾泰、音樂家舒伯特，甚至滴酒不沾的德國大獨裁者希特勒在死前喝的酒也是托凱的貴腐酒。法皇甚至賜與本酒一個著名的稱號：「酒中之王、王者之酒！」

托凱區大約在匈牙利首都布達佩斯東方200多公里處，接近斯洛伐尼亞。豚岩酒莊（Disznók）的名稱來自於藏在瞭望台旁，形似野豬的一塊岩石。於1772年被歸入托凱產區南方的一級葡萄園。戰前曾是一間名吒四方的酒莊，因為匈牙利二戰後實施社會主義，酒莊也確實從世界舞台消失了一段很長的時間。不過，90年代東歐對外開放後，法國保險集團AXA買下了這間酒莊，以資金與人力讓豚岩酒莊重生！AXA旗下有著各式各樣的經典酒莊，台灣市場中最出名的應屬波爾多男爵酒莊（Pichon-Longueville- Baron），還有索甸的甜白酒蘇迪侯（Suduiraut），勃根地也都有不錯

A｜B C D

A．酒莊。B．酒窖。C．作者和總經理Meszaros Laszlo在台北合影。
D．豚岩瞭望台。

的代表。當然，皇冠上的珍珠諾瓦酒莊（Quinta do Noval）是絕對不能錯過。從這些酒莊的表現，可以知道AXA是非常認真地看待這些物業。它們的管理人俊·麥可·卡茲（Jean-Michel Caze）林奇貝奇酒莊擁有者（Ch. Lynch-Bages）與繼任的克利絲汀·西利（Christian Seely），都是酒界耳熟能詳的名家。

位在托凱的豚岩酒莊，葡萄種植在南向坡，臨波洛格（Bodrog）河。當地多雨，溼度高，晨霧和夏末初秋的河岸溼氣，讓葡萄感染貴腐菌，也是貴腐葡萄阿素（Aszú）的來源。托凱的分級很特殊，簡單來說，葡萄農使用一種容量約22公升的 Puttony（小桶子）來裝貴腐葡萄（Aszú），再將汁液填入容量約為136公升的橡木桶中，分類中所稱的6p，即是用上6桶葡萄汁的意思。一般的Tokaji Aszu 6P殘糖可達170克，是所有阿素（Aszu）中最複雜的，也是行家的選擇。由於要求極高，並非每年都生產，僅次於所費不貲的伊森西亞（Eszencia），殘糖可輕易上600克，精華中的精華，但也十分昂貴。而豚岩酒莊的托凱（Tokaji），使用品種大約如下 Furmint 60%、Haslevelu 29%、Zeta10%、 Sargamuskotaly1%。貴腐甜酒的發酵，往往可以耗時數月之久。根據匈牙利的葡萄酒法規，這種酒必須在橡木桶中發酵至少3年，至於酒款上常見的P字，一般來說，通常介於3～6之間，數字愈高愈貴，酒質也更甜更濃郁。

豚岩酒莊可算是匈牙利最優秀的四個酒莊之一，從1993年起，每一年的品質都非常的穩定，分數也都不錯。曾經來台的酒莊釀酒師兼總經理馬札羅斯·拉斯羅先生（Meszaros Laszlo），是一位很斯文的紳士，對於托凱的釀製非常的專精，在他的領導下，酒莊的最高等級伊森西亞Eszencia已被《WS》和《WA》評為98高分，如2005年份的Eszencia帕克的網站評為98高分，1993年份的Eszencia酒觀察家《WS》也評為98高分。同款酒1999年份被評為96分。台灣上市價大約為台幣25,000元。另外1993、1999和2000年份的Tokaji Aszu 6 Puttonyos三款同時被《WA》評為95分。2000年份的Tokaji Aszu 6 Puttonyos也被《WS》評為95高分。台灣上市價大約為台幣4,000元。

冬天莊園美麗的雪景。

這裡要特別介紹豚岩酒莊一款最頂級的酒款，卡匹（KAPI）單一葡萄園位於豚岩（DISZNOKO）地區有著其獨特的性格，最顯著的就是帶著絕對純淨清新的水果香氣和良好的平衡。位於豚岩酒莊葡萄園的南邊斜坡較高處，有著特別的風土條件，土壤中帶著些許火山泥。只有最佳品質的阿素葡萄才會被挑選用來釀製卡匹。葡萄品種是100%福明，卡匹為豚岩酒莊的菁華，只會在特殊的年份釀製。從1993到目前為止只生產兩個年份：1999和2005，產量極為稀少，每年生產不超過6,000瓶，2005年只生產5682瓶，每一瓶都有獨立的編號，商標是採用在品酒室手寫的字體，豚岩品牌清楚的標示卡匹葡萄園，呈現卡匹是單一葡萄園編號，加強了卡匹的稀有性，釀酒師的簽名也代表真實性。2005的卡匹（Tokaji Aszu Kapi 6 Puttonyos） 酒觀察家《WS》評為95高分，《WA》評為94分。美國上市價一瓶要140美元。以品質、分數和稀有性來說，這款酒一定要收藏，將來是一瓶難求。

DaTa

地址｜3910 Tokaj, PF. 10. HUNGARY
電話｜+36 47 569 410
傳真｜+36 47 369 138
網站｜http://www.
備註｜參觀前須先預約

推薦
酒款

Recommendation
Wine

卡匹阿素6P甜酒

Tokaji Aszu Kapi 6 Puttonyos 2005

ABOUT
分數：WS95、WA94
適飲期：現在～2045
台灣市場價：4,000元
品種：100%福明（ Furmint）
橡木桶：3年以上
年產量：6,000瓶

品酒筆記

2005 Disznoko Kapi 在酸度與豐富度上拿捏得宜，熱帶水果的特性，如鳳梨、檸檬、百香果，也附帶了些許杏仁果醬、花香與蜂蜜的香氣。餘韻悠長，口感絲滑濃郁，酸度圓潤，夾帶礦物質的風味。非常適合搭配帶有蘋果、杏桃、柳橙的甜點及水果沙拉或巧克力，與略帶辛辣的東方料理是絕配。這款酒雖然非常年輕，但是酒體仍然強勁有力，甜度也很有節制，酸度在其中扮演了重要的角色，讓整支酒喝來平衡順口。已進入試飲期，至2045年應該都會很精采。

建議搭配

可搭配水果慕斯、巧克力蛋糕、鵝肝醬、藍黴起司；略帶辛辣的中式料理，也是相當美味的組合。

★ 推薦菜單　松鼠黃魚

這道菜的來歷相當有趣，相傳清朝乾隆皇帝下揚州，微服走進松鶴樓，看到神案上放有生鮮的鯉魚，執意要讓隨從取下烹調供他食用。神案上的魚是用來敬神的，人絕對不能食用，店家無可奈何，於是跟廚師商議如何處理此事，廚師發現鯉魚頭很像松鼠的頭，而且該店店名第一個字就是個「松」字，頓時靈機一動，決定將魚做成松鼠形狀，魚片下鍋炸了之後，散開的魚片如同松鼠尾巴，以迴避宰殺鯉魚之罪。乾隆細細品嚐後，覺得外脆內嫩、香甜可口，因而讚不絕口。這道松鼠黃魚是江南最有名的菜色之一，整條魚經過油炸之後，又有糖醋醬料調之，所以外酥內嫩，可口香甜，肉質鮮美，甜中帶酸，配上托凱的貴腐酒再適合不過了。這款清涼的貴腐酒帶有清爽的柑橘甜度，以及台灣鳳梨的酸度，搭配帶有糖醋醬的酸甜，是一種最完美的搭法，如果沒有這樣的貴腐甜白酒來配中國料理的甜酸辣味，在中國的餐桌上也只能讓賢於中國的高酒精度白酒了。

台北冶春茶社
地址｜台北市八德路四段138號11樓

Oremus 歐瑞摩斯酒廠

在貴腐酒世界裡，有三款各擅勝場的王者之酒。第一就是匈牙利的Tokaji（托凱），另一種是德國萊茵河和支流兩旁的山坡，最後就是法國的索甸（Sauternes）。這三種酒陳年潛力驚人、風味絕佳，價格也一向不低。貴腐酒究竟是哪一國所發明，近百年來各國爭議未定，法國伊甘堡（d'Yquem）一再堅持功勞在己。但按照歷史考證，貴腐酒的發明應屬托凱地區。托凱當地的火山土，富含黏土與黃土；蒂薩河及博德羅格河，共同形成了適合貴腐黴生成的微氣候。此外，當地酒窖終年都保持在12℃與95%的濕度下，相當適合酒的陳年與儲存。酒評家馬里歐（Mario Scheuermann）宣稱，他曾喝過一瓶超過三百年的托凱貴腐酒，如新酒一般。難怪它獲得了「可以讓時鐘停擺」的尊稱！

自西元1616年起歐瑞摩斯（Oremus）酒廠經歷了羅克斯（Rakoczi）家族

A | B | C | D

A.貴腐葡萄。B.葡萄園。C.酒窖。D.釀酒師。

統治、十七世紀獨立戰爭、布瑞森翰（Brezenheim）家族以及十九世紀末期在匈牙利的（Millenary wine competition）千年葡萄酒大賽中被溫德斯格瑞茲（Windischgraetz）王子與德庫斯（Dokus）家族視為稀世珍寶等大小歷史事件後，歐瑞摩斯酒廠進入了一段沉潛的歲月，直到西元1993年，歐瑞摩斯酒廠與西班牙頂級酒廠維嘉西西里（Vega Sicilia）酒廠合作之下，打造了全新的歐瑞摩斯葡萄園與歐瑞摩斯酒廠。

在二次世界大戰後，因為共產主義影響，有些葡萄園主就私底下釀製托凱貴腐酒，作為自己飲用或餽贈親友的禮物。

匈牙利共產政府對托凱酒也視為外銷的主打產品，放在1989年東歐發生自由化運動之前，托凱酒成為整個東歐地區最珍貴的禮物。匈牙利也在90年代後，進入了一個嶄新的黃金時期。西班牙名酒莊維加西西利亞（Vega Sicilia）就是在這個時間進入托凱區，取得了歷史悠久的名廠歐瑞摩斯（Oremus），不但恢復了這個酒廠在二戰前的名聲，也讓托凱酒在世界名酒之中不啻缺席。在西班牙老闆大衛・阿瓦瑞茲（David Alvarez）以及其團隊的參與下，決定延續歐瑞摩斯的傳統，並以追隨酒廠一開始的貴族風範為目標，重建屬於歐瑞摩斯的神話。

歐瑞摩斯（Oremus）在這二十年的經營中，費了不少心血，讓酒莊的知名度與酒質不斷的提升，獲得世界酒評家很高的評價。例如《美國酒雜誌酒觀家Wine Spectator》給了2000年份的伊森西亞（Essencia）98高分，同款2002年份評為97高分。帕克網站《WA》的分數是，2003年份的伊森西亞（Essencia）獲得了96高分。台灣上市價為台幣15,000元。托凱阿素6P（Tokaji Aszú 6 Puttonyos ）也有不錯的成績，1999和2002年份同時被WS評為93分。1999年份也被WA評為93分。台灣上市價一瓶台幣約3,500元。1999和2006年份托凱阿素5P（Tokaji Aszú 5 Puttonyos）獲得WA95高分。台灣市價一瓶台幣約2,500元。此酒經過維加西西利亞（Vega Sicilia）的打造，價格和分數節節高昇，2002年份的酒款在國際價格已大漲60%，將來勢必成為藏家收藏的對象，趁現在價格還可以，能買就買。

DaTa

地址｜Bajcsy - Sz. út. 45 Tolcsva H-3934 Hungary
電話｜+36 47384505 / 20
傳真｜+36 47384504
網站｜http://www.tokajoremus.com
備註｜參觀前須先預約

推薦酒款

Recommendation Wine

歐瑞摩斯托凱阿素6P

Oremus Tokaji Aszú 6 Puttonyos 2002

ABOUT

分數：WS 93
適飲期：現在～2040
台灣市場價：NT$4,000元
品種：70%以上福明（ Furmint）
橡木桶：2年以上
年產量： 12,000瓶

品酒筆記

歐瑞摩斯Oremus 2002 6P貴腐酒經過十幾年的淬煉，此酒飲來，流暢的快感，誘人的風采，穩重的金黃色澤中，蘊含著高貴優雅的香甜滋味，入口後多汁柑橘，百香果和芒果在舌間纏綿不已，蜜餞、橙皮、杏桃乾和亞洲香料層層相疊，蜂蜜和水果豐富了這款酒的力度。花園裡的百合綻放，桔子醬和檸檬汁的酸度使這款酒喝起來更為芳香怡人。

建議搭配

焦糖布丁、糖醋魚、香草奶油蛋糕、蘋果派。

★ 推薦菜單　金沙杏鮑菇

因為獨特的菇類氣味而讓部分民眾聞而卻步，因此以鹹蛋黃及南瓜外裹的方式改變其口感與氣味。南瓜中含有大量的果膠和可溶性纖維，具有良好的減肥作用。因此在鹹蛋黃的鹹香及南瓜微甜的包覆之下，香氣撲鼻，菇體卻仍維持其原有的水分與爽脆口感，是道營養又美麗的料理。今天宴席中友人帶了這款匈牙利貴腐酒來，正好可以和這道創意菜搭配，我們來看看會擦出甚麼樣的火花？酒中的蜜餞和橙皮的酸度與鹹蛋黃互相融入，簡直是天衣無縫，巧妙的令人意外，本是衝突性的兩種口味，結合之後可以互相呼應，鹹香酸甜，細膩綿密，全身舒暢。蜂蜜與果乾的甜度更可以襯出南瓜泥的香嫩，吃起來一點也不會膩，這道台灣創意菜只有匈牙利的托凱甜酒能夠匹配，正是情投意合。

華國飯店帝國宴會館
地址｜台北市林森北路600號

Bibi Graetz 畢比格雷茲酒莊

2014的4月第一次來到心儀已久的畢比格雷茲酒莊（Bibi Graetz）參訪，酒莊座落於托斯卡納的山上，可以眺望整個托斯卡納的葡萄園和市區，非常的美好。在這裡彷佛置身於人間天堂，太……太美了，這個酒莊是一個令人找不到的古堡，真的找很久，全部是鄉間小路，蜿蜒而漫長，開了將近一個小時才到山上的古堡，大型遊覽車是開不進來的，還好我們開的是小車，聽說這裡常常外借拍婚紗，這裡的紫藤花開的多美啊！

上個世紀的世界葡萄酒舞台，幾乎沒有人知道畢比格雷茲（Bibi Graetz）是誰？如今，他的提斯特美塔（Testamatta）已經是托斯卡納的膜拜酒，市場瘋狂追逐。美國雜誌酒觀察家（Wine Spectator）資深酒評家詹姆士史塔克林（James Suckling）更是稱讚提斯特美塔「100%的山吉維斯（Sangiovese），流竄著勃根地特級園的品種和血液，讓人不禁聯想到DRC的La Tache」。拿La Tache與一款山吉維斯相比，要有相當的想像力。事實上，畢比格雷茲本來就是一位充滿了藝術氣息的釀酒師，他的酒讓人有如此想像空間，一點也不意外。畢比對我說：「在托斯卡納他有嚐過La Tache，這是他的偶像，學習的對像，他會去試喝不同的酒，他的釀酒哲學和黑皮諾有共通性。」畢比格雷茲成長於Castello di

A. 俯瞰酒莊的葡萄園。B. 酒堡內的700年以上的拱橋。C. 作者與莊主Bibi Graetz在酒窖合影。D. 成熟的葡萄結實纍纍。

Vincigliata，也就是在佛羅倫斯（Florence）北方的Fiesole山丘。雖然父母有著葡萄園，但他卻是在Academia dell'Arte in Florence修習藝術，直到家裡葡萄園的合約在90年代到期，畢比格雷茲終於有了走上釀酒之路的契機。他自始追尋托斯卡納的地方品種的可能性，藝術家的狂熱氣息，從他的酒莊與酒款名稱，甚至酒標，就可知其一二。

在頂尖釀酒顧問奧伯特安托尼尼（Alberto Antonini）協助下，畢比格雷茲在2000年成立了他的酒莊。成名大作提斯特美塔，開展了文西葛利亞塔（Vincigliata）區的潛力，將山吉維斯的力道發揮極致。成績數度高懸於酒觀察家（Wine Spectator）的排行榜，確立了其膜拜酒的地位。提斯特美塔（Testamatta2006）美國酒觀察家評為98分，2010年的提斯特美塔

（Testamatta）詹姆士史塔克林（James Suckling）也評了98分，旗艦酒款可樂兒（Colore）更是在美國酒觀察家2004、2005、2006連續三年評為95高分，提斯特美塔（Testamatta）2001榮獲「國際葡萄酒暨烈酒展」（VINEXPO）中，獲選為「三萬款中最優秀的一款」的托斯卡納，可見此酒莊並非屬於曇花一現的流行品項。漫畫＜神之雫＞的作者亞樹直，也在書中強推此酒莊的酒，除了多次在本文與附錄介紹，作者亞樹直姐妹來台時，也是以畢比．格雷茲簽名的提斯特美塔（Testamatta）和第三使徒帕馬酒莊（Palmer）1999提供拍賣，喜愛可見一斑。帕克所創立的《葡萄酒倡導家WA》：「每次喝到畢比．格雷茲的葡萄酒總是令我微笑，它就是有一種無法言喻的童趣！」又說：「我不斷的對畢比格雷茲的葡萄酒感到驚豔，它們極度的珍貴罕見、經過深思熟慮但充滿情感。」

基本上，畢比格雷茲的系列酒款，除了強調Sangiovese、Ansonica、Colorino與 Colore等地方品種外，單位產量低，皆以手工處理細節。在製作方法上，以提斯特美塔為例，在「無蓋」的225公升無蓋小木桶釀造，再以小法國桶培養18個月，都非傳統思維，但成果令人驚豔。酒莊貼心地用上了Diam（一種防TCA的軟木屑塞）封瓶，窖藏自是更為安全。酒款另一款紅酒Soffocone，同樣來自Fiesole的Vincigliata。在Sangiovese中混了少許的Canaiolo與Colorino，屬於單一園的三十年老藤。此酒有相當爭議，甚至曾為美國禁止進口，因其酒款名Soffocone意喻不雅，自酒標中即可看其在性愛方面的想像空間。但是藝術家對作品無法妥協，此酒的酒標目前仍是如此，而它的酒質，多汁而充滿了成熟的黑莓與石墨香氣，煙燻味貫穿其間，餘味長，可以喝出它企圖表達的的複雜度與陳年潛力，十分有型的一款酒。實惠而入門的卡莎美塔（Casamatta）也是100%的山吉維斯（Sangiovese），葡萄來源就包括了Sieci、Siena與Maremma等地。此酒以圓潤的果香著稱，單寧親切不咬舌。Casamatta原意為「瘋人院」，非常有趣的名字，有時會出非年份的混調酒，清爽迷人且可口，充滿甜美的紅色漿果、花朵、甘草、薄荷以及香料風味。

DaTa

地址｜BIBI GRAETZ SRL Via di Vinvigliata 19
50014 FIESOLE FI
電話｜+39 0 55 597289
傳真｜+39 0 55 597155
網站｜http://www.bibigraetz.com/en/wines
備註｜不接受參觀

推薦酒款

Recommendation Wine

畢比格雷茲提斯特美塔

Bibi Graetz Testamatta 2010

ABOUT

分數：JS 98、WS 93
適飲期：2015～2035
台灣市場價：6,000元
品種： 100% Sangiovese（山吉維斯）
橡木桶：100%美國新橡木桶
桶陳：18個月小橡木桶
瓶陳：12個月
年產量： 15,000瓶

品酒筆記

這款托斯卡納膜拜酒還很年輕，現在聞起來有著濃郁的雪松、黑莓、覆盆莓、等美妙的香氣，接著出現雪茄盒、巧克力、櫻桃和香料味道，口感有如絲綢般的滑順，黑色紅色水果、黑咖啡和紫羅蘭逐漸展開來，層次分明，確實擁有大將之風，山吉維斯能表現得如此精采，全義大利恐怕只有畢比格雷茲酒莊（Bibi Graetz）所釀製的提斯特美塔（Testamatta）令人神往。

建議搭配

伊比利火腿、台式廣式香腸、香茅羊小排、酥炸排骨。

★推薦菜單　台式煎豬肝

台式煎豬肝雖然是一道簡單的台灣料理，但可以做到恰到好處的並不多，台南知味台式料理就是全台最好的一家。台式煎豬肝做法要先將一塊粉肝漂水，將血水沖洗出來，然後切為0.5長方形厚片再醃製，以米酒、烏醋、醬油、砂糖加上地瓜粉一起拌勻，醃大約十分鐘後就可以了。醃好的豬肝必須以熱油煎之，大約煎至五分熟即可撈起濾乾，等豬乾稍微熱縮就可上桌了。這道菜最重要的是控制火侯和時間，就是要煎到外嫩內軟，不能太生也不能太老，咬下去要又脆又Q，也不能太甜，太甜就會膩，必須要一口接一口的越吃越想吃。義大利的提斯特美塔紅酒有著絲綢般的滑細單寧正好與豬肝的柔嫩結合，讓人嘗起來備加溫暖，很有媽媽的味道。其中的香料和花香可以帶出醃製過的濃重醬汁，讓醬汁的香氣更加飄香迷人，雖然看似簡單的一道菜肴，卻能和義大利的美酒搭配的如此密切，顛覆了傳統思維，令人一新耳目。

台南知味台式料理
地址｜台南市中成路28號

Bruno Giacosa
布魯諾·賈可薩

在歷史橫亙、名家無數的義大利皮蒙（Piedmonte）產區，從巴巴瑞斯可（Barbaresco）甚至巴羅洛（Barolo），還有朗給（Langhe）與羅歐洛（Roero），布魯諾．賈可薩（Bruno Giacosa）是大家公認的教父，堪稱義大利「五大」酒莊之一。這位皮蒙的大師，對巴巴瑞斯可和巴羅洛每一片葡萄園都瞭若指掌，他的酒根本無需懷疑，葡萄酒評論家帕克（Robert Parker）說：「全世界只有一種酒，無須先嘗試就會掏錢購買，那即是布魯諾．賈可薩（Bruno Giacosa）。」儘管布魯諾．賈可薩不愛交際應酬，但他的酒總能說服酒評家與消費者，甚至深知當地風土的皮蒙鄰居們。所有能想到的讚譽，幾乎都繫於布魯諾．賈可薩。帕克又說：「如果只准我挑一瓶義大利酒，則非布魯諾．賈可薩的酒不可。」

布魯諾．賈可薩發跡於朗給（Langhe）與羅歐洛（Roero），大本營在奈維

A
B | C | D

A．葡萄園的採收工作。B．莊主Bruno Giacosa。C．葡萄園景色。D．Vigneto Falletto村葡萄園。

（Neive）（也是他出生的地方）。它的酒分法略像是勃根地的樂花（Leroy），可分成向別人買的葡萄 （Casa Vinicola Bruno Giacosa），以及酒莊自己的葡萄園（Azienda Agricola Falletto di Bruno Giacosa）。兩者都極為精采，千萬不要小看他買葡萄自釀的實力，因為布魯諾．賈可薩就是靠這工夫起家，卡薩維尼卡拉布魯諾．賈可薩（Casa Vinicola Bruno Giacosa）的聖陶史塔法諾園（Barbaresco Santo Stefano）絕對不容忽視，是懂 Giacosa的巷內選擇，其中2004、2005和2007都獲得《葡萄酒倡導家WA》95高分。

至於Azienda Agricola Falletto的產品項內，幾乎旗下所有的巴巴瑞斯可和巴羅洛都在其中。以巴巴瑞斯可而言，知名的阿西里園（Asili）之外，眾所皆知的天王級陳釀（Riserva）紅標。巴羅洛方面，掛有紅標的羅稼園巴羅洛珍藏（Le

Rocche del Falletto Riserva）絕對是嘆為觀止的酒款。在《葡萄酒倡導家WA》的評分中，每一個出產的年份都超過96分以上，其中2004年份更獲得99+，幾乎是滿分的評價，2007年份評為98高分。另外在《美國葡萄酒觀察家WS》也有很高的評價，2000年份獲得100滿分，2001年份和2007年份都被評為97高分，2007年份詹姆士史塔克林（James Suckling） 則評為100分滿分的最高榮譽。安東尼歐（Antonio Galloni）說：「內行人都知道Giacosa的酒，以世界頂級美酒的身價而言，實在是物超所值。」

即便如此，這間酒莊最令人尊敬之處，莫過於它可以同時生產頂尖的巴羅洛與巴巴瑞斯可之外，在羅歐洛以白葡萄阿妮絲（Arneis）釀的不甜白酒，地位一樣是領導群雄。翻開任何一本葡萄酒教科書，只要介紹阿妮絲這個品種，一定是以布魯諾．賈可薩的酒為經典。70和80年代以前，阿妮絲多半只是拿來軟化內比歐羅葡萄之用，基本上只是以量取勝的稱重型葡萄。直到布魯諾．賈可薩慎選栽培地點，減少單位面積產量，阿妮絲終於展現了它的實力，這段復興阿妮絲的歷史是留給真正享受酒的消費者，一瓶布魯諾．賈可薩的阿妮絲搭餐，價位合宜，更可瞭解布魯諾．賈可薩在酒史上的成就。

近半個世紀以來皮蒙區（Piedmont）其他酒莊都只有做巴羅洛或巴巴瑞斯可的時候，唯有布魯諾．賈可薩卻同時在這兩個產區都釀出了傳奇性的酒款。尤其是布魯諾．賈可薩的紅標（Riserva）等級的巴羅洛和巴巴瑞斯可就等於是世界級的Grand Cru 特級酒莊的酒款，只有在最佳的年份才有生產，一上市的價格都在台幣一萬元起跳，雖然很高，但仍是一瓶難求。難怪《品醇客雜誌Decanter》2008年票選50支最頂尖的義大利酒中布魯諾．賈可薩的巴羅洛和巴巴瑞斯可同時上榜，都各佔了一個席次。另外，布魯諾．賈可薩也是品醇客雜誌在 2007所選出來的義大利五大酒莊之一，能同時獲得兩種殊榮，放眼望去在全義大利酒界只有布魯諾．賈可薩。

DaTa

地址｜Via XX Settembre, 52 - Neive（Cn）- Italia
電話｜+39 0173 67027
傳真｜+39 0173 677477
網站｜http://www.brunogiacosa.it
備註｜可預約參觀

推薦酒款

Recommendation Wine

羅稼園巴羅洛珍藏

Le Rocche del Falletto Riserva 2007

ABOUT

分數：JS 100、WA 98、WS 97
適飲期：2020～2050
台灣市場價：14,400元
品種：內比歐羅（Nebbiolo）
橡木桶：法國橡木桶
桶陳：36個月
瓶陳：24個月
年產量： 10,440瓶

品酒筆記

挑選自酒廠Falletto的最佳區域Serralunga d'Alba所種植的內比歐羅（Nebbiolo）葡萄，深紅寶石色澤帶著橘色光澤，乾燥花香、薄荷、可可粉、黑松露各種醉人的香氣，令人飄飄欲仙。入口後的單寧柔軟而平衡，酒體厚實飽滿，櫻桃、甘草、摩卡，深色水果如精靈般地一一在舌間跳動，結尾雖然帶著些許辛辣，但立即轉為甜美，有勁道但不失優雅，餘韻悠長，是一款難得的百年好酒。布魯諾．賈可薩透過這款紅標的頂級巴羅洛將義大利的葡萄酒表現的無懈可擊，時而勃根地時而波爾多，無怪乎能獲得如此高的評價，布魯諾．賈可薩絕對值得世人尊敬。

建議搭配

手撕羊肉、台灣紅燒肉、魚香肉絲、五分熟煎牛排。

★ 推薦菜單　揚州獅子頭

獅子頭這道菜據說隋煬帝時代就已誕生，當時稱為「葵花斬肉」，後來因形狀如獅頭而更名，更為平易近人。在用料上，肥瘦比大都是六比四，適當肥肉能讓口感更加Q嫩，但不能太多。一定要用刀把肉剁成肉末, 如此口感才佳，有的加入大量剁碎的洋蔥，洋蔥煮久後亦會融化，讓肉丸更為鮮甜。在肉丸的處理上，有的直接清蒸白煮，有的則輕煎後再蒸熟。肉丸做好後再加入高湯，然後將冬季的大白菜放入，湯滾就大功告成了。用這道獅子頭來配布魯諾．賈可薩紅標的巴羅洛（Barolo Riserva）再適合不過了。因為巴羅洛既雄厚又溫柔，可以強烈亦可以細膩，恰巧獅子頭也是一道軟中帶Q，鹹中帶甘的經典菜。紅酒中的單寧柔化了肥肉中的油膩感，黑色水果系列的味道能讓瘦肉不至於太為乾澀，整個肉丸子嚐起來就是軟嫩彈牙，汁液橫流，滿室生香。巴羅洛紅酒一貫有的獨特玫瑰花瓣香更提升了湯汁的鮮美，絕對是一種美麗的結合！

京華城冶春餐廳
地址｜台北市松山區八德路四段138號11樓

Dal-Forno Romano
達法諾酒莊

2014年的四月再次拜訪達法諾（Dal Forno）酒莊，這是我第二次拜訪這家位於維尼托最好的酒莊，距第一次拜訪時已經有六年了，那時候達法諾（Dal Forno）酒莊還只是個規模不大的酒莊，正在興建新的電腦控制室和橡木桶儲存的大酒窖。如今，他已經是生產阿瑪諾尼（Amarone）最大最具有知名度的一家酒莊了。這天我們早上八點半就來到酒莊了，看到整個酒莊擴大了很多，連入口的廣場都立了新的拱門，上面刻了（Dal Forno）酒莊名。

達法諾酒莊位於義大利維尼托（Veneto）維羅納（Verona）東部的瓦爾迪拉西山谷（Val d'illasi）。酒莊在這裡已經有五代了，一直到現任莊主羅馬諾．達法諾（Romano Dal Forno）管理，才將酒莊發揚光大。他於1983年開始釀酒，權衡之後他決定繼續家族傳統。1990年，他建立了新的酒廠和酒窖設備，這間新酒廠就成了他的新家。達法諾接手以後，開始增加葡萄園的種植密度，只有這樣才能增加葡萄的集中度。在他的實驗之下，葡萄園的種植密度現在已經達到每公頃13,000株種植密度，甚至比香檳區的種植密度還高，這是一項很驚人的突破。1983年，酒莊開始自己釀酒自己銷售，得到非常好的評價，在世界酒壇上也開始嶄露頭角。1990 年，他決定借貸資金，一口氣花了13億里拉（約三千萬台幣），

A
B | C | D

A. 宏偉典雅的酒莊門口。B. 使用電腦化的風扇來風乾葡萄。C. 作者和米歇爾在酒窖合影。D. 酒窖中的洗杯槽也是名家設計。

打造全新功能電腦化的新酒莊，採用全新的法國橡木桶，並且建立新的酒窖。地下十一公尺的酒窖在1991年蓋起來，長年恆溫14度，濕度80%，有如香檳區白堊圭石的天然酒窖，100%改以容量225公升的全新波爾多小橡木桶陳年； 不只如此，所有酒款都要陳年五年以上才上市販售。

酒莊葡萄園由12公頃陸續擴大為25公頃，主要種植的品種是可維納（Corvina）、羅蒂內拉（Rondinella）、克羅迪納（Croatina）和歐塞雷塔（Oseleta），葡萄樹的平均樹齡為18年。義大利阿瑪諾尼（Amarone）的作法是將葡萄樹最向陽的四串葡萄採下，然後置放在棚架上晾乾，等到三到四個月後再壓榨、發酵，放到100%新橡木桶，大約五年陳年時間，酒精濃度通常到達15度以上，這就是義大利有名的阿瑪諾尼做法。瓦波利希拉（Valpolicella）的做法是和阿瑪諾尼一樣，在達法諾酒莊小莊主米歇爾告訴我們：兩個不一樣，第一個是樹齡的不一樣，阿瑪諾尼通常選擇的是十八年的老樹齡，瓦波利希拉用的是只有三年的樹齡，另外就是前者風乾一個半月，後者則風乾三個月之久。現在達法諾酒莊用的是電腦控制的風扇，採下來的葡萄放在盒子裡吹風扇，整排的風扇由電腦二十四小時自動控制來移動，通常窗戶會打開，溼度高時，窗戶會自動關閉，風速會變大，二十四小時不停地吹，瓦波利希拉要連續吹一個半月，阿瑪諾尼連續吹四個月之久。米歇爾介紹我們看了這自動電扇風乾以後說：由於都是電腦控制，所以不受氣候影響，讓葡萄風乾可以更精準，品質自然就更好了。

一提到義大利阿瑪諾尼，每個人所想到的就是「達法諾酒莊」，且不僅在義大利維羅納是最好的酒莊，也是全世界最知名的酒莊之一。美國酒評家帕克曾表示，羅馬諾是位謙遜、非常實在，且相當熱情的人。「只需和他相處幾分鐘，就不難理解他追求高品質那股堅定、甚至被有些人形容為『固執』的決心。我從不認識如此執著於酒窖乾淨程度的釀酒人；在這裡，所有元素都物盡其用，在葡萄園的管理上也不例外。達法諾酒莊的新地塊種植密度極高，每公頃將近12,800株葡萄藤，如手術室一般的精準。」英國葡萄酒雜誌《Decanter》2007年將達法諾酒莊評為義大利的「五大酒莊」之一。另外，達法諾最招牌的旗艦酒達法諾阿瑪諾尼（Dal Forno Amarone），1996和1997兩個年份評為接近滿分的九十九分，2001年以後，最會打義大利酒的安東尼歐（Antonio Galloni）也都評為九十三到九十八高分，可見達法諾酒莊的實力與功力了。還有一款招牌的甜紅酒西格納賽爾（Signa Sere）分數也非常高，價格在四百美金左右，2003年安東尼歐評為九十八以上的分數。二軍酒的瓦波利希拉（Valpolicella Superiore）則是物超所值的一款酒，價格大約在一百美金，安東尼歐從1991～2008都評為九十分以上，最高分數是2005達到九十五分。這些酒款如今在美國都是供不應求，除了在義大利和美國以外，想買達法諾的酒可說是一瓶難求啊！

DaTa

地址｜Località Lodoletta,137031 Cellore d'Illasi Verona-Italy
電話｜045 783 49 23
傳真｜045 652 83 64
網站｜http://www.eng.dalfornoromano.it
備註｜可預約參觀

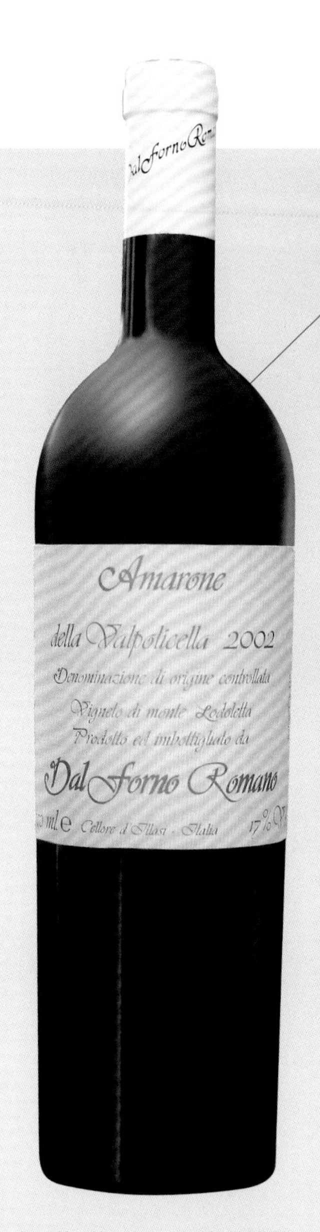

推薦酒款
Recommendation Wine

達法諾阿瑪諾尼

Dal Forno Amarone 2002

ABOUT
分數：WA 94、WS 92
適飲期：2009～2037
台灣市場價：18,000元
品種：可維納（Corvina）、羅蒂內拉（Rondinella）、克羅迪納（Croatina）和歐塞雷塔（Oseletta）
橡木桶：100%美國新橡木桶
桶陳：36個月
瓶陳：36個月
年產量： 9,000瓶

品酒筆記

2002年的達法諾應該可以算是最好的阿瑪諾尼之一，而且非常的成熟，已經可以喝了。顏色深紅，香氣雄厚勁道十足。充滿野櫻桃，巧克力，香草和烘烤橡木。黑莓、摩卡香、甘油，與辛香料氣息。口感飽滿、柔順，而且充滿力量，經過三個小時的不同階段喝後，出現雪松、肉桂、甘草、八角等多樣中國香料，奶油香綿、咖啡醇厚、果醬甜美，一層又一層的剝開，純度加深度，在這裡，我見識到了阿瑪諾尼的偉大，豐富的藍莓和香草氣息做為結束，餘韻悠長而深遠。

建議搭配

炸排骨、滷大腸、煎烤牛排、煙燻鵝肉。

★ 推薦菜單　台式佛跳牆

台式佛跳牆是一道豐富且變化多端的菜色，裡頭放著排骨、香菇、筍片、鵪鶉蛋、栗子、芋頭、魚翅、魚皮、鮑魚、干貝、海參、豬肚、蹄筋、白菜和蘿蔔。這一道菜製作繁複，內料也非常的多種，幾乎涵蓋了山珍海味，做得好不好就看材料與火侯，而老牌的興蓬萊台菜是我品嚐過最好的少數餐廳之一，不像坊間在過年時宅配的冷藏包做法簡單又難以下嚥。這道菜既然囊括了山珍海味，可見其味道之強烈，香氣之濃郁，我特意挑選了一款可以和這道相配的重酒「阿瑪諾尼」。這款酒非常狂野與奔放，充滿了野櫻桃、香料和葡萄乾的味道，可以將蹄筋、魚皮和豬肚等種口味壓制住，而香草與水果的香氣正可以提升海鮮中的海參、鮑魚、魚翅、干貝等高級食材的鮮美，在口中散發出陣陣的酒香與鮮香，富咬勁， 但卻入口即化，如此精采的演出，讓人很難相信台菜與義大利酒互相碰撞能擦出的火花，真是化腐朽為神奇！

興蓬萊台菜
地址｜ 台北市中山北路七段165號

Marchesi de Frescobaldi

馬凱吉·佛烈斯可巴第酒莊

馬凱吉·佛烈斯可巴第家族（Marchesi de Frescobaldi）發跡於義大利中部的佛羅倫斯，早在中世紀就擁有橫跨政、經、社三方最大勢力。就酒史而言，它於1308年就已有釀酒紀錄，後來對於山吉維斯（Sangiovese）此一在地品種更有長足研究。1995年，它與美國加州的那帕谷的蒙大維家族（Robert Mondavi）合作，選在蒙塔奇諾（Montalcino）西南方設置了露鵲莊園（The Luce Estate）。

佛烈斯可巴第莊園在托斯卡納地區覆蓋面積超過4000公頃，位於托斯卡納主要的葡萄酒釀造區。在托斯卡納（Tuscany Classics）基本款有雷夢尼（Remole）。在超級托斯卡納（Super Tuscans）有卡斯提里歐尼莊園（Tenuta Frescobaldi di Castiglioni）、茉茉瑞托（Mormoreto）、拉瑪優尼（Lamaione）、捷拉夢提（Giramonte）。在奇揚第（Chianti）有卡斯提里歐尼（Castiglioni Chianti）、尼波札諾精選（Nipozzano Riserva）、尼波札諾老藤（Nipozzano Vecchie Viti）。布魯內洛迪蒙塔奇諾（Brunello di Montalcino）有卡斯提康朵（Castelgiocondo）、卡斯提康朵精選（Castelgiocondo Riserva）、露鵲（Luce ）、露鵲布魯內洛（Luce Brunello）等以上很多個品項。雖然每一個莊園都擁有獨特的特徵和個性，歷史，環境及自然條件，但是所

A
B | C | D

A.遠眺酒莊。B.酒窖裡陳年的老酒。C.作者於酒莊葡萄園。D.作者和莊主在台北合影並簽名，手上這瓶難得一見的Frescobaldi千禧年紀念酒，裝的是1993年的珍藏級蒙塔奇諾，當年只限量生產兩萬瓶。

有莊園都是極佳的產區，不管是DOC、DOCG或IGT等級，每個莊園和釀酒師負責自己的葡萄栽培及葡萄酒釀造。

2014年春天的一個早晨，我們從托斯卡納的市中心往佛烈斯可巴第的酒莊，找了將近兩個小時，終於來到Nipozzano山下，經過彎彎曲曲的山路才到了尼波札諾的城堡，登高望遠，非常美麗。Nipozzano酒窖是在1400年就有，15世紀時，Villa是1500年，16世紀時，600公頃有90%山吉維斯（Sangiovese）、10%小維多（Petti Veido）、卡本內蘇維翁（Cabernet Sauvignon）、美洛（Merlot）、卡本內佛朗（Cabernet Franc），80%新桶，20%舊桶。氣候是早上溫暖，下午可能有風雨，栽種國際品種已經有50年，所以會用國際混種。茉茉瑞托（Mormoreto），單一葡萄園，4個品種所釀，1993開始第一個年份，

100%（Cabernet Sauvignon），沒有每一年生產100%新橡木桶。捷拉夢提（Giramonte 2009 ）年產量9000瓶，5個不同地塊都在附近，1300創立莊園，是第一個莊園，靠近地中海，地質是黏土。90%山吉維斯（Sangiovese）、10%美洛（Merlot），共5000公頃，1400公頃獨立操作釀製，美洛只佔3公頃來釀製。拉瑪優尼（Lamaione2010）和馬塞多（Masseto）一樣以100% 美洛（Merlot）釀製而成。有趣的露鵲（Luce Toscana 2010）很國際化，一半美洛一半山吉維斯，美義合作，是專門做給美國人喝的，不知道是不是有義大利情結？

隨著蒙大維家族的淡出市場，佛烈斯可巴爾第家族買回了露鵲莊園，但此園名聲未受影響，各年份都是玩家收藏的對象。露鵲莊園（The Luce Estate）目前主要生產著三款酒：旗艦款露鵲（Luce）市場追逐者眾，此酒在紫羅蘭與黑櫻桃的風味之間還有一些辛香味，純淨而優雅，均衡且尾韻帶薄荷感，綿長而曼妙無比。露鵲算是蒙塔奇諾區域內首款以山吉維斯與美洛作調和的酒款。這樣的想法，某種程度也反映著義大利與美國兩大名莊合作的理念。不過在蒙塔奇諾（Montalcino），只有100%的山吉維斯才能掛上布魯內洛迪蒙塔奇諾（Brunello di Montalcino）（DOCG），也因此露鵲基本上仍是屬於地區餐酒。雖然掛著是地區餐酒，但是品質卻不容置疑，1999年份、2006年份、2007年份和2011年份都獲得《美國酒觀察家WS》95高分的評價，台灣價格大概在美金160元。至於布魯內洛迪蒙塔奇諾（Brunello di Montalcino）本莊也有少量生產，主要來自77公頃葡萄園中的小小5公頃，酒款名則是露鵲布魯內洛（Luce Brunello），平日不易得見。2004年份美國酒觀察家雜誌評為95高分。

這個太陽代表著照亮世人的神聖之光。這道光所賦予我們的溫暖不僅撫育了萬物、也是成就一瓶好葡萄酒的精髓。單單發出它的名字Luce（光）就召喚了滋養山吉維斯和美洛的力量，這兩個種在布魯內洛土中的葡萄品種就是這支葡萄酒的前身。延續了30代的佛瑞斯可巴第家族酒莊一直把激情、貢獻和堅持做為珍貴的宗旨。對每個地方天然條件，複雜氣候、環境，葡萄和技藝以及對創新的堅持和尊重，這些都是佛瑞斯可巴第酒莊的釀酒哲學。

DaTa

地址｜Compagnia de' Frescobaldi S.P.A. Via S. Spirito, 11 50125 Firenze
電話｜+39 055 27141
傳真｜+39 055 211527
網站｜http://www.frescobaldi.it
備註｜可預約參觀

露鵲酒廠

LUCE della VITE 1998

ABOUT

分數：WS 90
適飲期：2003~2020
台灣市場價：4,800元
品種： 山吉維斯（ Sangiovese）和 美洛（ Merlot）
橡木桶：90%法國橡木桶，10% 全新斯拉夫尼亞橡木桶
桶陳： 36個月
瓶陳：12個月
年產量： 108,000箱

品 酒 筆 記

酒色呈濃郁的紫紅色，藍莓、黑莓、黑醋栗等野生漿果的香味撲鼻而來，同時還伴隨著肉桂和肉豆蔻的香辛味以及薄荷的幽香。烘焙的摩卡咖啡、新鮮的杏仁以及香草的微妙氣味融合在底味之中，回味悠長。此酒入口柔滑而誘人，淡淡的酸味融入到了完美的酒體與如絲般柔滑的單寧之中。此酒口味持久，回味愈加濃厚且散發著淡淡的礦物香味。

建 議 搭 配

東坡肉、炭烤雞排、蔥爆牛肉、烤山豬肉。

★ 推 薦 菜 單　腐乳肉

相傳腐乳肉的由來是武則天送其女太平公主出嫁時，以自己的乳汁塗於肉上叫女兒吃下，讓女兒莫忘其養育之恩。腐乳肉是很經典的上海功夫菜，火候控制和選肉都考驗著廚師的功力，湯頭也是不可少的基礎。俗云「杭州東坡肉，上海腐乳肉」，兩者異曲同工，食材都取自五花肉，但是腐乳肉用的是上海式口味的紅糟腐乳。腐乳肉的表皮膠質Q彈軟綿，肉質細嫩，入口即化，香氣迷人，甜中帶鹹而不油膩。這款太陽之光露鵲紅酒的整體結構感強烈，酒體飽滿，果味成熟，單寧滑細，與腐乳肉在一起，更突出了腐乳的汁香與肉香，酒的深度平衡了整個濃油赤醬的局面，紅酒的杉木香與咖啡味融入肥瘦均衡的五花肉中，讓這道上海菜增添了不少的風采！

國金軒餐廳
地址｜香港尖沙咀彌敦道118號
The Mira 3樓

Gaja
歌雅酒莊

歌雅(Gaja)酒廠由吉維尼·歌雅(Giovanni Gaja)先生創立於1859年，自創立至今已流傳四代，目前由吉維尼·歌雅先生的曾孫安哲羅·歌雅(Angelo Gaja)先生管理，而歌雅家族也持續為了釀造出高品質的葡萄酒而努力。1961年時，現任酒廠總裁安哲羅·歌雅先生正式進入家族事業，並專心致力於葡萄的種植與品質控管上。而1967年則是釀造索利–聖羅倫佐(Sori San Lorenzo)紅酒的葡萄在巴巴瑞斯可(Barbaresco) DOCG第一個收成的年份；值得注意的是在1981年時歌雅酒廠增添了現代化的不鏽鋼控溫發酵槽，並藉此更完整的設備以輔助釀造出絕佳品質的葡萄酒。

1994年時，歌雅酒廠更在蒙塔奇諾(Montalcino)的Pieve Santa Restituta購買下第一塊位於托斯卡尼(Toscany)的莊園。40英畝的莊園也成為培育精良葡萄的重點所在地。而在1996年，歌雅酒廠也在托斯卡尼買下了第二塊土地，200英畝的莊園中有150英畝的面積種植了包含卡本內蘇維翁(Cabernet Sauvignon)、美洛(Merlot)、卡本內佛朗(Cabernet Franc)及希哈(Syrah)等不同的葡萄品種。安哲羅·歌雅曾在巴巴瑞斯可的精華區塊種卡本內，又將自己的巴巴瑞斯可(Barbaresco DOCG)降成朗給(Langhe Rosso DOC)。說他毀棄了北義傳統？可是和波爾多五大酒莊平起平坐，價格有過之而無不及的索利·聖羅倫佐(Sori

A
B | C | D

A. 酒酒窖。B. 作者致贈台灣茶葉給莊主。C. 葡萄園。D. 老年份的Gaja酒。

San Lorenzo)、柯斯達·露西(Costa Russi)、索利·提丁(Sori Tildin)等3款巴巴瑞斯可單一葡萄園名酒，卻是因他而生！保守的皮蒙區(Piemonte)沒有安哲羅·歌雅，不知何時才會接受乳酸發酵與不鏽鋼溫控發酵設備。像是阿多·康德諾(Aldo Conterno)等名家，可能也不知道如何精進他們的釀酒方式。

歌雅在皮蒙的成功經驗，已經延伸到集團在義大利中部的幾處酒莊。1994年安哲羅·歌雅將觸角延伸到義大利中部的托斯卡尼(Tuscany)，買下位於(蒙塔奇諾的布魯內羅(Brunello di Montalcino)產區的Pieve Santa Restituta酒莊，以傳統的山吉歐維斯(Sangiovese)品種釀出極高評價兩款紅酒，即Sugarille(蘇格拉利)與Rennina(雷妮娜)。歌雅在托斯卡尼的物業，還包括了卡瑪康達(Ca' Marcanda)，在經過17次的馬拉松式協商之後，又在1996年購下托斯卡尼西岸著名產區寶格麗(Bolgheri)的約60公頃園地，並將酒莊命為馬拉松協商之屋(Ca' Marcanda)。

這裡想當然的是國際品種的一展長才的區域，尤其美洛在此區早已奠定了世界級地位。卡瑪康達推出3款紅酒，分別是卡瑪康達（Camarcanda）、瑪格麗（Magari）、普拉米斯（Promis）。其中以卡瑪康達（Camarcanda）評價最高，卡瑪康達是一款波爾多調配酒，50%美洛，40%卡本內蘇維翁，10%卡本內弗朗，紫羅蘭香氣，果香豐富而集中，但義大利酒特有的細瘦身形，卻依然清晰。

索利．聖羅倫佐（Sori San Lorenzo）首釀年份是1967年，歌雅首次釀造的單一葡萄酒款，Sori為「向陽」之意，因皮蒙區的最佳向陽地塊大略都朝向南方，酒名也可稱為「聖羅倫佐之向陽南園」。葡萄比例：95%內比歐露（Nebbiolo）和5% 巴貝拉（Barbera），葡萄園占地3.6公頃，年產量在2,000～10,000瓶。散發出礦物、花卉、莓果芳香，單寧均衡，餘韻帶有薄荷及成熟水果的味道。是歌雅單一葡萄園中，表現最為強烈的酒款。需要更久的時間才能充分顯現出。評價很高，《葡萄酒倡導家WA》從1996到2011大都評為96高分以上，2004、2007和2010三個年份更獲得98高分，《美國酒觀察家雜誌WS》的分數也都在91～98之間，最高分是1997和1989兩個年份都獲得98高分。台灣上市價格在台幣23,500元。索利．提丁（Sori Tildin）首釀年份是1967年，葡萄來自為1967年購入的Roncagliette葡萄園裡的一塊。葡萄比例同樣是95%內比歐羅和5% 巴貝拉。色澤深沉，散發出黑莓、黑櫻桃、薄荷和辣橡木芳香。第一支義大利紅酒被《WS》評譽100滿分。除了1990年份被評為100分之外，1985和1997年份同時被評為97高分，《WA》分數也都在91～98之間，最高分是1989年份的98分。台灣上市價格在台幣23,500元。

柯斯達．露西（Costa Russi）意指向陽的斜坡，Russi為當地人對前任地主的暱稱，首釀年份是1967年，葡萄也來自Roncagliette 葡萄園，葡萄比例仍然是95%內比歐露和5% 巴貝拉。表現出內比歐羅（Nebbiolo）特有的典雅和果香，濃厚成熟的果香及些微的薄荷味。柔軟圓潤的結構，適當的單寧及紮實的酒體，完美的餘韻，是歌雅酒廠單一葡萄園的最佳代表作。《WA》從1988到2011大都評為91高分以上，1990和2007兩個年份更獲得98高分。《WS》1990、1997、2004和2007年份都獲得97高分，2000年份更獲得100滿分。台灣上市價格在台幣23,500元。巴巴瑞斯可（Barbaresco）其酒標僅印上Barbaresco，特級的葡萄酒，葡萄來自14處不同的葡萄園地，散發出果實、甘草、礦物及咖啡的芬芳。結構緊密，口感複雜，單寧柔軟，有超過30年的陳年能力。《WA》從1964到2011大都評為91高分以上，1989和1990兩個年份更獲得96高分。《WS》最高分是1985、1997、2000和2004都獲得95分。台灣上市價格在台幣11,000元。

達瑪姬（Darmagi！荒謬、丟人）在義大利的傳統上，皮蒙產區就是應該要種植內比歐羅（Nebbiolo）品種，是人盡皆知的事。但安哲羅．歌雅還是決定在皮蒙種出卡本內蘇維翁（Cabernet Sauvignon）來證明他的判斷和遠見，雖然這樣的創舉還是讓他的父親忍不住驚呼：darmagi! （Darmagi的原意為：這是如此荒謬、丟人的

左：Gaja酒莊接班人Gaja Gaia小姐在百大酒窖與作者合影。中：難得的Gaja Sori San Lorenzo 1982。右：很難得的與安哲羅先生夫婦合影。

事情），但是這支酒還是以它優異的品質在世界得到認同。1982首年份上市時，安哲羅便直接取此酒名為Darmagi。目前酒中的品種比例約為95% 本內蘇維翁、3% 美洛、2% 卡本內弗朗。葡萄酒倡導家（Wine Advocate）評為最高分是2008年份和2011年份的94高分，《WA》最高分是1995年份的95高分。台灣上市價格在台幣12,000元。思沛（Sperss）首釀年份是1988年， Sperss即「懷念」的意思，用以紀念父親的一款酒。這款酒是歌雅最具代表的巴羅洛（Barolo），也是最經典最好的巴羅洛，葡萄比例為94%內比歐羅、6% 巴貝拉。《WA》評為最高分是1989年份、2006和2007年份的97高分，《WS》最高分是2004年份的99高分，2003年份的98高分。台灣上市價格在台幣13,700元。

歌雅和蕾（Gaia&Rey）1979年種下第一株夏多內（Chardonnay），本來要用祖母蕾（Rey）的名字，可是很像喪禮的感覺，就轉換家族的名字，所以選歌雅（Gaia），因為1979也是第一個女兒Gaia的出生年份。1983是首釀年份，產量很少，和三個頂級園一樣，全世界都是採經銷制配量，每年都是供不應求。葡萄園位於海拔1380英呎高之Treiso村莊，此酒以其活潑的果香和優雅性聞名，是義大利第一支具陳年實力的夏多內白酒。呈現出麥稈色澤，散發出香草、吐司及柑桔芬芳，酒體厚實，餘韻悠長。《Wine Specator》最高分是1985年份的98高分，台灣上市價格在台幣9,000元。蘿絲貝絲（Rossj-Bass Chardonnay）夏多內白酒，Rossj是安哲羅的小女兒Rossana名字所命名，以夏多內（Chardonnay）為主，在加上少量的白蘇維翁（Sauvignon Blanc）。所有摘採下來的葡萄皆使用不鏽鋼發酵槽發酵並經過6至7個月的陳年時間後才可裝瓶。是一款物美價廉的白酒，每次喝它都覺得很滿足，清新的滋味，迷人的果香，平民的價位。台灣上市價格在台幣3,000元，但也不好買。

安哲羅·歌雅今天能成為義大利釀酒教父，對他影響最大的是他的祖母。安哲羅說：「祖母的一番話，影響了我的一生。」安哲羅從小就有志繼承家業，祖母就對他說：「好孩子，釀酒可以讓你得到三件事情；第一，你會賺到錢，有了錢就能買更多的土地擴充酒莊規模；第二，你會獲得榮耀，得到家鄉酒農的稱讚與尊敬；第三點，也是最重要的，你將會擁有無窮希望。一年又一年，你都會想辦法釀出比之前更好的酒，你的希望及夢想時時刻刻在心中，無論工作或人生都是如此，能夠同時回報你以錢財、榮譽、希望，這樣美好的工作上哪去找？」

直至今日，Gaja歌雅酒廠在皮蒙（Piemont）擁有包含位於巴巴瑞斯可（Barbaresco）與巴羅洛（Barolo）法定產區中共250英畝的葡萄園，幅員遼闊，風景優雅，品質更是精良不在話下。歌雅酒廠也力求精進，除了盡心照護美麗的莊園，也著眼於釀酒技術與品質的管理，並期許能以最嚴謹的方式釀造出獨一無二的極致典藏。歌雅三個獨立葡萄園～索利·聖羅倫佐（Sori San Lorenzo）、柯斯達·露西（Costa Russi）、索利·提丁（Sori Tildin）表現出其優雅的酒體、細膩的單寧、層次感豐富的結構令所有義大利及至全歐洲的酒評家刮目相看，義大利葡萄酒在國際市場的地位亦都從此登上一個新的里程碑，無論是在蘇富比或佳士得拍賣會上都可以看見歌雅的蹤跡。關於歌雅酒莊的故事實在太多，安哲羅作風也許引人爭議，但成就無庸置疑！他1997榮獲美國《酒觀察家Wine Spectator》雜誌傑出成就貢獻獎，1998獲得《品醇客Decanter》年度風雲人物，《品醇客》在2007年選出「義大利五大酒莊」，歌雅（Gaja）也名列其中；這些重要註腳的背後，其實是他引領皮蒙產區（Piemonte）走向現代的不懈精神。

我個人曾拜訪過三次歌雅酒莊，而安哲羅的女兒也到過我的公司拜訪，我們建立很深厚的感情，安哲羅先生的溫文儒雅、專業熱情我非常的敬佩，我不得不承認我是他的粉絲。以下是我在2014年的春天和他的對談：

葡萄酒專家有四個步驟

1.做。2.怎麼做。3.完全的貢獻，要往深度專業做。4.要傳承

兩個責任

1.要退休、傳承立下好榜樣，身教言教。2.如何培養熱情，貢獻他的熱情在工作上。

Gaia and Rey白酒為何會釀，相同的葡萄酒的區域，可釀紅也可釀白，展現釀造白酒的潛力，想釀造原生種白葡萄，但很難有陳年，他相信賣的是一個夢想，對他來說，好的釀酒師為何要釀少量的白酒，因為其他紅酒品種比較重要，皮蒙產區的夏多內不存在，對地區變化上會有一些影響，這款白酒也改變了整個產區。

當安哲羅聽到我要用中國的語言觀念來寫這本書，他說：中國菜的博大精深，非常的好，酒剛開始不好配中國菜，但慢慢會習慣，就像酒和音樂搭配一樣。安哲羅先生給了我很大的鼓勵和支持，不但祝福我的新書能成功出版，還答應我會到台灣來祝賀，同時也送了我兩瓶懷舊（Sperss 1999），真是感動萬分。

DaTa

地址｜Via Torino, 18 12050 Barbaresco（cn）Italia
電話｜+39-173-635-158
傳真｜+39-0173-635-256
備註｜可預約參觀

推薦酒款

Recommendation Wine

歌雅酒莊

Gaia and Rey 1999

ABOUT
分數：WS 91
適飲期：2004～2020年
台灣市場價：9,000元
品種：100%夏多內（Chardonnay）
橡木桶：法國橡木桶
桶陳：6～8個月
瓶陳：6個月
年產量：19,800瓶

品酒筆記

義大利第一支具陳年實力的夏多內白酒，當我第一次在歌雅酒莊喝到的時候，驚為天人，我不敢相信我的眼睛和鼻子，怎麼可能？但是安哲羅．歌雅（Angelo Gaja）先生就坐在我的身邊，這是一款不折不扣的義大利夏多內白酒。安哲羅先生非常慷慨的給我們這些朋友喝了很多款紅酒，其中還包括兩款三大頂級園，但我的心思還停留在這款1.5公升的大瓶白酒。金黃色的麥稈色澤，晶瑩剔透，剛入鼻的鮮花花束和活潑的果香，優雅不做作，有如剛出浴的楊貴妃。接著散發出香草、吐司及柑桔芬芳，熱帶水果一一的較勁，好像是馬戲團表演著空中飛人，目不暇給。烤蘋果的漿果味和新鮮誘人的蘆筍香氣，酒體飽滿，酸度均衡，悠長的尾韻，停留超過六十秒以上，難得，喝過一次將永難忘懷！

建議搭配

生蠔、龍蝦、蒸魚、鮑魚等海鮮類食物、白斬雞。

★推薦菜單　海戰車

海戰車俗稱蝦姑頭，分布在印度洋、西太平洋和澳洲及台灣沿岸一帶。 身體稍高並略為隆起，覆蓋有絨毛並滿佈圓形顆粒，看來又點像龍蝦又不怎麼像，但又沒有長長的龍蝦鬚，肉質味美媲美龍蝦，海戰車產量不高，大都是野生於岩礁，靠潛水員捕撈，價格很高，批發價900一斤左右，非高級餐廳不會進貨！台灣野生海戰車肉質緊實彈牙，紮實甜美的口感絕對不輸給龍蝦。這天杭州的朋友來台訪問，我特別在海世界設宴接風，當然不能不點這個台灣最特別的海鮮。這款義大利最好的夏多內白酒來搭配台灣的野生海戰車真是天作之合，酒中的柑橘酸度恰巧可以提昇蝦肉的甜度，清甜的汁液在口中散開，香氣迷人，鮮美爽脆，蝦肉的Q嫩細緻，酒的清涼酥爽，大陸朋友們一口接一口喝，果然是人間美味啊！

海世界餐廳
地址｜台北市中山區農安街122號

Giacomo Conterno 賈亞可莫·康特諾酒莊

當今世界如果要我只選一支巴羅洛，我絕對毫不考慮會選賈亞可莫·康特諾陳釀蒙佛提諾巴羅洛（Giacomo Conterno Monfortino Riserva）。傳說第一支官方出售的蒙佛提諾（Monfortino）是在1924年。這款蒙佛提諾的葡萄是買自（Monforte d'Alba）和（Serralunga d'Alba）兩村的上等葡萄園。到了1970年代，第二代掌門人吉凡尼·康特諾（Giovanni Conterno）意識到全世界和皮蒙（Piedmont）的酒莊正急速的變化，葡萄酒農也開始裝瓶，成為新的葡萄酒商，上等葡萄的供應量開始萎縮，如此一來也造成土地價格上漲，所以如果要確保在未來都有高品質的葡萄，唯一的方法就是擁有自己的葡萄園。在1974年，吉凡尼買下了位在沙拉朗格（Serralunga）的十四公頃的土地，並重新種植了Dolcetto、Freisa、Barbera和Nebbiolo，這四種是皮蒙區當地最主要的葡萄。傳奇的1978年份是吉凡尼在卡斯辛那·法蘭西亞園所產的第一支蒙佛提諾，這支酒直到今日仍是有史以來最傑出的巴羅洛。

康特諾家族是皮蒙區傳統主義堡壘葡萄酒釀造者。它是保守、傳統釀酒廠的典型，不會為了迎合現代口味而對自己的底線作出任何讓步。例如1975～1977連續三年完全沒有巴羅洛酒款出產，但這不是上好年份才生產。事實上，當葡萄的

A D
B C E

A . Roberto Conterno在酒窖解說。B . 斯洛伐尼亞橡木大酒桶。C . 酒莊內品嚐酒。D . Roberto專心倒酒。E . 一瓶難得的1958年Giacomo Conterno Monfortino Riserva。

質量達不到要求時，他根本不會釀製任何葡萄酒。在1991年和1992年，他也沒有釀製陳釀蒙佛提諾巴羅洛和卡斯辛那．法蘭西亞園巴羅洛。甚至在一些巴羅洛產區被認為相當差的人份如1968、1969、1987和1993等，反而都有蒙佛提諾的生產，而且品質都很好。值得一提的是2002年，賈亞可莫．康特諾決定生產陳釀蒙佛提諾巴羅洛。這個年份在皮蒙產區被公認為是潮濕多雨氣候不好的年份，很多酒莊都不生產頂級酒款，但卡斯辛那．法蘭西亞園所生產的葡萄在成熟度與優雅度都都能達到發表的標準，於是他們宣布生產陳釀蒙佛提諾巴羅洛（Giacomo Conterno Monfortino Riserva）。

吉凡尼先生在釀造陳釀蒙佛提諾巴羅洛時非常用心，葡萄採收後先經過挑選才開始五個星期的發酵與浸皮，在發酵過程中刻意的不控制發酵的溫度，讓溫度直接爬上攝氏30度以上，這樣的高溫必須冒著極大風險，如果溫度過高就會使發酵中斷，葡萄汁因為沒有發酵完就得丟棄；但相對因為這樣極端的溫度，所以蒙佛提諾是在極限的高溫下發酵完成，比起其他巴羅洛更具風格，也更傑出。發酵過程結束後，葡萄酒被轉移到斯洛伐尼亞橡木大酒桶中或大木桶中陳年，其中基本款巴貝拉陳年2年，卡斯辛那．法蘭西亞巴羅洛陳年4年，而陳釀蒙佛提諾巴羅洛則須陳年7年以上。陳年後裝瓶，裝瓶後接著窖藏1到2年，然後釋放到市場。一般陳釀蒙佛提諾巴羅洛總共要10年才會在市場公開銷售。

陳釀蒙佛提諾巴羅洛這款酒，是當今最具傳奇性也是最偉大的巴羅洛。上市價大約是新台幣17,000元一瓶。這款頂尖好酒我個人總共品嚐了6次之多，包括：

1990年份是非常美好的一年，喝起來細緻多變，而且充滿樂趣。這一年《WA》98高分。1997年份現在剛進入高峰期，一開始就散發出迷人的魅力。酒體豐滿，不愧是皮蒙區好年份。這一年《WA》95高分。

2000年份現在喝起來還是比較年輕，感覺不出巴羅洛的力道，但卻非常的細膩，具有相當的雄厚的單寧，需要長時間的窖藏。《WA》97高分。

2002年份因為在酒桶中多待上一年，現在喝可能會比其他新年份上市還更容易喝。這是一個有深度、廣度及繁複度的年份。在大家都不看好的年份當中，吉凡尼先生獨排眾議宣布出產最頂級的陳釀蒙佛提諾巴羅洛，我們只能說現代的傳奇人物正在塑造新的傳奇年份，歷史會證明。據吉凡尼和羅貝托父子說，這個年份非常像偉大的1971和1978兩個不朽年份。《WA》98高分。

2004年份的特色是非常和諧，果香味集中，最具感官享受，非常傑出的一年。這支酒香味芬芳細緻，剛柔並濟，渾厚圓潤，充滿力量。《WA》100分。

2005年份的酒體較結實，最近才開始柔化。其果香味非常香醇、細緻，距離適飲期還有一段時間。酒中豐富而有層次感，華麗登場，具有深度和感性。《WA》96高分。

賈亞可莫．康特諾大家長吉凡尼老先生（Giovanni Conterno）不幸在2004年仙逝，這對於義大利的皮蒙產區是一大損失，甚至整個世界上巴羅洛酒迷來說都不能接受，畢竟它所釀製的陳釀蒙佛提諾巴羅洛（Giacomo Conterno Monfortino Riserva ）已經深植人心，沒有人可以取代。

DaTa

地址｜Località Ornati 2,12065 Monforte Alba（CN）, Italy
電話｜（39）0173 78221
傳真｜（39）0173 787190
網站｜www.conterno.it
備註｜參觀前必須預約；只接受7人以內團隊來訪

推薦酒款

Recommendation Wine

陳釀蒙佛提諾巴羅洛

Giacomo Conterno Monfortino Riserva 2005

ABOUT

分數：WA 96
適飲期：2020～2050
台灣市場價：16,000元
品種：內比歐羅（Nebbiolo）
橡木桶：法國橡木桶
桶陳：84個月
瓶陳：24個月
年產量：12,000瓶

品酒筆記

這款2005 Monfortino Riserva 我已經喝過兩次，酒體比較結實，必須長時間的省酒，最近才慢慢的開始柔化。其果香味非常香醇、細緻，雖然距離適飲期還有一段時間，但酒中帶有花香、櫻桃、黑醋栗、黑李、煙絲，皮革和甘草，這些美好的味道漸漸的浮出，豐富而有層次感，有如一位超級巨星華麗登場，具有深度和感性。建議買幾瓶放在酒窖中陳年，可以慢慢的三五年後享受。

建議搭配

紅燒牛肉、煎牛排、滷牛筋牛肚、烤山豬肉。

★ 推薦菜單　煎豬肝紅糟鰻

這道菜是非常道地的閩菜，尤其煎豬肝這樣的家常菜在台灣重要的老台菜都有做， 一定要煎的兩面嫩，不能過熟但也不能見血，否則就太腥或太老。紅糟鰻更是台灣路邊攤都有在賣的台式老菜系，小時候常常見到，現在已經不多了。這支強壯的巴羅洛確實需要這道細致的菜來搭配。因為蒙佛提諾巴羅洛非常雄厚的酒體，配上煎豬肝和紅糟鰻肉質細膩，而且兩者在喉韻上都能回甘，天衣無縫。當葡萄酒黑色水果的香醇遇到豬肝的鮮嫩，鰻魚的細緻，可謂是人間美味。巴羅洛（Barolo）紅酒的特有花香讓在場的文韜雅士一口接一口的喝下，而且能在福州這樣別緻的餐廳享受到這麼正統的閩菜，雖然這款酒已經醒了六小時之久，這才是精采的開始。

福州文儒九號餐廳
地址｜ 福州市通湖路文儒坊56號

Le Macchiole
瑪奇歐里酒莊

從1960年代起薩西開亞（Sassicaia）、歐尼拉亞（Ornellaia）、索拉亞（Solaia）等酒莊創造出義大利超級托斯卡納（Super Tuscan）並為世人所驚豔，之後一連串超級托斯卡納酒款陸續出現，確認了寶格麗（Bolgheri）產區擁有不凡的潛力。其中後起之秀，瑪奇歐里（Le Macchiole）酒莊早就是寶格麗地區最具代表性的酒莊之一。莊主歐吉尼奧．坎保米（Eugenio Campolmi）在70年代於法國學習釀酒，在闖出名號以前，他就已經感受到他家鄉未來的潛能，返國後於1975年在寶格麗買下一座葡萄園並命名為瑪奇歐里酒莊（Le Macchiole）。葡萄園面積只有22公頃，採取高密度種植但超低的產量，尤其是旗艦酒款梅索里歐（Messorio）一株葡萄樹只能生產一瓶酒，可見酒莊對品質的堅持。

相對於那些生產波爾多混合酒款而聲名遠播的鄰居們，坎保米更專注於每個

A. 採收好的葡萄。B. 整理葡萄園。C. 篩選葡萄。D. 酒莊莊主Cinzia Merli。

單一葡萄品種最純正風味的傳達，挑戰困難度最高且最具獨特性的葡萄酒。不過遺憾的是，在2002年，年僅40歲的他便去世了。與丈夫一樣具有熱情洋溢的妻子辛吉雅．梅莉（Cinzia Merli）接手了酒莊。與釀酒顧問盧卡阿特瑪（Luca D'Attoma）共同奮鬥，她繼承亡夫遺志努力製造出完美無瑕的托斯卡納葡萄酒。酒莊的釀酒師顧問盧卡阿特瑪並非妥協之人，一心追求完美，他釀出全球最卓越的單一葡萄品種——100%美洛（Merlot）——並同時身兼圖麗塔酒莊（Tua Rita）的雷迪卡菲（Redigaffi） 和瑪奇歐里酒莊的梅索里歐這兩款美洛（Merlot）酒款的釀酒顧問，並獲得美國《酒觀察家雜誌WS》完美100分的滿分最高評價。這讓瑪奇奧里（Le Macchiole）的地位和薩西開亞（Sassicaia）、歐尼拉亞（Ornellaia）、索拉亞（Solaia）等早已並駕齊驅了。

葡萄壓汁。

釀酒師在酒窖試酒。

瑪奇歐里酒莊的葡萄園佔地44.7英畝，園裡種植的主要葡萄品種是美洛（Merlot）、卡本內佛朗（Cabernet Franc）、希哈（Syrah）、山吉維斯（Sangiovese）、白蘇維翁（Sauvignon Blanc）、夏多內（Chardonnay）和卡本內蘇維翁（Cabernet Sauvignon）。葡萄樹的平均樹齡為4-18年，植株的種植密度為5,000～10,000株／公頃。主要以Cabernet Franc釀製成帕雷歐（Bolgheri Paleo Rosso），早期加入山吉維斯混釀，但很快卡本內佛朗便完全取代了山吉維斯，在2001年首次推出100%卡本內佛朗的帕雷歐（Paleo）。酒莊生產五款紅酒和一款白酒，主要酒款有三種；包括以100%美洛品種釀製的梅索里歐（Messorio）、100%希哈品種釀製的斯科里歐（Scrio）、100%卡本內佛朗品種釀製的帕雷歐（Paleo Rosso）。三個葡萄園都有很不錯的成績；招牌酒梅索里歐（Messorio）2004年份酒曾經拿下《美國酒觀察家雜誌WS》100滿分，1997年份被評為97高分，2006年份被評為96高分。在《葡萄酒倡導家WA》的評分中，從1994～2010分數維持在92～97分之間，最好的年份是2006和2008獲得97高分，而1994、1995、1999、2001和2007都獲得96高分。以希哈為主的斯科里歐（Scrio）2007和2008年份被《葡萄酒倡導家WA》評為96高分，1998和2001年份被評為95高分。帕雷歐（Paleo Rosso）2001和2010年份被《葡萄酒倡導家WA》評為96高分，2007年份則拿下95高分。瑪奇奧里酒莊可謂是一門三傑，無論是在美洛（Merlot）、卡本內佛朗（Cabernet Franc）或希哈（Syrah）都有很傑出的表現，瑪奇歐里將是托斯卡納未來的超級巨星。

DaTa

地址｜Via Bolgherese, 189, 57022 Bolgheri Livorno, Italy
電話｜+39 0565 766092
網站｜http://www.lemacchiole.it
備註｜可預約參觀

Recommendation Wine

瑪奇歐里梅索里歐

Le Macchiole Messorio 2004

ABOUT
分數：WS 100、AG 96
適飲期：2012～2032
台灣市場價：12,000元
品種： 100%美洛（Merlot）
橡木桶：法國橡木桶
桶陳：18個月小橡木桶
瓶陳：12個月
年產量：8,520瓶

品 酒 筆 記

2004的梅索里歐（Messorio）無疑是瑪奇里酒莊中最好的一款酒了，讓人很難相信一款完全以100%美洛所釀成的酒能夠如此的強大與驚人。這顯然是一個不可多得的年份，集天氣、葡萄、釀酒師之大成，所謂天地人合為一體，完美無缺。這款酒非常優雅的散發著深色加州李、薄荷，甘草，煙絲，巧克力和烘烤橡木，充滿吸引力。誘人的漿果，咖啡和黑橄欖，美麗的花瓣香絕對是凡人無法抗拒。細細的單寧在口中盤旋，如芭蕾舞者的腳尖輕輕滑動，高超而平衡的舞步，令人深深感動。酒體飽滿而厚實，餘味長達兩三分鐘，箇中滋味言語難以形容。托斯卡納的美洛能有這樣的功力，這要經過幾百年的相遇，才能有幸品嚐，感謝老天爺啊！

建 議 搭 配

紅燒獅子頭、砂鍋醃篤鮮、北京烤鴨、白斬雞。

★ 推 薦 菜 單　杭州小籠湯包

小籠湯包製作很繁複，以低筋麵粉擀皮，取豬腿肉剁碎為餡，用一年以上年齡老母雞燉湯，和豬皮一起燉煮，然後做成凍，塞入麵皮內，麵團摺成大小均等的皺褶，再蒸熟食用。皮薄、肉嫩、多汁是小籠湯包的特色，端上桌時熱騰騰的霧氣直往上冒，夾一個放在湯匙上，戳開一小洞讓湯汁流到湯匙裡，將湯汁先喝完。再夾些許的薑絲沾點醋，一起和軟嫩的肉餡吃下去，美味到極致。義大利這款梅索里歐（Messorio）紅酒藏著豐富的黑橄欖和東方的甘草香，酒的香甜甘醇讓小籠包麵皮咬起來更加爽嫩彈牙，香噴噴的滋味暖人心，漿果咖啡、巧克力也和湯包的肉餡非常的協調，酸甜鹹辣，四味相容，酒喝下去後立即感受到滿口芬芳怡人，餘韻繞樑，迴盪在舌尖與口腔中，滿心的溫暖與舒暢。我們證明了一件事，最好的酒不一定要配最高級的菜，一道簡單的中國點心就能侍候一瓶偉大的酒，令人意想不到！

杭州味莊餐廳
地址｜杭州西湖區楊公堤10-12號

Mastroberardino

馬特羅貝拉迪諾酒莊

馬特羅貝拉迪諾酒莊（Mastroberardino）是義大利一間成立1750年左右的悠久名園，它位於南部坎佩尼亞（Campania），由於鄰近維蘇威火山，所種植的葡萄受惠於異常貧瘠的火山區泥土，所釀出來的酒除了保留傳統風味，礦物質豐富亦是特色之一。此外，它們種植的葡萄品種，如阿格利亞尼可（Aglianico）、派迪羅梭（Piedirosso）、斯西亞西諾梭（Sciascinoso）、葛雷哥（Greco）、菲諾（Fiano）、 菲蘭喜納（Falanghina）等，均有二千多年歷史，尤其是阿格利亞尼可（Aglianico）古葡萄復植重生，更是震撼酒市，是百年難得一見的原生品種。目前酒莊由安東尼歐馬特羅貝拉迪諾（Antonio Mastroberardino）經營，他原為馬特羅（Mastro）這個姓氏，而馬特羅嫁給了貝拉迪諾。他被著名的葡萄酒作家休．強生榮稱為「真正的葡萄栽培學家」。重生之果（Taurasi）首釀年份為1928年，這支傳奇性的酒好到能夠與世界其它最好的產區相抗衡，尤其是傑出的1934和1968，至今他仍是坎佩尼亞的領頭羊。

A
B | C | D

A. 橡木桶。B. 酒莊的品酒室。C. 作者致贈台灣茶給行銷經理。D. 溯源之途。

酒莊生產最重要的四款酒：基督之淚（Lacryma Christi Vesuvio），酒名來自大文豪伏爾泰對坎佩尼亞（Campania）地方的讚嘆謂之基督之淚。葡萄品種就是歐洲古哲Pliny二千年前提到的派迪羅梭（Piedirosso）。溯源之途（Naturalis Historia Taurasi），二次世界大戰後Campania產區酒業復興運動的標竿之作，葡萄品種為阿格利亞尼可（Aglianico） 和派迪羅梭（Piedirosso）。幻秘之地（Villa dei Misteri Pompeiano ），此酒是酒莊最貴的一款酒，當然產量也最少，年度產量僅1721瓶，可謂是一瓶難求。葡萄品種是派迪羅梭（Piedirosso）和斯西亞西諾梭（Sciascinoso），消失二千年的葡萄園，維蘇威火山爆發遺跡， 龐貝古城之酒政府授權馬特羅貝拉迪諾酒莊復育實驗極少量產品，面積200平方公尺，義大利考古學家協會及品酒師協會向全世界推薦的珍稀極品。另外就是本文要推薦的招牌酒款重生之果特級陳年（Radici Taurasi Riserva）， 二千年歷史葡萄阿格利亞尼可（Aglianico）復植重生震撼酒市的代表作，使用100% 阿格利亞尼可古代葡萄，桶陳36個月，瓶陳60個月，Gambero Rosso 曾評為100滿分，Vini d'Italia Espresso評為義大利7大紅酒之一，實在是義大利酒界的一朵奇葩。被稱為南義的巴羅洛，其中重生之果特級陳年（Radici Taurasi Riserva 2003）也被《品醇客Decanter》的義大利酒十九位專家評選為最佳的五十款義大利酒。重生之果（Radici Taurasi Riserva）的分數也都不錯，2001年份安東尼歐（Antonio Galloni） 評為95分，2004年份評為95+，2005年份評為95分，2006年份也被美國酒觀察家評為94高分，同時是2013年度百大第九十一名。

2008年夏天我來到南義的龐貝馬特羅貝拉迪諾酒莊（Mastroberardino），這個被稱為紅酒次產區的地方。來接待我們的是酒莊的行銷經理，他非常熱情的在門口迎接，然後引我們進入酒窖參觀，並且非常詳細地解說；酒窖牆壁上掛著一張張歷史舊照片，從創辦人到現在莊主安東尼歐馬特羅貝拉迪諾（Antonio Mastroberardino），訴說著130年的悠久歷史。酒窖的天花板彩繪著各式各樣古羅馬時代的繪畫，非常精采，這些畫作同時也是溯源之途這款酒的酒標。在酒窖中我們品嚐了五款酒；從白酒到重生之果特級陳年的紅酒，每款酒都讓我們更深一層的了解到龐貝坎佩尼亞的火山氣息，這絕對是其他產區無法想像的。

品酒室。

義大利珍藏——坎帕尼亞，這片神祕的土地在羅馬時代就等於是現代的波爾多，被視為是羅馬帝國最好的釀酒區。在落沒幾世紀之後，幾個優秀的酒莊以複雜濃郁、擁有極好收藏潛力的紅酒以及充滿香氣和礦石風味的白酒吸引了無數的目光，坎帕尼亞因此重回到聚光燈下。

DaTa

地址｜Contrada Corpo di Cristo, 2 Località Piano Pantano 83036 - Mirabella Eclano（AV）
電話｜+39 0825 614 111
傳真｜+39 0825 614 321
網站｜http://www.mastroberardino.com
備註｜可預約參觀，酒莊內設有商品區

Recommendation Wine

重生之果特級陳年

Radici Taurasi Riserva 2005

ABOUT
分數：WA 95
適飲期：2015～2035
台灣市場價：2,500元
品種：阿格利亞尼可（Aglianico）
橡木桶：法國新橡木桶和大型斯洛伐尼亞橡木桶
桶陳：36個月
瓶陳：60個月
年產量：6,000瓶

品酒筆記

重生之果特級陳年呈深紅寶石色，乾燥花瓣、紫羅蘭，黑莓與小紅莓之外，還有些草本植物，伴有櫻桃和李子皮的香氣，另有雪茄盒香與皮革香。口感精緻典雅，酒質均衡，單寧柔順，風味迷人，香氣濃郁，層次復雜，餘味持久。巨大而需要時間化解它強勁的單寧，此品種是Campania代表，有人形容是南義的瑪歌堡（Ch.Margaux），稀少，難得品嚐一次。

建議搭配

烤羊排、紅燒肉、帕瑪火腿、披薩。

★ 推薦菜單　羊肉爐

羊肉爐是一道本省南部在寒冷的冬季進補的一道菜，羊肉來源以溪湖和岡山最為出名。台灣的羊肉爐起源於日治時代（1926年），高雄岡山的余壯羊肉店，以豆瓣醬佐之。當初在岡山區內舊市場，用扁擔沿途叫賣，使用本土黑羊肉煮熟再蘸上豆瓣醬，吃起來甚為美味，至今岡山羊肉爐已成為全國著名的美食之一，全國各地都可見到。這道菜以羊肉為主，用中藥熬湯，再放入少許高麗菜，或豆腐、豆皮，其他如金珍菇、茼蒿、和貢丸魚丸都是很好的鍋料。這一鍋羊肉爐味道非常濃厚，配料豐富，還有豆瓣蘸料，必須有一支很強烈且特殊的紅酒來搭配，所以我選擇了這一款來自火山灰土壤的重生之果特級陳年Radici Taurasi Riserva。這款酒巨大而強勁的單寧正好可以去除羊肉的腥羶味，使羊肉咬起來更柔化，增加羊肉的美味。黑莓與黑醋栗可以和貢丸魚丸產生共鳴，這些黑色果實剛好能讓魚漿打出來的丸子更加有香濃的味道，另有雪茄盒香與皮革香也能壓過羊肉湯的中藥味，兩者合一，豈不妙哉？

西漢藥膳羊肉爐
地址｜台北市木新路二段295號

Tenuta dell'Ornellaia
歐尼拉亞酒莊

歐尼拉亞（Tenuta dell'Ornellaia）酒莊由義大利三大超級托斯卡納薩西開亞（Sassicaia）莊主尼可拉（Niccolo）的表弟、索拉亞（Solaia）莊主皮歐·安提諾里（Piero Antinori）的弟弟，也就是拉多維可·安提諾里（Lodovico Antinory）創建於1981年，從一開始，他便請來有「美國葡萄酒教父」之稱的安德爾·切里契夫（André Tchelistcheff）做酒莊的顧問，1985首釀年份誕生。過了十年後，1991年切里契夫離開了酒莊，換上了「空中釀酒師」米歇爾·羅蘭（Michel Rolland）和湯瑪斯·杜豪（Thomas Duroux），但是後來，杜豪離開歐尼拉亞酒莊，回到法國波爾多超級三級酒莊的寶馬酒莊（Chateau Palmer）工作。

歐尼拉亞酒莊於利瓦諾省（Livorno）的寶格利（Bolgheri）地區，在托斯卡納的西邊，葡萄園離海邊只有五公里之遠，由100公頃的葡萄園組成。由於靠近大海，土壤曾經被淹沒過，周圍有火山，還有地中海氣候的影響，使得葡萄園裡的葡萄獲得更好的種植條件。酒莊的葡萄來自兩個葡萄園：一個是奧尼拉亞的葡萄園，就是酒莊現在的位置；另一個是貝拉利亞（Bellaria），位於寶格利小鎮的東方。酒莊充滿藝術氣息，2006年開始，歐尼拉亞開始和義大利著名藝術家合作，每一年選擇一個畫家，根據該年份酒的風格設計藝術酒標在不同的畫廊舉辦拍賣

A｜B｜C｜D

A.酒莊葡萄園。B.酒莊大廳藝術設計造型。C.作者和酒莊總經理。D.酒莊裝瓶作業。

會、發表會，所得一百六十萬歐元全部捐給畫廊的基金會。此舉一出，立刻引起了葡萄酒拍賣市場的劇烈反響。在2013年初的一場拍賣會上，一瓶由著名藝術家Michelangelo Pistoletto設計酒標的9升裝2010年份歐尼拉亞拍出了120,400美金的高價，這也創造了單瓶義大利酒的拍賣會成交記錄。

參訪酒莊時，酒莊總經理李奧納多・瑞斯皮尼（Leonardo Raspini）非常親切的接待我們，並仔細地介紹歐尼拉亞的歷史和釀酒哲學，也讓我們參觀了裝瓶作業，酒窖、講解葡萄園，最後，還讓我們品嚐了酒莊所生產的五款酒。他告訴我們：旗艦酒款馬塞多（Masseto）有7公頃的葡萄園，每年生產3萬瓶，歐尼拉亞和馬塞多釀酒方式基本都一樣，不同的是來自不同的葡萄園。2012歐尼拉亞生產 600桶，2014年6月裝瓶，2015年5月釋出。我請教他：羅伯帕克打的分數對他們影響如何？他開玩笑的說：不重要，因為大部分的義大利酒都是安托尼歐（Antonio Galloni）在打，分數對生意是重要的，但是釀酒更重要。要釀出非常好的結構、單寧，葡萄園愈來愈老，水果味會更好，釀出更好的葡萄酒，天氣、葡萄園不變又瞬息萬變。這是他的釀酒哲學，他也曾是歐尼拉亞的總釀酒師。他又告訴我說：2006年用不同的方式詮釋，這個年份是非常飽滿的，很難被控制的。這是一個極佳的好年份，馬塞多AG 99、WS 98，歐尼拉亞AG 97、WS 95，算是歐尼拉亞最出色的年份之一了。而2010在寶格麗雨量是2倍，注重是在熟成，果實香味非常漂亮，兼顧現代和未來，泡皮的時候、時間，都很細心精算。這一年的分數也不錯，馬塞多AG 98、WS 95，歐尼拉亞AG 97+、WS 94。

歐尼拉亞酒莊在1987年釀出一款旗艦酒款馬塞多（Masseto），以100%美洛（Merlot）葡萄釀成，年產量僅約三萬瓶，是世界上最好的三款美洛之一，同時也是《美國酒觀察家Wine Spectator》雜誌、英國《品醇客Decanter》雜誌、羅伯帕克所建立的《葡萄酒倡導家Wine Advocate》特別推薦收藏的紅酒，2001年份的馬塞多更獲得酒觀察家給予100滿分的評價，而且是2004年度百大第六名。

左：榮獲《WS》100分的馬塞多Masseto 2001。右：歐尼拉亞2009特殊孔子造型設計。

自1987年推出以來，除了2000年以外，《葡萄酒倡導家WA》每一年的分數幾乎都超過95分。當波爾多最好的酒莊柏圖斯酒莊（Petrus）莊主參訪歐尼拉亞時，也不禁讚嘆：「這是義大利的Petrus」！此後，這一稱號就不逕而走了。歐尼拉亞本身也都有不錯的成績，自1985推出以來，除1989外，每一年的成績都不錯，尤其2001年以後到2011年每一年幾乎都超過95分，在義大利已經是排名前十名的酒款，在《美國酒觀察家雜誌WS》歐尼拉亞1998年份為2001年度百大第一名，分數96分，2004年份為2007年度百大第七名，分數97分。一個酒莊能有兩款這樣世界級的酒款，證明了這家酒莊經過三十年的努力，已經成功了。

DaTa

地址｜Via Bolgherese 191 ,57020 Bolgheri（LI）
電話｜39 0565 718242
傳真｜39 0565 718230
網站｜http://www.ornellaia.com
備註｜可預約參觀

推薦酒款

Recommendation Wine

歐尼拉亞

Ornellaia 2005

ABOUT

分數：WA 93、WS 95
適飲期：2010～2025
台灣市場價：7,500元
品種：56%卡本內蘇維濃（Cabernet Sauvignon）、27%美洛（Merlot）、12%卡本內弗朗（Cabernet Franc）、5%小維多（Petit Verdot）
橡木桶：70%法國新橡木桶
桶陳：18個月
瓶陳：12個月
年產量：139,200瓶

品酒筆記

酒色呈不透光深紫黑色，有多層次的香氣，黑色的水果味，細緻單寧有如絲絨般的柔順，口感充滿各式莓果的熟成風味，包括藍莓、黑莓、黑醋栗和小紅莓。溫和的石墨、草本植物、辛香料、皮革，還有白巧克力的誘人氣味，全都交織的在一起。餘韻非常的綿長，均衡華麗，結束時口中所留的果味完整而強烈，縈繞心中久久不散。

建議搭配

滷牛肉、紅燒蹄膀、烤雞、燴羊雜。

★ 推薦菜單　香茅烤羊排

剛端上桌熱騰騰的羊排咬一口下去，油嫩出汁，鹹香合宜，肉汁隨著口腔咬入而發出滋滋的悅耳聲，這道烤羊排真是有水準，比起西方人所煎的羊排還來的軟嫩，咬起來又具口感。歐尼拉亞這款單寧非常的細緻，正好可以柔化肉排的油膩，讓肉汁更為鮮美。搭配藍莓和黑醋栗的果香，讓肉咬起來更為香嫩可口。白巧克力的濃香也帶動和延續這支羊排更多的層次，讓美酒與肉排更加完美的演出。

龍都酒樓
地址｜台北市中山北路一段105巷18之1號

Poderi Aldo Conterno
阿多康特諾酒莊

如果你在無人的孤島上，只能帶一瓶酒，你會選哪一瓶？《華爾街日報》夫妻檔酒評人Dorothy Gaiter 與John Brecher 的一篇文章，便是以此開始。他們兩同時回答：巴羅洛（Barolo）！巴羅洛中一定要選大布希亞（Granbussia）！當然是阿多康特諾（Aldo Conterno）的Granbussia。

生於1931年的阿多康特諾（Aldo Conterno）是賈亞可莫．康特諾（Giacomo Conterno）的第二個兒子。阿多和他的哥哥吉文尼（Giovanni Conterno）在1961年繼承了父親的Giacomo Conterno（賈亞可莫．康特諾酒莊），但兩兄弟因為對巴羅洛葡萄酒的釀酒哲學相左而分道揚鑣，阿多康特諾在1969年建立了阿多康特諾酒莊（Poderi Aldo Conterno）。受到安哲羅哥雅（Angelo Gaja）現代派的釀酒學影響，阿多康特諾在釀酒的風格及手法方面已經與其兄吉文尼堅持傳統的手法不甚相同；阿多康特諾不像許多現代的巴羅洛釀造者一樣使用許多小橡木桶，但在其他方面他也會採取現代的釀造方式。在這種綜合的釀造方式下所產出的葡萄酒會融合傳統釀造方式所特有的強勁有力的結構及現代巴羅洛葡萄酒的具有厚實深度的果香味。普遍來說，阿多康特諾所釀的酒除了在某些方面有例外之外，大部分還是較偏傳統。

A . 酒莊。B . 冬天的葡萄園。C . 不同的Aldo Conterno酒款。D . 現任莊主Franco和作者兒子合影。

一直以來，阿多康特諾都被公認為皮蒙產區（Piemote）最有才華的釀酒師，他所釀造的葡萄酒也常因其完美的平衡而被列為該區之最。阿多康特諾酒莊曾被英國《品醇客Decanter》雜誌選為義大利的頂級二級酒莊之一，同時他也被義大利人公認為七個最好的皮蒙產區釀酒大師之一。在1970年時，為了修正蒙佛特（Monforte）產區巴羅洛特有強大厚重的單寧，他縮短了浸皮發酵的時間，摒棄傳統採用浮蓋發酵的方式，進而使用幫浦抽取循環的方式來完成發酵過程，這些想法在當時被人認為極為瘋狂，後來證明他成功的釀出了讓人更容易親近的巴羅洛。雖然阿多康特諾酒莊使用較為現代的釀酒設備與釀法，但始終不能被歸為巴羅洛的現代派，只是採用讓巴羅洛更形完美的革新做法。

阿多康特諾酒莊擁有的25公頃葡萄園，位於蒙佛特阿爾巴（Monforte d'Alba）

酒窖。

著名的布希亞（Bussia）斜坡上，被認定為朗格（Langhe）區最好的產區之一。三座葡萄園，分別為羅米拉斯可（Romirasco）、奇卡拉（Cicala）及科羅內洛（Colonnello），位於約海拔400公尺的山丘上，面朝南-西南方。土壤是含鐵的黏土及石灰岩，酒莊總共釀製出10種迷人的酒款。其中Barolo酒款，經過不等時間的浸皮發酵後，便各自於大型斯洛伐尼亞橡木桶中陳釀。

陳釀大布希亞（Barolo Granbussia Riserva）是阿多康特諾以最傳統的方法釀製的葡萄酒，這支酒能與其已故兄長所釀製的Barolo Monfortino Riserva角逐義大利最具代表性的巴羅洛的寶座。此酒係固定由科洛內（Colonnello）、奇卡拉（Cicala）以及羅米可（Romirasco）三個單一園混合，尤以羅米可為重（70%）。此酒僅在好年份生產，甚至普遍認為的好年份2004都不做，就是因為某一個單一園受冰雹影響。就釀法而言，大布希亞優先擁有三個園內的老藤果實，同時它在桶內熟陳的時間也比較長，必須是六年以上。值得一提的是，在1971～2006年這35個年份之間，康特諾只有釀造16個年份的Granbussia Riserva。陳釀大布希亞的分數通常也比較高，上市價格也最貴。1989 年份被《WA》評為97高分，1978年份評為96高分，2005年份被評為95+分。1997年份被《WS》評為98高分，2006年份被評為97高分。1989年份和2000年份同時被評為96高分。2006年份被Antonio Galloni評為96高分。2005年份則被James Suckling評為滿分100分。台灣上市價約為台幣12,000元。這款旗艦酒的年產量只有3,000瓶，事實上並不容易買到，看到一瓶收一瓶。

在阿多生命中的最後幾年，他已經是半退休的狀態，將酒莊的大權交給他的三個兒子：Franco、Stefano和Giocomo Conterno。Aldo Conterno於2012年5月30日過世，享年81歲。阿多康特諾一生心力全部奉獻給 Barolo，他離去無疑是Barolo 產區的一大損失。這位巴羅洛的儒者也永遠存在酒迷的心中。

DaTa

地址｜12065 - MONFORTE D'ALBA Loc. Bussia, 48 - ITALIA
電話｜+39 0173 78150
傳真｜+39 0173 787240
網站｜www.poderialdoconterno.com
備註｜接受專業人士參觀

Recommendation Wine

阿多康特諾陳釀大布希亞

Poderi Aldo Conterno Barolo Granbussia Riserva 2005

ABOUT

分數：JS 100、WA 95+、WS 95
適飲期：2012～2025
台灣市場價：12,000元
品種：100% Nebbiolo（內比歐羅）
橡木桶：斯洛伐尼亞大型橡木桶
桶陳：32個月
不鏽鋼：24個月
瓶陳：12個月
年產量：3,000瓶

品酒筆記

酒色呈石榴紅光澤，有極佳的玫瑰花瓣、成熟莓果香氣及淡淡的香草豆氣息。口感複雜多變，酒體飽滿，櫻桃、椰子奶、香草、礦物在口中慢慢展開，持久而綿長。2005年的Riserva Granbussia是最好的年份之一。以純玫瑰花瓣為中心，對比甘草、陳皮和皮革的強勁香氣。酒體鮮明，厚大而不失細膩，豐富而集中。驚人的複雜度造就迷人的丰采，這是一款均衡而令人回味的偉大巴羅洛。

建議搭配

東坡肉、北京烤鴨、台式排骨酥、京都排骨。

★ 推薦菜單　大漠風沙蒜香雞

傳說曹操最喜歡大口喝酒、大口吃肉，尤其特別愛吃雞肉和鮑魚，其中「曹操雞」這道名菜，從三國時期就開始廣為流傳。主廚嚴選來自台灣雲林花東的活體現殺仿雞（半土雞），先將整隻雞塗蜜油炸後，再以特製滷汁滷煮至骨酥肉爛，起鍋上桌時皮脆油亮，光是色澤和蒜香味就已另人垂涎，皮酥肉汁緊鎖肉中，令人吮指回味。這款巴羅洛酒王有著玫瑰花瓣般的迷人香氣，櫻桃、椰奶的滑細單寧，正好與蒜香雞的酥嫩結合，有如一場華麗的百老匯歌舞劇，令人陶醉！巴羅洛酒中的甘草和陳皮所散發出的甘甜，蒜香雞的香料與蜜糖，互相交融，一口大酒、一口大肉，遙想曹孟德征戰沙場英雄豪邁，「人生有酒須盡歡，莫使金樽空對月」。

古華花園飯店明皇樓
地址｜台灣桃園縣中壢市民權路398號

Giuseppe Quintarelli 昆塔瑞利酒莊

吉斯比昆塔瑞利(Giuseppe Quintarelli)是一個傳奇性的人物,在義大利的維納托(Veneto)更是無人不曉,尤其是所有釀製阿瑪諾尼(Amarone)的酒莊更是以他為師,所以他也被稱為「維納托大師」(the Master of the Veneto)。2014年的4月17日午後我們來到了昆塔瑞利酒莊,這是一個很不起眼的酒莊,酒莊不設任何招牌,也沒有門牌,我們開車來來回回錯過了幾次,最後還是問了他們的鄰居才來到這個別有天地的酒莊。這一天是由吉斯比的外孫法蘭西斯哥先生來接待我們,一個非常靦腆的義大利帥哥,現在由他來管理酒莊的各種業務和行銷。

昆塔瑞利酒莊是整個阿瑪諾尼最低調也是最古老的酒莊之一,有一家著名阿瑪諾尼的莊主告訴我:吉斯比昆塔瑞利是他們的中心人物,也是傳説中的釀酒師,所有釀製阿瑪諾尼的酒莊都在學習他們的釀酒方式,包括著名的達法諾(Dal Forno Romano)。昆塔瑞利酒莊每年的產量並不多(僅約六萬瓶),但昆塔瑞利所釀出的酒是葡萄酒大師學院(IWM)最尊崇的葡萄酒,他的釀酒功力有如大師般完美到無法挑剔,可以説是義大利的一代宗師,稱為義大利一級膜拜酒當之無愧。雖然不是著名的義大利五大酒莊,不需要和布魯諾·賈可薩(Bruno Giacosa)或歌雅(Gaja)等名莊來比較,因為吉斯比昆塔瑞利本身

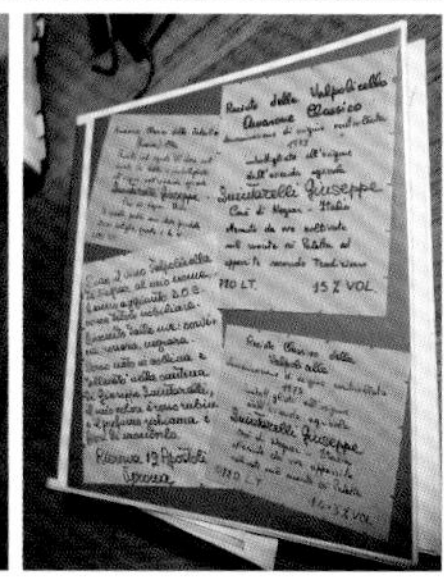

A | B | C | D

A . 在酒莊可以眺望美麗的阿爾卑斯山。B . 作者與法蘭西斯哥在刻有家徽的大木桶前合影。C . 酒標手抄的紙本。D . 法蘭西斯哥在酒窖很專注為我們倒酒。

的魅力已超越了整個義大利。有人將其酒莊比為「義大利的伊肯堡（Chateau d'Yquem）」，或推崇為「義大利的瑪歌堡（Chateau Margaux）」，這些不同的讚美，都不足以代表他在葡萄酒世界的偉大。

吉斯比曾經告訴一位義大利記者說：「我釀酒的秘密只按照我的規則，並不是去追求流行」。 法蘭西斯哥還說：「瓶身上手寫字體以前都是由他的祖父、媽媽和阿姨一張一張抄寫的，現在還流傳下來這個傳統，成為酒莊的另一種風格，這也代表了酒莊認真的對待每一瓶酒，這是世界上最用心的酒莊。」

在維納托昆塔瑞利酒莊是最早引進國際品種的酒莊，1983就開始釀製第一款Cabernet Franc、Cabernet Sauvignon和Merlot的「阿吉羅」（Alzero）。其他尚有幾款不同的酒款：經典瓦波麗希拉、經典阿瑪諾尼、頂級阿瑪諾尼。每一個酒款都有不同的特色，而且也獲得各界酒評家的肯定。每一款酒價格都在台幣萬元起跳，世界上的收藏家還是趨之若鶩，見一瓶收一瓶。

法蘭西斯哥帶我們進到昆塔瑞利酒窖，這裡放置了各式各樣的大小橡木桶，其中最大的是一萬公升斯洛伐克大橡木桶，酒桶上刻著家族的家徽，「十字架代表宗教意義、孔雀代表勞作、葡萄藤代表農耕。」在酒窖裡我們品嚐到了六款酒，有三款比較特別：Armarone della Valpolicella Classico 2004，年產量：12,000瓶，4個月風乾，8年陳年新舊橡木桶，早上就打開醒酒，非常的優雅與均衡，首先聞到的是藍莓、甘草和薄荷，感到非常的舒服，也有奶油、杉木和花香不同層次上的變化，最後喝到的是烘培咖啡，熟櫻桃，餘韻悠長，可以陳年三十年以上。Alzero 2004 ：建議和起司、鵝肝一起享用。年產量：3,000～4,000瓶。完全與阿瑪諾尼做法一樣，只是全放在小橡桶，40%Cabernet Sauvignon.、40%Cabernet Franc、20%Merlot，薰衣草、水果乾、沒有青澀植物味、成熟果醬味、巧克力。Recioto della Valpolicella 2001：羅馬時代就有了，Recioto是阿瑪諾尼（耳朵）葡萄最上面那兩串，沒有每年生產，10年中才釀出3～4個年份，也是吉斯比的最愛。很遺憾的是我們沒有喝到頂級阿瑪諾尼，在最好的年份才會挑一些去釀（Riserva），10年之中只有2～3次能釀出來，最近的年份有1990、1995、2000、2003，下個年份是2007。

吉斯比昆塔瑞利（Giuseppe Quintarelli）於2012年1月15日過世。現在由他的女兒費歐蓮莎（Fiorenza）夫婦和他們的孩子法蘭西斯哥（Francesco）與勞倫佐（Lorenzo）一起管理酒莊。不改過往低調的作風，因為毋庸置疑的，昆塔瑞利酒莊所生產的葡萄酒已經是公認的義大利傳奇，雖然價格不斐，但卻還是一瓶難求，就如同法蘭西斯哥所說：「昆塔瑞利的酒就像雕刻在酒莊大酒桶上之孔雀與葡萄藤的圖案，每喝一口昆塔瑞利的佳釀，都是烙印在酒迷心中最美麗的驚嘆與回憶！」大師雖然仙逝駕鶴歸去，但留給後人博大精深的美酒，已到達無窮無盡的完美境界。

DaTa

地址｜Via Cerè, 1 37024 Negrar Verona
電話｜045 7500016
傳真｜045 6012301
網站｜http://www.kermitlynch.com/our-wines/quintarelli
備註｜參觀前請先預約

經典阿瑪諾尼

Amarone della Valpolicella Classico 2004

ABOUT

分數： AG96
適飲期：2014～2034
台灣市場價：15,000元
品種：55%可維納（Corvina and Corvinone）、30%羅蒂內拉（Rondinella）、15%卡本內蘇維翁（Cabernet Sauvignon）、內比歐羅（Nebbiolo）、克羅迪納（Croatina）和 山吉維斯（Sangiovese）
橡木桶：新舊大小斯洛伐克和法國橡木桶
桶陳：96個月
瓶陳：3個月
年產量： 12,000瓶

品 酒 筆 記

這款經典阿瑪諾尼紅酒，必須醒酒四個小時以上，醒酒後非常的優雅與均衡，是可以讓您輕鬆飲用的一款好酒。單寧非常的細緻，有如天鵝絨般的絲綢，聞到的是藍莓、甘草和薄荷，令人愉悅。也有奶油香、杉木和花香不同層次上的變化，最後品嚐到的是烘培咖啡，熟櫻桃和杏仁，口感和諧，餘韻悠長，在充滿香料味道中畫下美麗的句點。

建 議 搭 配

滷牛肉、煎烤牛排、烤鴨、東坡肉。

★ 推 薦 菜 單　八寶鴨

上海老站餐廳主廚史凱大師一大早就幫我們準備了「八寶鴨」這道招牌大菜，因為製作非常費工所以要提早預訂。選用的是上海白鴨，每隻大小控制在2公斤～2.5公斤、肥瘦均勻，先將鴨子整鴨拆骨，備好蒸熟的糯米、雞丁、肉丁、肫丁、香菇、筍丁、開洋、干貝一起紅燒調好味塞進拆好骨的鴨子裡，再將填好八寶的鴨子上色後入油鍋炸一下，上籠蒸3～4個小時就好了。最後淋上特製醬汁加清炒河蝦仁就大功告成。用這道菜來搭配義大利經典阿瑪諾尼紅酒可以說是絕配；紅酒中的藍莓、櫻桃和糯米的微鹹甜味相結合，有如畫龍點睛般的驚喜，而奶油和杉木的香氣正好和蒸過的內料交融，香氣與味道令人想起小時候的正宗台灣辦桌菜，那就是媽媽的味道。最後烘培咖啡和杏仁味提昇了軟嫩的鴨肉質感，嚐起來更為美味，水乳交融，有如維梅爾（Jan Vermeer）的名畫「倒牛奶的女僕」那樣的溫暖與光輝。

上海老站本幫菜
地址｜上海市漕西北路201號

Sassicaia 薩西開亞酒莊

英國葡萄酒雜誌《品醇客Decanter》2007年將薩西開亞（Sassicaia）評為義大利的「五大酒莊」之一； 和歌雅（Gaja）、布魯諾·賈亞可沙（Bruno Giacosa）、歐尼拉亞（Tenuta dell Ornellaia）、達法諾酒莊（Dal Forno Romano）齊名。薩西開亞酒莊是義大利托斯卡納最富盛名的酒莊，也是義大利四大名莊之一，和索拉雅、歐納拉雅和歌雅三個酒莊並列，常與法國五大酒莊相提並論。

20世紀二十年代，馬里歐侯爵（Marquis Mario Incisa della Rocchetta） 是一個典型的歐洲貴族公子，他最大的嗜好就是賽車、賽馬、飲昂貴的法國酒，他甚至還自己養馬馴馬，參加比賽。他鍾情於昂貴的、充滿馥鬱花香的波爾多酒，夢想著釀出一款偉大的佳釀。後來與妻子克萊莉斯的聯姻，為他帶來了一座位於佛羅倫斯西南方100千米處、近海的寶格利地區的聖瓜托酒園（Tenuta San Guido）做為嫁妝——此處即是薩西開亞誕生的地方。

剛開始馬里歐侯爵採用法國一流酒園常用的剪枝方式，在單寧量偏高的南斯拉夫小橡木桶中陳釀，使得釀出來的酒單寧極強，剛釀出的酒單寧太重、味道太澀、難以入喉。每年產出的600瓶酒連家人都不願喝，家人力勸馬里歐放棄釀酒，馬里歐仍不死心，他決定改變方法，既然要在義大利釀制「純正」的波爾多酒，就必須向法國

A｜B｜C｜D

A . 酒桶皆為斜放，主要是避免桶塞與桶產生空隙，讓空氣無法滲入。
B . 酒窖門口。C . 在酒窖內品酒。D . 不同年份的Sassicaia。

人取經。在葡萄種苗方面，除部分選擇本地與鄰近各園優秀的種苗外，在養馬場認識的法國木桐酒莊主人菲利普男爵對他創建酒莊也鼎力支持，他從木桐酒莊獲得了葡萄種苗，同時還改用法國橡木桶進行釀酒。醇化所用的木桶也捨棄廉價的南斯拉夫桶，改以法國橡木桶。同時在遼闊的莊園中重新找到了一塊朝向東北的坡地，義大利人稱這塊山坡地為Sassicaia，就是小石頭的意思。他又找到了兩塊新的更適合葡萄生長的土地，開始種植卡本內蘇維翁（Cabernet Sauvignon）和卡本內弗朗（Cabernet Franc）。經過這一系列的變革，薩西開亞的酒開始躍上國際。

1965年薩西開亞釀成並在本園開始販賣。1968年當年度的薩西開亞便正式在市面上銷售。1978年，英國最權威的《品醇客Decanter》雜誌在倫敦舉行世界葡萄酒的品酒會，包括著名品酒師Hugh Johnson、Serena Sutcliffe、Clive Coates等在內的評審團一致宣佈1972年薩西開亞從來自11個國家的33款頂級葡萄酒裏脫穎而出，是世界上最好的卡本內蘇維翁紅葡萄酒。薩西開亞曾被人懷疑它不是真正的義大利酒，這是因為它沒有使用傳統的義大利葡萄品種進行釀製，薩西開亞的現任莊主尼可（Nicolo）為此說：「好酒就像好馬，他們需要混種而產生最優秀的，薩西開亞當然是最好的義大利酒。」當時薩西開亞不願遵守官僚所訂下的「法定產區管制」（DOC），所以酒只標明了最低等的「佐餐酒」（Vino da Tavola）。但是由於酒的品質實在太精采，反而顯得義大利官方品管分類的僵化和官僚主義，讓義大利政府頗失面子。無奈之下，官方只好懇請薩西開亞掛上DOC的標誌。因此從1994年起，薩西開亞開始被正式授權使用DOC標誌。

提起薩西開亞，有一個名字賈亞可莫·塔吉斯（Giacomo Tachis）絕對不能遺忘。他是薩西開亞的創始釀酒師，擔任義大利托斯卡納釀酒師協會的會長，也是義大利近代最著名的釀酒師。薩西開亞在新法國橡木桶中陳釀24個月，瓶中熟成6個月。最終釀製出的佳釀讓人聯想到優雅的波爾多酒。這要得益於賈亞可莫·塔吉斯經常造訪波爾多，並有機會向波爾多鼎鼎有名的一代宗師艾米爾·佩諾（Emile Peynaud）學習討教。著名葡萄酒作家理查（Richard Baudains）寫道：「回想薩西開亞在1978年倫敦品酒會上奪冠的時刻，那的確象徵著義大利葡萄酒進入一個新時代」。2011年他被評為《品醇客Decanter》年度風雲人物，可以說是現代「義大利葡萄酒之父」。

薩西開亞最好的年份在1985和1988兩個年份，1985年份獲帕克評為100分，《WS》評為99高分。1988年份《WS》評了兩個98 高分和一個97高分。再來比較高分的就是2000年以後的2006年份的《WA》97高分，2008和2010都獲評為《WA》96高分。台灣上市價約為台幣7,500元一瓶，好的老年份一瓶要10,000元以上。2004年， 薩西開亞家族加入了世界最頂尖的Primum Familiae Vini （PFV，頂尖葡萄酒家族）成為成員，與世界知名、且仍由家族控制的10間酒莊平起平坐。薩西開亞就如同他的酒標，散發著光芒，成為真正的義大利之光。

DaTa

地址｜Località Le Capanne 27,57020
Bolgheri,57022 （LI）,Italy
電話｜39 0565 762 003
傳真｜39 0565 762 017
網站｜sassicaia.com
備註｜參觀前要先預約，參觀前必須和世界各地的經銷商預約

推薦酒款

Recommendation Wine

薩西開亞

Sassicaia 1988

ABOUT

分數： WS 97、WA 90
適飲期：2002～2028
台灣市場價： 15,000元
品種：85%卡本內蘇維翁（Cabernet Sauvignon）和
15%卡本內弗朗（Cabernet Franc）
橡木桶：法國橡木桶
桶陳：24個月
瓶陳：6個月
年產量： 180,000瓶

品酒筆記

酒色呈深紅寶石色，具有黑醋栗，薄荷和香草的味道，飽滿，黑醋栗、覆盆子、桑葚、松露、烤麵包香和與眾不同的香料，芬芳濃郁，高貴典雅，豐富而有層次，和諧典雅，登峰造極!雖然這不是最極致的薩西開亞1985年，但已經超越任何世界上的好酒。堅若磐石的力道，令人難以置信的尾韻，醇厚而性感的果實，濃郁而飽滿的單寧，讓許多人會想起拉圖酒莊，不愧為托斯卡納酒王。

建議搭配

湖南臘肉、蔥爆牛肉、烤羊排、煎松阪豬。

★ 推薦菜單　紅燒豬尾

紅燒豬尾在處理上必須先洗淨，然後在下去川燙去羶，撈起再加一些酌料紅燒。最重要是加米酒和好的醬油，以小火慢慢的熬煮，要煮到入味。義大利托斯卡納酒王來搭配這道老式經典菜，真是令人刮目相看。因為薩西開亞的雄厚香醇，強烈的黑色紅色水果，可以淡化豬尾的油膩感。紅酒中的單寧正好可以柔化偏鹹的口感，豬尾肉的軟中帶Q遇到酒王應該是是一種美麗的邂逅，我們不禁為這迷人的紅酒陶醉，而且能享受到新醉紅樓大廚為我們特別招待的經典老菜喝采！

新醉紅樓餐廳
地址｜ 台北市天水路14號2樓

Tua Rita
圖麗塔酒莊

圖麗塔酒莊是由麗塔圖（Rita Tua）與維吉里里歐·比斯提（Virglilio Bisti）在1984年成立，座落在里維諾（Livorno）行政區中的諾里（Notri）村。這裡是阿塔·馬瑞馬（Alta Maremma），依傍著山吉維斯（Sangiovese）的種植區，是最適合種植像是卡本內蘇維翁（Cabernet Sauvignon），卡本內弗朗（Cabernet Franc），美洛（Merlot），希哈（Syrah），夏多內（Chardonnay），麗絲玲（Reisling）和塔明納（Traminer）等等國際葡萄品種的區域之一。隨著1994年第一次少量小桶釀造的100%美洛（Merlot）雷迪加菲（Redigaffi）釋出到市場，圖麗塔酒莊就獲得了巨星般的地位，2000年的年份更成為了有史以來第一支被帕克（Robert Parker）評價100分的義大利葡萄酒。因為麗塔跟維吉里里歐堅定不移的嚴謹態度，而讓圖麗塔酒莊陳述出如此特別的故事，但很不幸的，維吉里里歐在2010年辭世，有著永不妥協的企圖心，麗塔並沒有因此懈怠，繼續與釀酒師以及女兒希美娜（Simena）共同努力。

圖麗塔酒莊聘請了義大利一些最好的釀酒諮詢師：里卡多科塔瑞拉（Riccardo Cotarella）、盧卡達托馬（Luca d'Attoma）和斯特凡諾奇奧希歐里（Stefano Chioccioli）。其釀酒所用的原料都是成熟度佳的葡萄，在發酵過程完成後，會在酒桶中陳年16到18個月，裝瓶前不進行過濾。酒莊目前主要酒款包括：

A．酒莊外觀。B．酒窖充滿藝術氣息。C．Rita Tua。D．Rita Tua全家福。

圖麗塔酒莊雷迪加菲葡萄酒（Redigaffi），採用100%的美洛釀製而成，這支100% Merlot的名字是來自流經此莊園旁的河流名。雷迪加菲是此酒莊的旗艦款葡萄酒並在達到膜拜酒的世界地位。2000年的雷迪加菲（Redigaffi）是帕克（Robert Parker）第一支打100分滿分的義大利酒，並且常常成為各大拍賣平台像是佳士得和蘇富比的拍賣項目，並且是少數列入倫敦國際葡萄酒交易所的義大利酒之一。雷迪加菲廣為國際認同，與波爾多的柏圖斯（Chateau Petrus）與托斯卡尼的馬塞多（Masseto Dell' Ornellaia）並列為世界前三大100% 美洛（Merlot），不可錯過的收藏酒款。18～20個月的時間在法國小橡木新桶中陳年，在夏天裝瓶之後會在瓶中陳年數個月的時間才能釋出市場。年產量僅僅10,000瓶。從1994～2011年WA的分數都在90～100分，除了2000年帕克打了100滿分外，1999也獲得了帕克的99高分，

2006年份和2010年份也都獲得了97高分。在《美國酒觀察家雜誌》分數也非常亮麗，1997的100滿分，2004年份和2007年份也同時被評為98高分，2001和2006也都被評為97高分。這款酒今天已不是曇花一見的酒款，而是年年都非常穩定，並且堪稱義大利重要的指標性酒款之一。台灣市價約10,000元台幣以上一瓶。

圖麗塔酒莊 諾特利聖人葡萄酒（Giusto di Nortri），不僅僅獻給 托斯卡尼蘇維雷托（Suvereto）鎮的保護聖人，更是獻給圖麗塔（Tua Rita）第一個葡萄園也是此酒來自的葡萄園諾特利（Notri）。諾特利聖人是經典的波爾多混釀，混合了美洛（Merlot）、卡本內蘇維翁（Cabernet Sauvignon）和卡本內弗朗（Cabernet Franc）三個葡萄品種，是圖麗塔酒莊（Tua Rita）的特色酒款。2012年正逢此酒20週年，酒莊特別為此酒設計一款酒標以紀念這支好酒。年產量僅僅28,000瓶。從1994～2011年WA的分數都在90-97分，2001獲得了的97高分，1999和2006年份也都獲得了96高分。2007年份也被美國酒觀察家雜誌評為95高分。台灣市價約3,000元台幣一瓶，也算是性價比較高的一款酒。

圖麗塔酒莊永恆希哈，100%希哈（Syrah）釀製。Per Sempre在義大利文是永恆的意思，所代表的是圖麗塔酒莊對這片醞釀出美妙葡萄的土地永恆的承諾。與大自然的節奏達到獨特的平衡。這支希哈成功的展現出Suvereto村地理環境的完整潛力。成為義大利甚至是全世界希哈最成功的表現之一。將眼睛閉起來，從杯中深吸一口就如同置身在地中海的森林中，草本植物、林木以及辛香料的氣味陣陣飄來，相當迷人。在義大利能夠成功的釀出高等的希哈的確少見。此酒20～22個月的時間在法國小橡木新桶中陳年，年產量僅僅3,000瓶，真的是一瓶難求啊！從2006年份、2008年份和2011年份都獲得了《WA》的97高分。2005年份也被美國酒觀察家雜誌評為97高分，台灣市價約7,500元台幣一瓶。

圖麗塔酒莊在義大利的托斯卡尼（Tuscany）只有區區的二十年，能做出這樣的好成績，在WA和WS世界兩大葡萄酒媒體都得到100滿分，實在是難上加難，能同時獲得兩大酒評的一致讚賞和滿分評價的年輕酒莊並不多，尤其圖麗塔酒莊三種不同品種不同風格的酒款都可以釀的如此精采，也是世界上少見，可謂是一門三傑，在整個義大利托斯卡尼找不到第二家，相信在未來圖麗塔酒莊還會再出現更多個100滿分的酒。

DaTa

地址｜Località Notri, 81, 57028 Suvereto Livorno, Italy
電話｜（39）056 5829237
傳真｜（39）056 5827891
網站｜http://www.tuarita.it/en
備註｜限個人參觀，必須先預約

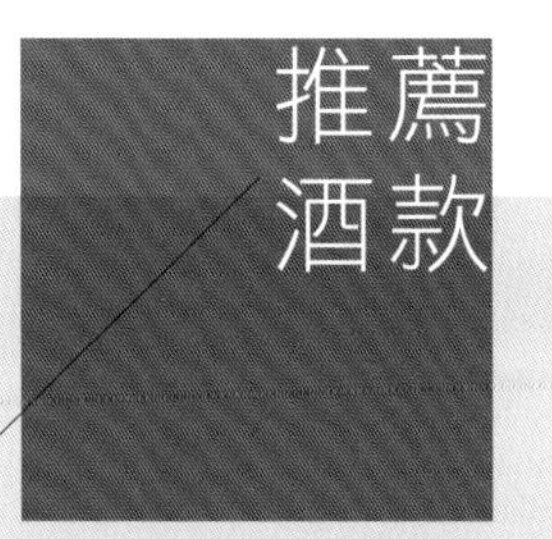

Recommendation Wine

圖麗塔雷迪加菲

Tua Rita Redigaffi 2000

ABOUT
分數：RP 100
適飲期：2014～2042
台灣市場價：15,000元
品種：100%美洛（Merlot）
橡木桶：法國小橡木桶
桶陳：18到20個月
瓶陳：6個月
年產量：3,960瓶

品酒筆記

這款酒的酒色呈湛藍近黑的顏色，是一款十分奇妙無比的葡萄酒。藍黑色果實的香氣從杯中散發，吸引人的義大利烘焙咖啡、草莓乾的香味、紫羅蘭和烤土司，帶有一絲黑橄欖以及薄荷、巧克力粉的香濃，絲綢般的單寧已無可挑剔。層層堆疊的核果仁、椰奶香、藍莓果醬，完全在這支2000年的美洛中綻放。這樣驚人的複雜度以及深度讓人懷疑是不是美洛？而富有個性的美妙果實滋味，美麗的花朵香氣，多層次的各種香料，給了這款美洛（Merlot）葡萄酒最極致的表現，實在是完美無缺，極品中的極品。

建議搭配

燉羊肉、廣式叉燒、煎松阪豬肉、北京烤鴨。

★ 推薦菜單　鎮江肴蹄

肴蹄是鎮江人早點必點的開胃菜，也是臺灣多數江浙菜館所備的前菜，香、酥、鮮、嫩為其特色，肥肉不膩瘦肉不柴，是鎮江菜的鎮店之寶。相傳三百多年前，鎮江一家飯店買了四隻豬蹄，準備幾天後再煮食，又怕天氣潮濕肉易變質，打算先以鹽醃製，妻子卻誤將做鞭炮的硝當成鹽加入。為除去硝的味道，就以清水浸泡洗淨，並用花椒、桂皮、茴香等調味燉煮，沒想到蹄膀散發陣陣誘人香氣，味道意外的好吃，此後，酒店便以此方式製硝肉，並改名為肴肉。從此名滿天下。今日我們以這道經典的鎮江菜來搭配義大利最好的美洛，豬蹄肉質很嫩很有膠質，越嚼越香。如果想要把肉變得多汁，紅酒中的草莓乾和藍莓果醬可以超乎想像的融入，肴蹄的皮反而能帶出酒的甜感和馥郁果香，甜美多汁，討人喜歡，甚至還帶出豐潤的奶油質感和椰仁果香。如果喜歡優雅風格，花香與杉木香可以帶您進入森林中，欣賞一路的美景。

祥福樓餐廳
地址｜台北市南京東路四段50號二樓

Ata Rangi
阿塔蘭吉酒莊

漫畫《神之雫》第四集稱紐西蘭的（Romanee-Conti）「Ata Rangi阿塔蘭吉」對全世界的葡萄酒愛好者來說，紐西蘭的黑皮諾（Pinot Noir）紅酒是一個新的矚目焦點，而阿塔蘭吉（Ata Rangi）酒莊則可說是紐西蘭首屈一指的黑皮諾生產者。克利夫．佩頓（Clive Paton）是阿塔蘭吉的莊主，也是紐西蘭黑皮諾的先鋒，他釀的黑皮諾紅酒是紐西蘭的老牌經典。克利夫原本在馬丁伯堡（Martinborough）經營牧場，因為受到鄰近的酒莊的啟發，1980年開始在新西蘭懷拉拉帕（Wairarapa）試著種植了黑皮諾葡萄。

阿塔蘭吉的意思為「破曉的天空dawn sky」或「新的開始new beginning」。隨著阿塔蘭吉的黑皮諾受到世人的高度評價，吸引了許多頂尖釀酒人來這裡加入釀造高品質黑皮諾的行列，將馬丁伯堡塑造成一個因為黑皮諾紅酒聞名的世界級

Ata Rangi Syrah葡萄園的豐收景象。

產地。如今阿塔蘭吉已成為紐西蘭葡萄酒的超級巨星，其黑皮諾紅酒甚至進貢給英國女皇，其品質和聲譽之卓越可見一斑。本酒莊更在紐西蘭2010年的黑皮諾大會（the Pinot Noir conference）中獲選為紐西蘭兩家最卓越的黑皮諾的酒莊之一（Kiwi Grand Cru）！

克利夫．佩頓是懷拉拉帕葡萄酒業的先行者之一，懷著對優質紅酒的熱愛與執著， 他在懷拉拉帕主要種植的紅葡萄品種包括黑皮諾（Pinot Noir）、赤霞珠（Cabernet Sauvignon）、美洛（Merlot ）和希哈（Syrah）。如今，該酒莊通過購置和租賃的方式，將葡萄園從最初的5公頃擴展到目前的40公頃左右。這些葡萄園土壤的組成大致相同，淺淺的表土是泥沙混合土壤，底下是很深的沖積礫石，排水性非常好。克利夫．佩頓先生通過種植一些植物來防治害蟲以及使用堆肥和在園中種植野花來充實土壤養分，非常縝密地照料葡萄園。也正是藉由這些方法，他得以收穫品質最優良的葡萄。

酒莊現在年產各式葡萄酒12,000箱，其中的黑皮諾紅葡萄酒，發酵前會浸皮5至8天，發酵後，葡萄酒會被壓榨，然後， 酒液會在桶中完成蘋果酸-乳酸發酵，並在法國橡木桶中熟成12個月。目前酒莊生產以黑皮諾為主，阿塔蘭吉一直追求酒體豐滿，有著李子、櫻桃的芳香，單寧柔順，但口感複雜而濃郁的黑皮諾紅葡萄酒。帕克網站《WA》分數都在90分以上，最高分數是2011年份的93+高分。酒觀察家雜誌WS最高分是2010年的94高分。台灣市價大約2,500元。酒莊也另外生產一款紅酒阿塔蘭吉「轟動」系列（Ata Rangi Celebre），這款以希哈（Syrah）、卡本內（Cabernet Sauvignon）、美洛（Merlot）混釀的紅酒，還有以夏多內（Chardonnay）、灰皮諾（Pinot Gris）、麗絲玲（Riesling）、白蘇維翁（Sauvignon Blanc）等幾款白酒，分數也都在90分左右。台灣市價大約1,500元。

阿塔蘭吉酒莊的工作團隊，Chris、Ali、Clive、Phyll、Gerry、Helen、Pete。

DaTa

地址｜ATA RANGI VINEYARD 14 Puruatanga Road or PO Box 43 Martinborough, 5741 NEW ZEALAND
電話｜+ 64（0）6 306 9570
傳真｜+ 64（0）6 306 9523
網站｜http://www.atarangi.co.nz
備註｜參觀前須先預約

推薦酒款

Recommendation Wine

阿塔蘭吉黑皮諾

Ata Rangi Pinot Noir 2010

ABOUT
分數：WS 94 WA 92
適飲期：2013～2020
台灣市場價：3,000元
品種：100%黑皮諾（Pinot Noir）
橡木桶：法國新橡木桶
桶陳：12個月
瓶陳：2個月
年產量：36,000瓶

品酒筆記

2010年份的酒色是漂亮的寶石紅色；聞起來有櫻桃、小紅莓和些許莓果香，以及花香、森林、黑巧克力的香氣。口感有水果漿味、李子、紅莓、藍莓，肉桂與咖啡滲透其中，中上的酒體，均衡飽滿，單寧非常細緻，輕輕的抿一口，餘味綿密悠長，令人回味無窮。

建議搭配

北京烤鴨、燒鴨、煎松阪豬肉、南京板鴨。

★ 推薦菜單　鹽水鵝肉

這道鹽水鵝肉看起來晶瑩剔透，選用台灣最好的新屋鵝隻，肉質肥美，口感鮮甜，皮Q肉軟，嫩而不柴，又充滿咬勁。這樣的鹹水鵝肉是台灣人的記憶，台灣各地從小吃攤到大飯店都有這道菜，只是烹調的方式不一。紐西蘭黑皮諾聞名世界，地位僅次於法國勃根地。這款來自紐西蘭南島的黑皮諾堪稱當地的代表，帶著微微酸度的黑李、輕輕的紅莓、咖啡、淡淡的肉桂，口感均衡，飽滿細緻的單寧和鵝肉的鮮甜相映成趣，水果的甜味可以沖淡鵝皮的油膩感，整體搭配非常和諧，精確的展現出紅酒的圓潤與平衡。

中壢上好吃鵝肉亭
地址｜桃園縣中壢市豐北路42號

Dow's
道斯酒廠

1798年由葡萄牙商人創立於英國倫敦的波特酒品牌道斯（Dow's），同樣是葡萄牙最重要，最大的波特酒集團辛明頓（Symington）集團旗下的波特酒品牌之一，兩個世紀來, 被認為是斗羅河谷地上游地區最細膩的波特酒。1912年安卓・詹姆・辛明頓（Andrew Jame Symington）成為合夥人，到現在辛明頓家族已經成為道斯酒莊的經營者，從釀酒到裝瓶，辛明頓家族完全參與其中。辛明頓家族的釀酒師傳承數代持續釀製道斯波特酒，年輕時它的酒質濃郁且帶有類似紅酒般的澀味，經歷歲月淬煉後，它展現出超級罕見的絲綢般細緻度以及紫羅蘭礦物質香味；而且道斯波特酒最迷人獨特的地方，就在於它相較一般波特酒，帶有較不甜的尾韻！

道斯酒莊的葡萄園主要在斗羅河谷 （Douro Valley），共133公頃分為五個頂

A
B | C | D

A.從酒杯中看出去的斗羅河。B.貧脊的土壤。C.釀酒廠。D.酒窖。

的莊園。在帕克（Robert Parker）所作《帕克的購買指南Parker's Wine Buying Guide》有寫到"Rating Portugal's Producers of Port…Dow Five Star *****（Outstanding）"意思是葡萄牙波特酒的評分，道斯波特酒五顆星（傑出）。道斯酒莊除了入門級的露比波特（Ruby）、進階酒款陳年波特（Twany）、遲裝瓶陳年波特（LBV）等，最著名的就是年份波特酒（Vintage Port），歷年來得過無數大獎。世界酒壇對道斯從不吝給予肯定：不但2007年份獲得了《WS》100滿分，2011年份更榮獲2014年度的《葡萄酒觀察家WS》雜誌百大第1名，《WS》評為99高分。而兩個世紀前的1896年份則被《WS》評為98高分，1945年份和1994年份被WS評為97高分。同樣的兩個年份在《WA》也一起被評為97高分，這些評價已證明道斯在所有波特酒廠中，穩坐頂級波特酒的王者地位！

傳統用腳踩葡萄。

一般而言，年份波特年輕時酒質濃郁，且帶有類似紅酒般的澀味。經歷歲月淬鍊後，可展現出多層次的絲綢般質感，層層包裹著紫羅蘭與礦物香氣。好年份的波特陳年後，更有著多面向且寬廣的口感。值得一提的是，幾乎眾酒莊都宣告2011為年份波特，可見此年份之實力普獲肯定，市場如今已是全力追逐。

道斯年份波特酒初上市價格一向平易近人。像2007年份，上市第一批不到3,500元，但是隨著好評不斷，二手價格水漲船高，現貨已超過6,000元，但仍是逐年成長，從不回頭。2011年份酒莊仍是以相近價格釋出，能不能留住第一批，就看買家眼光。何況此酒現已有《WS》年終百大第1名加持！由於年份波特幾乎沒有什麼適飲年限，能擺多久就擺多久，所以價格永遠是愈來愈高，一批比一批貴，這種酒就是要先收，剩下的只能留給時間去處理。而一款道斯年份波特酒（Dow's Vintage Port），產量也不過是72,000瓶，而且也並非每年都生產，因此專家們認為，年份波特酒是價值被低估的族群。特別是高分的年份波特酒堪稱潛力股！

許多葡萄酒都宣稱擁有陳年潛力，對於年份波特酒來說，這更不是問題。絕大多數的時間，我們很少可以喝到「過了顛峰期」的年份波特，尤其名廠作品，更是需要經年累月的耐心。無論任何場合，年份波特是絕對不會被看輕的佳釀。它只會在正餐後的甜點與巧克力時間，留下賓客回味無窮的輕嘆。

DaTa

地址｜Rua Barão Forrester 86 4431-901 Vila Nova de Gaia
電話｜+351 223 776 300
網站｜http://dows-port.com/
備註｜可以預約參觀

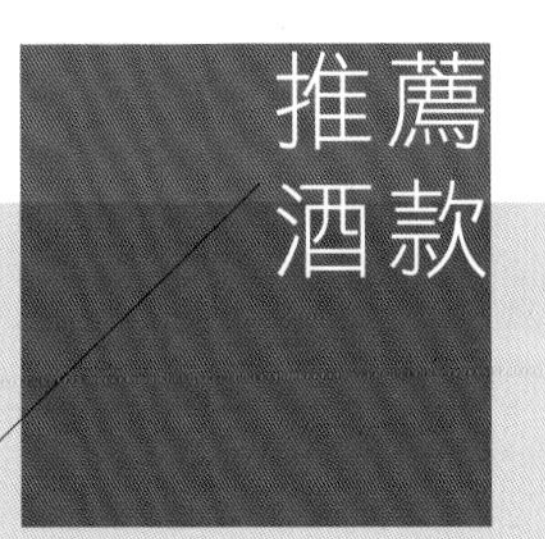

Recommendation Wine

道斯2011年份波特酒

Dow's Vintage Port 2011

ABOUT

分數：WS 99　WA 96～98
適飲期：2020-2070
台灣市場價：4,000元
品種：國產多瑞加（Touriga Nacional）、
弗蘭多瑞加（Touriga Franca）、羅茲（Tinta Roriz）、
卡奧（Tinto Cao）、巴羅卡（Tinta Barroca）
橡木桶：1年
年產量：72,000瓶

品酒筆記

年輕時酒質濃郁，且帶有類似紅酒般的澀味。經歷歲月淬鍊後，可展現出多層次的絲綢般質感，層層包裹著紫羅蘭與礦物香氣。以花香為主的型態，新鮮而淨潔，黑色水果主導的香氣中，富礦物感而不甜，口感寬廣，但酒體目前仍非常緊緻，尾韻緊縮而綿長，帶薄荷感。它那不甜的尾韻迷人而獨特，有別於其它知名波特酒款。

建議搭配

黑巧克力、杏仁紅豆糕、黃金流沙包、鳳梨酥。

★ 推薦菜單　客家小菜包

這道點心是內灣戲院客家餐廳的招牌點心，外皮軟嫩帶著清甜的艾草味，內餡包著菜脯炒素菜，獨特的風味吸引著來自各地的饕客。在Q彈艾草的甜甜外皮包覆下，香氣撲鼻，內餡的鹹鹹菜脯香，嚐起來有媽媽的味道。這瓶剛出爐的百大冠軍酒非常年輕，甜美的黑色水果味，微微的薄荷和淡淡的黑巧克力味，可以提升這道傳統客家點心的層次變化，讓人每嚐一口就好像進入一個新的旅程，充滿期待，如此巧妙神奇，出乎意料之外。

內灣戲院客家料理
地址｜新竹縣橫山鄉內灣村中正路227號

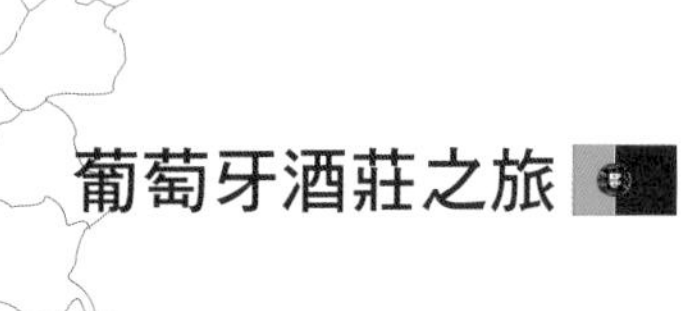

W. & J. Graham's
葛拉漢酒廠

葛拉漢酒廠於1820年由蘇格蘭籍的威廉及約翰葛拉漢兄弟（William and John Graham） 在葡萄牙西北部之奧波多（Oporto）創立，今日被公認為全世界最佳的波特酒廠之一！在1890年，葛拉漢收購了馬威杜斯莊園（Quinta dos Malvedos），葛拉漢是首批投資購買葡萄園的波特酒公司之一，這座朝南的莊園靠近杜雅（Tua）村，是斗羅境內位置最佳的園地之一，擁有非常特別的小區氣候，生產出口感強勁且豐富的酒，現已成為所有葛拉漢波特酒最重要的產地代表，莊園的房子迄今仍屹立於山脊上，俯視山底下的斗羅河之綺麗風光。在1900年代初期葛拉漢便已晉升為最頂尖的酒廠之一，至於傳奇性的1948年，更讓葛拉漢成為葡萄牙最著名的波特酒廠。1970年葛拉漢酒廠被辛明頓（Symington）家族所收購，今日葛拉漢酒廠是百分之百由辛明頓（Symington）家族所擁有，該家族具有四個世代的生產波特酒專業經驗。葛拉漢波特酒主要來自於四個位於斗羅河谷上游精華區的葡萄莊園，其中馬威杜斯莊園（Quinta dos Malvedos）、拉吉斯莊園（Quinta das Lages）屬於葛拉漢所擁有，維哈莊園（Quinta da Vila Velha）與瑪哈達斯莊園（Quinta de Vale de Malhadas）則是為辛明頓家族所擁有，除此之外，葛拉漢也會向其他優秀產區的葡萄園購入品質優異的葡萄釀酒！

A
B | C | D

A . 酒窖收藏不同年份的波特。B . 葡萄園。C . 商店。D . 酒莊餐廳桌上放著葡萄園的土壤。

羅伯帕克（Rober Parker）著名酒評家說：「葛拉漢是二次世界大戰後，最佳波特酒中酒質最穩定的品牌。」雖然辛明頓家族在波特酒尚有其它品牌，但葛拉漢是其主力品項毫無疑義。畢竟葛拉漢在2003年獲帕克評為「五星級酒廠」，在2007年又獲（WINE ENTHUSIAST）頒發「年度風雲酒廠」。在保羅・辛明頓（Paul Symington）的魔杖揮舞下，位列酒款尖端的年份波特酒，經常是名家收藏的對象。葛拉漢莊主保羅・辛明頓（Paul Symington）是2012年品醇客（Decanter）年度風雲人物，也是首位來自葡萄牙（斗羅地區）的獲獎人。這是極難獲得的葡萄酒從業人員榮譽，畢竟辛明頓對波特酒的貢獻，少有人能與之相比。保羅得獎時說：「我相當感謝父親及叔伯們所做出的深遠貢獻；1940及50年代，當所有人都不對斗羅地區的未來抱有任何期望時，只有他們相信波特酒與斗

辛明頓家族。

羅地區會有發光閃耀的一天。」此外，擁有四個世代波特酒生產經驗的辛明頓家族，也是酒界極尊崇的PFV（第一葡萄酒家族）成員。Primum Familiae Vini （PFV）是1992年才成立的組織，由對世界葡萄酒有極高貢獻的家族組成（家族須能完全掌握酒莊股權，能生產世界級的優質葡萄酒，每區域僅有一名代表）。家族成員包括Marchesi Antinori、Joseph Drouhin、Hugel & Fils、Perrin & Fils、Tenuta San Guido、Chateau Mouton Rothschild、Egon Muller-Scharzhof、Champagne Pol Roger、Symington Family Estates、Torres、Vega Sicilia，全是酒界巨人。

眾所皆知，年份波特酒的宣告是酒廠極為慎重的決定，每10年約有3至4年被認定為年份波特。近年來，葛拉漢所宣告的年份是91／94／97；00／03／07，最新的年份則是2011。而位在斗羅河谷上游的馬威杜斯莊園（Quinta dos Malvedos）是年份波特的主要骨幹，此園直屬葛拉漢，並非辛明頓家族成員私有，可見葛拉漢對此園是相當珍惜，品質自不在話下。在非年份波特酒宣告的年份，此園酒款會以年份單一莊園的形式裝瓶，也就是所謂「單一莊園年份波特」，這種酒款往往有著極高的性價比，也常在許多大獎賽中脫穎而出。葛拉漢年份波特的分數都不錯，在帕克的網站上的分數：1963年份96分、1985年份96分、1994年份96分、2007年份98分、2011年份95～97分。《葡萄酒觀察家WS》雜誌的分數：1985年份96分、2007年份96分、2011年份96分、1963年份97分、2000年份98分。年份波特在台灣上市價約為台幣4,000元能買到。

2013年的夏天我受邀前往波特港的葛拉漢酒廠參觀，我們一行人受到酒廠的熱烈招待，參觀了葛拉漢博物館、酒窖、品酒、還有在商店購買限量酒，最後來到新落成的餐廳用餐，聽說開幕的時候是西班牙國王來剪綵的，餐廳在一個半山腰下，景色非常怡人，可以俯瞰整個城市，值得一遊。波特酒通常在飯後搭配巧克力或深色甜點，本人建議可嘗試在端午佳節搭配常見的豆沙粽或者其他甜粽，必然成為台灣特有的新式搭配風格。

DaTa

地址｜Graham's Porto, Vila Nova de Gaia, Portugal
電話｜+351 223 776 484 / 485
網站｜http://www.grahams-port.com
備註｜開放參觀，每天上午9：30～下午5：30

推薦酒款

Recommendation Wine

1952單一木桶陳年波特酒 英國女王登基60週年紀念經典

Graham's 1952 Diamond Jubilee Port

ABOUT

分數：Jacky Huang 96
適飲期：現在～2030
台灣市場價：30,000元
品種：國產多瑞加（Touriga Nacional）、
弗蘭多瑞加（Touriga Franca）、羅茲（Tinta Roriz）、
卡奧（Tinto Cao）、巴羅卡（Tinta Barroca）
橡木桶：60年
年產量： 1,000瓶

品酒筆記

為慶祝英國女王伊莉莎白二世登基60周年，葛拉漢酒廠特別推出這極為珍貴的限量酒款，1952單一木桶陳年波特酒。多年來辛明頓家族小心翼翼的守護著它，不斷品試觀察，確保其發展成熟良好，經過60年的漫長陳釀，以最出色的品質向英國女王致敬。醒目的紅褐色酒體，邊緣帶著琥珀色的光芒，極為濃郁的香氣，在腦海中勾起書香、秋天篝火與詩意繚繞的情境。入口感覺到酒體的深度與份量感，深刻有勁，複雜而有層次感，每一分細緻的風味都在經過時光隧道長長的旅行後，完整的呈現在面前。蜜糖、杏桃、無花果、丁香的氣息在口中舞動，結構優雅和諧，高貴深邃。橘子的新鮮香氣與圓潤單寧襯托出和諧的酒體架構與綿長後韻，讓人不禁沉陷於鄉愁之中，也為其高貴的身價讚嘆。

建議搭配

烤布丁、黑巧克力、紅豆糕、甜粽。

★ 推薦菜單　繽紛點心

這道點心五彩繽紛，盤中擺放四種不同的甜點；綠豆糕、紅豆糕、花生小湯園和奶油酥。每一種都非常的清爽，也不會太甜，這款60年以上的老波特喝起來優雅，也不至於太濃郁，正好和這幾種台灣道地的點心很搭，酒中的蜜餞和輕微的黑咖啡，有如一位貴婦在下午茶時喝上一杯卡布奇諾配著簡單的甜點般悠哉。有鹹香有酸甜，輕輕舉起一杯香醇的咖啡，凝視著遠方，彷彿勾起無限的回憶。這款慶祝女王的老波特經過60年歲月的洗鍊，細膩嫻淑，風韻猶存！

儷宴會館
地址｜台北市林森北路413號

Quinta do Noval
諾瓦酒莊

諾瓦酒莊（Quinta do Noval）是葡萄牙出產波特酒最古老最好的的頂級酒莊，其葡萄採摘自單一葡萄園而令其更顯得卓越不群。酒莊以釀造出葡萄牙最佳的波特酒（Quinta do Noval Naciona），產自國產圖瑞加（Touriga Nacional）老藤單一葡萄園的混釀葡萄酒而聞名。同樣，酒莊亦出產葡萄牙高品質的紅葡萄酒，在斗羅河地區出產的表現出無可比擬的深度和集中度，以及豐沛果味與辛香料的特質。"Douro"在葡萄牙語裡面是黃金、金色的意思，斗羅河也被叫做黃金河谷，諾瓦酒莊座落在斗羅河區域的最中心的平哈歐村，酒莊現在有大約247英畝的葡萄園。

諾瓦酒莊於1715年創建，最初由瑞貝羅・瓦連特（Rebello Valente）家族擁有並經營超過百年，19世紀初由於聯姻而傳給威斯康・維拉・達連（Viscount Vilar D'Allen）。1894出售給葡萄牙著名商人安東尼歐・喬瑟・希瓦（Antonio Jose da Silva），後來由女婿路易士・瓦斯孔斯洛斯・波特（Luiz Vasconcelos Porto）經營管理酒莊將近30年。其中1931年份是標誌性的，由於當時世界經濟不景氣，波特酒的訂單嚴重下降，在這一年僅有3個酒商還在繼續進行業務，諾瓦酒莊是當時唯一在英美市場連續不斷出口的葡萄牙生產商。酒莊的聲譽也是由1931年份酒的出產，這款酒可以被看做是20世紀最美好的波特酒，葡萄酒觀察家《WS》評為100滿分，英國《品醇客Decanter》雜誌選為此生必喝的100款酒之一。諾瓦爾酒莊在20年代第

A｜B C D

A . 美麗的斗羅河出口波特酒。B . 夜間的鬥羅河岸是戀人們約會的好去處。C . 波特港。D . 作者在波特港留影。

一次使用印刷圖文的酒瓶，而且在波特酒酒標上標明10年、20年和40年以上，如同威士忌那樣標明酒的陳年時間。在1958年，它又成為第一個製造遲裝瓶年份(LBV)波特酒的酒莊，裝的是1954年份諾瓦爾酒莊LBV波特酒。

諾瓦酒莊1981年發生了一場大火，這場大火不但吞噬了酒廠的裝瓶設備，還燒毀了許多年份波特酒，以及兩個多世紀以來最有價值的酒莊記錄。1982由路易士的曾孫克利斯蒂安諾·文·澤樂(Cristiano Van Zeller)和圖麗莎(Teresa Van Zeller)接管酒莊，諾瓦酒莊開始重新建造更大的廠房和新設備。葡萄牙政府於1986年更改了法律，允許波特酒直接從斗羅河谷出口到海外，諾瓦酒莊是第一個受惠的主要酒莊。1993年5月，路易士家族把公司賣給了法國梅斯集團(AXA)，該集團是世界上最大的保險集團之一。梅斯集團在法國已經擁有兩個波爾多級數酒莊；碧尚女爵酒莊、康田布朗酒莊和位於匈牙利托凱產區的豚岩酒莊(在本書匈牙利篇)。

諾瓦酒莊生產各種不同種類的波特酒，其中最好的兩款酒是諾瓦酒莊年份波特酒和諾瓦酒莊國家園年份波特酒。最珍貴的當屬國家園，它的不尋常之處是，有一個種滿非嫁接葡萄樹的小塊葡萄園，占地面積只有2公頃。諾瓦酒莊國家園年份波特酒就是釀自於這裡，這款獨特的年份波特酒有著出色的品質和壽命，但由於這塊葡萄園的產量極小，而且酒莊極其珍視這塊葡萄園超高品質的名聲，只在很少的年份才有出產，年產量僅僅2,000瓶。另一款是諾瓦酒莊年份波特酒，每年的品質也都超越其他波特酒莊，產量也相當的少，年產量只有10,000～20,000瓶。《WA》的分數雖然沒有國家園來的好，但是優異的1997年份同樣獲得了100滿分的喝采。2000年份、2004年份和2011年份也都獲得了96高分。世紀年份的1931年獲得了WS接近滿分的99高分，1934年份獲98高分，1997年份和2011年份獲得了97分，2000年份和2003年份也獲得了96分的成績，表現優異。在台灣的出價大約是30,000元起跳，1997年份的100滿分可能要80,000元才能買到一瓶。

有關1931諾瓦酒莊年份波特酒（Quinta do Noval 1931）這個被稱為兩世紀以來最好的年份，其中有一個故事是這樣的，Luíz Vasconcelos Port是諾瓦酒莊的老闆，為慶祝酒莊的倫敦代理商羅斯福（Rutherford Osborne & Perkins）的兒子大衛出生，他打算送一桶年份波特酒聊表心意。偏偏1930是非常糟糕的年份，所以Vasconcelos Porto想1931可能會比較適合，所以1933年就將一個Octave桶從波特市送至英國代理商的酒窖去裝瓶，這即是傳奇的1931年佳釀。這些裝瓶的酒就這樣安穩地放在羅斯福家族的酒窖中，靜靜等待80年的歲月，在大衛80歲生日才被打開來！

也許有人會問，為什麼像1931年這麼棒的年份竟然沒有被公開、也沒上市？大約有兩個原因：全球經濟大蕭條，所有酒商都囤積過量的1927年而滯銷、諷刺的是1927年份是破天荒有33家波特酒莊共同宣佈的超級好年份。很少有酒莊釀造1931年份。1927年後，許多酒莊釀的應該是堪稱優良的1934年，之後是1935、1942、1943、1945到1950以後的好年份，但是都無法超越1931年。 2013年的夏天我在葡萄牙的一家大型百貨超市看到了1927和1931諾瓦酒莊國家園年份波特酒，兩瓶價格都超過3,000歐元，雖然心動過，但終究還是沒下手，如今難免有點遺憾！

DaTa

地址｜Av. Diogo Leite, 2564400 - 111 Vila Nova De GaiaPT
電話｜351 223 770 270
傳真｜351 223 750 365
網站｜http://www.quintadonoval.com
備註｜必須預約參觀

諾瓦酒莊年份波特酒

Quinta do Noval Vintage Port 1997

ABOUT

分數：RP 100、WS 97
適飲期：現在～2060
台灣市場價：80,000元
品種：國產多瑞加（Touriga Nacional）、
弗蘭多瑞加（Touriga Franca）、羅茲（Tinta Roriz）、
卡奧（Tinto Cao）、巴羅卡（Tinta Barroca）
橡木桶：3年
年產量：10,800瓶

品酒筆記

諾瓦酒莊1997年份波特酒是一款最好的波特酒之一，酒色呈深黑紫色，帶有波特酒中常有的蜜餞、濃咖啡、黑莓、甘草、仙楂、百合花瓣的氣息，相當集中而出色的香氣，層次是多變的，廣度和深度非常的豐富。1997這個傳奇年份帶來了燦爛而明亮的芳香，強勁而紮實，經過將近二十年的考驗，仍然年輕有活力；帶著醃漬蜜果味、甘草、黑巧克力、菸絲與黑漿果的強烈口感；緊緻甜美，單寧和酸度也很適中，風韻絕佳。諾瓦酒莊的產量一般都是接近30,000瓶，但是1997年卻只釀制了12,000瓶，非常不好買到，尤其帕克評為100滿分以後，更是一瓶難求啊！現在已經可以打開來喝了，或許等到了10年以後喝，風味更佳。遇到絕佳年份和好酒廠的波特酒，只有少數的波特愛好者有足夠耐心和金錢，能體驗到波特長時間陳年後美麗的轉變。

建議搭配

烤布丁、黑巧克力、紅豆糕、甜粽。

★ 推薦菜單　桂花烏梅糕

稍稍炭烤過的香濃烏梅汁與清新桂花茶的完美組合，不會有果凍類的無聊僵硬口感，看似一體的外觀入口後有著獨立卻不衝突的好滋味。這款傳說中的1997年份波特酒，配上這款創意的甜點，兩者有著共通點，烏梅與蜜餞的濃甜蜜意，立刻互相吸引。酒中的蜜餞和類似果凍的烏梅糕緊密的結合，令人無法拒絕。軟嫩Q彈的糕點中飄散著桂花香氣，波特酒中黑巧克力湧出陣陣的濃香，兩者互相較勁，誘惑迷人，讓人忍不住一杯再一杯！

古華花園飯店明皇樓中餐廳
地址｜桃園縣中壢市民權路398號

BODEGAS Alvear
艾維爾酒莊

艾維爾酒莊至今已有將近300年的歷史，是安達魯西亞省中最古老的釀酒廠，也是西班牙知名的老酒廠之一。在十六世紀早期，艾維爾家族移居至安達魯西亞省的可得巴（Córdoba），到了帝亞吉歐艾維爾（Diego de Alvear y Escalera）這一代，再度遷徙至蒙提拉（Montilla），在1729年成立了艾維爾酒莊（BODEGAS ALVEAR），開啟了艾維爾家族在葡萄酒歷史上的篇章。在十八世紀後期，帝亞吉歐與兒子聖地牙哥（Santiago）獲得了一紙將葡萄酒出口至英格蘭的合約，因而將酒莊的事業推向高峰。來自阿根廷的卡羅斯（Carlos Billanueva），跟隨著帝亞吉歐來到西班牙，成為帝亞吉歐的得力助手，擔任酒窖總管。卡羅斯會在裝有最好品質的葡萄酒的橡木桶上以自己名字的縮寫（C.B.）做為記號，造就了艾維爾酒莊已有百年酒齡的旗艦級酒款「Fino C.B.」。

派德羅艾克西蒙內茲（Pedro Ximénez）是這片土地上的明星葡萄品種，也是艾維爾酒莊的葡萄酒和葡萄園的主角，使用此品種做為甜酒、Fino、Oloroso和Amontillado的特殊基酒。蒙提拉摩利雷斯（Montilla-Moriles）屬於地中海型氣候，夏季的高溫會促使葡萄快速成熟，採收在八月底至九月初時進行。初榨葡萄汁經由發酵後置於美國橡木桶中培養，酒汁的上層會生長出一層由天然酵母所形成的乳白色黴花（flor），這種陳年過程稱為「velo de flor」。艾維爾酒莊將5／6的橡木酒桶注

A | B | C | D

A. 擁有200年歷史的地窖，巨大的索雷拉Solera酒桶。B. 作者與女莊主Alvear Maria合照。C. 酒莊古老的壓汁機。D. 作者在酒窖內留影。

入酒汁，剩餘的空間則留給黴花生長。黴花可以避免酒汁氧化，賦予特殊的香氣與味道，並且會吸收酒中的甘油成分，讓菲諾（Fino）雪莉酒呈現細緻特干的口感。而隨著陳年時間的增加，黴花會漸漸的死去，成為深金色的Amontillado雪莉酒。而歐羅洛索（Oloroso）雪莉酒的釀造方式則相反，不允許黴花的產生，增加酒精強度至18%（黴花生長需15%的酒精度，過高則無法生長），並將酒桶注滿。

2013年夏天，我和華人最有名的葡萄酒作家陳新民教授帶團前往艾維爾酒莊訪問，參觀擁有200多年歷史的酒窖，這個酒莊總共可容納500萬公升的葡萄酒，分佈於不同的釀酒廠：La Sacristía和El Liceo存放最古老的葡萄酒；Las Mercedes存放菲諾（Fino ）C.B.； Las Higueras和Buganvillas存放（Pedro Ximénez）。艾維爾的第一個莊園（de la Casa），位於舊城鎮的中心，是一個十八世紀的舊式宅邸，被列為歷史及藝術資產遺蹟，裡面存放著具有兩百年酒齡的（Amontillado）雪莉酒。典型的派德羅艾克西蒙內茲雪莉酒，是將採收下來葡萄串鋪放於草蓆之上，經由陽光曝曬直到變成葡萄乾後再榨汁，所榨出的果汁非常的濃郁，糖分含量高，自然發酵即可達到15%的酒精濃度，味甜順口。

索雷拉系統（Criaderas y Soleras）用來陳年菲諾（Fino）的酒桶稱為「 botas」，容量約為500公升，使用美國橡木製作。酒桶成排往上堆疊至不同的高度，這成堆的酒桶被稱為「Cachones」；兩落酒桶間的通道稱為「Andana」；每一排的酒桶則為「Criadera」，而最接近地面的那一層稱為索雷拉「Solera」，在索雷拉上一層的酒桶稱為「First Criadera」，再往上一層則稱為「Second Criadera」，以此類推。同層的葡萄酒陳年的時間是一樣的，而索雷拉層是最老的葡萄酒，最頂層則為最年輕的葡萄酒。自索雷拉層提取1/3的陳年酒汁裝瓶，由上一層Criadera抽取1/3注入索雷拉，再抽取1/3的Fist Criadera注入Criadera，以此類推。最頂層空出的1/3則注入最新釀製的葡萄酒，如此混合不同年份的葡萄酒的作法，可以確保每一年所生產的酒質都具有相同的風味。

雪莉酒在台灣並非主流，但不減其本身魅力。它可以細緻的菲諾（Fino）與香味濃郁的歐羅洛索（Oloroso）分類，後者之中，包含有一種以派德羅艾克西蒙內茲（Pedro Ximénez）葡萄釀成的加烈甜酒，簡稱PX，濃黑而甜美，佐甜點或者單喝皆可，配咖啡也是一種有趣的喝法！製作PX酒款時，會在採收後加以日曬，從葡萄乾裡榨汁，酒色自然是黝黑集中濃厚。

2011阿拿大派德羅雪莉酒（Alvear Pedro Ximénez de Anada）獲得帕克（Robert Parker）的100滿分讚賞，台灣價格約3,000元台幣，真是物超所值，如果買的到應該買些來陳放，等到20年之後再開來品嚐，將是一種人間享受。1927的索雷拉派德羅雪莉酒（Alvear Solera 1927 Pedro Ximenez）則是PX酒款的主帥，熟度高，日曬後成為葡萄乾，再加烈酒中止發酵並保留甜味。艾維爾酒莊於1927年開始採用索雷拉系統釀造法，故酒款中標有1927。此酒呈深赤褐色，有著長年（早自1927年）所賦予的熟美氣息，酒體飽滿，以蜂蜜為主調的甜味中，帶有漂亮的餘韻。這款酒獲得帕克（Robert Parker）的96高分，台灣價格約2,500元台幣。而1910年份的同款酒獲得帕克（Robert Parker）的98高分，台灣價格約5,000元台幣。1830年份獲得帕克所創網站WA的97高分，台灣價格約7,000元台幣。

DaTa

地址｜C/. María Auxiliadora, 1 14550 Montilla, Córdoba
電話｜+34 957 650 100
傳真｜+34 957 650 135
網站｜http://www.alvear.es/index.php/en/
備註｜可以預約參觀

推薦酒款

Recommendation Wine

艾維爾索雷拉派德羅雪莉酒

Alvear Solera 1927 Pedro Ximenez

ABOUT

分數：WA 96 WS 92
適飲期：現在～2030
台灣市場價：2,000元
品種： Pedro Ximenez
橡木桶：舊橡木桶
桶陳：80年
瓶陳：1個月
產量：無法得知

品 酒 筆 記

難得1927老年份索雷拉雪莉酒，深赤褐色，強烈的熟成Solera香氣，與長時間陳年所賦予的烘烤橡木氣息。酒體飽滿，以蜂蜜為主調的甜味中帶有烤焦糖巧克力、蜜餞、葡萄乾和些許的香料味。餘味深長，酸度平衡，喝罷有如神仙般快活。

建 議 搭 配

適合於餐後享用，搭配飯後甜點、焦糖布丁或淋在冰淇淋、水果沙拉、水果派之上，或搭配藍紋乳酪。與中式川菜酸辣和泰式料理也很搭。

★ 推 薦 菜 單　桂花紅豆捲

這道上海點心是香港好朋友Ellen帶我到香港最好的上海菜餐廳所品嚐的飯後點心，由餐廳老闆娘親自請廚房現做招待的。桂花紅豆捲的桂花飄香，涓細悠長，芬芳高雅，粉皮中的紅豆更是細膩綿密，吃得出來是用上等的紅豆泥所製作，這道小點精緻好吃不脫俗，用來配老年份雪莉酒，恰逢其時。雪莉酒的蜂蜜和蜜餞的酸甜和桂花紅豆捲一起不搶戲，無論誰主誰客，一樣的精采。老雪莉酒冰鎮後口感微酸帶甜，適合各種甜點的搭配。

香港留園雅敘餐廳
地址｜ 香港灣仔駱克道54-62號博匯大廈3樓

Remirez de Ganuza 甘露莎酒莊

費南多（Fernando Remírez de Ganuza）先生於1989年創立甘露莎酒莊（Remírez de Ganuza）。甘露莎酒莊是一個家族酒莊，位於西班牙里奧哈（La Rioja）阿拉維莎（Alavesa）的中心地區薩瑪內哥（Samaniego）村鎮上，薩瑪內哥有一座建於14世紀的古老教堂城堡，而甘露莎就位於旁邊。甘露莎酒莊擁有67公頃平均藤齡超過60年的葡萄園，其中超過90%葡萄品種為田帕尼羅（Tempranillo），這裡也是西班牙葡萄酒產區的大本營。

費南多先生最早從事買賣老葡萄園的工作，近20年的買賣中，在種植葡萄和釀造酒方面累積了豐富的經驗，因為對葡萄酒的熱情，他下定決心投入酒莊的經營和生產。自古以來，所有里奧哈地區的釀酒者通常都將注意力集中在葡萄酒釀造的過程上，卻對葡萄樹種植之類的「農活」交給農民去操心，再來就是取決於天氣情況。而費南多的決定改變了里奧哈的釀酒者們從古至今扮演的角色，他只有一個夢想：用里奧哈最好的葡萄，親手釀造出來自西班牙最好的酒！2010年，傑斯·羅蒙·烏塔桑（José Ramón Urtasun） 加入了費南多的團隊，甘露莎酒莊更是展開了全新的一頁。

甘露莎酒莊目前生產七款酒：甘露莎白酒、甘露莎紅酒、仙女園、半玄月、

A
B | C | D

A．葡萄園全景。B．酒莊內游泳池。C．酒窖。D．莊主費南多。

瑪利亞、甘露莎珍藏級、甘露莎特級珍藏。其中以最好的甘露莎特級珍藏掛帥，2004年份得到帕克網站《WA》的100滿分，2005和2006年份也都得到94高分，2004年份得到100分以後，洛陽紙貴一瓶難求。年產量僅7,000瓶而已。這個級數的酒在台北市價約台幣8,000元一瓶。甘露莎珍藏級也一直有不錯的成績，從1994年到2008年為止，分數大都是90分以上，最高分數是2001年份和2004年份都是97高分。產量也是只有5,000到7,000瓶之間，台北市價約台幣5,000元一瓶。

半玄月分數比珍藏級還高，從2001年到2008年為止，分數大都是92分以上，最高分數是2001年份和2004年份的98高分，年產量僅僅6,000瓶。台北市價約6,000元台幣一瓶。瑪利亞典藏這款酒精選上等橡木桶和優質葡萄。這些葡萄都來自附近的一座朝南山坡上的仙女園。為了釀製最好的紅酒，木桶都經過特殊的品質篩選。同時，發酵、陳釀都本著精益求精的原則。瑪利亞典藏酒的所有銷售所得都用來支持慈善事業，這款酒在甘露莎酒莊有如五大酒莊拉圖酒莊（Latour）中的小拉圖（Les Forts ）。年產量僅僅3,000瓶，台北市價約7,000元台幣一瓶。

如今，在美國所有高檔的餐廳都能夠找到甘露莎的酒，與此同時，甘露莎酒莊也獲得了西班牙最新膜拜酒之稱。著名歌手胡立歐（Julio Iglesias）、西班牙的NBA 巨星保羅·加索、日本足球明星中田英壽都是甘露莎酒莊的忠實粉絲，多家歐洲三星米其林餐廳也將甘露莎出品的美酒列入酒單。最令人驕傲的莫過於，西班牙皇室成員也是是甘露莎酒莊的愛好者。在2011年美國第一家庭拜訪西班牙行程中，西班牙國王和王后就用 2003 年份的甘露莎珍藏級作為款待第一家庭的國宴酒，使得甘露莎酒莊在歐洲各國和美國市場大為流行。費南多對完美近乎歇斯底里地追求，每到採收季節，他會更新和改善他親手設計的「篩選車」，這個設備保證了最終進入發酵桶被釀製成酒的葡萄的完美品質。根據費南多的經驗，好酒的釀造有三個重點：第一是老藤葡萄園且對葡萄嚴苛地篩選。第二是製造過程中的每個環節要保持無可挑剔地絕對乾淨。第三是用最好的橡木桶去儲存酒。只有傳統工藝和新技術組合在一起，才能夠釀造出世界上最好的酒。

2010年的夏天我親自拜訪甘露莎酒莊，這真是一個乾淨又美麗的酒莊，符合莊主費南多的個性。費南多親自帶領我們參觀酒莊、葡萄園、酒窖，最後到圖書室以影片介紹酒莊，費南多也請我們品嚐了五款酒，其中還包括一瓶旗艦酒款2001年的甘露莎特級珍藏（Fernando Remirez de Ganuza Gran Reserva）。因為酒好，我們一行人在酒莊買了很多酒準備帶回台灣再喝。過了兩年，欣聞誠品酒窖已經代理甘露莎酒莊，明都兄果然慧眼識英雄，從此，在台灣的酒友們就不需千里迢迢遠渡重洋去購買了。

DaTa

地址｜Rioja Alavesa C/Constitución, 1 - 01307 Samaniego（Álava）
電話｜945 60 90 22
傳真｜945 62 33 35
網站｜http://www.remirezdeganuza.com
備註｜每天上午的10：00到12：00，只接受預約參觀

推薦酒款

Recommendation Wine

甘露莎瑪利亞

Fernando Remirez de Ganuza Maria Remirez de Ganuza 2004

ABOUT

分數：WA 95
適飲期：2015～2035
台灣市場價：7,500元
品種：田帕尼羅（Tempranillo）
橡木桶：法國新橡木桶
桶陳：24個月
瓶陳：12個月
年產量：3,000瓶

品酒筆記

甘露莎瑪麗亞紅酒是莊主為紀念過世的女兒所釀製的一款限量酒，2004年的甘露莎瑪麗亞酒色呈暗紅色澤，表現出烘烤木頭、薰香鉛筆芯，礦物質、松露、黑櫻桃的香氣，隱約中能聞到香水味。豐富而集中的果味，單寧如絲絨般細緻，有層次感，又不失優雅，酒體結構完整，目前已展現出大酒的風範，窖藏10年以後更佳。

建議搭配

紅燒五花肉、北京烤鴨、梅干菜炒三層肉、煙燻鵝肉。

★ 推薦菜單　台灣黃牛肉炒空心菜

這道家常小炒，用的是最普遍的青菜和台灣溫體牛肉拌炒，青菜翠綠鮮嫩、牛肉細軟清甜，咬起來頗具口感。雖然是簡單的一道家常菜，由於食材的新鮮，而且是現炒現吃，讓每個人嚐起來倍感溫暖。2004年的甘露莎瑪麗亞限量酒款，我是第二次品嚐，深濃的寶石紅色，優雅細緻的單寧與空心菜的翠綠色相輝映，酒中的杉木薄荷強勁有力，剛中帶柔，可與牛肉的油脂軟嫩結合，添增更迷人的口感，安靜的細細品嚐，更能體會出父親對女兒的一份不捨。

牛老大涮牛肉
地址｜台北市承德路三段74-76號

Tiano Pesquera
佩斯奎拉酒莊

Robert Parker 讚譽斗羅河岸（Ribera del Duero）應是西班牙排名第二的知名產區。斗羅河岸法定產區位在卡斯提列．里昂（Castillay León）自治區內，屬斗羅河（Duero River）最上游的明星產區。多數的葡萄園位在河岸3公里以內距離，產區全長113公里，葡萄園海拔自700公尺爬升到1,000公尺，也因海拔高，春霜是本產區最大的天然危害。斗羅河岸夏季炎熱，有時氣溫可高達攝氏42度，夜間則因高海拔而涼爽宜人。極大的溫差，加上年降雨量僅約500公厘，造就此釀酒寶地。雖然適宜釀酒，羅馬人也早將釀酒技術與文化根植此地，然而，一直要到1864年西班牙國寶酒莊維加西西里亞（Vega Sicilia）建園，之後本區並未有酒質高超的酒莊隨之建立，100多年來僅維加西西里亞酒莊一支獨秀。1970年代，釀酒天才費南德茲（Alejandro Fernández）竄出，才使本區再度受到矚目。1986年美國著名酒評家帕克（Robert Parker）在嚐到費南德茲所釀酒款後，將之譽為「西班牙的Château Pétrus」，更使斗羅河岸聲名大噪，一躍成為國際知名的精英產區，而後才有平古斯（Pingus）等超級膜拜酒的紛紛崛起。有鑒於費南德茲對斗羅河岸產區的貢獻，卡斯提亞．萊昂葡萄酒學院曾頒予他「榮譽釀酒人」的殊榮。本莊僅以田帕尼羅品種釀酒，故也有人稱費南德茲為「田帕尼羅大師」。

A.莊主帶參觀者到葡萄園。B.莊主為賓客在酒瓶上簽名。C.+D.莊主招待賓客們飲酒，並親自為大家倒酒。

美國《葡萄酒觀察家Wine Spectator》評為世上八大尊貴美酒之一，法國《酒類指南Le Guide Hachette Vins》評為世上百大名酒之一。

佩斯奎拉酒莊在斗羅河谷產區擁有約60公頃的葡萄園，現任莊主就是在西班牙酒界享有「教父」之稱的亞歷山德羅．費南德茲。他於1932年出生，14歲起就在酒園裡工作。費南德茲深知西班牙斗羅產區的風土（terrior），所以他的釀酒哲學就是在於葡萄園，當我在2009年第一次見到這位年近八十的老先生，他這樣告訴我。他自己開車帶我們到葡萄園參觀，頂著攝氏四十度的大太陽，仍然精神奕奕地為我們解說田帕尼羅（Tempranill）這個西班牙代表品種的特色，我們這群年輕人不太能適應這麼毒辣的陽光，開始躲在樹蔭下，真是自嘆不如啊！費南德茲並且對採收日期有精確的把握，採收方式使用逐串採收，釀酒方式使用自然酵母發酵，年輕的葡萄會移到橡木桶進行蘋果酸自然發酵。佩斯奎拉（Pesquera）酒莊生產三款酒；第三級為珍藏（Crianza）在橡木桶陳年18個月，然後在瓶中陳年6個月才釋放到市場銷售。這一級的分數帕克網站WA都在88～96分之間，最高分數是1989年份的96高分，1994年份的95高分。台灣市價一瓶約台幣1,500元。第二級為陳釀（Reserva）在橡木桶陳年24個月，然後在瓶中陳年12個月才釋放到市場銷售。帕克網站WA都在90分以上，最高分數是1978年份和2004年份的94高分。台灣市價一瓶約台幣2,500元。 第一級為珍藏陳釀（Grand Reserva） 在橡木桶陳年30個月，然後在瓶中陳年30個月才釋放到市場銷售。帕克網站WA都在90分以上，最高分數是1994年份的92高分，1995年份評為91高分。由於產量只有30,000瓶，台灣也是一瓶難求，台灣市價一瓶新台幣約4,000元。酒莊得意作品為耶魯斯（Janus），羅馬神話中意為「兩面門神」，是自珍藏陳釀中選擇最好的年份釀出的，迄今只出產6個年份（1982年、1986年、1991年、1994年、1995年和2003年），年產量僅10,000瓶而已。最高分數是1994年份的97高分，1995年份的94高分。這款酒更是摸不著，如果有看到一定要收，收一瓶少一瓶。台灣市價約為10,000元台幣。作者本人只嚐過三個年份（1986、1995和2003）。

酒莊莊主以創新的釀造法，釀造這款最頂級的珍藏陳釀（Gran Reserva），他將一半的葡萄放在舊式的石槽中發酵；另一半則完全去梗後放在不鏽鋼槽中發酵，並放在舊的美國橡木桶中陳年，最後再將兩者調配為一，這創新的釀造法釀造出驚人的平衡與複雜度，莊主將這一款珍藏陳釀（Gran Reserva）以耶魯斯（Janus）命名，因為耶魯斯（Janus）是羅馬神址中的「雙面門神」，祂有兩張臉，分別代表著過去與未來。這也代表著莊主不但有著對傳統的尊崇，也同時也願意擁抱新技術。費南德茲在西班牙的釀酒界寫下一個新的傳奇，因為他的努力不懈，而讓全世界看到了斗羅河產區的風土（terrior），所以在1982年官方認證了該葡萄產區的合法性，今日的斗羅河區已經有非常多的釀酒同業前仆後繼的投入，造就了無數的世界頂級酒莊，這樣的貢獻對於一個從小就在葡萄園工作，沒有真正接受正統葡萄酒訓練的老先生來說，是非常難能可貴的。

DaTa

地址｜Calle Real 2,47315 Pesquera de Duero（Valladolid）, Spain
電話｜（34） 988 87 00 37
傳真｜（34） 988 87 00 88
網站｜http://www.pesqueraafernandez.com
備註｜ 須預約參觀

推薦酒款

Recommendation Wine

佩斯奎拉耶魯斯

Tiano Pesquera Janus 2003

ABOUT

分數：JH 95
適飲期：2012～2035
台灣市場價：9,000元
品種：田帕尼羅（Tempranillo）
橡木桶：美國舊橡木桶
桶陳：30個月
瓶陳：30個月
年產量：4,200瓶

品酒筆記

2003年的耶魯斯（Janus）我已嚐過三次之多，花香、黑漿果、台灣仙草茶、黑咖啡，外觀呈黑墨般的深紅，奔放的黑莓果、黑櫻桃與新鮮的花束香氣瀰漫在空氣中。舌尖上有煙燻肉味，非常的性感，濃濃的黑漿果、薄荷、香料一一隨著腦海中的畫面浮現。層次複雜，並有著悠長的餘韻。嚴肅而柔美，結實而奔放，單寧如絲，質感優美，只要品嚐一次就難忘其魅力。須醒酒三小時以上，才能感受到莊主的用心。

建議搭配

烤羊排、炸排骨、紅燒肉、臘腸。

★ 推薦菜單　原味焗烤牛肋排

原味焗烤牛肋排採用進口的澳洲牛肉，新鮮多汁，肉質甜美。這道菜用焗烤的方式來料理，保持牛肋原來的自然風味，並且將鮮美的肉汁封存，客人可以直接品嚐到最原始而甜美的牛肉原味。只要食材新鮮，就不需要添加太多的佐料破壞本身肉質的鮮美。今天用這款西班牙最優雅的酒來搭配牛肋的原味，提升了非常高品質的食慾，紅酒與紅肉本就是相輔相成，加上這款頂級的耶魯斯濃郁的果味，讓牛肋更能呈現肉嫩多汁，油而不膩，進入到完美的境界。喝一口紅酒，配一塊牛肉，口中散發出的香甜味，有如煙火般的強烈，忍不住再喝一口酒。

儷宴會館（東光館）
地址｜台北市林森北路413號

Bodegas Vega Sicilia 維加西西里亞酒莊

1864年，富裕的艾洛伊·雷坎達（Eloy Lecanda）家族在西班牙西北部斗羅河谷地區收購了一塊葡萄園，取名為雷坎達酒莊（Bodegas de Lecanda），從此開始一段複雜而精采的傳奇。19世紀末，維加西西里亞酒莊（Bodegas Vega Sicilia）開始釀產自己的第一款葡萄酒，但只在里奧哈（Rioja）地區裝瓶並出售，產量也非常有限，直到20世紀才開始好轉。維加西西里亞酒莊（Bodegas Vega Sicilia）最初是叫雷坎達酒莊（Bodegas de Lecanda），後來又更名為安東尼歐·赫雷羅（Antonio Herrero），直到20世紀初期才最終確定了現在的酒莊名。維加西西里亞酒莊被世界酒評家帕克（Robert Parker）選為世界最偉大的156支酒之一，維加西西里亞珍藏級（Vega Sicilia Uncio 1964）被英國《品醇客Decanter》選為此生必喝的100支酒之一，也有西班牙拉圖（Ch. Latour）之稱，位列世界頂尖名酒之列，只要出場，永遠都會吸引眾人目光。這座國寶級酒莊，座落於斗羅河谷（Ribera del Duero），以Tito Fino為主要葡萄品種，也就是田帕尼羅（Tempranillo），混有少許的波爾多品種。酒莊目前僅出三款酒，但三款都是赫赫有名的佳釀：分別是珍藏級（Unico）、特別珍藏（Unico Reserva Especial），以及麗谷（Valbuena 5°）。旗艦酒珍藏級（Unico）單一年份酒，早在1912～1915年便面世。此酒僅好年份生產，2001年份就沒有生產。酒莊的傳統是沒有硬性規定酒的上市日期，著名的1968年酒，便等到1991年才上市，

A / B | C | D

A . **夜幕時分的酒莊。** B . **Vega Sicilia Uncio大小瓶裝。** C . **遠眺葡萄園。** D . **作者與莊主合照。**

同時上市的是1982年，平均而言，珍藏級在十年後上市。珍藏級可以說西班牙釀酒工藝的極緻精華，桶陳功夫各國名酒無出其右。珍藏級的維加園酒會在榨汁、發酵後置於大木桶中醇化一年，而後轉換到中型木桶中繼續儲放。木桶中七成是由美國橡木桶、三成是法國橡木製成。醇化三年後，再轉入老木桶中繼續醇化六年至七年。裝瓶後至少一至四年才出廠。一瓶珍藏級必須在收成後十年才能上市。有些年份甚至可以拖到25年後才出廠，由此可見酒莊對於酒的嚴格要求。

珍藏級年產量雖然有60,000瓶左右，但是需求名單極長，全世界愛酒人士均瘋狂收集，每年得以分到少數配額的客戶名單上其實僅4,000名貴客，而等待名單則有5,000名。有幸每年分到配額者當然不乏名人在列，如當年的英國首相邱吉爾、西班牙抒情歌王胡立歐；而得以每年獲本莊免費贈酒珍藏級大瓶裝（1.5L）者，唯有崇聖的梵諦岡教宗，可以稱之為西班牙紅酒代表作。此酒從1920年份到2014份，在帕克的網站WS大都評為90分以上，最高分數是1962年的100滿分。新年份在台灣上市價約為16,000元台幣。國際最佳拍賣價格是45瓶垂直年份的珍藏級，拍得22.3萬元人民幣（折合新台幣110萬元）。維加西西里亞酒莊（Bodegas Vega Sicilia）最近拍賣包括一瓶非常罕見的1938年珍藏級白酒，成交價格5萬元人民幣（折合新台幣25萬元）。

至於特別珍藏（Unico Reserva Especial），酒如其名，是一款少見而極其特殊（Special）的非年份酒款：由酒莊選定三個年份的珍藏級（Unico）混合而成，可說是最貴的無年份葡萄酒。 酒莊表示，年份是為了展現年份特色，但是經由調配的特別珍藏（Unico Reserva Especial），才真正表現了Unico風格。此酒產量甚少，結構紮實，風格獨具，由於調配年份多已超過15年以上，較珍藏級更適於即飲，珍藏級好酒，珍貴的磨砂瓶裝，陳年空間巨大。麗谷Valbuena 5°經常被當成珍藏級二軍，Valbuena 5° 即收成後五年上市，是比較早熟的酒，以前有一段時間，有三年酒（Valbuena 3°），但1987年之後已經停產。不過酒莊認為稱它是年輕版的珍藏級比較妥切，畢竟它的葡萄園與珍藏級不同，混調方式也不同，桶陳與窖陳時間也明顯較短，通常經三年半桶中熟成以及一年半瓶中熟成後在第五年上市，故名（Valbuena 5°）。此酒氣味飽滿， 陳年實力極佳，新酒香氣封閉，長時間醒酒後方能慢慢開展。果香濃郁，單寧厚實，黑莓為主的香氣層層交疊，豐滿而不肥美。就價格與適飲等待期而言，都是珍藏級的替代品。一般玩家樂於納入酒窖！

西班牙酒王維加西西里亞酒莊（Bodegas Vega Sicilia）今年建莊恰逢150周年（1864～2014）。也許葡萄酒本身就非常像莊主帕勃羅・阿瓦雷斯（Pablo Alvarez）的個性，現在掌管家族酒莊。2013年，他帶了酒莊總經理和釀酒師來到我的酒窖參觀，並接受好朋友張治（T大）的採訪，晚間我們舉辦了 一場盛大的維加西西里亞酒莊（Bodegas Vega Sicilia）餐酒會。他是個害羞，不張揚，話不太多和具有深刻藝術與美感的人。他的珍藏級（Unico）是一個崇高的美，帶著優雅與迷人的勁氣，酒體細緻微妙，但充滿活力和永恆。2014年莊主經營的酒莊繽帝亞（Pintia）要回收及更換100,000瓶2009年的酒，原因是酒有很多懸浮物，一直查不出原因，可能是澄清時出現問題。為了保衛酒莊聲譽，決定向客人回收，客人可以更換為2008年2010年的酒。試想這需要多少的時間和金錢的投入，而又需要多大的勇氣去承擔？做為西班牙酒的領頭羊，他們做到了。

DaTa

地址｜Carretera N 122, Km 323 Finca Vega Sicilia
E-47359 Valbuena de Duero, Spain
電話｜（34）983 680 147
傳真｜（34）983 680 263
網站｜http://www.vega-sicilia.com
備註｜僅接受專業人士預約參觀

Recommendation
Wine

維加西西里亞珍藏級

Vega Sicilia Uncio 1962

ABOUT

分數：WA 100
適飲期：2012～2030
台灣市場價：36,000元
品種：田帕尼羅（Tempranillo），混有少許的波爾多品種
橡木桶：法國橡木桶、美國橡木桶
桶陳：84個月以上
瓶陳：12個月～48個月
年產量：60,000瓶

品酒筆記

此酒色呈棕紅色，經過五十幾年的陳年，絲毫看不出疲憊，仍然炯炯有神，充滿力量，單寧如絲，優雅且複雜，純淨而有條理，飲來有一層神秘的黑色果香、煙燻、野莓、黑巧克力、雪茄盒、飽滿而厚實，但又讓人覺得深不可測，難以想像，不愧為世界頂級佳釀，無與倫比。難怪帕克創立的葡萄酒網站《WA》會評為100滿分，堪稱當今世界1962年份葡萄酒最佳典範。個人覺得應該能繼續再放30年以上。

建議搭配

烤羊腿、紅燒排骨、滷牛腱、煎牛排。

★ 推薦菜單　烤乳豬

烤乳豬製法是將二至六個星期大，仍未斷奶的乳豬宰殺後，以爐火燒烤而成。中國在西周時相信便已有食用燒豬。在南越王墓中起出的陪葬品中，便包括了專門用作烤乳豬的烤爐和叉。乳豬的特點包括皮薄脆、肉鬆嫩、骨香酥。吃時把乳豬剁成小片，因肉少皮薄，稱為片皮乳豬。西班牙的南部烤乳豬也是一絕，大部分用來搭配西班牙酒。今日我們也以這款西班牙酒王的維加西西里（Vega Sicilia Uncio 1962）來搭配這道菜。這支酒經過50幾年的陳年，仍然勇猛如虎，充滿活力，散發出難以形容的新鮮果味，還有亞洲胡椒粉，明顯的黑巧克力，輕描的煙木桶，優雅的森林芬多精。乳豬的皮和酒相搭，甜美而不膩，果香與乳豬皮的焦香互不干擾，而且可以同時發揮實力，提升至最美味的境界。細緻的單寧甚至可以柔化乳豬肉的乾澀，這是我第二次喝到這款美酒，能再度喝與自己同年齡的酒，實在妙不可言。

上海皇朝尊會
地址｜上海市長寧區延安西路1116號

（左至右）酒莊建築如宋代官帽。作者和莊主袁輝在酒莊合影。酒窖中全新橡木桶。

志輝源石

法國波爾多大學葡萄酒科學院院長、釀酒工程博士杜德先生（Dubourdieu）來到志輝源石酒莊，曾發出這樣的讚歎：「來到志輝源石酒莊，仿佛置身葡萄酒的東方殿堂，感受到靈魂最深處的震撼。」杜德生先生這樣的讚美豈是只有東方之美，對於整個西方的酒莊來説志輝源石酒莊都可以排名全世界最美最大的酒莊。

酒莊總占地面積2050畝，其中葡萄園面積占2000畝，酒堡面積占50畝。建築面積12,000平方公尺。酒堡主要分為：品酒大廳、文化展示館、會所。酒窖佔地約4,000平方公尺，用於葡萄酒的窖藏。酒莊建設理念是給遊人提供休閒、度假、品酒、欣賞高雅文化的場所。酒莊的主建築形似中國宋代的官帽，這代表著莊主對中國傳統歷史的推崇與尊重。酒莊建築結合中國的石雕、青磚、青瓦、樹枝、木塊的點綴，打造成中國最大最美麗的度假休閒酒莊。

源石酒莊的「源」字與莊主姓氏「袁」諧音，同時也蘊含了酒莊的起源特點。酒莊位於賀蘭山東麓葡萄酒產區，為中國主要葡萄酒產區，寓意「酒之源」。「石」字有兩層寓意。1985年，莊主在父親的帶領下，兄弟一起，在賀蘭山下經營砂石。「石」字寓意莊主經營的砂石產業。另一層寓意，來源於酒莊的建築，全部使用賀蘭山下的卵石建造而成。

酒莊特別請來法國著名葡萄酒釀酒師派翠克·索伊（Patrick Soye）當酒莊顧問。並且在國內外獲獎無數；2014年3月，山之魂2012年份卡本內蘇維翁紅酒在中國葡萄酒發展峰會上獲珍西·羅賓森（Jancis Robinson）、貝納·布爾奇（Bernard Burtschy）、伊安·达加塔（Ian D'Agata）三位大師聯名推薦。2014年7月，山之魂2012年份再榮獲世界葡萄酒大會葡萄酒巔峰挑戰賽銅獎。2013年7月，山之子2011年份榮獲第七屆煙臺博覽會中國優質葡萄酒挑戰賽金獎。2014年

9月，山之魂2012榮獲賀蘭山東麓國際葡萄酒博覽會金獎。2014年10月，山之子2011年份榮獲第三屆國際領袖產區葡萄酒（中國）品質大賽金牌獎，山之魂2012年份榮獲評委會特別大獎。

2014年的5月和6月兩度造訪酒莊，都是由莊主袁輝先生親自接待，這是一家在賀蘭山下，風光秀麗，鳥語花香的酒莊。酒莊主體以宋代官帽呈現，巨大雄偉，氣度恢宏。當我看到這麼大的酒莊之後，立刻想到美國最著名的酒莊羅伯．蒙大維，並且告訴袁輝莊主說：「這麼廣大的酒莊應該發展成旅遊觀光酒莊，酒莊內可建設度假中心，提供住宿、參觀、美食、品酒、藝術音樂表演和舉行婚宴場地。」他馬上同意此看法，並且說現在已經陸續在建造了。他接著又說：「酒莊已投入2億人民幣，是非常大的投資，最主要是想釀自己的酒，釀出具有寧夏賀蘭山東麓特色的酒，慢慢來，希望有一天消費者一喝就知道是源石酒莊釀的酒。」這樣豪情萬丈又非常有中華民族情懷的莊主，在中國是很少數的。

王翰 涼州詞

葡萄美酒夜光杯，欲飲琵琶馬上催。

醉臥沙場君莫笑，古來征戰幾人回？

DaTa

地址｜銀川市西夏區鎮北堡鎮110國道玉佛寺南側
電話｜0951-5685880、5685881
網站｜www.yschateau.com
備註｜可以預約參觀，並接受團體行程

推薦酒款

志輝源石山之魂2012

ABOUT
適飲期：2015～2025
台灣市場價：4,000元
品種： 80%卡本內蘇維翁，15%美洛，5%卡本內弗朗
橡木桶：法國新橡木桶
桶陳：12個月
年產量：5,000瓶

Recommendation Wine

（左至右）莊主龔杰與寧夏電視台主持人張染和作者在酒莊前合影。酒窖。
難得的百年老樹藤。

賀東莊園

2015年3月6日，由貝丹和德梭酒評家團隊主辦的「北京首屆貝丹德梭中國葡萄酒品鑒會」在北京798藝術區喜馬拉雅俱樂部舉行。包括擔任《法國葡萄酒評論RVF》25年的主編貝丹（Michel Bettane）和德梭（Thierry Desseauve）在內等9名中法著名酒評人。評審團對173款中國葡萄酒進行了盲品，最後有31款評分超過13分（20分制）的葡萄酒入圍。有21款葡萄酒來自寧夏賀蘭山東麓產區，其餘10款分別來自北京、山西、新疆、甘肅、河北和膠東產區。這也是該年鑒首次收錄來自中國產區的葡萄酒。賀東莊園2013年份卡本內蘇維翁紅酒和賀東窖藏卡本內蘇維翁紅酒兩款高端酒成功晉入國際著名酒評家貝丹和德梭的《2015～2016貝丹德梭葡萄酒年鑒中文版》。這項殊榮確實得來不易，這也代表中國的葡萄酒將正式登上國際舞台。

寧夏賀蘭山東麓莊園酒業有限公司（簡稱賀東莊園）成立於2002年，雖然是一個非常年輕的酒莊，但是野心勃勃，而且挾著100年以上老藤和大量的資金投入，在國內外葡萄酒比賽屢創佳績，獲獎無數。2013年5月份在倫敦舉行的《品醇客Decanter》雜誌世界葡萄酒大賽中，賀東莊園夏多內白酒脱穎而出，榮獲推薦獎；2013年7月份在蓬萊舉行的2013(Vinalies)國際比賽中，賀東莊園夏多內白酒榮獲銀獎；2014年《品醇客Decanter》雜誌世界葡萄酒大賽中，賀東莊園夏多內白酒2013年份再度榮獲銀獎。

賀東莊園種植面積200公頃土地，1997年至今從法國多次引進了卡本內蘇維翁、卡本內弗朗、蛇龍珠、希哈、黑皮諾、美洛、夏多內等國際種苗。園內風景秀麗、地理位置十分優越，在最適宜種植釀酒葡萄的北緯38° 黃金點上，和法國波爾多的地理位置相似。酒莊並且重金禮聘從法國來的著名釀酒師吉姆

（Guillaume Mottes）做為公司的執行長，指導酒莊的建造、葡萄的種植、釀製和儲存。

園內的老藤葡萄為「黑無核」葡萄品種，經專家鑒定，樹齡已超過百年，現存225株，其中最粗的直徑達28.6公分，周長為90公分，為現存最古老的葡萄樹種之一，堪稱葡萄樹之王。一株老藤僅釀750到1,000毫升，必須在橡木桶裡放18個月以上，年產量僅300瓶。作者曾在2014年的5月為了拍攝〈中國．北緯38度〉專題節目，和寧夏電視台當家一姐主持人張染到酒莊採訪，董事長龔杰先生親自接待並引導參觀介紹。他親口告訴我們當初都以為這些產量少的老藤葡萄不是枯死就是無法結果了，所以剷除很多老樹，重新栽種新的葡萄樹來增加產量，後來才知道賀東莊園裡的葡萄株株是中國的珍寶啊！他也接受我的建議，從2014年開始釀製百年老樹葡萄酒，這些酒正存放於橡木桶內，留待世人享用！我還幫它取名為：「賀東莊園百年老樹限量葡萄酒」。

對於中國的葡萄酒我們應該給予更多的鼓勵與關懷，正如法國酒評家德梭先生所說：「對於中國葡萄酒的前景充滿了期待，生產好的葡萄酒對中國是一種挑戰。但是在世界新興葡萄酒產區裡面，中國是發展最快的，我們需要給他們一些時間。」

DaTa

地址｜寧夏石嘴山市大武口區金工路1號
電話｜+286 952-2658398
傳真｜+286 952-2658398
網站｜www.nxhdzy.cn
備註｜必須預約參觀

推薦酒款

賀東莊園卡本內蘇維翁紅酒 2011

已進入《2015～2016 貝丹德梭葡萄酒年鑒中文版》

ABOUT
適飲期：2015~2025
台灣市場價：4,500元
品種：100% 卡本內蘇維翁Cabernet Sauvignon
橡木桶：法國新橡木桶
桶陳：12個月
年產量：110,000瓶

Recommendation Wine

（左至右）作者與酒莊創辦人容健、釀酒師張靜在酒莊門口合影。珍西‧羅賓森在橡木桶上簽名。葡萄園。

賀蘭晴雪

英國《品醇客Decanter雜誌》一年一度的世界葡萄酒大賽是國際上最具影響力的葡萄酒賽事之一，向來是國際酒界必爭之地，也是世界上所有酒莊一展手腳的舞臺。在2011年，共有來自12,252款葡萄酒參賽，評選之後的結果令人跌破眼鏡，賀蘭情雪的2008年份的加貝蘭紅葡萄酒獲得銀獎，2009年份的加貝蘭特別珍藏（Grand Reserve）紅酒獲得「國際特別大獎」，這是中國葡萄酒首次登上世界最高殿堂。英國銷量最高的報紙每日電訊報（The Daily Telegraph）在頭版刊登「中國葡萄酒正在挫敗法國」的標題。

600多年前，明太祖朱元璋第十六子慶王朱栴選出了「寧夏八景」，並分別賦詩一首，第一景是「賀蘭晴雪」。賀蘭情雪酒莊名稱也是根據這八景而來，創辦人容健先生曾經在酒莊園內拍下這樣的美景，這幅作品就放在酒莊的入口處供來訪者欣賞。酒莊註冊的品牌是加貝蘭，談起加貝蘭的由來，容會長笑稱當時註冊的品牌名稱是以賀蘭開頭的，但是審核沒通過，索性把賀蘭山的「賀」字的上下兩部分拆開，於是就有了現在的加貝蘭。

賀蘭晴雪酒莊離西夏王陵只有十分鐘，做為賀蘭山東麓葡萄酒的領頭羊，為了探索寧夏的風土氣候下能夠適應的釀酒葡萄品種和栽培方式，釀造出優質葡萄酒，曾經是寧夏自治區黨委副秘書長現任自治區葡萄產業協會會長的容健和王奉玉秘書長在賀蘭山腳下創建了這家示範酒莊，酒莊同時也是寧夏葡萄酒產業協會的所在地。酒莊初創時面積很小，葡萄園只有100多畝，誰也不會想到這間小酒莊日後會成為賀蘭山東麓的一顆明珠。酒莊引種法國16個品種的葡萄，種植面積200多畝，擁有地下酒窖1,000平方公尺，年產量僅僅50,000瓶。張靜為酒莊的釀酒師，是名列「世界十大釀酒顧問」李德美的弟子，2008年正式聘請他為賀蘭晴雪的釀酒顧問。

2009年釀酒師張靜為即將出生的女兒專門釀造了一款紅葡萄酒，並在橡木桶上刻上了女兒名字和初生時的腳印，取名「小腳丫」。2012年，珍西· 羅賓森大師品嚐了小腳丫之後十分驚歎，認為比獲大獎的加貝蘭2009更具特色，並將這款酒收錄在最新的第七版《世界葡萄酒地圖》中。

2014年的5月和6月份我分別拜訪了酒莊，受到容健會長和釀酒師張靜的親自接待。容老先生特別告訴我：「寧夏土壤貧瘠，產量低而成本高，所以生產日常酒品是沒有出路的，只有做優質酒才是正確路線。」並且決定將得到大獎的2009年份特別珍藏做為一級標準，只有在最好的年份，用最優質的葡萄才可以釀造這個等級的酒。然而從2010年至2013年，足夠優秀的天氣條件尚未出現，酒莊已經連續四年放棄「特別珍藏版」的釀造，只好用來釀製加貝蘭珍藏級（Reserve）。在酒窖的品酒室我分別品嚐了2010、2011、2012三個垂直年份的加貝蘭珍藏級；對2011年特別喜歡，筆記上是這樣寫著：「結構紮實、果味強、香草、藍莓、奶油、西洋杉，餘韻長，單寧柔軟，紫羅蘭花香、橄欖味在其中。」

最後值得一提的是，賀蘭情雪酒莊2013的加貝蘭珍藏級紅酒已經列入國際著名酒評家貝丹和德梭的《2015～2016貝丹德梭葡萄酒年鑒中文版》。這又再一次證明了酒莊的實力，絕不是靠運氣而來。

DaTa

地址｜ 寧夏銀川公園街24號317室葡萄產業協會
電話｜ 0951-5023809
備註｜ 必須預約參觀

推薦酒款

賀蘭情雪酒莊2011加貝蘭珍藏級紅酒

ABOUT
適飲期：2014～2025
台灣價格：2,500元
品種：100% 卡本內蘇維翁（Cabernet Sauvignon）
橡木桶：法國新橡木桶
桶陳：12個月
年產量：10,000瓶

Recommendation Wine

（左至右）作者與老莊主高林和釀酒師高源在院內合影。橡木桶。2009艾瑪私家珍藏。

銀色高地

國際葡萄酒大師珍西．羅賓森（Jancis Robinson）在金融時報就她的中國之行發表《中國葡萄酒的清新酒香》一文，稱「中國葡萄酒產業出現的一顆新星。」羅賓森所指的新星，就是寧夏的銀色高地酒莊。珍西．羅賓森（Jancis Robinson）並且給銀色高地的酒打分，在其20分制的評分當中2007年的酒打了16分，2008打了16+分，2009 年份的艾瑪私家珍藏打了17分，算是相當於法國的列級酒莊甚至是二級酒莊以上的分數，這對於一個剛萌芽的中國酒莊來說相當不容易。

銀色高地酒莊創辦人高林先生從1999年開始種葡萄，高林在賀蘭山海拔等高線1300米的半山腰找了一大片3000畝的沖積扇地塊，開始種植葡萄。

莊主女兒高源在父親的安排下在法國接受了六個月培訓。在波爾多第二大學三年學習葡萄酒釀造，隨後又在波爾多第四大學讀了一年的市場營銷。並且獲得進入波爾多三級酒莊的卡濃西谷酒莊（Calon Ségur）實習。回國後高源在新疆的香都釀了三個年份的酒，2007年到上海桃樂絲公司做訓練師。這些經歷都為他日後的釀酒事業打下基礎。

2007年是酒莊的首釀年份。那一年高源嘗試性釀了10桶酒，其中包括5個法國橡木桶，在院子裡挖了一個地下酒窖儲存橡木桶，開始釀酒，這就是酒莊的前身。銀色高地目前擁有1,000畝的葡萄園，年產量為60,000瓶酒。總共生產四款酒：入門級「昂首天歌」，並不進桶，只在寧夏市場銷售。「銀色高地家族珍藏」，在50%的美國舊橡木桶和50%的法國舊橡木桶中陳年12個月。售價新台幣1,300元一瓶。「銀色高地闕歌」在100%的法國新橡木桶中陳釀20個月。售價新台幣2,000元一瓶。艾瑪私家珍藏，以高源女兒艾瑪（Emma）命名，100%卡本內蘇維翁，100% 新桶，橡木桶陳年24個月，產量僅僅1,000瓶1.5公升裝。只做為酒莊招待客人或贈送貴賓之用。

2014年的5月7日我第一次拜訪銀色高地酒莊，酒莊離市區不遠，汽車沿著賀蘭山中路行駛，15分鐘以後就來到這個「小院」。這個小酒莊和我在波爾多、勃根地甚至是義大利看到的車庫酒莊很相似，一間小小的院子和兩三個由磚塊砌成的房子，還有幾棵白楊樹和一些葡萄藤，連門口掛的都是鐵製的酒莊招牌，就如同一間小型加工廠。這就是銀色高地酒莊，高源一家人也住在這裡。

高源與父親高林特別親自迎接，帶我參觀了酒窖，也看看她在這裡所試種的幾十株葡萄樹，最後，又請我們在院子裡進行品酒，品嚐的是2011銀色高地家族珍藏、2011銀色高地闕歌和2009艾瑪私家珍藏，在我來之前已經先放再醒酒瓶醒過。其中闕歌和艾瑪私家珍藏表現相當優異，不愧是當家作品。尤其是艾瑪私家珍藏酒色呈墨紫色不透光，有藍莓、黑醋栗、紫羅蘭、紅色漿果和雪松的味道。

很多中國評論家議論高源釀酒是在模仿法國風格，但是高源說她所做的，只是把法國釀酒師的精神帶到了銀色高地。不可否認銀色高地的誕生對中國葡萄酒確實有絕對性的影響。酒莊所生產的酒幾乎囊括國內外大獎；銀色高地家族珍藏2009年份榮獲2011年中國本土最佳葡萄酒獎，銀色高地闕歌2009年份、銀色高地家族珍藏2009年份榮獲2012年法國葡萄酒評論RVF中國葡萄酒大賽金獎，高源榮獲中國最佳釀酒師榮譽。銀色高地闕歌也已經列入國際著名酒評家貝丹和德梭的《2015～2016貝丹德梭葡萄酒年鑒中文版》。以上這些殊榮都足以證明銀色高地在中國舉足輕重的地位。

DaTa

地址｜寧夏銀川市銀豐村林場內賀蘭山中路愛伊河畔
電話｜0951-5067030
備註｜必須預約參觀

推薦酒款

銀色高地酒莊闕歌紅酒2007

ABOUT
適飲期：2011～2022
台灣價格：2,000元
品種：100%卡本內蘇維翁（Cabernet Sauvignon）
橡木桶：法國新橡木桶
桶陳：12個月
年產量：3,000瓶

Recommendation Wine

相遇在最好的年代
100大·酒莊巡禮·世紀年份·中華美食

作　　者》黃煇宏
策 劃 人》黃禹翰

發 行 人》黃鎮隆
協　　理》陳君平
資深主編》周于殷
美術總監》沙雲佩
封面&內頁設計》陳碧雲
公關宣傳》邱小祐、陶若瑤

國家圖書館出版品預行編目(CIP)資料

相遇在最好的年代：100大酒莊巡禮、世紀年份、中華美食/ 黃煇宏作. -- 初版. -- 臺北市：尖端, 2014.10
面；　公分

ISBN 978-957-10-5729-3(平裝)

1.葡萄酒 2.酒業

463.814　　103016717

出　　版》城邦文化事業股份有限公司 尖端出版
台北市民生東路二段141號10樓
電話：（02）2500-7600　傳真：（02）2500-1971
讀者服務信箱：spp_books@mail2.spp.com.tw
發　　行》英屬蓋曼群島商家庭傳媒股份有限公司
城邦分公司　尖端出版行銷業務部
台北市民生東路二段141號10樓
電話：（02）2500-7600（代表號）　傳真：（02）2500-1979
劃撥戶名／英屬蓋曼群島商家庭傳媒（股）公司城邦分公司
劃撥帳號／50003021　劃撥專線／（03）312-4212
※劃撥金額未滿500元，請加付掛號郵資50元

法律顧問》通律機構 台北市重慶南路二段59號11樓

台灣地區總經銷》
◎中彰投以北（含宜花東）高見文化行銷股份有限公司
電話／0800-055-365　傳真／（02）2668-6220
◎雲嘉以南　威信圖書有限公司
（嘉義公司）電話／0800-028-028　傳真／（05）233-3863
（高雄公司）電話／0800-028-028　傳真／（07）373-0087
馬新地區總經銷》
◎城邦（馬新）出版集團 Cite（M）Sdn Bhd
電話：（603）90578822 傳真：（603） 90576622
◎大眾書局（新加坡）
電話：65-6462-9555　傳真：65-6468-3710
E-mail：feedback@popularworld.com
◎大眾書局（馬來西亞）
電話：603-9179-6333　傳真：03-9179-6200、03-9179-6339
客服諮詢熱線：1-300-88-6336
香港地區總經銷》
◎城邦(香港)出版集團　Cite(H.K.)Publishing Group Limited
電話：2508-6231 傳真：2578-9337

版　　次》2015年4月初版　Printed in Taiwan
ISBN 978-957-10-5729-3